대기환경
기사·산업기사 실기

KB078749

일진사

표준주기율표
Periodic Table of the Elements

표기법

원자번호
기호
원소명 (국문)
원소명 (영문)
일반 원자량
표준 원자량

원자번호	기호	원소명(국문)	원소명(영문)	원자량
1	H	수소	hydrogen	1.008 [1.0078, 1.0082]
2	He	헬륨	helium	4.0026
3	Li	리튬	lithium	6.94 [6.938, 6.997]
4	Be	베릴륨	beryllium	9.0122
5	B	붕소	boron	10.81 [10.806, 10.821]
6	C	탄소	carbon	12.011 [12.009, 12.012]
7	N	질소	nitrogen	14.007 [14.006, 14.008]
8	O	산소	oxygen	15.999 [15.999, 16.000]
9	F	플루오린	fluorine	18.998
10	Ne	네온	neon	20.180
11	Na	소듐	sodium	22.990
12	Mg	마그네슘	magnesium	24.305 [24.304, 24.307]
13	Al	알루미늄	aluminium	26.982
14	Si	규소	silicon	28.085 [28.084, 28.086]
15	P	인	phosphorus	30.974
16	S	황	sulfur	32.06 [32.059, 32.076]
17	Cl	염소	chlorine	35.45 [35.446, 35.457]
18	Ar	아르곤	argon	39.948
19	K	포타슘	potassium	39.098
20	Ca	칼슘	calcium	40.078(4)
21	Sc	스칸듐	scandium	44.956
22	Ti	타이타늄	titanium	47.867
23	V	바나듐	vanadium	50.942
24	Cr	크로뮴	chromium	51.996
25	Mn	망가니즈	manganese	54.938
26	Fe	철	iron	55.845(2)
27	Co	코발트	cobalt	58.933
28	Ni	니켈	nickel	58.693
29	Cu	구리	copper	63.546(3)
30	Zn	아연	zinc	65.38(2)
31	Ga	갈륨	gallium	69.723
32	Ge	저마늄	germanium	72.630(8)
33	As	비소	arsenic	74.922
34	Se	셀레늄	selenium	78.971(8)
35	Br	브로민	bromine	79.904 [79.901, 79.907]
36	Kr	크립톤	krypton	83.798(2)
37	Rb	루비듐	rubidium	85.468
38	Sr	스트론튬	strontium	87.62
39	Y	이트륨	yttrium	88.906
40	Zr	지르코늄	zirconium	91.224(2)
41	Nb	나이오븀	niobium	92.906
42	Mo	몰리브데넘	molybdenum	95.95
43	Tc	테크네튬	technetium	
44	Ru	루테늄	ruthenium	101.07(2)
45	Rh	로듐	rhodium	102.91
46	Pd	팔라듐	palladium	106.42
47	Ag	은	silver	107.87
48	Cd	카드뮴	cadmium	112.41
49	In	인듐	indium	114.82
50	Sn	주석	tin	118.71
51	Sb	안티모니	antimony	121.76
52	Te	텔루륨	tellurium	127.60(3)
53	I	아이오딘	iodine	126.90
54	Xe	제논	xenon	131.29
55	Cs	세슘	caesium	132.91
56	Ba	바륨	barium	137.33
57-71		란타넘족	lanthanoids	
72	Hf	하프늄	hafnium	178.49(2)
73	Ta	탄탈럼	tantalum	180.95
74	W	텅스텐	tungsten	183.84
75	Re	레늄	rhenium	186.21
76	Os	오스뮴	osmium	190.23(3)
77	Ir	이리듐	iridium	192.22
78	Pt	백금	platinum	195.08
79	Au	금	gold	196.97
80	Hg	수은	mercury	200.59
81	Tl	탈륨	thallium	204.38 [204.38, 204.39]
82	Pb	납	lead	207.2
83	Bi	비스무트	bismuth	208.98
84	Po	폴로늄	polonium	
85	At	아스타틴	astatine	
86	Rn	라돈	radon	
87	Fr	프랑슘	francium	
88	Ra	라듐	radium	
89-103		악티늄족	actinoids	
104	Rf	러더포듐	rutherfordium	
105	Db	더브늄	dubnium	
106	Sg	시보귬	seaborgium	
107	Bh	보륨	bohrium	
108	Hs	하슘	hassium	
109	Mt	마이트너륨	meitnerium	
110	Ds	다름슈타튬	darmstadtium	
111	Rg	뢴트게늄	roentgenium	
112	Cn	코페르니슘	copernicium	
113	Nh	니호늄	nihonium	
114	Fl	플레로븀	flerovium	
115	Mc	모스코븀	moscovium	
116	Lv	리버모륨	livermorium	
117	Ts	테네신	tennessine	
118	Og	오가네손	oganesson	

란타넘족 (lanthanoids)

원자번호	기호	원소명(국문)	원소명(영문)	원자량
57	La	란타넘	lanthanum	138.91
58	Ce	세륨	cerium	140.12
59	Pr	프라세오디뮴	praseodymium	140.91
60	Nd	네오디뮴	neodymium	144.24
61	Pm	프로메튬	promethium	
62	Sm	사마륨	samarium	150.36(2)
63	Eu	유로퓸	europium	151.96
64	Gd	가돌리늄	gadolinium	157.25(3)
65	Tb	터븀	terbium	158.93
66	Dy	디스프로슘	dysprosium	162.50
67	Ho	홀뮴	holmium	164.93
68	Er	어븀	erbium	167.26
69	Tm	툴륨	thulium	168.93
70	Yb	이터븀	ytterbium	173.05
71	Lu	루테튬	lutetium	174.97

악티늄족 (actinoids)

원자번호	기호	원소명(국문)	원소명(영문)	원자량
89	Ac	악티늄	actinium	
90	Th	토륨	thorium	232.04
91	Pa	프로트악티늄	protactinium	231.04
92	U	우라늄	uranium	238.03
93	Np	넵투늄	neptunium	
94	Pu	플루토늄	plutonium	
95	Am	아메리슘	americium	
96	Cm	퀴륨	curium	
97	Bk	버클륨	berkelium	
98	Cf	캘리포늄	californium	
99	Es	아인슈타이늄	einsteinium	
100	Fm	페르뮴	fermium	
101	Md	멘델레븀	mendelevium	
102	No	노벨륨	nobelium	
103	Lr	로렌슘	lawrencium	

서문

대기환경기사 및 대기환경산업기사 1차 시험에 합격하신 수험생 여러분!
진심으로 합격을 축하드립니다.

2차 시험은 1차 시험(객관식 4지선다)과 다르게 주관식으로 출제됩니다. 2020년부터 100% 필답형 주관식으로 출제되어, 필답형 주관식에서 60점을 넘어야 합격할 수 있습니다. 작업형 실험이 2020년부터 없어졌기 때문에 기본점수가 사라져, 2차 필답형 준비를 훨씬 더 철저하게 해야 합니다.

대기환경은 공부할 양이 많아서 많은 노력이 필요하셨을텐데요, 그 노력의 결실로 1차 필기시험을 통과하신 분께 진심으로 한 번 더 축하의 말씀을 드리고 싶습니다.

여러분이 1차 시험에서 노력한 것들은 2차 시험에서도 빛을 발하게 될 것입니다. 왜냐하면, 1차 시험의 객관식 문제가 주관식으로 바뀌어 2차 시험에서 출제되는 비율이 2차 시험의 50% 정도이기 때문입니다. 따라서, 2차 시험을 공부할 때도 1차 시험 교재를 활용해 같이 공부하는 것이 좋습니다.

저는 항상 수험생 분들이 어떻게 하면 쉽고 빠르게 합격을 할 수 있을지 고민합니다. 자격증 시험은 절대 평가이므로, 60점 이상만 되면 합격합니다. 100점을 맞거나, 남보다 더 점수를 잘 받아야 하는 상대평가시험이 아닙니다. 따라서, 쉽고 빠르게 합격하기 위한 전략을 이 책에 녹였습니다.

전략1. 출제 빈도가 높은 문제를 선별한 연습문제로 공부량을 최소화

전략2. 연습문제 – 서술형 문제와 계산형 문제 분리

서술형 문제와 계산형 문제는 공부 방법이 다릅니다. 서술형 문제는 단순히 외우거나, 포인트를 잡아 쓰는 연습이 필요하고 계산형 문제는 공식을 숙지한 다음 문제를 공식에 대입해 풀이하는 연습이 필요합니다. 따라서, 성격이 다르므로 서술형과 계산형 문제를 분리하여 연습할 수 있도록 하였습니다.

전략3. 실제 작성하기 편한 답안 제시

보여주기 위한 긴 답안이 아니라, 핵심 키워드가 들어간 짧은 답안을 제시하여 암기하기 쉽도록 하였습니다.

끝으로 이 책으로 대기환경기사·산업기사 실기시험을 준비하는 수험생 여러분께 합격의 영광이 함께하길 바라며, 이 책을 출간하기까지 많은 도움을 주신 모든 분들과 도서출판 일진사 직원 여러분께 깊은 감사를 드립니다.

고경미 드림

책의 특징

1 대기환경기사 · 산업기사 단기 합격을 위한 실기 필수 기본서

· 대기환경기사 · 산업기사 실기시험을 대비하기 위한 필수 기본서로 꼭 필요한 핵심이론을 수록하였습니다.

· 효율적인 학습이 가능하도록 구성하였습니다. 또한, 연습문제와 기출문제를 통해 기본부터 실전까지 한 번에 완성할 수 있습니다.

2 최신 경향을 완벽 반영한 학습 구성

최신 경향을 반영하여 체계적으로 학습할 수 있도록 구성하였습니다.

① 핵심이론 및 정리된 공식을 통해 꼭 필수적인 이론을 파악할 수 있습니다.

② 각 장별 핵심이론 학습 후 연습문제를 통해 빈출문제부터 최근 출제문제까지 연습함으로써 효과적인 학습이 가능합니다.

③ 과년도 기출문제와 상세한 해설을 통해 완벽하게 대비할 수 있습니다.

3 실기 출제 경향 분석

· 교재에 수록된 기출문제를 분석하여, 최근 출제 경향을 알 수 있습니다.

· 해당 자격증의 모든 과목에 대한 회차별 출제 횟수를 파악할 수 있으며, 이를 바탕으로 각 항목별 빈출 및 중요도를 파악하여 효율적으로 학습할 수 있습니다.

책의 구성

1 핵심이론

· 시험에 많이 출제되는 기본이론을 정리하여 체계적으로 학습할 수 있습니다.

· 핵심이론과 필수공식으로 이론을 확실하게 공부할 수 있습니다.

2 연습문제

· 과년도 기출문제를 완벽하게 분석하여 빈출문제부터 최근 출제문제까지 각 장별로 구성된 연습문제를 통해 실전에 대비할 수 있습니다.

· 각 문제별 자세한 해설을 통해 서술방법을 익힐 수 있습니다.

3 기출문제

· 2019년부터 2022년까지 최근 4개년의 과년도 기출문제를 통해 적응력을 향상할 수 있습니다.

대기환경기사·산업기사 안내

■ 개요

· 경제의 고도성장과 산업화를 추진하는 과정에서 필연적으로 수반되는 오존층과, 온난화, 산성비 문제 등 대기오염이라는 심각한 문제를 일으키고 있습니다.

· 이러한 대기오염으로부터 자연환경 및 생활환경을 관리·보전하여 쾌적한 환경에서 생활할 수 있도록 대기 환경 분야에 전문기술인 양성이 시급해짐에 따라 자격제도가 제정되었습니다.

■ 대기환경기사 · 산업기사의 역할

· 대기 분야에 측정망을 설치하고 그 지역의 대기오염 상태를 측정하여 다각적인 연구와 실험분석을 통해 대기오염에 대한 대책을 마련하는 업무를 합니다.

· 대기오염 물질을 제거 또는 감소시키기 위한 오염방지시설을 설계, 시공, 운영하는 업무를 합니다.

■ 대기환경기사 · 산업기사의 전망

저황유 사용지역 확대, 청정연료 사용지역 확대, 지하 생활공간 공기질 관리, 시도 각 지자체의
대기오염 상시측정 의무화 등 대기오염에 대한 관리를 강화할 계획이어서 이에 대한 인력 수요가 증가할 것입니다.

대기환경기사 · 산업기사 자격증의 다양한 활용

1 취업

· 정부와 지방자치단체의 환경관리공단, 국립환경과학원, 보건환경연구원 등 공공기관 및 연구소로
  취업이 가능합니다.

· 대기오염 물질을 배출하는 일반사업장, 환경오염측정업체, 환경플랜트회사, 대기오염방지 설계 및
  시공업체, 환경시설관리업체 등으로 진출 가능합니다.

2 가산점 제도

· 6급 이하 및 기술직공무원 채용시험 시 가산점을 줍니다. 보건직렬의 보건 직류와 환경직렬의 일반환경,
  대기 직류에서 채용계급이 8·9급, 기능직 기능8급 이하일 경우와 6·7급, 기능직 기능7급 이상일 경우
  모두 3~5%의 가산점이 부여됩니다.

3 우대

· 관련업종 기업에서는 의무적으로 기사 및 산업기사를 고용해야한다는 것이 법으로 규정되어 있어
  관련업종 취업 시 우대받을 수 있습니다.

· 국가기술자격법에 의해 공공기관 및 일반기업 채용 시 그리고 보수, 승진, 전보, 신분보장 등에 있어서
  우대받을 수 있습니다.

시험 안내

■ 원서접수 안내

접수기간 내 큐넷(http://www.q-net.or.kr) 사이트를 통해 원서접수 (원서접수 시작일 10:00 ~ 마감일 18:00)

■ 응시자격

대기환경기사	· 동일(유사)분야 기사 · 산업기사 + 1년 · 기능사 + 3년 · 동일종목의 외국자격취득자 · 대졸(졸업예정자)	· 3년제 전문대졸 + 1년 · 2년제 전문대졸 + 2년 · 기사수준의 훈련과정 이수자 · 산업기사수준 훈련과정 이수 + 2년
대기환경산업기사	· 동일(유사)분야 산업기사 · 기능사 + 1년 · 동일종목의 외국자격취득자	· 기능경기대회 입상 · 전문대졸(졸업예정자) · 산업기사수준 훈련과정 이수자

■ 시험과목

구분	대기환경기사	대기환경산업기사
필기	① 대기오염개론 ② 연소공학 ③ 대기오염방지기술 ④ 대기오염 공정시험 기준(방법) ⑤ 대기환경관계법규	① 대기오염개론 ② 대기오염 공정시험 기준(방법) ③ 대기오염방지기술 ④ 대기환경관계법규
실기	대기오염방지 실무	대기오염방지 실무

■ 검정방법 및 시험기간

구분	필기		실기	
	검정방법	시험시간	검정방법	시험시간
대기환경기사	객관지 4지 택일형	과목당 20문항 (과목당 30분)	필답형	3시간
대기환경산업기사	객관지 4지 택일형	과목당 20문항 (과목당 30분)	필답형	2시간 30분

■ 시험방법

1년에 3회 시험을 치르며, 필기와 실기는 다른 날에 구분하여 시행합니다.

■ 합격자 기준

· 필기 : 100점을 만점으로 하여 과목당 40점 이상, 전과목 평균 60점 이상

· 실기 : 100점을 만점으로 하여 60점 이상

· 필기시험에 합격한 자에 대하여는 필기시험 합격자 발표일로부터 2년간 필기시험을 면제합니다.

■ 합격자 발표

최종 정답 발표는 인터넷(http://www.q-net.or.kr)을 통해 확인 가능합니다.

그리고 최종 합격자발표는 발표일에 인터넷(http://www.q-net.or.kr) 또는 ARS(1666-0100)로 확인 가능합니다.

실기 출제 경향 분석

*최근 4개년 기준

■ 대기환경기사

대기오염방지기술

구분		2019년 1회	2019년 2회	2019년 4회	2020년 1회	2020년 2회	2020년 3회	2020년 4회	2020년 5회	2021년 1회	2021년 2회	2021년 4회	2022년 1회	2022년 2회	2022년 4회	출제빈도
대기오염방지 실무를 위한 기초 개념	단위와 단위환산	0	0	0	0	0	0	0	0	0	0	0	0	0	0	0.0%
	기체 부피의 온도 및 압력 보정식	0	0	0	1	1	0	1	1	0	0	0	0	0	0	1.6%
	기초 화학	0	0	0	0	0	0	0	0	2	0	0	0	0	1	1.2%
오염물질 확산 및 예측하기	공기와 대기	0	1	1	0	1	0	0	0	0	1	0	0	0	1	2.0%
	대기오염과 대기오염물질	0	0	0	0	0	0	1	0	1	0	0	3	2	1	3.1%
	바람	0	0	1	0	1	0	0	0	0	0	0	0	0	0	0.8%
	대기의 안정	0	0	0	0	0	0	1	0	0	1	0	0	0	1	1.2%
	기온역전의 분류	0	0	0	0	0	0	0	0	0	0	0	0	0	0	0.0%
	대기확산방정식	0	1	0	2	1	2	0	2	2	2	0	0	1	1	5.5%
	대기모델링	0	0	0	0	0	0	0	0	1	0	0	0	2	0	1.2%
연소이론, 연소계산, 연소설비 이해하기	연소	0	0	0	0	0	0	0	0	0	0	0	0	0	0	0.0%
	연료	0	0	0	0	0	1	0	0	0	0	0	0	0	2	1.2%
	연소장치	0	0	0	0	0	0	0	0	0	0	0	0	0	0	0.0%
	자동차 연료	0	0	1	0	1	0	1	0	0	0	1	0	0	0	1.6%
	연소계산	2	0	2	3	1	3	2	3	2	3	7	2	4	1	13.8%
	연소열역학 및 열수지	1	0	0	0	0	0	1	0	0	0	0	1	2	0	2.0%
합계																35.0%

가스처리

구분		2019년 1회	2019년 2회	2019년 4회	2020년 1회	2020년 2회	2020년 3회	2020년 4회	2020년 5회	2021년 1회	2021년 2회	2021년 4회	2022년 1회	2022년 2회	2022년 4회	출제빈도
가스상 물질 처리 방법	유체의 흐름	0	0	0	1	1	0	1	1	0	0	0	1	0	0	2.0%
	흡수법	1	2	1	1	1	2	1	1	3	1	1	1	1	2	7.5%
	흡착법	0	0	0	0	0	1	0	0	0	0	1	0	1	0	1.2%
	산화 및 환원법	0	0	0	0	0	1	1	0	0	0	0	0	0	0	0.8%
	악취방지법	0	0	0	0	0	0	0	0	0	0	0	0	0	1	0.4%
	물질별 처리기술	2	2	0	0	2	2	1	0	1	3	2	5	0	2	8.7%
환기 및 통풍 장치	환기 및 통풍	1	2	1	2	0	1	1	2	1	2	2	0	0	0	5.9%
합계																26.4%

입자처리

구분		2019년 1회	2019년 2회	2019년 4회	2020년 1회	2020년 2회	2020년 3회	2020년 4회	2020년 5회	2021년 1회	2021년 2회	2021년 4회	2022년 1회	2022년 2회	2022년 4회	출제 빈도
입자와 집진원리	입자의 기본이론	0	0	0	1	0	0	0	0	0	0	1	0	0	3	2.0%
	집진원리	1	0	0	1	1	1	2	1	0	0	0	2	1	0	3.9%
집진장치	중력 집진장치	0	0	0	0	1	0	0	1	0	1	1	0	1	1	2.4%
	관성력 집진장치	0	0	1	0	0	0	0	0	0	0	0	0	0	0	0.4%
	원심력 집진장치	1	1	1	1	1	1	0	1	2	2	2	1	1	1	6.3%
	세정 집진장치	0	0	0	3	2	2	1	2	0	1	1	0	0	0	4.7%
	여과 집진장치	0	1	2	1	2	1	2	2	1	0	0	1	1	0	5.5%
	전기 집진장치	1	0	0	1	1	1	2	1	1	1	0	2	0	1	4.7%
합계																29.9%

대기오염 측정 및 관리

구분		2019년 1회	2019년 2회	2019년 4회	2020년 1회	2020년 2회	2020년 3회	2020년 4회	2020년 5회	2021년 1회	2021년 2회	2021년 4회	2022년 1회	2022년 2회	2022년 4회	출제 빈도
시료채취, 측정 및 분석	총칙	0	0	0	0	0	0	0	0	0	0	0	0	0	0	0.0%
	기기분석	1	1	0	0	1	0	1	0	1	0	0	1	1	1	2.8%
	가스상 물질의 시료채취방법	0	0	0	1	0	0	0	0	2	1	0	0	0	0	2.0%
	입자상 물질의 시료채취방법	0	1	0	0	0	0	0	0	0	0	1	0	0	0	0.8%
	각 물질별 공정시험방법	0	0	1	0	0	1	0	0	0	0	0	1	0	0	1.2%
대기환경 관계법규	환경정책기본법	0	0	0	1	1	0	0	1	0	0	0	0	1	1	2.0%
	실내공기질 관리법	0	0	0	0	0	0	0	0	0	0	0	0	0	0	0.0%
합계																8.7%

대기환경산업기사

대기오염방지기술

구분		2019년 1회	2019년 2회	2019년 4회	2020년 1회	2020년 2회	2020년 3회	2020년 4회	2020년 5회	2021년 1회	2021년 2회	2021년 4회	2022년 1회	2022년 2회	2022년 4회	출제 빈도
대기오염방지 실무를 위한 기초 개념	단위와 단위환산	0	0	0	0	0	0	0	0	0	1	0	0	0	0	0.4%
	기체 부피의 온도 및 압력 보정식	0	0	0	0	1	0	0	0	0	0	0	1	1	0	1.2%
	기초 화학	0	0	1	0	0	0	0	0	0	0	0	0	0	1	0.8%
오염물질 확산 및 예측하기	공기와 대기	0	0	0	0	0	0	0	0	0	0	0	0	0	0	0.0%
	대기오염과 대기오염물질	0	0	0	0	0	0	0	0	0	0	1	0	0	1	0.8%
	바람	0	1	0	1	0	0	0	1	0	0	1	1	0	0	2.0%
	대기의 안정	0	0	0	0	0	1	0	0	0	0	2	0	0	0	1.2%
	기온역전의 분류	1	1	0	0	0	0	0	0	0	0	0	0	0	1	1.2%
	대기확산방정식	0	0	1	0	1	0	1	0	1	1	1	0	2	0	3.1%
	대기모델링	0	0	1	0	0	0	0	0	0	0	0	0	1	0	0.8%
연소이론, 연소계산, 연소설비 이해하기	연소	0	0	0	0	0	2	0	0	0	0	0	0	0	0	0.8%
	연료	0	0	0	1	0	0	1	0	0	0	0	0	0	0	0.8%
	연소장치	0	0	0	0	0	0	0	0	0	0	0	0	0	0	0.0%
	자동차 연료	0	0	1	0	0	0	0	0	0	0	0	0	0	0	0.4%
	연소계산	0	2	1	1	2	2	2	2	4	2	2	4	3	2	11.4%
	연소열역학 및 열수지	2	1	0	0	0	0	0	0	0	1	0	1	1	0	2.4%
합계																27.0%

가스처리

구분		2019년 1회	2019년 2회	2019년 4회	2020년 1회	2020년 2회	2020년 3회	2020년 4회	2020년 5회	2021년 1회	2021년 2회	2021년 4회	2022년 1회	2022년 2회	2022년 4회	출제 빈도
가스상 물질 처리 방법	유체의 흐름	0	0	0	0	0	0	0	0	0	0	0	0	1	0	0.4%
	흡수법	1	1	0	3	2	2	3	3	2	1	1	1	2	4	10.2%
	흡착법	0	1	0	1	2	0	0	1	0	0	0	0	0	0	2.0%
	산화 및 환원법	0	0	0	0	0	1	0	0	0	0	0	0	0	0	0.4%
	악취방지법	0	0	0	0	0	0	0	0	0	0	0	0	0	0	0.0%
	물질별 처리기술	1	1	1	2	2	3	3	2	2	3	3	5	0	2	11.8%
환기 및 통풍 장치	환기 및 통풍	1	0	0	2	2	1	1	2	2	1	1	1	2	0	6.7%
합계																31.4%

입자처리

구분		2019년 1회	2019년 2회	2019년 4회	2020년 1회	2020년 2회	2020년 3회	2020년 4회	2020년 5회	2021년 1회	2021년 2회	2021년 4회	2022년 1회	2022년 2회	2022년 4회	출제 빈도
입자와 집진원리	입자의 기본이론	2	0	1	2	0	1	0	2	2	1	0	0	0	2	5.1%
	집진원리	0	0	0	0	1	0	2	0	0	2	0	1	0	0	2.4%
집진장치	중력 집진장치	0	0	0	0	1	1	0	0	2	0	0	1	0	1	2.4%
	관성력 집진장치	0	0	0	0	0	0	0	0	1	0	0	0	0	0	0.4%
	원심력 집진장치	0	2	2	1	1	0	2	1	1	3	2	1	1	1	7.1%
	세정 집진장치	1	0	1	2	0	2	0	2	0	0	1	1	1	1	4.7%
	여과 집진장치	1	0	0	2	2	1	1	2	0	1	2	0	1	1	5.5%
	전기 집진장치	1	1	0	0	1	2	1	0	1	2	2	1	3	2	6.7%
합계																34.1%

대기오염 측정 및 관리

구분		2019년 1회	2019년 2회	2019년 4회	2020년 1회	2020년 2회	2020년 3회	2020년 4회	2020년 5회	2021년 1회	2021년 2회	2021년 4회	2022년 1회	2022년 2회	2022년 4회	출제 빈도
시료채취, 측정 및 분석	총칙	0	1	0	0	0	0	0	0	0	0	1	0	0	0	0.8%
	기기분석	1	0	1	0	1	0	0	0	1	0	0	1	1	0	2.4%
	가스상 물질의 시료채취방법	0	0	0	0	1	0	0	0	0	1	0	0	0	0	0.8%
	입자상 물질의 시료채취방법	0	0	0	0	0	0	0	0	1	0	0	0	0	1	0.8%
	각 물질별 공정시험방법	0	0	0	1	0	0	1	1	0	0	0	0	0	0	1.2%
대기환경 관계법규	환경정책기본법	0	0	0	1	0	1	1	1	0	0	0	0	0	0	1.6%
	실내공기질 관리법	0	0	0	0	0	0	0	0	0	0	0	0	0	0	0.0%
합계																7.5%

대기 마스터 고경미가 알려주는 합격전략 및 학습방법

1 출제 비중 및 합격 전략

2차 시험 과목	연관 1차 시험 과목 (기사 과목 기준)	평균 출제율(%)
대기오염방지기술	1과목 개론 2과목 연소공학	25
가스처리	3과목 방지기술 – 가스상 물질 처리	35
입자처리	3과목 방지기술 – 입자상 물질 처리	30
대기오염 측정 및 관리	4과목 공정시험기준 5과목 관계 법규	10

전략 1 1차 시험 합격의 감각을 끌어올린다.

· 대기환경(산업)기사 2차 시험은 1차 시험(객관식 4지선다) 문제가 2차 시험에서 주관식 문제로 그대로 출제되는 경우가 50%입니다.

· 따라서, 1차 시험에 합격했을 때의 감각을 잊지 않도록 2차 시험을 준비하여야 합니다.

· 감각을 다시 찾을수 있도록 1차 시험에서 공부한 내용을 병행하여 정리하도록 합니다.

전략 2 유형별로 다른 전략으로 학습한다.

· 2차 시험은 주관식 시험이고, 계산형과 서술형의 2가지 유형이 있습니다.

· 따라서, 유형별로 주관식 답안을 작성하는 방법과 학습방법이 달라야 합니다.

계산형 전략

계산형은 암기할 공식이 전체 30~40개 정도로 서술형보다 적지만, 한 가지 공식이라도 응용이 가능하므로, 계산유형별 연습이 필요합니다. 따라서 다음과 같이 학습하도록 합니다.

① 관련 공식을 암기(각 인자의 단위 포함)

② 문제를 보고 사용할 공식을 찾고, 그 공식에 맞게 계산 연습 필요

③ 대략적 문제 푸는 순서를 파악하고 문제 풀기

　　A를 구하고, A를 이용해 B를 구하고, B를 이용해 최종값 C를 구하는 문제인 경우,

　　A, B, C를 구하는 순서를 미리 대략적으로 파악하고 순서에 따라 문제를 푸는 연습이 필요합니다.

주관식 계산형 문제의 답안 작성 요령

· 계산 과정에서 반올림하지 않음

　계산형 문제는 풀이과정에서는 절대 반올림을 하지 않습니다. 반올림을 풀이과정에서 계속하다보면
　오차가 점점 커집니다. 따라서, 풀이과정에서는 소수점 4~5째자리까지 반올림 없이 그대로 계산에 사용하고,
　최종 답을 정답란에 기재할때만 소수점 3째자리에서 반올림해 소수점 2째자리까지 기입하도록 합니다.

· 정답 기입 시 단위까지 기입하는 연습을 할 것

　문제에 따라 정답에 기입할 단위가 주어진 문제도 있지만, 정답의 단위가 없는 문제도 있습니다.
　정답 단위가 주어진 경우에는 정답란에 단위 없이 숫자만 넣어도 되지만, 정답의 단위가 주어지지 않는
　문제에는 정답란에 단위를 빼면 오답처리가 됩니다. 따라서, 정답 단위가 주어진 경우이든,
　주어지지 않은 경우이든, 헷갈리지 않도록 정답란에 단위를 넣는 연습을 합니다.

	문제 예시	정답 예시
문제에 정답 단위가 주어진 경우	부피(m^3)는 얼마인가?	100
문제에 정답 단위가 주어지지 않은 경우	부피는 얼마인가?	$100m^3$
정답란 표시 통일		$100(m^3)$

> **서술형 전략**
>
> 서술형 부분은 출제 범위가 넓고, 단순 암기로 학습하여야 하는 부분입니다.
> 따라서,
>
> ① 출제 확률이 높은 빈출 서술형 부분을 추려, 그 부분만 집중적으로 외우도록 합니다.
>
> ② 키포인트 단어를 찾아 그 키포인트에 살을 붙여 문장을 만드는 연습을 해 암기량을 줄이도록 합니다.

2 과목별 학습방법

1과목 대기오염방지기술

· 1차 시험과목 중 개론과 연소공학에 해당하는 부분입니다.
  방지기술의 출제율은 전체 15~30% 정도이고, 이 중 대부분 문제가 연소공학에서 출제됩니다.
· 연소공학의 계산형 문제는 1차 시험과 동일한 문제가 출제되므로, 1차 필기시험과 동일하게 준비하도록 합니다.

> **연소공학 계산형 문제 주요 토픽**
>
> 1. 연소가스량 계산
> 2. 오염물질 농도 계산
> 3. 이론공기량 및 실제공기량 계산
> 4. 발열량 및 AFR 계산
> 5. 오염물질 농도 계산
> 6. 폭발 범위

연소공학 서술형 문제 주요 토픽

1. 공기비 및 등가비 크기와 연소 상태 서술

2. 착화점

3. 연소의 종류

· 개론은 범위는 넓으나 출제 비중이 낮고, 주로 서술형의 출제 비중이 높으므로,
  자주 출제되는 빈출 문제를 위주로 정리하도록 합니다.

개론 서술형 문제 주요 토픽

1. 비인 법칙, 스테판 볼츠만 법칙

2. 역전의 종류

3. 대기 안정도 지표에 대한 설명

4. 지구온난화

2과목 가스처리

· 1차 시험과목 중 3과목 방지기술 – 가스상 처리에 해당하는 부분입니다.
  전체 시험비중이 35%로 가장 많이 출제되는 부분이므로 반드시 잡아야 하는 부분입니다.

· 특히, 반응비를 이용한 약품 필요량을 계산하는 문제가 많이 출제되므로 반드시 공부해야 합니다.
  유형별로 응용도 많이 되므로 많은 연습이 필요합니다.

계산형 문제 주요 토픽

1. 반응비를 이용한 약품 필요량(SO_x, NO_x, HCl, HF, Cl_2 등 처리)

2. 흡수법 – 목부 수압 및 액가스비 공식

3. 레이놀즈 수

서술형 문제 주요 토픽

1. 배연탈황법 습식 및 건식 비교

2. 물리적 흡착과 화학적 흡착 비교

3. 연소공정 시 발생하는 질소산화물의 종류

4. 연소과정 시 질소산화물 저감방법

3과목 **입자처리**

· 1차 시험과목 중 3과목 방지기술 - 입자상 처리에 해당하는 부분입니다.
  전체 시험비중이 30%로 가스처리와 함께 가장 출제 빈도가 높은 부분입니다.

· 1차 시험문제가 그대로 출제되는 경우가 대부분이므로, 1차 기출문제와 병행해 준비하도록 합니다.

계산형 문제 주요 토픽

1. 각 집진장치별 관련 공식 이용 계산

2. 체상분율과 체하분율

3. 집진율, 통과율 계산

서술형 문제 주요 토픽

1. 입자의 직경(스토크 직경 및 공기역학적 직경)

2. 액가스비가 증가하는 경우

3. 전기 비저항

4과목 대기오염 측정 및 관리

· 1차 시험과목 중 4과목 공정시험기준, 5과목 법규에 해당하는 부분입니다.
  공정시험기준과 법규는 출제범위가 굉장히 넓으므로, 다 외우기 어렵습니다.

· 1, 2, 3과목에서 점수를 얻고 이 부분은 버릴 부분은 확실히 버리고 빈출 부분만 확실히 암기하도록 합니다.
  아래의 빈출 문제 빼고는 버립니다. 대신 그 시간에 1, 2, 3과목을 확실히 공부해 합격 점수를 얻도록 합니다.

공정시험기준 주요 토픽(서술형)

1. 이온크로마토그래피

2. 가스크로마토그래피

3. 총칙의 용어 – 용기, 방울수 등

4. 검출기 종류

공정시험기준 주요 토픽(계산형)

1. 가스크로마토그래피 관련 공식

2. 농도 보정 및 유량 보정

3. 비산먼지 농도 계산

법규 주요 토픽

1. 환경정책기본법 – 대기기준

2. 실내공기질 유지기준

3. 실내공기질 권고기준

기출문제

MEMO

1과목

대기오염 방지기술

Chapter 01 대기오염방지실무를 위한 기초 개념

I 단위와 단위환산

1. 기초환산

(1) 특징

① 같은 차원끼리는 크기 및 단위환산이 가능

> **예** 1ton = 1,000kg = 10^6g = 10^9mg

② 기준단위에 접두사를 붙여 단위의 크기를 나타냄

표 접두사

기호	크기	명칭
G	10^9	기가(giga-)
M	10^6	메가(mega-)
k	10^3	킬로(kilo-)
d	10^{-1}	데시(deci-)
c	10^{-2}	센티(centi-)
m	10^{-3}	밀리(mili-)
μ	10^{-6}	마이크로(micro-)
n	10^{-9}	나노(nano-)
p	10^{-12}	피코(pico)

(2) 단위환산

1) 길이

$$1km = 1,000m$$

$$1m = 10^3mm = 10^6\mu m = 10^9nm$$

2) 질량

$$1\text{ton} = 1{,}000\text{kg}$$
$$1\text{kg} = 10^3\text{g}$$
$$1\text{g} = 10^3\text{mg} = 10^6\mu\text{g}$$

3) 시간

$$1\text{yr} = 12\text{month} = 365\text{day}$$
$$1\text{month} = 30\text{day}$$
$$1\text{day} = 24\text{hr}$$
$$1\text{hr} = 60\text{min}$$
$$1\text{min} = 60\text{sec}$$

$$
\begin{aligned}
1\text{일} &= 24\text{hr} \\
&= \frac{24\text{hr}}{1} \times \frac{60\text{min}}{1\text{hr}} = 1{,}440\,\text{min} \\
&= \frac{1{,}440\text{min}}{1} \times \frac{60\text{sec}}{1\text{min}} = 86{,}400\,\text{sec}
\end{aligned}
$$

4) 온도
물체의 차고 뜨거운 정도를 수량으로 나타낸 것

① 절대온도와 섭씨온도 환산

$$T = t + 273$$

T : 절대온도(K)
t : 섭씨온도(℃)

② 화씨온도와 섭씨온도 환산

$$°\text{F} = \frac{9}{5}℃ + 32$$

°F : 화씨온도(°F)
℃ : 섭씨온도(℃)

5) 체적(부피, 용적)

$$1\text{m}^3 = 1{,}000\text{L}$$
$$1\text{cm}^3 = 1\text{cc} = 1\text{mL}$$

2. 유도단위

(1) 면적

$$1km^2 = (1,000m)^2 = 10^6 m^2$$

$$1m^2 = 10^4 cm^2 = 10^{12} \mu m^2 = 10^{18} nm^2$$

(2) 속도

단위 시간 동안에 이동한 거리, 물체의 빠르기(m/s)

$$속도 = \frac{거리}{시간} \qquad v = \frac{l}{t}$$

(3) 가속도

단위시간당 속도의 변화율(m/s^2)

$$가속도 = \frac{\Delta 속도}{시간} \qquad a = \frac{dv}{dt}$$

(4) 중력가속도

지구 중력에 의하여 지구상의 물체에 가해지는 가속도

$$g = 9.8m/s^2 = 980cm/s^2$$

(5) 힘

물체에 작용하여 물체의 모양을 변형시키거나 물체의 운동 상태를 변화시키는 원인

① 단위 : N(뉴턴)

$$힘 = 질량 \times 가속도$$
$$F = ma$$
$$(단위) \quad N = kg \cdot (m/s^2)$$

② 단위환산

$$1dyne = 1g \cdot cm/s^2$$
$$1N = 10^5 dyne$$

(6) 압력

단위 넓이의 면에 수직으로 작용하는 힘

$$압력 = \frac{힘}{면적} \qquad P = \frac{F}{A} = \frac{ma}{A}$$

$$(단위) \quad Pa = \frac{N}{m^2} = \frac{kg \cdot m/s^2}{m^2} = \frac{kg}{m \cdot s^2}$$

① 단위

압력 단위	기호 및 크기
기압	atm
수은주	mmHg = torr
수주	mmH_2O = mmAq = kg/m^2
파스칼	Pa = N/m^2 = $kg/m{\cdot}s^2$
킬로파스칼	1kPa = 1,000Pa

② 단위환산

대기압 크기 비교

$$
\begin{aligned}
1기압 \quad &= \quad 1atm \\
&= \quad 760mmHg \\
&= \quad 10,332mmH_2O \\
&= \quad 101,325Pa \\
&= \quad 101.325kPa \\
&= \quad 1,013.25hPa \\
&= \quad 1,013.25mbar \\
&= \quad 14.7PSI
\end{aligned}
$$

(7) 에너지(일)

일반적으로는 일을 할 수 있는 능력 또는 그 양(J)

$$
\begin{aligned}
에너지(일) \quad &= \quad 힘 \times 거리 \\
J \quad &= \quad N \times s \\
&= \quad kg \cdot (m/s^2) \times m \\
&= \quad kg \cdot m^2/s^2
\end{aligned}
$$

(8) 동력(일률, power)

단위 시간 동안에 한 일의 양(Watt)

$$\text{동력(일률)} = \frac{\text{일}}{\text{시간}} = \frac{\text{힘} \times \text{거리}}{\text{시간}}$$

$$W = \frac{J}{s} = \frac{N \cdot m}{s} = \frac{kg(m/s^2) \cdot m}{s} = kg \cdot m^2/s^3$$

(9) 무게(Weight, W)

어떤 질량을 가지는 물체가 받는 중력의 크기

$$\text{무게} = \text{질량} \times \text{중력가속도}$$
$$W = mg$$
$$1kg_f = kg \cdot (9.8m/s^2)$$

① 단위 : kg

② 질량과 무게 비교

구분	차원	단위
질량	M	kg
무게	ML/T^2 (힘의 차원과 같음)	kgf

질량과 무게는 차원은 다르지만 크기가 같음

예 몸무게(무게) 48kg라 하면, 무게도 48kgf, 질량도 48kg

(10) 밀도(ρ)

물질의 질량을 부피로 나눈 값

$$\text{밀도} = \frac{\text{질량}}{\text{부피}} \qquad\qquad \rho = \frac{M}{V}$$

① 단위 : kg/m^3, g/cm^3

② 정상상태(0℃, 1기압)에서 공기의 밀도는 $1.3kg/m^3$ 임

(11) 비중량(γ)

물질의 단위 부피당 무게

$$\text{비중량} = \frac{\text{무게}}{\text{부피}} \qquad\qquad \gamma = \frac{W}{V}$$

① 밀도와 비중량

$$\gamma = \frac{W}{V} = \frac{mg}{V} = \frac{kg \cdot m/s^2}{m^3} = \frac{kg}{m^2 s^2} = \left[\frac{M}{L^2 T^2}\right]$$

$$\gamma = \rho \times g$$
$$\text{비중량} = \text{밀도} \times \text{중력가속도}$$

② 특징
  ㉠ 밀도가 $1kg/cm^3$이면 비중량도 $1kgf/cm^3$ 임
  ㉡ 밀도와 비중량은 질량과 무게처럼 크기는 같으나 차원이 다름
  ㉢ 밀도와 비중량 모두 물질의 부피와 질량(무게)을 환산할 때 이용함

(12) 비중(S.G)

기준 물질의 밀도에 대한 어떤 물질의 밀도비

$$\text{비중} = \frac{\text{어떤 물질의 밀도}}{\text{기준 물질의 밀도}} \qquad S.G = \frac{\rho}{\rho_{기준}}$$

① 단위 : 무차원
② 기준 물질은 보통 물(밀도 $1t/m^3$)이므로, 어떤 물질의 밀도가 $1.3t/m^3$이면, 그 물질의
  비중도 1.3이 됨

(13) 점성계수(μ)

① 정의
  ㉠ 점성(viscosity) : 유체의 흐름에 저항하려는 성질
  ㉡ 점성계수 : 유체 점성의 크기를 나타내는 물질 고유의 상수(유속 구배와 전단력 사이
    비례상수(μ)

$$\tau = \mu(\partial u / \partial y)$$

τ : 유체의 경계면에 작용하는 전단력
$\partial u / \partial y$: 유속 구배(속도 경사)
u : 유속

② 단위 : poise, centi poise(cp), g/cm·s, kg/m·s
③ 단위환산

$$1poise = 1g/cm \cdot s = 1dyne \cdot s/cm^2 = 0.1kg/m \cdot s = 100cp$$

$$1kg/m \cdot s = 10g/cm \cdot s = 10poise$$

④ 특징
  ㉠ 점성계수는 유체의 종류에 따라 값이 다름
  ㉡ 액체는 온도가 증가하면 점성계수 값이 작아짐
  ㉢ 기체는 온도가 증가하면 점성계수 값이 커짐

(14) 동점성계수(kinematic viscosity)

점성계수를 유체의 밀도로 나눈 계수

$$\nu = \frac{\mu}{\rho}$$

① 단위 : cm^2/s, stokes

② 단위환산

$$1stokes = 1cm^2/s = 100cSt(센티스토크스)$$

③ 특징

㉠ 점성계수도 온도에 따라 값이 달라지므로 동점성계수도 온도에 따라 값이 달라짐

㉡ 액체는 온도가 증가하면 동점성계수 값이 작아짐

㉢ 기체는 온도가 증가하면 동점성계수 값이 커짐

Ⅲ 기체 부피의 온도 및 압력 보정식

1. 보일 – 샤를의 법칙

① 샤를의 법칙 : 기체의 부피는 절대온도와 비례함

② 보일의 법칙 : 기체의 부피는 압력과 반비례함

③ 따라서, 기체의 부피는 온도와 압력에 따라 부피가 달라짐

$$\frac{P_1 V_1}{T_1} = \frac{P_2 V_2}{T_2}$$

P_1 : 대기압(1기압)

V_1 : 0℃, 1기압에서의 기체부피

T_1 : 0℃에서의 절대온도(273K)

P_2 : P기압

V_2 : t℃, P기압에서의 기체부피

T_2 : t℃에서의 절대온도(273+t)

2. 정상상태의 기체 부피

0℃, 1기압(정상상태, STP 상태)일 때, 기체 종류에 상관없이 1mol의 기체 부피는 항상 일정함

$$1mol = 22.4L = 분자량\ g$$
$$1kmol = 22.4Sm^3 = 분자량\ kg$$

3. 정상상태가 아닐 때 기체의 온도 및 압력 보정식

(1) 온도가 t℃일 때의 기체 부피 보정식

$$V_t = V_0 \times \frac{273+t}{273}$$

t : 섭씨온도(℃)
V_0 : 0℃에서의 기체 부피
V_t : t℃에서의 기체 부피

(2) 압력이 P기압일 때의 기체 부피 보정식

$$V_2 = V_1 \times \frac{P_1}{P_2}$$

P_1 : 1atm
P_2 : 나중 압력
V_1 : 1atm 압력일 때의 기체 부피
V_2 : P_2 압력일 때의 기체 부피

(3) 온도가 t℃, 압력이 P기압일 때의 기체 부피 보정식

$$V_2 = V_1 \times \frac{273+t℃}{273+0℃} \times \frac{1atm}{P(atm)}$$

V_1 : 0℃, 1기압에서의 기체 부피
V_2 : t℃, P기압에서의 기체 부피

(4) 온도가 t℃, 압력이 P기압일 때의 기체 밀도(비중) 보정식

$$\gamma_2 = \gamma_1 \times \frac{273+0℃}{273+t℃} \times \frac{P(atm)}{1atm}$$

γ_1 : 0℃, 1기압에서의 기체 밀도(비중)
γ_2 : t℃, P기압에서의 기체 밀도(비중)

Ⅲ 기초 화학

1. 몰(mol)

(1) 정의

$$1mol = 6.02 \times 10^{23}개 = 아보가드로 수(N_A)$$

연필 1다스 = 12개, 계란 1판 = 30개처럼 묶어서 표현하는 것 같이 어떤 물질 6.02×10^{23}개를 묶어서 1몰(mol)이라 표현함

(2) 물질 1몰의 의미

$$원자\ 1몰의\ 질량\ =\ 원자\ 6.02 \times 10^{23}개의\ 질량\ =\ g\ 원자량(원자량g/mol)$$
$$분자\ 1몰의\ 질량\ =\ 분자\ 6.02 \times 10^{23}개의\ 질량\ =\ g\ 분자량(분자량g/mol)$$

2. 용액의 농도

(1) 정의

 ① 용매 : 녹이는 물질
 ② 용질 : 녹아 들어가는 물질
 ③ 용액 : 용매 + 용질(공기)

(2) 특징

용액은 용매와 용질의 혼합물

(3) 용액의 농도

1) 정의

$$농도 = \frac{용질}{용액}$$

2) 퍼센트 농도

① 질량/질량 퍼센트

$$(w/w) = \frac{용질\ g}{용액\ 100g} \times 100(\%)$$

② 질량/부피 퍼센트

$$(w/v) = \frac{용질\ g}{용액\ 100mL} \times 100(\%)$$

③ 부피/부피 퍼센트

$$(v/v) = \frac{용질\ mL}{용액\ 100mL} \times 100(\%)$$

3) ppm(part per million)

① 정의 : 100만분의 1을 나타냄

② 차원 : 무차원

③ 단위

$$부피/부피$$

$$ppm = \frac{1}{10^6} = \frac{1\,m^3}{10^6\,m^3} = \frac{1\,L}{10^6\,L} = \frac{1\,mL}{10^6\,mL}$$

$$ppm = \frac{1}{10^6} = \frac{1\,mL}{1\,m^3}$$

4) ppb(part per billion)

① 정의 : 십억분의 1을 나타냄

② 차원 : 무차원

③ 단위

$$ppb = \frac{1}{10^9} = \frac{1\,m^3}{10^9\,m^3} = \frac{1\,L}{10^9\,L} = \frac{1\,mL}{10^9\,mL}$$

$$ppb = \frac{1}{10^9} = \frac{1\,\mu L}{1\,m^3}$$

$$ppb = \frac{1}{10^9} = \frac{1\,mg}{1\,t} = \frac{1\,\mu g}{1\,kg} = \frac{1\,ng}{1\,g}$$

④ 환산

$$1\,ppb = 10^{-3}\,ppm$$

$$1\,ppm = 1,000\,ppb$$

핵심정리

단위환산 핵심정리

$1 = 100\% = 10^6\,ppm = 10^9\,ppb$

$1\% = 10^4\,ppm = 10^7\,ppb$

$1\,ppm = 1,000\,ppb$

5) 몰 농도(M)

용액 1L 중 용질의 mol 수

$$M농도(mol/L) = \frac{용질\ mol}{용액\ 부피(L)}$$

$$= \frac{w/M}{V}$$

w : 용질의 질량(g)

M : 용질의 몰질량(g/mol)

V : 용액의 부피(L)

6) 노말농도

용액 1L 중 용질의 당량(eq)

$$N = \frac{용질\ eq}{용액\ L}$$

7) 산술평균농도

① 각 측정지점의 유속과 먼지농도가 다를 경우

$$평균농도 = \frac{\sum 유속 \times 농도}{\sum 유속}$$

② 각 측정지점의 면적과 먼지농도가 다를 경우

$$평균농도 = \frac{\sum 면적 \times 농도}{\sum 면적}$$

③ 각 측정지점의 유량과 먼지농도가 다를 경우

$$평균농도 = \frac{\sum 유량 \times 농도}{\sum 유량}$$

3. pH

액성을 나타내는 지표

① 공식

$$pH = -\log[H^+]$$

$$pH + pOH = 14$$

$$pOH = 14 - pH$$

$$[H^+] = 10^{-\,pH}$$

$$[OH^-] = 10^{-\,pOH}$$

$$[H^+][OH^-] = 10^{-14}$$

$[H^+]$: H^+의 몰농도(mol/L)

$[OH^-]$: OH^-의 몰농도(mol/L)

② 액성

표 pH에 따른 액성

액성	정의	pH	pOH
산성	$[H^+] > [OH^-]$	7 이하	7 이상
중성	$[H^+] = [OH^-]$	7	7
염기성	$[H^+] < [OH^-]$	7 이상	7 이하

4. 중화반응

(1) 정의

① 산과 염기가 반응하는 것
② 수용액 안에서 산과 염기가 반응해서 염과 물을 발생하는 것

(2) 산과 염기의 혼합 용액의 농도

① 같은 액성의 혼합(산 + 산, 염기 + 염기인 경우)

$$N = \frac{N_1 V_1 + N_2 V_2}{V_1 + V_2}$$

N : 혼합 용액의 산(염기)의 N농도
N_1 : 용액1의 산(염기)의 N농도
N_2 : 용액2의 산(염기)의 N농도
V_1 : 용액1의 부피
V_2 : 용액2의 부피

② 다른 액성의 혼합(산+염기인 경우)

$$N = \frac{N_1 V_1 - N_2 V_2}{V_1 + V_2}$$

N : 혼합 용액의 산(염기)의 N농도
N_1 : 용액1 산의 N농도
N_2 : 용액2 염기의 N농도
V_1 : 용액1의 부피
V_2 : 용액2의 부피

Ⅰ 단위와 단위환산

01 200℃는 몇 ℉인가?

> **해설**
>
> $$°F = \frac{9}{5}℃ + 32$$
> $$°F = \frac{9}{5} \times 200 + 32 = 392°F$$
>
> **정답** 392℉

02 50℉는 몇 ℃인가?

> **해설**
>
> $$°F = \frac{9}{5}℃ + 32$$
> $$50 = \frac{9}{5} \times ℃ + 32$$
> $$\therefore 10℃$$
>
> **정답** 10℃

03 밀도 0.8g/cm^{3}인 유체의 동점도가 3stokes이라면 절대점도(poise)는?

> **해설**
>
> $\nu = \dfrac{\mu}{\rho}$ 이므로,
>
> $$\mu = \rho\nu = \frac{0.8\text{g}}{\text{cm}^3} \times \frac{3\text{cm}^2}{\text{s}} = 2.4\text{g/cm} \cdot \text{s} = 2.4\,\text{poise}$$
>
> **정답** 2.4poise

Ⅱ 기체 부피의 온도 및 압력 보정식

04 압력이 대기압 760mmHg에서 1,000mmHg로 변화되었을 때 SO₂(g) 1kmol의 부피는 얼마인가?

> **해설**
>
> $$V_2 = 22.4Sm^3 \times \frac{760mmHg}{1,000mmHg} = 17.024m^3$$
>
> **정답** $17.024m^3$

05 200℃에서의 SO₂(g) 1kmol의 부피는 얼마인가?

> **해설**
>
> 0℃에서 SO_2 1kmol = $22.4Sm^3$이므로,
>
> $$V_{200℃} = 22.4Sm^3 \times \frac{273+200}{273} = 38.810m^3$$
>
> **정답** $38.81m^3$

06 표준상태에서 배출가스의 밀도가 1.3kg/Sm³일 때, 211℃에서 배출가스의 밀도를 계산하시오.

> **해설**
>
> **t℃에서 배출가스 밀도**
>
> $$\gamma = \gamma_o \times \frac{273}{273+\theta_t} \times \frac{P_a+P_s}{760}$$
>
> $$\gamma = 1.3 \times \frac{273}{273+211} = 0.7332 kg/m^3$$
>
> **정답** $0.73kg/m^3$

연습문제

Ⅲ 기초 화학

07 페놀(C_6H_5OH) 1μg의 페놀 분자수는 얼마인가? (단, 표준상태 기준임)

> **해설**
>
> 모든 분자는 1mol = 분자량g = 6.02×10^{23}개 분자임
>
> 페놀 1mol = 94g = 6.02×10^{23}개 분자
>
> $\qquad$ 94g : 6.02×10^{23}개 분자
>
> $\qquad 1 \times 10^{-6}$g : $\qquad$ x 개 분자
>
> $\therefore$ x = $\dfrac{1 \times 10^{-6}g}{94g} \times (6.02 \times 10^{23}) = 6.404 \times 10^{15}$ 개 분자
>
> **정답** 6.40×10^{15}개

08 용액의 질량이 200g이고 질량퍼센트 농도가 30%일 경우 용질의 질량은 얼마인가?

> **해설**
>
> 질량퍼센트 농도가 30%이면,
>
> 용액 100g에 용질이 30g이므로,
>
> 용액 200g에는 용질이 60g 들어있다.
>
> $\dfrac{200\text{g 용액} \mid 30\text{g 용질}}{100\text{g 용액}}$ = 60g 용질
>
> **정답** 60g

09 물에 NaOH을 1mol 넣었더니 부피가 200mL인 수용액이 되었다. 이 용액의 퍼센트 농도(W/V)?

해설

$$\frac{1mol}{200mL\ 용액}\times\frac{40g}{1mol}\times100(\%) = 20\%$$

정답 20%

10 pH가 3.4일 때, 다음은 얼마인가?

(1) $[H^+]$

(2) $[OH^-]$

(3) pOH

해설

(1) $[H^+] = 10^{-pH} = 10^{-3.4} = 3.981\times10^{-4}M$

(2) $[OH^-] = 10^{-pOH} = 10^{-10.6} = 2.511\times10^{-11}M$

(3) $pOH = 14 - pH = 14 - 3.4 = 10.6$

정답 (1) $3.98\times10^{-4}M$ (2) $2.51\times10^{-11}M$ (3) 10.6

연습문제

11 pH 5.6인 빗물의 OH$^-$의 몰농도(M)를 구하시오.

> **해설**

pH = 5.6

pOH = 14 - pH = 14 - 5.6 = 8.4

[OH] = $10^{-8.4}$M = 3.9810×10^{-9}M

> **정답** 3.98×10^{-9}M

12 배출가스량이 100Sm^3/hr, HCl 농도가 200ppm인 배출가스를 물 5,000L에 순환시켜 충전탑에서 흡수하고 있다. 5시간 후의 순환수 중의 HCl의 규정농도(N)와 pOH는 각각 얼마인가? (단, 충전탑의 흡수효율은 60%임)

(1) 노말농도(N)

(2) pOH

> **해설**

(1) 노말농도(N)

$$N = \frac{\text{용질 eq}}{\text{용액 L}}$$

$$= \frac{\frac{200}{10^6} \times \frac{100\text{Sm}^3}{1\text{hr}} \times 5\text{hr} \times 0.6 \times \frac{1,000\text{L}}{1\text{Sm}^3} \times \frac{1\text{eq}}{22.4\text{L}}}{5,000\text{L}}$$

$$= 5.3571 \times 10^{-4}\text{N}$$

(2) pOH

pH = $-\log[\text{H}^+]$ = $-\log(5.3571 \times 10^{-4})$ = 3.2708

∴ pOH = 14 - pH = 14 - 3.2708 = 10.7292

> **정답** (1) 5.36×10^{-4} N (2) 10.73

Chapter 02 오염물질 확산 및 예측하기

Ⅰ 공기와 대기

1. 공기의 특성

(1) 공기의 분자량

공기 중 질소(N_2) 78%, 산소(O_2) 21% 존재하므로,

$$28 \times 0.78 + 32 \times 0.21 = 29g/mol$$

(2) 공기의 밀도

$$밀도 = \frac{질량}{부피} = \frac{M}{V} = \frac{29kg}{22.4Sm^3} = 1.3kg/Sm^3$$

(3) 기체의 비중

$$비중 = \frac{기체의\ 밀도}{공기의\ 밀도} = \frac{\frac{M}{22.4}}{\frac{29}{22.4}} = \frac{M}{29}$$

기체 분자량↑ → 비중↑

2. 혼합기체의 평균 분자량

$$평균\ 분자량 = \Sigma(분자량 \times 조성비율)$$

3. 대기 열역학

(1) 태양에너지

1) 태양상수

① 지구를 평면(원)으로 봤을 때, 수직인 $1cm^2$ 면적에 1분 동안 지구에 들어오는 태양복사에너지 크기

② $2cal/cm^2 \cdot min$

2) 평균태양에너지

① 지구를 입체(구)로 봤을 때, 수직인 $1cm^2$ 면적에 1분 동안 지구에 들어오는 태양복사에너지 크기

② $0.5cal/cm^2 \cdot min$

(2) 지구 복사 이론

① 스테판 볼츠만 법칙

흑체복사를 하는 물체에서 나오는 복사에너지는 표면온도의 4승에 비례함

$$E = \sigma T^4$$

E : 복사에너지
T : 절대온도
σ : 스테판 볼츠만 상수

② 비인(Vein)의 법칙

최대에너지 파장과 흑체 표면의 절대온도는 반비례함

$$\lambda = \frac{2,897}{T}$$

λ : 파장
T : 표면절대온도

③ 플랑크 복사법칙

온도가 증가할수록 복사선의 중심 파장이 짧아짐

Ⅱ 대기오염과 대기오염물질

1. 온실효과(지구온난화)

(1) 온실효과 원리

① 지구로 들어온 태양열 중 적외선 일부가 온실가스에 의해 흡수되어 지구 밖으로 나가지 못하고 순환되는 현상을 온실효과라 한다.

② 이 온실효과에 의해 지구의 연평균 기온이 일정하게 유지된다. 최근에는 온실가스 증가로 지구온난화가 발생하고 있다.

(2) 온실효과 원인 물질

CO_2, CH_4, N_2O, CFC, HFC, SF_6, CCl_4, O_3, H_2O 등

(3) 온실효과 기여도

대기 중 존재량을 고려한 비율

$CO_2(55\%) > CFCs(17\%) > CH_4(15\%) > N_2O(5\%) > H_2O$ 등 기타(8%)

(4) 온난화 지수(global warming potential : GWP)

① 단위질량당 기여도(흡수율)

$SF_6(23,900) > PFC(7,000) > HFC(1,300) > N_2O(310) > CH_4(21) > CO_2(1)$

② 온실효과를 일으키는 잠재력을 표현한 값

③ CO_2를 1로 기준함

(5) 교토의정서 감축대상가스

이산화탄소(CO_2), 메탄(CH_4), 아산화질소(N_2O), 과불화탄소(PFC), 수소불화탄소(HFC), 육불화황(SF_6)

2. 오존층파괴

(1) 오존층파괴지수(ODP)

> 할론1301 > 할론2402 > 할론1211 > 사염화탄소 > CFC11 > CFC12 > HCFC

3. 대기오염물질의 분류

(1) 1차 대기오염물질
     ① 발생원에서 직접 대기 중으로 배출된 대기오염물질
     ② 예 SO_x, NO_x, 먼지, CO, HC, HCl, NH_3, N_2O_3, SiO_2, $NaCl$, Pb, Zn 등 대부분

(2) 2차 대기오염물질
     ① 1차 대기오염물질이 반응하여(산화반응이나 광화학반응) 생성된 대기오염물질
     ② 예 O_3, PAN, H_2O_2, $NOCl$, CH_2CHCHO(아크롤레인), 케톤 등

Ⅲ 바람

1. 바람의 종류

(1) 지균풍
마찰 영향이 무시되는 상층에서 부는 공중풍으로, 기압경도력과 전향력이 평형을 이룰 때 부는 수평 바람

(2) 경도풍
     ① 지균풍에 원심력 효과가 포함된 수평 바람
     ② 마찰 영향이 무시되는 상층에서 부는 공중풍으로, 기압경도력과 전향력, 원심력이 평형을 이룰 때 부는 수평 바람

(3) 지상풍
마찰력이 작용하는 지상에서 기압경도력, 전향력, 마찰력이 평형을 이룰 때 부는 수평 바람

2. 국지풍

(1) 해륙풍

해륙풍은 육지와 바다의 비열 차이로 발생한다. 낮에 비열이 작은 육지가 햇빛에 가열되어 육지공기가 상승하고 저기압이 되어 바다에서 육지로 바람이 불어오는데, 이것이 해풍이다. 밤에는 바다가 육지보다 덜 식어 바다 공기가 육지보다 고온이 되므로, 바다 공기가 저기압이 되어 육지에서 바다로 바람이 불어오는데, 이것이 육풍이다.

	원인	낮	밤
해륙풍	바다와 육지의 비열차 (온도차)	해풍 / 강 바다 → 육지 / 8~15km	육풍 / 약 육지 → 바다 / 5~6km

(2) 산곡풍

낮에는 산의 비탈면, 정상 부근이 햇빛에 더 쉽게 가열되어 골짜기에서 산 비탈면을 따라 상승하는 바람, 즉, 곡풍이 불어온다. 반대로 밤에는 산 정상이 더 빨리 냉각되어 산 비탈면을 따라 하강하는 바람이 부는데 이것이 산풍이다.

	원인	낮	밤
산곡풍	비열차 (온도차)	곡풍 / 강 골짜기 → 산 정상	산풍 / 약 산 정상 → 골짜기

(3) 푄풍

① 원인

> 사면을 따라 상승한 기류가 단열냉각되며, 구름과 비를 형성
> → 산 정상에서는 건조한 공기가 됨
> → 산을 넘어 내려오며 건조단열되면서 온도가 증가함

② 산맥의 풍하 측에 고온 건조한 바람이 부는 현상
③ 높새바람 : 태백산맥 서쪽 내륙에 부는 고온 건조한 바람

(4) 전원풍

① 원인 : 도시열섬현상(효과) → 도시중심부 상승기류 발생 → 시골에서 보완하는 바람이 수평으로 불어옴
② 풍향 변화는 없지만 풍속은 주기적으로 변함, 하늘이 맑고 바람이 약한 야간에 특히 심하게 부는 경향이 있음

Ⅳ 대기의 안정

1. 대기의 안정

1) 대기 안정(기온역전)
대기가 안정되어 오염물질의 확산이 안 되는 상태로, 대기오염이 심해짐

2) 대기 불안정
대기 오염물질의 확산이 잘 일어남, 대기오염 감소

2. 대기안정도

(1) 분류
① 정적 안정도 : 기온감율, 온위 경사
② 동적 안정도 : 파스킬 수, 리차드슨 수

(2) 기온감율과 안정도
건조단열감율(r_d)과 실제감율(환경감율, r) 간의 관계로 대기의 안정도를 예측함

구분	대기 안정도	상태
$r > r_d > r_w$	불안정(과단열)	매우 불안정, 열적 난류, 빠른 확산
$r = r_d$	중립	-
$r_d > r > r_w$	조건부 불안정(미단열)	약한 불안정 또는 안정, 느린 확산, 난류는 일어나지 않음
고도에 따른 온도 변화 없음	등온	안정상태로 상하혼합이 일어나지 않음
$r_d > r_w > r$	안정(역전)	강한 안정, 대기오염 심화

(3) 온위(Potential Temperature) 경사

1) 온위
어떤 고도의 건조 공기덩어리를 1,000mbar의 기압고도로 단열적으로 이동시켰을 때 갖는 온도

2) 온위의 계산

$$\theta = T\left(\frac{P_o}{P}\right)^{\frac{R}{C_p}}$$

$$= T\left(\frac{1,000}{P}\right)^{0.288}$$

$$= T\left(\frac{P_o}{P}\right)^{\frac{k-1}{k}}$$

θ :	온위(단위 : K)
P_o :	1,000(mbar)
R :	기체상수
C_p :	정압비열
T :	P기압에서의 절대온도(K)
P :	공기의 기압(mbar)
k :	비열비

3) 온위 경사(dθ/dZ)와 대기 안정도의 판정
① 고도가 증가함에 따라 온위가 감소, dθ/dZ < 0 : 불안정
② 고도가 증가함에 따라 온위가 일정, dθ/dZ = 0 : 중립
③ 고도가 증가함에 따라 온위가 증가, dθ/dZ > 0 : 안정(역전)

$$\left(\frac{d\theta}{dZ}\right)_{env} < 0 \quad : \quad 불안정$$

$$\left(\frac{d\theta}{dZ}\right)_{env} = 0 \quad : \quad 중립$$

$$\left(\frac{d\theta}{dZ}\right)_{env} > 0 \quad : \quad 안정$$

dZ :	고도변화
dθ :	온도변화

(4) 파스킬(Pasquill) 수
대기 안정도를 풍속, 운량(구름의 양), 일사량을 이용해 나타낸 값

(5) 리차드슨 수(Ri)

1) 정의
대류 난류를 기계적 난류로 전환시키는 비율

$$Ri = \frac{g}{T}\frac{\triangle T/\triangle Z}{(\triangle U/\triangle Z)^2}$$

g :	중력가속도(9.8m/s^2)
T :	평균절대온도(℃ + 273) = $\frac{T_1 + T_2}{2}$
$\triangle$Z :	고도차(m)
$\triangle$U :	풍속차(m/s)
$\triangle$T :	온도차(K)

2) 리차드슨 수와 대기의 안정

-	0	+
불안정	중립	안정

① Ri < -0.04 : 대류(열적 난류) 지배, 대류가 지배적이어서 바람이 약하게 되어 강한 수직운동이 일어남
② -0.04 < Ri < 0 : 대류와 기계적 난류 모두 존재, 주로 기계적 난류가 지배적
③ Ri = 0 : 기계적 난류만 존재
④ 0 < Ri < 0.25 : 기계적 난류 감소
⑤ 0.25 < Ri : 수직방향 혼합 거의 없고, 대류 없음(안정), 난류가 층류로 변함

V 기온역전의 분류

	분류	정의 및 특징
공중 역전	침강성 역전	· 정체성 고기압 기층이 서서히 침강하면서 단열압축되면 온도가 증가하여 발생 · 고기압, 장기간 → 고도하강 → 단열압축 → 온도 증가 · LA 스모그
	해풍형 역전	· 바다에서 차가운 바람이 더워진 육지로 불 때 발생 · 해풍(낮)이 불기 시작하면 바다의 서늘한 공기와 육지의 더워진 공기 사이에서 전선면이 생성 (해풍형 전선)
	난류형 역전	· 난류 발생으로 대기가 혼합되면서 기온분포는 건조단열체감율에 가까워지고 이 혼합층 상단에 역전층이 발생 · 난류가 일어날 때에는 대기오염은 적어짐
	전선형 역전	· 따뜻한 공기(온난 기단)가 찬 공기(한랭 기단) 위를 타고 상승하는 전이층에서 발생
지표 역전	복사성(방사성) 역전	· 밤에서 새벽까지 단기간 형성 · 밤에 지표면 열이 냉각되어 기온역전 발생 · 일출 직전에 하늘이 맑고 바람이 적을 때 가장 강하게 형성 · 안개 발생, 매연이 소산되지 못하므로 대기오염 물질은 지표부근 축적 · 런던 스모그 · 플룸 : 훈증형
	이류성 역전	· 따뜻한 공기가 찬 지표면이나 수면 위를 지날 때 발생

1. 복사성 역전

　　① 원인
　　　　· 일몰 후 지표면이 냉각되면서 지표면의 온도는 저온, 고도가 높은 대기는 고온이
　　　　　되면서 기온역전 발생함
　　　　· 밤에서 새벽까지 단기간 형성
　　　　· 일출 직전에 하늘이 맑고 바람이 적을 때 가장 강하게 형성
　　② 대표적 사건 : 런던 스모그

2. 침강성 역전

　　① 원인 : 고기압이 장기간 머물면, 기층이 서서히 침강하면서 단열압축되므로, 온도가 증
　　　　가하여 상층은 고온, 하층은 저온이 되는 침강성 역전이 발생함
　　② 대표적 사건 : LA 스모그

VI 대기확산방정식

1. 최대혼합고(Maximum Mixing Depth; MMD) (=최대 혼합깊이)

　　① 정의 : 건조단열감율과 환경감율이 만날 때까지의 고도
　　② 최대혼합고와 오염농도와의 관계

$$C \propto \frac{1}{h^3}$$

$$C_2 = C_1 \left(\frac{h_1}{h_2}\right)^3$$

　　　C : 오염농도
　　　h : 최대혼합고

2. 유효굴뚝높이(H_e)

(1) 정의

굴뚝의 배출가스가 대기 중에 퍼져나가는 높이

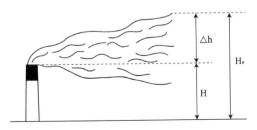

(2) 공식

$$H_e = H + \triangle h$$

H_e : 유효 굴뚝높이(m)
H : 실제 굴뚝높이(m)
$\triangle h$: 연기 상승높이(m)

3. 연기상승고($\triangle h$)

연기 수직 확산폭의 중심선과 굴뚝 사이의 길이

(1) 영향인자

① 풍속 작을수록
② 배출속도 클수록
③ 굴뚝직경 클수록
→ 연기상승고 증가

(2) 공식

① 연기상승고

$$\triangle h = 1.5 V_s \times \frac{D}{U}$$

D : 굴뚝직경(m)
U : 풍속(m/s)
V_s : 배출가스 속도(m/s)

② 부력계수(F)가 주어지지 않는 경우 연기상승고

아래 식으로 부력계수를 먼저 계산한 후, 문제에 주어진 연기상승고 공식으로 계산함

$$F = g V_s \times \left(\frac{D}{2}\right)^2 \times \left(\frac{T_s - T_a}{T_a}\right)$$

F : 부력계수
g : 중력가속도(m/s²)
V_s : 배기가스 속도(m/s)
T_s : 배기가스 온도(K)
T_a : 외기 온도(K)
D : 굴뚝직경(m)

③ 홀랜드 식

$$\triangle H = \frac{V_s \cdot d}{U}\left[1.5 + 2.68 \times 10^{-3} Pa\left(\frac{T_s - T_a}{T_s}\right)d\right]$$

Pa : 기압(mbar, hPa)

4. 최대착지농도(C_{max})

(1) 정의

연기가 땅바닥에 떨어질 때의 최대 농도

(2) 공식

가우시안 모델에서 유도됨

$$C_{max} = \frac{2Q}{\pi e U H_e^2}\left(\frac{\sigma_z}{\sigma_y}\right)$$

C_{max}	:	최대착지농도
Q	:	오염물질 배출량(m^3/s, = 가스 유량 × 오염물질 농도)
U	:	풍속(m/s)
H_e	:	유효굴뚝높이(m)
σ_z, σ_y	:	확산계수

5. 최대착지거리(X_{max})

최대착지농도가 나타날 때의 굴뚝에서의 수평거리

$$X_{max} = \left(\frac{H_e}{\sigma_z}\right)^{\frac{2}{2-n}}$$

H_e	:	유효굴뚝높이(m)
σ_z	:	z축 확산계수
n	:	안정도계수

6. 가우시안 방정식을 이용한 오염물질 농도 계산

① 가우시안 확산방정식

$$C(x,y,z,H_e) = \frac{Q}{2\pi\sigma_y\sigma_z U}\exp\left[\frac{-1}{2}\left(\frac{y}{\sigma_y}\right)^2\right]\times\left\{\exp\left[\frac{-1}{2}\left(\frac{z-H_e}{\sigma_z}\right)^2\right] + \exp\left[\frac{-1}{2}\left(\frac{z+H_e}{\sigma_z}\right)^2\right]\right\}$$

Q	:	오염물질 배출량(mg/m^3 = 가스 유량 × 오염물질 농도)
σ_z, σ_y	:	각 방향 확산폭(m)

② 지표에서의 농도($z = 0$)

$$C(x, y, 0 : H_e) = \frac{Q}{\pi\sigma_y\sigma_z U}\exp\left[-\frac{1}{2}\left\{\left(\frac{y}{\sigma_y}\right)^2 + \left(\frac{H_e}{\sigma_z}\right)^2\right\}\right]$$

③ 중심선상 농도(y, z = 0)

$$C(x, 0, 0 : H_e) = \frac{Q}{\pi \sigma_y \sigma_z U} \exp\left[-\frac{1}{2}\left(\frac{H_e}{\sigma_z}\right)^2\right]$$

④ 지표점 배출원의 중심축상 지상오염 농도(y, z, H_e = 0)

$$C(x, 0, 0 : 0) = \frac{Q}{\pi \sigma_y \sigma_z U}$$

7. 풍속과 고도의 관계(데콘식)

$$U = U_o \times \left(\frac{Z}{Z_o}\right)^p$$

U : Z 고도에서의 풍속
U_o : Z_o 고도에서의 풍속
Z : 나중 고도
Z_o : 처음 고도
p : 풍속 지수

VII 대기모델링

1. 상자모델(box model)

질량보존법칙에 기본을 둔 모델

(1) 가정조건

① 면 배출원
② 배출된 대기오염물질은 방출과 동시에 전 지역에 균등하게 혼합됨
③ 대기오염 배출원이 측정지역에 균일하게 분포
④ 바람의 방향과 속도 일정
⑤ 배출오염물질은 다른 물질로 전환되지 않으며, 1차 반응만 함
⑥ 상자 안에서는 밑면에서 방출되는 오염물질이 상자 높이인 혼합층까지 즉시 균등하게 혼합됨
⑦ 고려되는 공간의 단면에 직각방향으로 부는 바람의 속도가 일정하여 환기량이 일정함

2. 분산모델과 수용모델

분산모델	수용모델
기상학적 원리에서 영향을 예측하는 모델	수많은 오염원의 기여도를 추정하는 모델
① 미래의 대기질을 예측 가능 ② 대기오염제어 정책입안에 도움 ③ 2차 오염원의 확인이 가능 ④ 점, 선, 면 오염원의 영향 평가 가능 ⑤ 기상의 불확실성, 오염원 미확인 같은 경우에는 문제점 야기 ⑥ 특정오염원의 영향을 평가할 수 있는 잠재력이 있음 ⑦ 오염물의 단기간 분석 시 문제 야기 ⑧ 지형 및 오염원의 조업조건에 영향 ⑨ 새로운 오염원이 지역 내에 들어서면 매번 재평가 ⑩ 기상과 관련하여 대기 중의 무작위적인 특성을 적절하게 묘사할 수 없기 때문에 결과에 대한 불확실성이 크게 작용함	① 지형이나 기상학적 정보 없이도 사용 가능 ② 오염원의 조업이나 운영상태에 대한 정보 없이도 사용 가능 ③ 수용체 입장에서 영향평가가 현실적 ④ 입자상, 가스상 물질, 가시도 문제 등을 환경과학 전반에 응용 가능 ⑤ 현재나 과거에 일어났던 일을 추정하여 미래를 위한 전략은 세울 수 있지만 미래 예측은 곤란 ⑥ 측정자료를 입력자료로 사용하므로 시나리오 작성이 곤란

연습문제

오염물질 확산 및 예측하기

▮ 공기와 대기

01 용량비로 CO 45%, H₂ 55%인 기체혼합물에서 다음을 구하시오.

(1) CO의 중량비(W/W%)

(2) 기체혼합물의 평균분자량

해설

(1) 중량 = 밀도×부피 = 분자량×부피이므로,

$$CO의\ 중량비(W/W\%) = \frac{CO}{CO+H_2} = \frac{28\times0.45}{28\times0.45+2\times0.55}$$

$$= 0.91970 = 91.97\%$$

(2) 평균분자량 = ∑(분자량×조성비율)

= 28×0.45 + 2×0.55

= 13.7

정답 (1) 91.97% (2) 13.7g/mol

02 다음은 태양에너지 복사와 관련된 용어이다. 다음 용어를 설명하시오.

(1) 알베도(albedo)

(2) 비인의 변위법칙(법칙의 관련식을 기재할 것)

정답 (1) 알베도(albedo) : 입사에너지에 대해 반사되는 에너지의 비
(2) 비인(Vein)의 법칙 : 최대에너지 파장과 흑체 표면의 절대온도는 반비례함을 나타내는 법칙

$$\lambda = \frac{2,897}{T}$$

λ : 파장

T : 표면절대온도

03 어느 도시 지역이 대기오염으로 인하여 시골 지역보다 태양의 복사열량이 10% 감소한다고 한다. 도시 지역의 지상온도가 255K일 때, 시골 지역의 지상 온도는 얼마가 되겠는가? (단, 스테판 볼츠만의 법칙을 이용한다.)

해설

$E = \sigma \times T^4$ 이므로,

도시 지역 에너지(E_1) = 시골 지역 에너지(E_2) × 0.9

$\sigma \times 255^4 = \sigma \times T^4 \times 0.9$

$\therefore T = \sqrt[4]{\dfrac{255^4}{0.9}} = 261.805K$

정답 261.81K

Ⅱ 대기오염과 대기오염물질

04 다음은 온실효과에 관한 질문이다. 다음 질문에 답하시오.

(1) 온실효과 원리

(2) 온실효과 원인 물질(3가지)

정답 (1) 온실효과 원리
지구로 들어온 태양열 중 적외선 일부가 온실가스에 의해 흡수되어 지구 밖으로 나가지 못하고 순환되는 현상을 온실효과라 한다.
이 온실효과에 의해 지구의 연평균 기온이 일정하게 유지된다.
최근에는 온실가스 증가로 지구온난화가 발생하고 있다.

(2) 온실효과 원인 물질(3가지)
CO_2, CH_4, N_2O, CFC-11(CCl_3F), CFC-12(CCl_2F_2), CH_3CCl_3, CCl_4, O_3, H_2O 등

연습문제

05 다음 특정 오염물질 중 오존층파괴지수(ODP)가 큰 것부터 순서대로 나열하시오.

> [보기]
>
> $C_2F_4Br_2$, CF_3Br, CH_2BrCl, $C_2F_3Cl_3$, CF_2BrCl

해설

① $C_2F_4Br_2$ 할론2402

② CF_3Br 할론1301

③ CH_2BrCl HCFC

④ $C_2F_3Cl_3$ CFC

⑤ CF_2BrCl 할론1211

오존층파괴지수(ODP)

할론1301 > 할론2402 > 할론1211 > 사염화탄소 > CFC11 > CFC12 > HCFC 순서이므로,

∴ CF_3Br > $C_2F_4Br_2$ > CF_2BrCl > $C_2F_3Cl_3$ > CH_2BrCl

정답 CF_3Br > $C_2F_4Br_2$ > CF_2BrCl > $C_2F_3Cl_3$ > CH_2BrCl

06 광화학 반응에 의한 2차 오염물질 3가지를 쓰시오.

해설

2차 대기오염물질

1차 대기오염물질이 반응하여(산화반응이나 광화학반응) 생성된 대기오염물질

O_3, PAN, H_2O_2, NOCl, CH_2CHCHO(아크롤레인), 케톤 등

정답 O_3, PAN, H_2O_2

Ⅲ 바람

07 바람의 종류 중 지균풍과 경도풍에 관해 서술하시오. (단, 각 바람에 작용하는 힘이 들어가도록 함)

(1) 지균풍

(2) 경도풍

해설

지균풍

마찰 영향이 무시되는 상층에서 부는 공중풍으로, 기압경도력과 전향력이 평형을 이룰 때 부는 수평 바람

경도풍

지균풍에 원심력 효과가 포함된 수평 바람

마찰 영향이 무시되는 상층에서 부는 공중풍으로, 기압경도력과 전향력, 원심력이 평형을 이룰 때 부는 수평 바람

정답 (1) 지균풍 : 마찰 영향이 무시되는 상층에서 부는 공중풍으로, 기압경도력과 전향력이 평형을 이룰 때 부는 수평 바람

(2) 경도풍 : 마찰 영향이 무시되는 상층에서 부는 공중풍으로, 기압경도력과 전향력, 원심력이 평형을 이룰 때 부는 수평 바람

08 바람의 종류 중 지균풍에 관해 서술하시오. (단, 각 바람에 작용하는 힘이 들어가도록 함)

정답 지균풍 : 마찰 영향이 무시되는 상층에서 부는 공중풍으로, 기압경도력과 전향력이 평형을 이룰 때 부는 수평 바람

연습문제

09 산곡풍, 해륙풍, 경도풍에 관하여 각각 서술하시오. (단, 정의, 발생원인, 낮과 밤의 특성 비교가 들어가도록 작성할 것)

(1) 해륙풍

(2) 산곡풍

(3) 경도풍

정답 (1) 해륙풍 : 해륙풍은 육지와 바다의 비열 차이로 발생한다. 낮에 비열이 작은 육지가 햇빛에 가열되어 육지공기가 상승하고 저기압이 되어 바다에서 육지로 바람이 불어오는데, 이것이 해풍이다. 밤에는 바다가 육지보다 덜 식어 바다 공기가 육지보다 고온이 되므로, 바다 공기가 저기압이 되어 육지에서 바다로 바람이 불어오는데, 이것이 육풍이다.

(2) 산곡풍 : 산곡풍은 산 정상과 골짜기의 일광 차이로 발생한다. 낮에는 산의 비탈면, 정상 부근이 햇빛에 더 쉽게 가열되어 골짜기에서 산 비탈면을 따라 상승하는 바람, 곡풍이 불어온다. 반대로 밤에는 산 정상이 더 빨리 냉각되어 산 비탈면을 따라 하강하는 바람이 부는데 이것이 산풍이다.

(3) 경도풍 : 마찰 영향이 무시되는 상층에서 부는 공중풍으로, 기압경도력과 전향력, 원심력이 평형을 이룰 때 부는 수평 바람

Ⅳ 대기의 안정

10 대기안정도를 나타내는 지표 중 리차드슨 수(Richardson's Number)의 정의와 공식을 적고, 수치에 따른 안정도를 설명하시오.

정답 1) 정의 : 대류 난류를 기계적 난류로 전환시키는 비율

2) 공식

$$Ri = \frac{g}{T} \frac{\triangle T / \triangle Z}{(\triangle U / \triangle Z)^2}$$

여기서,   g   :   중력가속도($9.8 m/s^2$)

           T   :   평균절대온도(℃ + 273)

        $\triangle Z$:   고도차(m)

        $\triangle U$:   풍속차(m/s)

        $\triangle T$:   온도차(℃)

3) 안정도

    ① Ri < -0.04 : 대류(열적 난류) 지배, 대류가 지배적이어서 바람이 약하게 되어 강한 수직운동이 일어남

    ② -0.04 < Ri < 0 : 대류와 기계적 난류 둘 모두 존재, 주로 기계적 난류가 지배적

    ③ Ri = 0 : 기계적 난류만 존재

    ④ 0 < Ri < 0.25 : 기계적 난류 감소

    ⑤ 0.25 < Ri : 수직방향 혼합 거의 없고, 대류 없음(안정), 난류가 층류로 변함

연습문제

11 다음은 하층 대기의 기상관측자료이다. 주어진 자료를 이용하여 리차드슨 수를 구하고 대기 상태를 판별하시오.

고도(m)	풍속(m/s)	온도(℃)
3	3.9	14.7
2	3.3	15.4

해설

$$T = 273 + \frac{14.7 + 15.4}{2} = 288.05$$

$$\triangle T = 14.7 - 15.4 = -0.7$$

$$\triangle Z = 3 - 2 = 1$$

$$\triangle U = 3.9 - 3.3 = 0.6$$

$$Ri = \frac{g}{T} \frac{\triangle T / \triangle Z}{(\triangle U / \triangle Z)^2} = \frac{9.8}{288.05} \times \frac{-0.7/1}{(0.6/1)^2} = -0.066$$

- g : 중력가속도(9.8m/s²)
- T : 평균절대온도(℃ + 273)
- $\triangle Z$: 고도차(m)
- $\triangle U$: 풍속차(m/s)
- $\triangle T$: 온도차(K)

Ri < 0이면 불안정임

정답 ① Ri = -0.07, ② 대기 상태 : 불안정

V 기온역전의 분류

12 복사역전과 침강역전의 발생원인과 대표적인 사건(1가지)을 작성하시오.

(1) 복사역전

(2) 침강역전

> **정답** (1) 복사역전
>   1) 원인 : 일몰 후 지표면이 냉각되면서 지표면의 온도는 저온, 고도가 높은 대기는 고온이 되면서 기온 역전이 발생한다.
>   2) 대표적 사건 : 런던 스모그
>
> (2) 침강역전
>   1) 원인 : 고기압이 장기간 머물면, 기층이 서서히 침강하면서 단열압축되므로, 온도가 증가하여 상층 은 고온, 하층은 저온이 되는 침강성 역전이 발생한다.
>   2) 대표적 사건 : LA 스모그

연습문제

VI 대기확산방정식

13 가우시안형의 대기오염확산방정식을 적용할 때, 지면에 있는 오염원으로부터 바람부는 방향으로 300m 떨어진 연기의 중심축상 지상오염농도(mg/m^3)는? (단, 오염물질의 배출량 4.4g/s, 풍속 5m/s, σ_y는 22.5m, σ_z는 12m이다.)

> **해설**
>
> **지표면 배출원의 연기 중심축상 지표농도**
>
> $$C(x,0,0,0) = \frac{Q}{\pi U \sigma_y \sigma_z}$$
>
> $$= \frac{4.4 \times 10^3 \, mg/s}{\pi \times 5m/s \times 22.5m \times 12m}$$
>
> $$= 1.0374 mg/m^3$$
>
> **정답** $1.04 mg/m^3$

14 유효굴뚝높이 60m인 굴뚝으로부터 SO_2가 50g/s의 질량속도로 배출되고 있다. 지상 5.5m에서 풍속은 5m/s, 풍하거리 500m에서 대기안정 조건에 따른 편차 σ_y는 37m, σ_z는 18m이었다. 가우시안모델에서 지표반사를 고려할 때, 이 굴뚝으로부터 풍하거리 500m의 중심선상의 지표농도($\mu g/m^3$)는? (단, Deacon식과 가우시안모델을 기준으로 하며, 풍속지수 p는 0.25)

> **해설**
>
> 1) 유효굴뚝높이에서의 풍속(U)
>
> | 데콘식 – 고도 |
>
> $$U = U_o \times \left(\frac{Z}{Z_o}\right)^P$$
>
> $$= 5 \times \left(\frac{60}{5.5}\right)^{0.25} = 9.0869$$
>
> 2) 연기 중심선상 오염물질 지표농도
>
> $$C(x,0,0,H_e) = \frac{Q}{\pi U \sigma_y \sigma_z} \exp\left[-\frac{1}{2}\left(\frac{H_e}{\sigma_z}\right)^2\right]$$

$$= \frac{50 \times 10^6 \mu g/s}{\pi \times 9.0869 m/s \times 37m \times 18m} \exp\left[-\frac{1}{2}\left(\frac{60}{18}\right)^2\right]$$

$$= 10.1667 \mu g/m^3$$

정답 $10.17 \mu g/m^3$

15 유효높이 60m인 굴뚝으로부터 SO_2가 2g/s의 질량속도로 배출되고 있다. 굴뚝높이에서의 풍속은 7m/s, 풍하거리 600m에서 대기안정 조건에 따른 편차 σ_y는 95m, σ_z는 65m이었다. 가우시안모델에서 지표반사를 고려할 때, 이 굴뚝으로부터 풍하거리 600m의 중심선상의 지표농도($\mu g/m^3$)는?

해설

연기 중심선상 오염물질 지표농도

$$C(x, 0, 0, H_e) = \frac{Q}{\pi U \sigma_y \sigma_z} \exp\left[-\frac{1}{2}\left(\frac{H_e}{\sigma_z}\right)^2\right]$$

$$= \frac{2 \times 10^6 \mu g/s}{\pi \times 7m/s \times 95m \times 65m} \exp\left[-\frac{1}{2}\left(\frac{60}{65}\right)^2\right]$$

$$= 9.6187 \mu g/m^3$$

정답 $9.62 \mu g/m^3$

16 높이 30m, 직경 1.5m인 굴뚝에서 연기가 13m/s의 속도로 풍속 1m/s인 대기로 방출된다. 대기는 970mb, 20℃, 연기의 온도가 250°F일 때 유효연돌높이(m)는?

(단, $\triangle h = \dfrac{V_s \cdot d}{U} \cdot \left[1.5 + 2.68 \times 10^{-3} \cdot P \cdot d \cdot \left(\dfrac{T_s - T_a}{T_s}\right)\right]$)

해설

1) 연기 온도(T_s)

$$°F = \frac{9}{5}℃ + 32$$

$$250 = \frac{9}{5}℃ + 32$$

$$\therefore ℃ = 121.11℃$$

연습문제

2) $\triangle H$

$$\triangle H = \frac{V_s d}{U}\left(1.5 + 2.68 \times 10^{-3} \times Pd \frac{T_s - T_a}{T_s}\right)$$

$$= \frac{13 \times 1.5}{1}\left(1.5 + 2.68 \times 10^{-3} \times 970 \times 1.5 \times \frac{(273 + 121.11) - (273 + 20)}{273 + 121.11}\right)$$

$$= 48.7578\text{m}$$

3) H_e

$$\therefore H_e = H + \triangle H = 30 + 48.7578 = 78.7578\text{m}$$

정답 78.76m

17 굴뚝의 현재 유효고가 40m일 때, 최대 지표농도를 절반으로 감소시키기 위해서는 유효고도(m)를 얼마만큼 더 증가시켜야 하는가? (단, Sutton식을 적용하고, 기타 조건은 동일하다고 가정)

해설

$C_{max} = \dfrac{2 \cdot QC}{\pi \cdot e \cdot U \cdot (H_e)^2} \times \left(\dfrac{\sigma_z}{\sigma_y}\right)$ 에서, $C_{max} \propto \dfrac{1}{H_e^2}$ 이므로,

$$\frac{C_2}{C_1} = \frac{(H_{e_1})^2}{(H_{e_2})^2}$$

$$\frac{1}{2} = \frac{40^2}{(H_{e_2})^2}$$

$$\therefore H_{e_2} = \sqrt{2} \times 40 = 56.5685\text{ m}$$

$\therefore$ 높여야 할 유효연돌고는 56.5685 - 40 = 16.5685m

정답 16.57m

18 고속도로 상의 교통밀도가 8,000대/hr이고, 각 차량의 평균 속도는 64km/hr이다. 차량의 평균 탄화수소의 배출량이 0.02g/s·대 일 때, 고속도로에서 바람이 불어가는 쪽으로 300m 떨어진 점에서 탄화수소의 농도(μg/m^3)는 얼마인가? (단, 풍속은 4m/s, $\sigma_z = 12$m, $C(x,y,0) = \dfrac{2Q}{(2\pi)^{\frac{1}{2}}\sigma_z U}\exp\left[-\dfrac{1}{2}\left(\dfrac{H_e}{\sigma_z}\right)^2\right]$ 식을 이용해 계산할 것)

해설

1) 고속도로에서 방출되는 탄화수소의 양(g/s·m)

$$\frac{0.02\text{g/s}\cdot \text{대} \times 8,000\text{대/hr}}{64\text{km/hr} \times 1,000\text{m/km}} = 2.5 \times 10^{-3}\text{g/s}\cdot\text{m}$$

2) 탄화수소농도(C)

도로이므로 $H_e = 0$ 임

$$\therefore C = \frac{2Q}{(2\pi)^{1/2} \times \sigma_z \times U} = \frac{2 \times 2.5 \times 10^{-3}}{(2\pi)^{1/2} \times 12 \times 4}$$

$$= 4.15564 \times 10^{-5}\text{g/m}^3 \times \frac{10^6 \mu\text{g}}{1\text{g}}$$

$$= 41.556 \mu\text{g/m}^3$$

정답 $41.56\mu\text{g/m}^3$

19 어떤 특정 장소에서 측정한 월(Month) 최대 지면온도가 32℃였다. 어느 날 지면의 온도가 21℃, 고도 600m에서의 온도가 18℃였을 때 최대혼합깊이(Maximum Mixing Depth)(m)를 구하시오 (단, 건조단열체감율 : −0.98℃/100m)

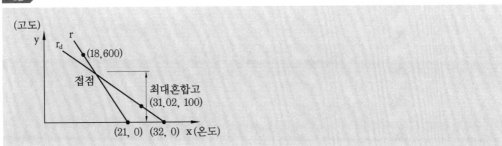해설

연습문제

1) r_d 그래프

(x, y)좌표 : (32, 0), (31.02, 100)

y = ax + b

0 = a×32 + b ································· 식①

100 = a×31.02 + b ························· 식②

식①과 식②를 연립하면 a = -102.0408, b = 3,265.3061

∴ y = -102.0408x + 3,265.3061 ························· 식③

2) r 그래프

(x, y)좌표 : (21, 0), (18, 600)

y = ax + b

0 = a×21 + b ································· 식④

600 = a×18 + b ······························ 식⑤

식④과 식⑤를 연립하면 a = -200, b = 4,200

∴ y = -200x + 4,200 ························· 식⑥

r_d = r 일 때의 높이(y좌표)가 MMD임

식③ = 식⑥인 경우이므로,

-102.0408x + 3,265.3061 = -200x + 4,200

∴ x = 9.5416

∴ MMD(y) = -200×9.5416 + 4,200

      = 2,291.6669m

정답 2,291.67m

Ⅶ 대기모델링

20 대기모델링 중 상자모델 이론의 가정을 4가지 서술하시오.

> **정답** ① 면 배출원
> ② 배출된 대기오염물질은 방출과 동시에 전 지역에 균등하게 혼합됨
> ③ 바람의 방향과 속도 일정
> ④ 배출오염물질은 다른 물질로 전환되지 않으며, 1차 반응만 함

21 분산모델과 수용모델의 특징을 각각 3가지씩 서술하시오.

(1) 분산모델

(2) 수용모델

> **정답** (1) 분산모델
> ① 미래의 대기질을 예측 가능
> ② 대기오염제어 정책입안에 도움
> ③ 2차 오염원의 확인이 가능
>
> (2) 수용모델
> ① 지형이나 기상학적 정보 없이도 사용 가능
> ② 오염원의 조업이나 운영상태에 대한 정보 없이도 사용 가능
> ③ 수용체 입장에서 영향평가가 현실적

Chapter 03

연소이론, 연소계산, 연소설비 이해하기

Ⅰ 연소

1. 연소의 형태

연소 형태	정의 및 특징
표면 연소	· 고체연료 표면에 고온을 유지시켜 표면에서 반응을 일으켜 내부로 연소가 진행되는 형태 예 석탄, 목탄, 코크스 등(휘발분 거의 없는 연료)
분해 연소	· 증발온도보다 분해온도가 낮은 경우에는 가열에 의해 열분해되어 휘발하기 쉬운 성분의 표면에서 떨어져 나와 연소하는 현상 · 적염, 장염 발생 예 목재, 석탄 등
증발 연소	· 휘발성이 높은 연료가 증발되어 기체가 되어 일어나는 연소 · 대부분의 액체연료 · 증발온도가 열분해온도보다 낮을 때 발생 예 휘발유, 등유, 경유, 나프탈렌, 양초 등
발연 연소(훈연 연소)	· 열분해로 발생된 휘발성분이 점화되지 않고 다량의 발연을 수반하여 표면반응을 일으키면서 연소하는 형태
확산 연소	· 가연성 연료와 외부공기가 서로 확산에 의해 혼합하면서 화염을 형성하는 연소 형태
예혼합 연소	· 기체연료와 공기를 먼저 혼합한 후 점화시키는 연소 · 혼합율이 높으므로 연소 효율이 높고, 단염이며, 그을음이 없음 · 혼합기체의 분출속도가 느릴 때 역화의 위험이 큼
부분 예혼합 연소	· 확산 연소와 예혼합 연소의 절충식으로 일부를 혼합하고, 나머지를 연소실 내에서 확산시켜 연소하는 방법
자기 연소(내부 연소)	· 공기 중 산소 없이 연료 자체의 산소에 의해 일어나는 연소

2. 연료와 연소 형태

연료	연소 형태
고체연료	표면 연소
	분해 연소
	훈연 연소 (발연 연소)
액체연료	증발 연소
	분해 연소
	심지 연소
기체연료	확산 연소
	예혼합 연소
	부분 예혼합 연소

3. 착화점과 인화점

(1) 정의

　　① 착화점(발화점) : 연료가 가열되어 점화원(불꽃) 없이 스스로 불이 붙는 최저 온도
　　② 인화점 : 연료가 가열되어 점화원(불꽃)이 있을 때 연소가 일어나는 최소 온도

(2) 착화온도가 낮아지는 경우

· 산소 농도 높을수록
· 산소와의 친화성 클수록
· 화학반응성이 클수록
· 화학결합의 활성도가 클수록
· 탄화수소의 분자량이 클수록
· 분자구조 복잡할수록
· 비표면적이 클수록
· 압력이 높을수록
· 동질성 물질에서 발열량이 클수록
· 활성화에너지가 낮을수록
· 열전도율 낮을수록
· 석탄의 탄화도가 낮을수록

착화온도 낮아짐 / 연소되기 쉬움

▮▮ 연료

1. 고체연료

(1) 장·단점

장점	단점
· 가격 저렴 · 보관, 저장, 취급(수송) 편리 · 야적 가능 · 연소장치가 간단 · 매장량이 풍부	· 파쇄·건조 등 전처리 시설이 필요함 · 변질이 쉬움(습기와 압력에 약함) · 불완전 연소가 쉬움(효율이 낮음) · 완전연소가 어려워 회분이 남음 · 연소조절이 어려움 · 발열량이 낮음(평균 8,000kcal/kg) · 착화연소가 곤란 · 과잉공기비가 큼 · 오염물질 배출량이 큼 · 매연이 발생됨

(2) 석탄의 탄화도

① 정의 : 석탄의 숙성 정도
② 석탄 탄화도 증가의 영향

> 탄화도 높을수록
> - 고정탄소, 연료비, 착화온도, 발열량, 비중 증가함
> - 수분, 이산화탄소, 휘발분, 비열, 매연 발생, 산소함량, 연소속도 감소함

(3) 고정탄소

① 고체연료에 포함되어 있는 비휘발성 탄소
② 탄화도가 클수록 고정탄소 값 큼

$$고정탄소(\%) = 100(\%) - (수분(\%) + 회분(\%) + 휘발분(\%))$$

(4) 연료비

$$연료비 = \frac{고정탄소}{휘발분}$$

① 탄화도의 정도를 나타내는 지수
② 연료비가 높을수록 양질의 석탄임

③ 연료별 연료비 크기

> 무연탄 > 역청탄 > 갈탄 > 이탄 > 목재

2. 액체연료

휘발유, 등유, 경유, 중유 등의 상온에서 액체 상태인 연료

(1) 장·단점

장점	단점
· 단위중량당 발열량이 큼(평균 10,000kcal/kg) · 회분의 발생이 거의 없음 · 전반적으로 오염물질 발생이 적음 · 고체연료보다 매연 발생 적음 · 고체 대비 점화·소화가 쉬움 · 변질이 적음 · 운반·취급·사용이 용이함 · 연소조절이 용이 · 품질이 일정 · 분무입경이 작을수록 착화와 연소속도 증가 · 발열량이 높아 연소효율 좋음(완전연소 가능)	· 국부가열의 위험이 있음 · 역화·화재의 위험이 있음 · 연소 시 소음이 발생함 · 연소시설의 규모가 큼 · 불완전 연소 시 SOx 발생 · 국내자원이 적고 수입에의 의존비율 높음 · 재 속에 금속산화물이 소량 포함되었을 경우 장해 원인이 될 수 있음

(2) 비중(밀도)

① 크기 순서 : 중유 > 경유 > 등유 > 휘발유
② 석유의 비중이 클수록
  ㉠ C/H비 증가
  ㉡ 점도 증가
  ㉢ 착화점 증가
  ㉣ 발열량과 연소특성 나빠짐

3. 기체연료

LNG, LPG 등의 상온에서 기체 상태인 연료

장점	단점
· 연소효율 높음 · 회분 및 SO₂, 매연 발생이 거의 없음 · 오염물질 배출 거의 없음 · 발열량이 높음(평균 11,000kcal/kg 이상) · 공기와 혼합률이 적당하면 착화와 연소가 동시에 발생 · 적은 과잉공기비(10~20%)로 완전연소가 가능 · 점화·소화가 용이 · 연소조절이 쉬워 안정된 연소가 가능	· 저장 및 운반 불편 · 시설비·생산비·보관비가 비쌈 · 폭발 위험성 있음, 취급 곤란 · 연소 시, 연소가스의 유출속도가 너무 빠르면 취소가 일어나고 늦어지면 역화가 발생

III 연소장치

1. 연료별 연소장치

	연소장치	종류
고체연료	스토커	화격자, 유동층, 미분탄
액체연료	버너	유압식, 회전식(로터리), 고압공기식, 저압공기식
기체연료	버너	확산 연소, 예혼합 연소

2. 고체연료의 연소장치

연소 방식	장점	단점
화격자	· 석탄을 그대로 공급함 · 전처리 필요 없음 · 연속적인 소각과 배출이 가능 · 용량부하가 큼 · 전자동 운전이 가능	· 연소속도와 착화가 느림 · 체류시간, 소각시간이 긺 · 교반력이 약하여 국부가열이 발생 · 클링커 장해 발생
유동층	· 연소효율 좋음 · 소규모 장치 · 연소온도가 낮음 · NOx 발생량 적음 · 기계장치가 간단해 고장이 적음	· 부하변동에 약함 · 파쇄 등 전처리 필요 · 비산먼지 발생 · 폭발의 위험 · 유동매체를 매번 공급해야 함 · 압력손실이 큼 · 동력사용이 큼
미분탄	· 적은 공기로 완전연소 가능 · 점화 및 소화가 쉬움 · 부하변동에 대응이 쉬움	· 비산재 발생이 큼 · 집진장치 필요 · 화재 및 폭발 위험 · 유지비가 큼

(1) 미분탄 연소장치

석탄의 연소효율과 조절 능력을 높이기 위해 200mesh(74μm) 이하로 분쇄하여 연소하는 방식

장점	단점
· 비표면적 증대, 완전연소 용이 · 작은 공기비로 완전연소가 됨 · 연소 속도가 빠르며, 제어가 용이 · 점화 및 소화 시 열손실이 적음 · 부하변동에 쉽게 적용할 수 있음 · 사용연료의 범위가 넓음 · 스토커 연소에 적합하지 않은 점결탄과 저위발열탄 등도 사용할 수가 있음 · 대용량 설비에 적합	· 설비비와 유지비가 비쌈 · 재비산이 많고 집진장치가 필요함 · 분쇄기 및 배관 중에 폭발의 우려 및 수송관의 마모가 일어날 수 있음

(2) 유동층(fluid bed) 연소

모래 등 내열성 분립체를 유동매체로 충전하고, 바닥의 공기분산판으로 고온 가스를 불어넣어 유동층상을 형성시켜서 연료를 균일하게 연속적으로 투입하여 연소하는 장치

1) 특징

① 화격자와 미분탄 연소의 중간 형태
② 일반 소각로에서 소각이 어려운 난연성 폐기물의 소각에 적합함
③ 특히 폐유, 폐윤활유 등의 소각에 탁월함
④ 격심한 입자의 운동으로 층 내 온도가 일정하게 유지됨
⑤ 연소온도 : 800~1,000℃

2) 장단점

장점	단점
· 유동층을 형성하는 분체와 공기와의 접촉면적이 커서 연소효율 높음 · 탈황 및 NOx 저감 · 슬러지연소 가능 · 장치 소, 클링커 장해 없음 · 함수율 높은 폐기물 소각에 적합 · 건설비와 전열면적이 적고 화염이 적음 · 유지관리에 용이 · 과잉 공기율이 낮음 · 로 내에서 산성가스의 제거가 가능	· 부하변동에 약함 · 파쇄 등 전처리 필요 · 동력비 소요가 큼 · 분진 발생이 많음 · 미연탄소가 가스와 같이 배출됨 · 수명이 긴 char는 연소가 완료되지 않고 배출될 수 있으므로 재연소장치에서의 연소가 필요함 · 유동매체의 손실로 인한 보충이 필요함

3. 액체연료의 연소장치

분류	분무압 (kg/cm²)	유량 조절비	연료사용량 (L/h)	분무각도 (°)	특징
고압 공기식 버너	2~10	1:10	3~500 (외부) 10~1,200 (내부)	20~30	· 유량조정비가 커서 부하변동에 강함 · 연료 점도가 커도 분무가 쉬움 · 가장 좁은 각도의 긴 화염 발생 · 소음이 큼 · 분무공기량 적게 소요(이론연소공기량의 7~12%) · 고점도 유류에도 적용 가능
저압 공기식 버너	0.05~0.2	1:5	2~200	30~60	· 자동연소제어 용이 · 소형 설비, 가장 용량 작음 · 공기량 많이 소요(분무공기량이 이론연소공기량의 30~50%) · 짧은 화염 발생
회전식 버너 (로터리)	0.3~0.5	1:5	1,000 (직결식) 2,700 (벨트식)	40~80	· 3,000~10,000rpm으로 회전하는 분무컵에 송입되는 연료유가 원심력으로 되고, 동시에 송풍기의 1차 공기에 의해 분무되는 형식 · 분무매체는 기계적 원심력과 공기임 · 회전수는 5,000~6,000rpm 범위 · 입경이 큰 슬러지나 수분이 많은 폐유 등에 적합 · 구조 간단, 취급 용이 · 연료적용범위 넓음 · 중소형 보일러에 이용 · 유량조절비는 큰 편 · 단염 발생
증기 분무식 버너					· 공기 대신 증기를 분무함 · 입경이 미세하고, 저부하에서도 효율이 높음 · 증기의 열·압력에너지를 분무화에 이용하므로 점도가 높은 기름도 쉽게 분무시킬 수 있음 · 설비가 비교적 복잡함
유압 분무식 버너	5~30	환류식 1 : 3 비환류식 1 : 2	15~2,000	40~90	· 유체에 직접 압력을 가하여 노즐을 통해 분사 · 구조 간단, 유지보수 쉬움 · 대용량 버너 · 점도 높은 연료에 부적합 · 부하변동에 대응 어려움
건타입 버너	7 이상				· 분무압 7kg/cm² 이상 · 유압식과 공기분무식을 합한 것 · 연소가 양호함 · 전자동 연소 가능

4. 기체연료 연소장치

연소장치	종류	특징
확산 연소	포트형, 버너형 선회식, 방사식	· 연소조정범위 넓음 · 장염 발생 · 연료 분출속도 느림 · 연료의 분출속도가 클 때, 그을음이 발생하기 쉬움 · 기체연료와 연소용 공기를 버너 내에서 혼합시키지 않음 · 역화의 위험이 없으며, 공기를 예열할 수 있음
예혼합 연소	고압버너, 저압버너, 송풍버너	· 내부에서 연료와 공기의 혼합비가 변하지 않고 균일하게 연소됨 · 화염온도가 높아 연소부하가 큰 경우에 사용이 가능함 · 짧은 불꽃 발생 · 매연 적게 생성 · 연료 유량 조절비가 큼 · 혼합기 분출속도 느릴 경우, 역화 발생 가능

Ⅳ 자동차 연료

1. 노킹

(1) 정의
공기와 연료를 흡입하고 압축하여 폭발하기 전에, 폭발 시점이 되기 전에 일찍 점화되어 발생하는 불완전 연소 현상 혹은 비정상적인 폭발적인 연소 현상

(2) 영향
① 피스톤, 실린더, 밸브 등에 무리 발생
② 엔진 출력 저하 및 엔진 수명 단축
③ 노크음 발생
④ 연소효율 및 엔진효율 저해

(3) 대책
① 옥탄가를 향상시킴
② 옥탄가 향상제(MTBE) 사용

2. 옥탄가

① 휘발유의 실제 성능을 나타내는 척도
② 휘발유가 연소할 때 이상폭발을 일으키지 않는 정도의 수치
③ 가장 노킹이 발생하기 쉬운 헵탄(heptane)의 옥탄가를 0으로 하고, 노킹이 발생하기 어려운 이소옥탄(iso - octane)의 옥탄가를 100으로 하여 결정함
④ 옥탄가는 0~100을 기준으로 숫자가 높을수록 옥탄가가 높아 노킹이 억제됨

3. 디젤노킹

디젤엔진에서, 연료가 분사된 후부터 자연점화에 도달하는 데 걸리는 시간(점화시간)이 지연되어 엔진효율이 떨어지고 점화와 동시에 그때까지 분사된 연료가 순간적으로 연소되어 실린더 내부의 온도와 압력의 급상승으로 진동과 소음이 발생하는 현상

4. 세탄가(Cetane)

① 경유의 착화성을 나타내는 데 이용되는 수치
② 디젤의 점화가 지연되는 정도
③ 발화성이 좋은 노말 세탄(n - cetane)의 값을 100, 발화성이 나쁜 알파 메틸나프탈렌을 0으로 하여 정함
④ 세탄가가 높을수록 노킹 줄어듦, 점화지연시간이 짧아 연소 시 엔진 출력 및 엔진 효율이 증대됨, 소음 감소

5. 삼원촉매 전환장치(Three-way Catalytic Conversion System ; TCCS)

① 휘발유 자동차의 배기가스를 처리하는 장치
② 산화촉매와 환원촉매를 사용하여 하나의 장치 내에서 CO, HC, NOx를 동시에 처리하여 무해한 CO_2, H_2O, N_2로 만드는 장치
③ 산화 촉매 : Pt, Pd
④ 환원 촉매 : Rh

$$HC, CO \xrightarrow[\text{(Pt, Pd)}]{\text{산화}} CO_2, H_2O$$

$$NO_x \xrightarrow[\text{(Rh)}]{\text{환원}} N_2$$

V 연소계산

1. 연소 반응

| 가연성 물질
(연료) | + | 산소
(공기) | → | 산화물
(연소 생성물) | + | 반응열, 불꽃
발열량 |

① 가연분 : 연료 중 C, H, S
② 조연성 가스 : 공기 중 산소
③ 연소 생성물 : 가연분이 연소되면서 생성된 산화물
④ 발열량 : 연료가 연소되면서 발생하는 반응열

2. 연소 반응식

	가연성 물질 (연료)	+	산소 (공기)	→	산화물 (연소 생성물)	+	반응열, 불꽃 발열량
탄소 :	C	+	O_2	→	CO_2	+	8,100kcal/kg
수소 :	H_2	+	$\frac{1}{2}O_2$	→	H_2O	+	34,000kcal/kg
황 :	S	+	O_2	→	SO_2	+	2,500kcal/kg
메탄 :	CH_4	+	$2O_2$	→	CO_2	+	$2H_2O$
탄화수소류 :	C_mH_n	+	$\left(m+\frac{n}{4}\right)O_2$	→	mCO_2	+	$\frac{n}{2}H_2O$

(1) 탄소(C)의 연소

중량				부피			
C	+ O_2	→	CO_2	C	+ O_2	→	CO_2
12kg	32kg		44kg	12kg	22.4Sm^3		22.4Sm^3
1kg	2.67kg		3.67kg(44/12)	1kg	1.87Sm^3		1.87Sm^3(22.4/12)

(2) 수소(H)의 연소

중량				부피			
H_2 + $\frac{1}{2}O_2$ → H_2O				H_2 + $\frac{1}{2}O_2$ → H_2O			
2kg	16kg		18kg	2kg	$11.2Sm^3$		$22.4Sm^3$
1kg	8kg		9kg(18/2)	1kg	$5.6Sm^3$		$11.2Sm^3 (22.4/2)$

(3) 황(S)의 연소

중량				부피			
S + O_2 → SO_2				S + O_2 → SO_2			
32kg	32kg		64kg	32kg	$22.4Sm^3$		$22.4Sm^3$
1kg	1kg		2kg(64/32)	1kg	$0.7Sm^3$		$0.7Sm^3 (22.4/32)$

(4) 주요 연료의 연소 반응식

연료	연소 반응식
메탄	CH_4 + $2O_2$ → CO_2 + $2H_2O$
에탄	C_2H_6 + $3.5O_2$ → $2CO_2$ + $3H_2O$
프로판	C_3H_8 + $5O_2$ → $3CO_2$ + $4H_2O$
부탄	C_4H_{10} + $6.5O_2$ → $4CO_2$ + $5H_2O$
에틸렌	C_2H_4 + $3O_2$ → $2CO_2$ + $2H_2O$
프로필렌	C_3H_6 + $4.5O_2$ → $3CO_2$ + $3H_2O$
부틸렌	C_4H_8 + $6O_2$ → $4CO_2$ + $4H_2O$
아세틸렌	C_2H_2 + $2.5O_2$ → $2CO_2$ + H_2O
메탄올	CH_3OH + $1.5O_2$ → CO_2 + $2H_2O$
에탄올	C_2H_5OH + $3O_2$ → $2CO_2$ + $3H_2O$
페놀	C_6H_5OH + $7O_2$ → $6CO_2$ + $3H_2O$
일산화탄소	CO + $0.5O_2$ → CO_2
수소	H_2 + $0.5O_2$ → H_2O
질소	N_2 + O_2 → $2NO$

3. 이론산소량(O_o)

단위 연료당 완전 연소시킬 때 필요한 최소한의 산소량

(1) 고체 및 액체 연료의 이론산소량

　　1) $O_o(kg/kg)$

$$O_o\,(kg/kg) = \frac{32}{12}C + \frac{16}{2}\left(H - \frac{O}{8}\right) + \frac{32}{32}S$$

$$= 2.667C + 8\left(H - \frac{O}{8}\right) + S$$

$$= 2.667C + 8H - O + S$$

　　2) $O_o(Sm^3/kg)$

$$O_o\,(Sm^3/kg) = \frac{22.4}{12}C + \frac{11.2}{2}\left(H - \frac{O}{8}\right) + \frac{22.4}{32}S$$

$$= 1.867C + 5.6\left(H - \frac{O}{8}\right) + 0.7S$$

$$= 1.867C + 5.6H - 0.7O + 0.7S$$

(2) 기체 연료의 이론산소량

　　1) $O_o(Sm^3/Sm^3)$

　　　연소 반응식에서 연료와 산소의 몰수 비

4. 이론공기량(A_o)

연료의 완전 연소 시 필요한 최소한의 공기량

(1) $A_o(kg/kg)$

　　공기 중 산소는 무게비로 23.2% 존재함

$$A_o(kg/kg) = O_o/0.232 = (2.667C + 8H - O + S)/0.232$$

(2) $A_o(Sm^3/kg)$

공기 중 산소는 부피비로 21% 존재함

$$A_o(Sm^3/kg) = O_o/0.21 = (1.867C + 5.6H - 0.7O + 0.7S)/0.21$$

(3) $A_o(Sm^3/Sm^3)$

공기 중 산소는 부피비로 21% 존재함

$$A_o(Sm^3/Sm^3) = O_o/0.21$$

5. 실제 공기량(A)

$$A = mA_o$$

6. 공기비(m)

이론공기량에 대한 실제공기량의 비

$$m = \frac{A}{A_o}$$

(1) 계산 - 배기가스 성분으로 계산

1) 완전 연소 시

$$m = \frac{21}{21 - O_2} = \frac{N_2}{N_2 - 3.76O_2}$$

$$m = \frac{CO_{2(max)}}{CO_2}$$

2) 불완전 연소 시

$$m = \frac{N_2}{N_2 - 3.76(O_2 - 0.5CO)}$$

(2) 특징

m < 1	m = 1	1 < m
· 공기 부족 · 불완전 연소	· 완전 연소	· 과잉 공기
· 매연, 검댕, CO, HC 증가 · 폭발 위험	· CO_2 발생량 최대	· SOx, NOx 증가 · 연소온도 감소, 냉각효과 · 열손실 커짐 · 저온부식 발생 · 희석효과가 높아져, 연소 생성물의 농도 감소

7. 과잉공기량

$$과잉공기량 = 실제공기량 - 이론공기량$$
$$= A - A_o$$
$$= mA_o - A_o$$
$$= (m - 1)A_o$$

8. 과잉공기율

$$과잉공기율 = \frac{과잉공기량}{이론공기량} = \frac{A - A_o}{A_o} = \frac{A}{A_o} - 1 = m - 1$$

9. 연소가스량

(1) 연소가스량

① 이론 건연소 가스량(G_{od})
완전 연소 시 발생하는 배기가스 중 수증기(수분)가 포함되지 않은 상태의 가스량

② 이론 습연소 가스량(G_{ow})
완전 연소 시 발생하는 배기가스 중 수증기(수분)가 포함되는 상태의 가스량

③ 실제 건연소 가스량(G_d)
실제 연소 시 발생하는 배기가스 중 수증기(수분)가 포함되지 않은 상태의 조건의 가스량

④ 실제 습연소 가스량(G_w)
실제 연소 시 발생하는 배기가스 중 수증기(수분)가 포함되는 상태의 가스량

습연소가스량	=	건연소가스량	+	수분량
G_{ow}	=	G_{od}	+	$\sum(H_2O)$
G_w	=	G_d	+	$\sum(H_2O)$

실제연소가스량	=	이론연소가스량	+	과잉공기량
G_d	=	G_{od}	+	$(m-1)A_o$
G_w	=	G_{ow}	+	$(m-1)A_o$

(2) 원소분석을 통한 계산

1) 연소가스량(Sm^3/kg)

$$G_{od}(Sm^3/kg) = (1 - 0.21)A_o + \sum연소생성물(H_2O \text{ 제외})$$

$$G_d(Sm^3/kg) = G_{od} + (m - 1)A_o$$

$$= (m - 0.21)A_o + \sum연소생성물(H_2O \text{ 제외})$$

$$G_{ow}(Sm^3/kg) = (1 - 0.21)A_o + \sum연소생성물(H_2O \text{ 포함})$$

$$= G_{od} + \frac{22.4}{2}H + \frac{22.4}{18}W$$

$$G_w(Sm^3/kg) = G_{ow} + (m - 1)A_o$$

$$= (m - 0.21)A_o + \sum연소생성물(H_2O \text{ 포함})$$

연소생성물(Sm^3/kg)

$$C + O_2 \rightarrow CO_2 \qquad\qquad H_2 + \frac{1}{2}O_2 \rightarrow H_2O$$
12kg　　　　22.4Sm^3　　　　2kg　　　　　22.4Sm^3

$$S + O_2 \rightarrow SO_2 \qquad\qquad H_2O \rightarrow H_2O$$
32kg　　　　22.4Sm^3　　　　18kg　　22.4Sm^3

$$N_2 \rightarrow N_2$$
28kg　　22.4Sm^3

$\sum$연소생성물(H_2O 제외) $= \dfrac{22.4}{12}C + \dfrac{22.4}{32}S + \dfrac{22.4}{28}N$
$\sum$연소생성물(H_2O 포함) $= \dfrac{22.4}{12}C + \dfrac{22.4}{32}S + \dfrac{22.4}{28}N + \dfrac{22.4}{2}H + \dfrac{22.4}{18}W$

① $G_{od}(Sm^3/kg)$

$$G_{od}(Sm^3/kg) = (1-0.21)A_o + \sum 연소생성물(H_2O\ 제외)$$
$$= (1-0.21)A_o + \frac{22.4}{12}C + \frac{22.4}{32}S + \frac{22.4}{28}N$$
$$= (1-0.21)A_o + (1.867C + 0.7S + 0.8N)$$
$$= A_o - 5.6H + 0.7O + 0.8N$$

② $G_d(Sm^3/kg)$

$$G_d(Sm^3/kg) = G_{od} + (m-1)A_o$$

$$G_d(Sm^3/kg) = (m-0.21)A_o + \sum 연소생성물(H_2O\ 제외)$$

$$G_d(Sm^3/kg) = mA_o - 5.6H + 0.7O + 0.8N$$

③ $G_{ow}(Sm^3/kg)$

$$G_{ow}(Sm^3/kg) = (1-0.21)A_o + \sum 연소생성물(H_2O\ 포함)$$

$$G_{ow}(Sm^3/kg) = A_o + 5.6H + 0.7O + 0.8N + 1.244W$$

④ $G_w(Sm^3/kg)$

$$G_w(Sm^3/kg) = G_{ow} + (m-1)A_o$$

$$G_w(Sm^3/kg) = (m-0.21)A_o + \sum 연소생성물(H_2O\ 포함)$$

$$G_w(Sm^3/kg) = mA_o + 5.6H + 0.7O + 0.8N + 1.244W$$

2) 연소가스량(Sm^3/Sm^3)

① $G_{od}(Sm^3/Sm^3)$

$$G_{od}(Sm^3/Sm^3) = (1-0.21)A_o + \sum 연소생성물(H_2O\ 제외)$$

② $G_d(Sm^3/Sm^3)$

$$G_d(Sm^3/Sm^3) = (m-0.21)A_o + \sum 연소생성물(H_2O\ 제외)$$

③ $G_{ow}(Sm^3/Sm^3)$

$$G_{ow}(Sm^3/Sm^3) = (1-0.21)A_o + \sum 연소생성물(H_2O\ 포함)$$

④ $G_w(Sm^3/Sm^3)$

$$G_w\,(Sm^3/Sm^3) = (m - 0.21)A_o + \Sigma 연소생성물(H_2O\ 포함)$$

(3) 발열량을 이용한 간이식(Rosin식)

1) 고체연료(Sm^3/kg)

① 이론공기량(A_o)

$$A_o = 1.01 \times \frac{저위발열량(H_l)}{1,000} + 0.5$$

② 이론연소가스량

$$G_o = 0.89 \times \frac{저위발열량(H_l)}{1,000} + 1.65$$

2) 액체연료(Sm^3/kg)

① 이론공기량(A_o)

$$A_o = 0.85 \times \frac{저위발열량(H_l)}{1,000} + 2$$

② 이론연소가스량(G_o)

$$G_o = 1.11 \times \frac{저위발열량(H_l)}{1,000}$$

10. 배기가스 중의 농도계산

해당 물질의 양을 구한 뒤 전체 배기가스량으로 나누어 계산

① CO_2 농도(%)

$$X_{CO_2} = \frac{CO_2\ 발생량}{가스량} \times 100(\%)$$

② SO_2 발생량(ppm)

$$X_{SO_2} = \frac{SO_2\ 발생량}{가스량} \times 10^6 (ppm)$$

③ Dust 발생량(mg/m^3)

$$X_{dust} = \frac{\text{Dust 발생량}(mg/kg)}{\text{가스량}(m^3/kg)} \ (mg/m^3)$$

11. 최대 이산화탄소량($CO_{2(max)}$, %)

(1) 정의

① 연료를 완전 연소시켰을 때 발생되는 건조연소가스(G_{od}) 중의 CO_2 함량(%)

② 공기 중 산소가 연소로 모두 CO_2로 변해 연소가스 중의 CO_2 비율이 최대가 된 것을 의미

(2) 계산

① 이론 건조연소가스량(G_{od})을 이용한 계산

$$CO_{2(max)} = \frac{CO_2}{G_{od}} \times 100(\%)$$

② 배기가스 조성을 이용한 계산

$$CO_{2(max)} = \frac{21(CO_2 + CO)}{21 - O_2 + 0.395CO}$$

12. 공기연료비(공연비, Air/Fuel Ratio, AFR)

연료가 산소와 반응하여 완전 연소할 경우 그때 넣은 공기와 연료의 비율

부피식	$AFR = \dfrac{\text{공기(mole)}}{\text{연료(mole)}} = \dfrac{\text{산소(mole)}/0.21}{\text{연료(mole)}}$
무게식	$AFR = \dfrac{\text{공기(kg)}}{\text{연료(kg)}} = \dfrac{\text{산소(kg)}/0.232}{\text{연료(kg)}}$

13. 등가비(ϕ : Equivalent Ratio)

공기비의 역수$\left(\dfrac{1}{m}\right)$

(1) 공식

$$\phi = \frac{\left(\dfrac{\text{실제 연료량}}{\text{산화제}}\right)\text{의 비}}{\left(\dfrac{\text{완전연소 연료량}}{\text{산화제}}\right)\text{의 비}} = \frac{\left(\dfrac{F}{A}\right)_a}{\left(\dfrac{F}{A}\right)_s}$$

F : 연료의 질량
A : 공기의 질량, 산화제의 질량

(2) 특징

공기비	m < 1	m = 1	1 < m
등가비	$1 < \phi$	$\phi = 1$	$\phi < 1$
AFR	작아짐		커짐
특징	· 공기 부족 · 연료 과잉 · 불완전 연소 · 매연, CO, HC 발생량 증가 · 폭발 위험	· 완전 연소 · CO_2 발생량 최대	· 과잉 공기 · 산소 과대 · SO_x, NO_x 발생량 증가 · 연소온도 감소 · 열손실 커짐 · 저온부식 발생 · 탄소함유물질 (CH_4, CO, C 등) 농도 감소 · 방지시설의 용량이 커지고 에너지 손실 증가 · 희석효과가 높아져 연소 생성물의 농도 감소

VI 연소열역학 및 열수지

1. 반응속도

화학반응이 일어날 때 단위시간에 감소한 반응물질의 농도(혹은 증가한 생성물질의 농도)

(1) 반응속도식

$$\text{반응속도(v)} = -\text{반응속도상수} \times \text{반응물 농도}^{\text{반응차수}}$$

$$\frac{dC}{dt} = -kC^n$$

1) 반응속도상수(k)

 ① 반응속도가 $v = k[A]^a[B]^b$과 같이 표시되는 경우의 비례상수(k)

 ② 농도에 영향받지 않음

 ③ 온도, 반응물질 종류에 따라 달라짐

 ④ 실험값으로 구함

2) 반응차수(n)

 ① 속도방정식에 나타난 농도항 차수의 전체 합계

 ② n값은 실험으로 결정됨

(2) 반응차수별 반응 속도식

	0차 반응	1차 반응	2차 반응
유도	$n = 0$	$n = 1$	$n = 2$
반응 속도식	$\dfrac{dC}{dt} = -k$	$\dfrac{dC}{dt} = -kC$	$\dfrac{dC}{dt} = -kC^2$
적분 속도식	$C = C_0 - kt$	$\ln\dfrac{C}{C_0} = -kt$	$\dfrac{1}{C} = \dfrac{1}{C_0} + kt$
그래프			
특징	·반응물이나 생성물의 농도에 무관한 속도로 진행되는 반응 ·시간에 따라 반응물이 직선적으로 감소	·반응속도가 반응물질의 농도에 비례 ·대부분의 반응은 1차 반응임	·반응속도가 반응물질 농도의 제곱에 비례
반감기	$\dfrac{C_0}{2k}$ 초기 농도에 비례 반감기가 점점 감소함	$\dfrac{\ln 2}{k}$ 초기 농도와 무관 반감기 일정	$\dfrac{1}{kC_0}$ 초기 농도에 반비례 반감기가 점점 증가함

(3) 반트호프 – 아레니우스 식

온도 변화에 따른 반응속도 상수 보정식

$$\frac{d(\ln k)}{dT} = -\frac{E_a}{RT^2}$$

$$\ln \frac{k_2}{k_1} = -\frac{E_a}{R}\left(\frac{1}{T_2} - \frac{1}{T_1}\right)$$

$$k_2 = k_1 \cdot e^{\frac{E_a}{RT_1T_2}(T_2 - T_1)}$$

T : 절대온도
k : 반응속도상수
E_a : 활성화에너지
R : 이상기체상수(0.0083kJ/mol·K)

2. 연소범위(폭발범위, 가연범위)

르 샤틀리에의 원리를 적용하여 산정

$$L = \frac{100}{\dfrac{P_1}{n_1} + \dfrac{P_2}{n_2} + \cdots + \dfrac{P_n}{n_n}}$$

L : 혼합가스의 연소한계
P : 각 성분 가스의 체적(%)
n : 각 성분 단일 가스의 연소한계

3. 폭굉 유도거리(DID)

(1) 정의

관 중에 폭굉 가스가 존재할 때 최초의 완만한 연소가 격렬한 폭굉으로 발전할 때까지의 거리

(2) 폭굉 유도거리가 짧아지는 요건

① 관 속에 방해물이 있거나 관내경이 작을수록
② 압력이 높을수록
③ 점화원의 에너지가 강할수록
④ 정상의 연소속도가 큰 혼합가스일수록
→ 폭굉 유도거리 짧아짐

4. 발열량

(1) 종류

1) 고위 발열량(H_h)

① 총 발열량, 연소 시 발생하는 전체 열량
② 측정 : 봄브 열량계(Bomb Calorimeter)

2) 저위 발열량(H_l)

① 총 발열량에서 연료 중 수분이나 수소 연소에 의해 생긴 수분의 증발잠열을 제외한 열량

$$저위발열량 = 고위발열량 - 증발잠열$$

② 일반적으로 수증기의 증발잠열은 이용이 잘 안 되기 때문에 저위발열량이 주로 사용됨
③ 실제 소각시설 설계 발열량

(2) 발열량의 계산1(Dulong식)
전체 수소 중 유효수소를 고려한 식

1) 고체 및 액체 연료의 발열량 계산

① 고위발열량

$$H_h \, (\text{kcal/kg}) = 8{,}100C + 34{,}000\left(H - \frac{O}{8}\right) + 2{,}500S$$

② 저위발열량

$$H_l = H_h - 600(9H + W)$$

H	연료 내의 수소비율
W	연료 내의 수분비율
600	0℃에서 H_2O 1kg의 증발열량

2) 기체 연료의 발열량 계산

$$H_l = H_h - 480\sum H_2O$$

H_l	저위발열량(kcal/Sm^3)
480	H_2O의 증발잠열(kcal/Sm^3)
	$\left(480\text{kcal/Sm}^3 = 600\text{kcal/kg} \times \dfrac{18\text{kg}}{22.4\text{Sm}^3}\right)$
H_2O	연료 1mol당 반응식에서의 생성 H_2O 몰 수

(3) 발열량의 계산2(표준생성열에 의한 발열량 계산)

연소반응식의 반응열을 이용해 고위발열량을 계산함

$$\Delta H = \sum n H_{f\,생성}^{0} - \sum n H_{f\,반응}^{0}$$

ΔH	:	반응엔탈피(kJ/mol)
$H_{f\,반응}^{0}$	:	반응물의 표준 생성열
$H_{f\,생성}^{0}$	:	생성물의 표준 생성열
n	:	반응물 및 생성물 각각의 계수

5. 연소온도와 연소실 열발생률

(1) 이론연소온도(단열연소온도)

가연물질이 완전히 연소되고 열손실이 없다고 할 때, 연소실 내의 가스온도

$$t_o = \frac{H_l}{G_w C_p} + t$$

t_o	:	이론연소온도
t	:	기준온도(예열온도)
H_l	:	저위발열량($kcal/Sm^3$)
G_w	:	실제연소가스량(Sm^3/Sm^3)
C_p	:	연소가스의 평균비열($kcal/Sm^3 \cdot ℃$)

(2) 연소실 열발생률(연소실 열부하)

연소실 단위용적당 발생하는 열량

$$Q_v = \frac{G_f H_l}{V}$$

Q_v	:	연소실 열발생률($kcal/m^3 \cdot hr$)
H_l	:	저위발열량($kcal/kg$)
G_f	:	시간당 연료사용량(kg/hr)
V	:	연소실 체적(m^3)

(3) 열효율

공급열과 유효열의 비

$$열효율(E) = \frac{유효출열}{H_l \times 연료량} \times 100(\%)$$

(4) 연소효율

가연성 물질을 연소할 때 완전 연소량에 대하여 실제 연소되는 양의 백분율

$$연소효율 = \frac{실제\ 연소량}{완전\ 연소량} \times 100(\%)$$

$$\eta = \frac{H_l - (L_c + L_i)}{H_l} \times 100(\%)$$

η : 연소효율

H_l : 저위발열량

L_c : 미연 손실

L_i : 불완전 연소 손실

Ⅰ 연소

01 연소의 형태를 3가지만 쓰고 각 의미를 설명하시오.

> **해설**
>
> **연소의 형태**
>
> ① 표면 연소 : 고체연료 표면에 고온을 유지시켜 표면에서 반응을 일으켜 내부로 연소가 진행되는 형태
>
> ② 분해 연소 : 증발온도보다 분해온도가 낮은 경우에는 가열에 의해 열분해되어 휘발하기 쉬운 성분의 표면에서 떨어져 나와 연소하는 현상
>
> ③ 증발 연소 : 휘발성이 높은 연료가 증발되어 기체가 되어 일어나는 연소
>
> ④ 발연 연소(훈연 연소) : 열분해로 발생된 휘발성분이 점화되지 않고 다량의 발연을 수반하여 표면반응을 일으키면서 연소하는 형태
>
> ⑤ 확산 연소 : 가연성 연료와 외부공기가 서로 확산에 의해 혼합하면서 화염을 형성하는 연소형태
>
> ⑥ 예혼합 연소 : 기체 연료와 공기를 먼저 혼합한 후 점화시키는 연소
>
> ⑦ 자기 연소(내부 연소) : 공기 중 산소 없이 연료 자체의 산소에 의해 일어나는 연소
>
> **정답** ① 표면 연소 : 고체연료 표면에 고온을 유지시켜 표면에서 반응을 일으켜 내부로 연소가 진행되는 형태
>
> ② 분해 연소 : 증발온도보다 분해온도가 낮은 경우에는 가열에 의해 열분해되어 휘발하기 쉬운 성분의 표면에서 떨어져 나와 연소하는 현상
>
> ③ 증발 연소 : 휘발성이 높은 연료가 증발되어 기체가 되어 일어나는 연소

02 석유의 물성치 중 인화점과 착화점에 관해 서술하시오

(1) 인화점

(2) 착화점

> **정답** (1) 인화점 : 연료가 가열되어 점화원(불꽃)이 있을 때 연소가 일어나는 최소 온도
>
> (2) 착화점(발화점) : 연료가 가열되어 점화원(불꽃) 없이 스스로 불이 붙는 최저 온도

Ⅱ 연료

03 석탄의 탄화도가 증가함에 따라 증가하는 것과 감소하는 것을 각각 3가지를 쓰시오.

해설

> **탄화도 높을수록**
> · 고정탄소, 연료비, 착화온도, 발열량, 비중 증가함
> · 수분, 이산화탄소, 휘발분, 비열, 매연 발생, 산소함량, 연소속도 감소함
>
> **정답** 탄화도가 커질수록 증가하는 것 : 고정탄소, 발열량, 연료비
> 탄화도가 커질수록 감소하는 것 : 휘발분, 매연, 비열

04 석탄의 공업분석 결과, 수분 0.5%, 휘발분 10%일 때의 연료비를 계산하시오.

해설

> 고정탄소 = 100 - (수분 + 휘발분 + 회분)
> = 100 - (0.5 + 10)
> = 89.5%
>
> 연료비 = $\dfrac{고정탄소}{휘발분}$ = $\dfrac{89.5}{10}$ = 8.95
>
> **정답** 8.95

연습문제

Ⅲ 연소장치

05 고체연료의 연소장치인 미분탄 연소장치의 장점 3가지를 쓰시오.

> **해설**

미분탄 연소장치

장점	단점
· 비표면적 증대, 완전연소 용이	· 설비비와 유지비가 비쌈
· 작은 공기비로 완전연소가 됨	· 재비산이 많고 집진장치가 필요함
· 연소 속도가 빠르며, 제어가 용이	· 분쇄기 및 배관 중에 폭발의 우려 및 수송관의 마모가 일어날 수 있음
· 점화 및 소화 시 열손실이 적음	
· 부하변동에 쉽게 적용할 수 있음	
· 사용연료의 범위가 넓음	
· 스토커 연소에 적합하지 않은 점결탄과 저위발열탄 등도 사용할 수가 있음	

> **정답** ① 작은 공기비로 완전연소가 됨
> ② 연소 속도가 빠름
> ③ 부하변동에 쉽게 적용할 수 있음

06 미분탄 연소장치의 장·단점을 각각 2가지씩 서술하시오.

> **정답** 1) 장점
> ① 작은 공기비로 완전연소가 됨
> ② 연소 속도가 빠름
>
> 2) 단점
> ① 재비산이 많고 집진장치가 필요함
> ② 수송관의 마모가 일어날 수 있음

07 고체연료의 연소방식 중 유동층 연소의 장단점을 2가지만 쓰시오. (예시 : 재나 미연탄소의 방출이 많다. 단, 예시는 정답에서 제외함)

해설

유동층(fluid bed) 연소

장점	단점
· 유동층을 형성하는 분체와 공기와의 접촉면적이 커서 연소 효율 높음 · 탈황 및 NOx 저감 · 슬러지연소 가능 · 장치 소, 클링커 장해 없음 · 함수율 높은 폐기물 소각에 적합 · 건설비와 전열면적이 적고 화염이 적음 · 유지관리에 용이 · 과잉 공기율이 낮음 · 로 내에서 산성가스의 제거가 가능	· 부하변동에 약함 · 파쇄 등 전처리 필요 · 동력비 소요가 큼 · 분진 발생이 많음 · 미연탄소가 가스와 같이 배출됨 · 수명이 긴 char는 연소가 완료되지 않고 배출될 수 있으므로 재연소장치에서의 연소가 필요함 · 유동매체의 손실로 인한 보충이 필요함

정답 1) 장점
　　　　① NOx 발생 적음
　　　　② 설비비가 적게 듦

　　　2) 단점
　　　　① 부하변동에 약함
　　　　② 파쇄 등 전처리 필요

연습문제

08 액체연료의 연소방식 중 유압분무식 버너와 Gun Type 버너의 특징을 각각 3가지씩 서술하시오.

> **정답** 1) 유압분무식 버너
> - 유체에 직접 압력을 가하여 노즐을 통해 분사
> - 구조가 간단함
> - 유지보수 쉬움
> - 대용량 버너에 사용
> - 점도 높은 연료에 부적합
> - 부하변동에 대응 어려움
>
> 2) Gun Type 버너
> - 분무압 $7kg/cm^2$ 이상
> - 유압식과 공기분무식을 합한 것
> - 연소가 양호함

Ⅳ 자동차 연료

09 석유 중 옥탄가와 세탄가에 대하여 서술하시오.

(1) 옥탄가

(2) 세탄가

> **정답** (1) 옥탄가
> 휘발유의 실제 성능을 나타내는 척도로, 옥탄가가 높을수록 노킹이 억제된다.
>
> (2) 세탄가
> 경유의 착화성을 나타낼 때 이용되는 척도로, 세탄가가 높을수록 디젤노킹이 억제된다.

10 휘발유 자동차의 배출가스를 감소하기 위해 적용되는 삼원촉매 장치에서 사용되는 (1) 촉매와 (2) 삼원촉매장치로 제거하는 오염물질을 각각 3가지씩 쓰시오.

> **정답** (1) 촉매 : 백금(Pt), 팔라듐(Pd), 로듐(Rh)
> (2) 삼원촉매장치로 제거하는 오염물질 : HC, CO, NOx

Ⅴ 연소계산

11 다음의 조성을 가지는 기체연료 $1Sm^3$의 이론공기량을 구하시오. (단, N_2는 모두 NO가 된다고 가정함)

CH_4 : 25%,	C_2H_4 : 5%,	C_3H_6 : 8%,	CO : 5%,
H_2 : 20%,	N_2 : 16%,	CO_2 : 20%,	O_2 : 1%

해설

| 이론공기량(Sm^3/Sm^3) 3 - 혼합가스 |

0.25	CH_4	+ $2O_2$	$\rightarrow$	CO_2	+ $2H_2O$
0.05	C_2H_4	+ $3O_2$	$\rightarrow$	$2CO_2$	+ $2H_2O$
0.08	C_3H_6	+ $4.5O_2$	$\rightarrow$	$3CO_2$	+ $3H_2O$
0.05	CO	+ $0.5O_2$	$\rightarrow$	CO_2	
0.2	H_2	+ $0.5O_2$	$\rightarrow$	H_2O	
0.16	N_2	+ O_2	$\rightarrow$	2NO	
0.2	CO_2		$\rightarrow$	CO_2	
0.01	O_2				

$$A_o = \frac{O_o}{0.21}$$

$$= \frac{0.25 \times 2 + 0.05 \times 3 + 0.08 \times 4.5 + 0.05 \times 0.5 + 0.2 \times 0.5 + 0.16 \times 1 - 0.01}{0.21}$$

$$= 6.119 Sm^3/Sm^3$$

$$\therefore 6.119 Sm^3/Sm^3 \times 1Sm^3 = 6.119 Sm^3$$

> **정답** $6.12Sm^3$

연습문제

12 프로판(Propane)과 부탄(Butane)이 각각 50%(부피기준)인 혼합연료 $1\,Sm^3$을 완전 연소시킬 때 필요한 이론공기량(Sm^3)과 CO_2 발생량(Sm^3)을 각각 계산하시오.

(1) 이론공기량(Sm^3)

(2) CO_2 발생량(Sm^3)

해설 ▶

(1) 이론 공기량

50%	C_3H_8	+	$5O_2$	→	$3CO_2$	+	$4H_2O$
50%	C_4H_{10}	+	$6.5O_2$	→	$4CO_2$	+	$5H_2O$

$$A_o = \frac{O_o}{0.21} = \frac{0.5 \times 5 + 0.5 \times 6.5}{0.21} = 27.3809\,Sm^3/Sm^3$$

$$\therefore 27.3809\,Sm^3/Sm^3 \times 1\,Sm^3 = 27.3809\,Sm^3$$

(2) CO_2 발생량

$$3 \times 0.5 + 4 \times 0.5 = 3.5\,Sm^3/Sm^3$$

$$3.5\,Sm^3/Sm^3 \times 1\,Sm^3 = 3.5\,Sm^3$$

정답 (1) $27.38\,Sm^3$ (2) $3.5\,Sm^3$

13 C = 86%, H = 11%, S = 3%로 조성된 중유 1kg을 연소시켜 배기가스를 분석하였더니 CO_2+SO_2 13%, O_2 3%, CO 0%라는 결과를 얻었다. 다음을 구하시오.

(1) 실제공기량(Sm^3)

(2) 건조가스 중 SO_2 농도(ppm)

> **해설**

(1) 실제공기량(Sm^3)

    1) m

        $N_2 = 100 - (13 + 3) = 84\%$

        $m = \dfrac{N_2}{N_2 - 3.76(O_2 - 0.5CO)}$

        $ = \dfrac{84}{84 - 3.76(3)}$

        $ = 1.1551$

    2) $A_o = \dfrac{O_o}{0.21}$

        $ = \dfrac{1.867C + 5.6\left(H - \dfrac{O}{8}\right) + 0.7S}{0.21}$

        $ = \dfrac{1.867 \times 0.86 + 5.6 \times 0.11 + 0.7 \times 0.03}{0.21}$

        $ = 10.6791$

    3) 실제공기량

        $A = mA_o = 1.1551 \times 10.6791 = 12.3354$

        $\therefore A = 12.34Sm^3$

(2) 건조가스 중 SO_2 농도(ppm)

    1) $G_d(Sm^3/kg) = mA_o - 5.6H + 0.7O + 0.8N$

        $= 1.1551 \times 10.6791 - 5.6 \times 0.11$

        $= 11.7194 Sm^3/kg$

    2) $SO_2(ppm) = \dfrac{SO_2}{G_d} \times 10^6 = \dfrac{0.7S}{G_d} \times 10^6$

        $= \dfrac{0.7 \times 0.03}{11.7194} \times 10^6$

        $= 1,791.900 ppm$

정답 (1) $12.34Sm^3$ (2) $1,791.90ppm$

연습문제

14 중유연소 가열로의 배기가스를 분석한 결과 중량비로 $N_2 = 82\%$, $CO_2 = 11\%$, $O_2 = 7\%$의 결과를 얻었다. 공기비는? (단, 연료 중에는 질소가 함유되지 않는 것으로 한다.)

해설

$$공기비(m) = \frac{N_2}{N_2 - 3.76(O_2 - 0.5CO)}$$

$$= \frac{82}{82 - 3.76 \times 7}$$

$$= 1.472$$

정답 1.47

15 옥탄(Octane)의 완전 연소 반응식을 구한 후, AFR(무게 기준)을 계산하시오.

(1) 옥탄의 이론 연소 반응식

(2) 옥탄의 AFR(무게 기준)

해설

(1) $C_8H_{18} + 12.5O_2 \rightarrow 8CO_2 + 9H_2O$

(2) $AFR = \dfrac{공기(kg)}{연료(kg)} = \dfrac{산소(kg)/0.232}{연료(kg)} = \dfrac{12.5 \times 32/0.232}{114} = 15.124$

정답 (1) $C_8H_{18} + 12.5O_2 \rightarrow 8CO_2 + 9H_2O$ (2) 15.12

16 가솔린($C_8H_{17.5}$)이 완전 연소할 때의 질량 기준 및 부피 기준의 공연비(Air Fuel Ratio)를 각각 계산하시오.

(1) 공연비(AFR, 질량 기준)

(2) 공연비(AFR, 부피 기준)

해설

$C_8H_{17.5} + 12.375O_2 \rightarrow 8CO_2 + 8.75H_2O$

(1) 공연비(AFR, 질량 기준)

$$AFR(질량비) = \frac{공기(kg)}{연료(kg)} = \frac{12.375 \times 32/0.232}{113.5} = 15.0387$$

(2) 공연비(AFR, 부피 기준)

$$AFR(부피비) = \frac{공기(mole)}{연료(mole)} = \frac{12.375/0.21}{1} = 58.9285$$

정답 (1) 15.04 (2) 58.93

17 등가비에 대하여 다음 물음에 답하시오.

(1) 등가비의 정의를 등가비 공식을 이용해 서술하시오.

(2) 등가비에 따른 3가지의 연소 형태를 서술하시오.

해설

등가비(ϕ : Equivalent Ratio)

공기비의 역수($\frac{1}{m}$)

연습문제

공기비	m < 1	m = 1	1 < m
등가비	$1 < \phi$	$\phi = 1$	$\phi < 1$
AFR	작아짐		커짐
	· 공기 부족 · 연료 과잉 · 불완전 연소 · 매연, CO, HC 발생량 증가 · 폭발 위험	· 완전연소 · CO_2 발생량 최대	· 과잉 공기 · 산소 과대 · SOx, NOx 발생량 증가 · 연소온도 감소 · 열손실 커짐 · 저온부식 발생 · 탄소함유물질(CH_4, CO, C 등) 농도 감소 · 방지시설의 용량이 커지고 에너지 손실 증가 · 희석효과가 높아져 연소 생성물의 농도 감소

정답 (1)

$$\phi = \frac{\left(\dfrac{실제\ 연료량}{산화제}\right)의\ 비}{\left(\dfrac{완전연소\ 연료량}{산화제}\right)의\ 비} = \frac{\left(\dfrac{F}{A}\right)_a}{\left(\dfrac{F}{A}\right)_s} = \frac{1}{m}$$

F : 연료의 질량

A : 공기의 질량, 산화제의 질량

(2) ① $\phi = 1$ 일 때 완전 연소

② $\phi < 1$ 일 때 과잉 공기 상태로 SOx, NOx 발생량이 증가하고 CO는 감소함

③ $\phi > 1$ 일 때 연료 과잉, 불완전 연소 상태로 HC, CO가 많이 발생함

18 등가비(ϕ)에 대하여 다음 물음에 답하시오.

(1) 등가비를 공기비와 연결하여 서술하시오.

(2) (㉠), (㉡) 안에 "증가" 또는 "감소"를 넣어 빈칸을 완성하시오.

> 등가비가 1에서 1 이하로 낮아지면 배출가스의 중의 CO는 (㉠)되고 NO는 (㉡)된다.

정답 (1) 등가비는 공기비의 역수임 $\phi = \dfrac{1}{m}$

(2) ㉠ : 감소, ㉡ : 증가

19 완전 연소의 경우보다 공기비가 낮을 때 연소 시 발생하는 문제점을 3가지 서술하시오.

정답 아래 항목 중 3가지 작성
① 공기 부족
② 연료 과잉
③ 불완전 연소
④ 매연, CO, HC 발생량 증가
⑤ 폭발 위험

연습문제

20 중유 조성이 탄소 85%, 수소 10%, 황 2%, 산소 3%이었다면 이 중유연소에 필요한 이론 습연소 가스량(Sm^3/kg)은?

> **해설**

1) $A_o = \dfrac{O_o}{0.21} = \dfrac{1.867C + 5.6\left(H - \dfrac{O}{8}\right) + 0.7S}{0.21}$

$\qquad = \dfrac{1.867 \times 0.85 + 5.6 \times \left(0.10 - \dfrac{0.03}{8}\right) + 0.7 \times 0.02}{0.21}$

$\qquad = 10.1902(Sm^3/kg)$

2) $G_{ow} = A_o + 5.6H + 0.7O + 0.8N + 1.244W$

$\qquad = 10.1902 + 5.6 \times 0.10 + 0.7 \times 0.03$

$\qquad = 10.7712(Sm^3/kg)$

정답 $10.77 Sm^3/kg$

21 다음 표와 같은 조건의 중유를 연소시킨 경우 실제 건조배기가스 중 SO_2는 몇 ppm(용량비)이 되는가? (단, 중유 중의 황은 모두 SO_2가 되는 것으로 가정한다.)

> · 연료의 조성 : C : 82%, H : 13%, S : 2%, O : 2%, N : 1%
> · 배출가스 조성 : ($CO_2 + SO_2$) : 13%, O_2 : 3%, CO : 0%

> **해설**

1) m
$\qquad N_2 = 100 - (13 + 3) = 84\%$

$\qquad m = \dfrac{N_2}{N_2 - 3.76(O_2 - 0.5CO)}$

$\qquad\quad = \dfrac{84}{84 - 3.76 \times 3}$

$\qquad\quad = 1.1551$

2) $A_o = \dfrac{O_o}{0.21}$

$= \dfrac{1.867C + 5.6\left(H - \dfrac{O}{8}\right) + 0.7S}{0.21}$

$= \dfrac{1.867 \times 0.82 + 5.6 \times \left(0.13 - \dfrac{0.02}{8}\right) + 0.7 \times 0.02}{0.21}$

$= 10.7568$

3) $G_d(Sm^3/kg) = mA_o - 5.6H + 0.7O + 0.8N$

$= 1.1551 \times 10.7568 - 5.6 \times 0.13 + 0.7 \times 0.02 + 0.8 \times 0.01$

$= 11.7192 Sm^3/kg$

4) $SO_2(ppm) = \dfrac{SO_2}{G_d} \times 10^6 = \dfrac{0.7S}{G_d} \times 10^6$

$= \dfrac{0.7 \times 0.02}{11.7192} \times 10^6 = 1,194.616 ppm$

정답 1,194.62ppm

22 석탄 1kg의 원소분석 결과가 아래 표와 같을 때 다음 물음에 답하시오.

성분	C	H	O	N	S	수분	회분
%	64	5.3	8.8	0.8	0.1	9	12

(1) $G_{ow}(Sm^3/kg)$

(2) $G_{od}(Sm^3/kg)$

(3) $CO_{2(max)}(\%)$

연습문제

해설

64%	C	+ O₂	→	CO₂

64%　C　　+ O_2　　　→　　CO_2
5.3%　H_2　+ $1/2O_2$　→　H_2O
0.8%　N_2　　　　　　→　　N_2
0.1%　S　　+ O_2　　　→　　SO_2
12%　회분　　　　　　→　　회분
9%　수분　　　　　　→　　H_2O
8.8%　O_2

(1) G_{ow}

1) $A_o = \dfrac{O_o}{0.21} = \dfrac{1.867 \times C + 5.6\left(H - \dfrac{O}{8}\right) + 0.7S}{0.21}$

$= \dfrac{1.867 \times 0.64 + 5.6\left(0.053 - \dfrac{0.088}{8}\right) + 0.7 \times 0.001}{0.21}$

$= 6.8132 Sm^3/kg$

2) $G_{ow}(Sm^3/kg) = A_o + 5.6H + 0.7O + 0.8N + 1.244W$

$= 6.8132 + 5.6 \times 0.053 + 0.7 \times 0.088 + 0.8 \times 0.008 + 1.244 \times 0.09$

$= 7.2899 Sm^3/kg$

(2) G_{od}

$G_{od} = A_o - 5.6H + 0.7O + 0.8N$

$= 6.8132 - 5.6 \times 0.053 + 0.7 \times 0.088 + 0.8 \times 0.008$

$= 6.5844 Sm^3/kg$

(3) $CO_{2(max)}(\%)$

$\dfrac{CO_2}{G_{od}} \times 100(\%) = \dfrac{1.867 \times 0.64}{6.5844} \times 100\% = 18.1471\%$

정답 (1) $7.29 Sm^3/kg$ (2) $6.58 Sm^3/kg$ (3) 18.15%

23 석탄 1kg의 조성이 탄소 85%, 수소 7%, 황 3.2%, 질소 3%, 수분 1.8%이었다면 이 석탄 연소에 필요한 실제 습연소 가스량(Sm^3)은? (단, 공기비는 1.3이다.)

해설

$$A_o = \frac{O_o}{0.21}$$

$$= \frac{1.867C + 5.6\left(H - \frac{O}{8}\right) + 0.7S}{0.21}$$

$$= \frac{1.867 \times 0.85 + 5.6 \times 0.07 + 0.7 \times 0.032}{0.21}$$

$$= 9.5302 Sm^3/kg$$

$$\therefore G_w = mA_o + 5.6H + 0.7O + 0.8N + 1.244W$$

$$= 1.3 \times 9.5302 + 5.6 \times 0.07 + 0.8 \times 0.03 + 1.244 \times 0.018$$

$$= 12.8277 Sm^3/kg$$

$$\therefore 12.8277 Sm^3/kg \times 1kg = 12.8277 Sm^3$$

정답 $12.83 Sm^3$

연습문제

24 석탄의 조성이 탄소 70%, 수소 10%, 산소 15%, 황 2%이었다면 이 석탄 1kg 연소 시 필요한 (1) 이론 공기량(Sm^3)과 (2) 실제습연소가스량(Sm^3)을 각각 계산하시오. (단, 공기비는 1.25)

(1) 이론공기량(Sm^3)

(2) 실제습연소가스량(Sm^3)

해설

(1) $A_o = \dfrac{O_o}{0.21}$

$\quad = \dfrac{1.867C + 5.6\left(H - \dfrac{O}{8}\right) + 0.7S}{0.21}$

$\quad = \dfrac{1.867 \times 0.7 + 5.6\left(0.1 - \dfrac{0.15}{8}\right) + 0.7 \times 0.02}{0.21}$

$\quad = 8.4566 Sm^3/kg$

$\quad \therefore\ 8.4566 Sm^3/kg \times 1kg = 8.4566 Sm^3$

(2) $G_w = mA_o + 5.6H + 0.7O + 0.8N + 1.244W$

$\quad = 1.25 \times 8.4566 + 5.6 \times 0.1 + 0.7 \times 0.15$

$\quad = 11.2358 Sm^3/kg$

$\quad \therefore\ 11.2358 Sm^3/kg \times 1kg = 11.2358 Sm^3$

정답 (1) $8.46 Sm^3$ (2) $11.24 Sm^3$

25 프로판과 부탄의 용적비가 1:1의 비율로 된 연료가 있다. 이 연료를 완전 연소시킨 후 습연소가스 중의 CO_2는 10%이었다. 이 연료 $1Sm^3$당 건조 연소 가스량은?

> **해설**

혼합기체의 건조가스량 계산

50% : C_3H_8 + $5O_2$ → $3CO_2$ + $4H_2O$
50% : C_4H_{10} + $6.5O_2$ → $4CO_2$ + $5H_2O$

1) 프로판과 부탄의 CO_2 발생량(Sm^3/Sm^3) 계산
$3 \times 0.5 + 4 \times 0.5 = 3.5Sm^3/Sm^3$

2) 습가스량(G_w) 계산
$$\frac{CO_2(Sm^3/Sm^3)}{G_w(Sm^3/Sm^3)} \times 100 = 10\%$$

$$G_w = \frac{CO_2}{0.1} = \frac{3.5}{0.1} = 35Sm^3$$

3) 건조 가스량(G_d) 계산
$G_d = G_w - \sum H_2O$
$\quad = 35 - (4 \times 0.5 + 5 \times 0.5)$
$\quad = 30.5Sm^3/Sm^3$

정답 $30.5Sm^3/Sm^3$

연습문제

26 A 기체연료를 분석한 결과 CO 20%, CO_2 20%, N_2 60%였다면 이 연료를 완전 연소시켰을 때 생성되는 이론습연소가스량(Sm^3/Sm^3)은?

해설

$$20\% \ : \ CO \quad + \quad 1/2O_2 \quad \rightarrow \quad CO_2$$
$$20\% \ : \ CO_2 \quad\quad\quad\quad\quad\quad\ \rightarrow \quad CO_2$$
$$60\% \ : \ N_2 \quad\quad\quad\quad\quad\quad\quad\ \rightarrow \quad N_2$$

1) $A_o(Sm^3/Sm^3) = \dfrac{O_o}{0.21}$

$$= \dfrac{0.2 \times 0.5}{0.21}$$

$$= 0.4762 Sm^3/Sm^3$$

2) $G_{ow} = (1 - 0.21)A_o + \ \sum \ 모든 \ 생성물$

$$= (1 - 0.21) \times 0.4762 + 0.2 + 0.2 + 0.6$$

$$= 1.3761 Sm^3/Sm^3$$

정답 $1.38 Sm^3/Sm^3$

27 H_2 : 75%, CO_2 : 25%로 혼합된 가스 $1Sm^3$를 공기비 1.1로 연소할 때 습배출가스 중 CO_2 부피비(%)는?

해설

$$75\% \ : \ H_2 \quad + \quad 0.5O_2 \quad \rightarrow \quad H_2O$$
$$25\% \ : \ CO_2 \qquad\qquad\qquad \rightarrow \quad CO_2$$

1) $A_o = \dfrac{O_o}{0.21} = \dfrac{0.75 \times 0.5}{0.21} = 1.7857 \, Sm^3/Sm^3$

2) $G_W = (m - 0.21)A_o + \sum 모든 생성물$

$= (1.1 - 0.21) \times 1.7857 + (0.75 + 0.25)$

$= 2.5892 \, Sm^3/Sm^3$

3) $\dfrac{CO_2}{G_W} \times 100 = \dfrac{0.25}{2.5892} \times 100 = 9.6551\%$

정답 9.66%

연습문제

28 H_2 20%, CH_4 80%로 조성된 기체연료를 이론공기량으로 완전 연소시켰다. 이 기체연료의 $CO_{2(max)}$(%)는?

해설

80% : CH_4 + $2O_2$ → CO_2 + $2H_2O$
20% : H_2 + $0.5O_2$ → H_2O

1) $A_o(Sm^3/Sm^3) = \dfrac{O_o}{0.21}$

$= \dfrac{0.8 \times 2 + 0.2 \times 0.5}{0.21}$

$= 8.0952 Sm^3/Sm^3$

2) $G_{od}(Sm^3/Sm^3) = (1 - 0.21)A_o + \sum$ 모든 생성물

$= (1 - 0.21) \times 8.0952 + (0.8 \times 1)$

$= 7.1952 Sm^3/Sm^3$

3) $CO_{2(max)} = \dfrac{CO_2}{G_{od}} \times 100 = \dfrac{0.8}{7.1952} \times 100 = 11.1184\%$

정답 11.12%

29 C 87%, H 10%, S 3%인 중유의 이론적인 $CO_{2(max)}(\%)$ 값은?

해설

1) $A_o = \dfrac{O_o}{0.21} = \dfrac{1.867C + 5.6\left(H - \dfrac{O}{8}\right) + 0.7S}{0.21}$

   $= \dfrac{1.867 \times 0.87 + 5.6 \times 0.1 + 0.7 \times 0.03}{0.21}$

   $= 10.5013 Sm^3/kg$

2) $G_{od} = A_o - 5.6H + 0.7O + 0.8N$

   $= 10.5013 - 5.6 \times 0.1$

   $= 9.9413 Sm^3/kg$

3) $CO_{2(max)}(\%)$

   $\dfrac{CO_2}{G_{od}} \times 100(\%) = \dfrac{1.867 \times 0.87}{9.9413} \times 100\% = 16.3386\%$

정답 16.34%

연습문제

30 프로판(C_3H_8)과 에탄(C_2H_6)의 혼합가스 $1Sm^3$를 완전 연소시킨 결과 배기가스 중 이산화탄소(CO_2)의 생성량이 $2.6Sm^3$이었다. 이 혼합가스의 mol비(C_3H_8/C_2H_6)는 얼마인가?

해설

프로판의 부피를 x, 에탄의 부피를 y라고 하면,

$x\ Sm^3$: $C_3H_8 + 5O_2 \rightarrow 3CO_2 + 4H_2O$

$y\ Sm^3$: $C_2H_6 + 3.5O_2 \rightarrow 2CO_2 + 3H_2O$

1) 혼합기체 부피가 $1Sm^3$이므로,

$\quad x + y = 1$ ·············· 식①

2) CO_2 생성량은 $2.6Sm^3$이므로,

$\quad 3x + 2y = 2.6$ ·············· 식②

식①, ②를 연립방정식으로 풀면,

$x = 0.6Sm^3,\ y = 0.4Sm^3$

몰수비는 부피비와 같으므로,

$\therefore \dfrac{프로판}{에탄} = \dfrac{0.6}{0.4} = 1.5$

정답 1.5

31 석탄 연소 시 배출되는 SO_2 배출량을 2.5mg SO_2/kcal 이하로 규제하려고 한다. 석탄의 발열량이 6,000kcal/kg · coal일 때 규제 배출량 기준을 넘지 않으려면 석탄 중 황(S) 함량은 몇 % 이하이어야 하는가? (단, S 함량은 중량비, 석탄 중의 황은 연소로 모두 SO_2가 된다고 가정함)

해설

1) 규제 배출 기준 SO_2

$$\frac{2.5\,mg\,SO_2}{kcal} \times \frac{6,000kcal}{kg\,coal} \times \frac{1kg}{10^6\,mg} = \frac{0.015kg\,SO_2}{kg\,coal}$$

∴ 석탄 1kg당 SO_2가 0.015kg 이하로 배출되어야 함

2) 석탄 중 황 함량(S)

$$S + O_2 \rightarrow SO_2$$

32kg　　 : 　64kg

$S \times 1kg$　 : 　0.015kg

$$\therefore S = \frac{32 \times 0.015}{64} = 0.0075 = 0.75\%$$

정답 0.75%

32 C 85%, H 9%, S 6%의 중유를 공기비 1.25로 완전 연소할 때 습윤배출가스 중 SO_2의 부피비(%)는?

해설

1) $A_o(Sm^3/kg) = \dfrac{O_o}{0.21}$

$$= \frac{1.867C + 5.6\left(H - \dfrac{O}{8}\right) + 0.7S}{0.21}$$

$$= \frac{1.867 \times 0.85 + 5.6 \times 0.09 + 0.7 \times 0.06}{0.21}$$

$$= 10.1569 Sm^3/kg$$

2) $G_w(Sm^3/kg) = mA_o + 5.6H + 0.7O + 1.244W$

$$= 1.25 \times 10.1569 + 5.6 \times 0.09$$

$$= 13.2001 Sm^3/kg$$

3) $SO_2(ppm) = \dfrac{SO_2}{G_w} \times 100 = \dfrac{0.7S}{G_w} \times 100$

$$= \frac{0.7 \times 0.06}{13.2001} \times 100 = 0.3181\%$$

정답 0.32%

연습문제

33 용적 $100m^3$인 A 공장에서 황을 0.01% 함유하는 등유 1kg을 연소시켰다. 이때, 공장 내의 SO_2 농도(ppm)는? (단, 등유 중의 황은 모두 SO_2가 되며 연소 전 공장 내 SO_2의 농도는 고려하지 않음)

해설

1) SO_2 발생량

$$S + O_2 \rightarrow SO_2$$

$$32kg \quad : \quad 22.4Sm^3$$

$$1kg \times \frac{0.01}{100} \quad : \quad X$$

$$\therefore X = 7 \times 10^{-5} Sm^3$$

2) $SO_2 = \dfrac{7 \times 10^{-5} Sm^3}{100m^3} \times 10^6 = 0.7ppm$

정답 0.7ppm

34 C : 85%, H : 15%로 구성되어 있는 액체연료 1kg을 공기비 1.1로 연소하는 경우에 C의 1%가 검댕으로 발생된다고 하면 건연소가스 $1Sm^3$ 중의 검댕의 농도(g/Sm^3)는 약 얼마인가?

해설

[풀이 1]

1) $G_d = mA_o - 5.6H + 0.7O + 0.8N$

$$= 1.1 \times \frac{1.867 \times 0.85 + 5.6 \times 0.15}{0.21} - 5.6 \times 0.15$$

$$= 11.8725 Sm^3/kg$$

2) 연료 1kg 연소 시 발생하는 검댕량(g)

$$10^3 g \times 0.85 \times 0.01 = 8.5g$$

3) $\dfrac{검댕(g)}{배기가스(Sm^3)} = \dfrac{8.5g}{11.8725 Sm^3} = 0.7159 g/Sm^3$

[풀이 2]

1) $A_o(Sm^3/kg) = \dfrac{O_o}{0.21}$

$$= \frac{1.867C + 5.6\left(H - \dfrac{O}{8}\right) + 0.7S}{0.21}$$

$$= \frac{1.867 \times 0.85 + 5.6 \times 0.15}{0.21}$$

$$= 11.55555 Sm^3/kg$$

2)
$$G_d = (m - 0.21)A_o + (CO_2 + N_2 + SO_2)$$

$$= (1.1 - 0.21) \times 11.55555 + \left(\frac{22.4}{12} \times 0.85 \times 0.99\right)$$

$$= 11.85552 Sm^3/kg$$

(연료 중 1%가 검댕이 되면, 나머지 99%가 CO_2가 되므로, CO_2 생성량은 $\dfrac{22.4}{12} \times 0.85 \times 0.99$ 이다.)

3) 연료 1kg 연소 시 발생하는 검댕량(g)

$$10^3 g \times 0.85 \times 0.01 = 8.5g$$

4) $\dfrac{검댕(g)}{배기가스(Sm^3)} = \dfrac{8.5 g}{11.85552 Sm^3} = 0.7169 g/Sm^3$

정답 $0.72 g/Sm^3$

연습문제

35 C : 85%, H : 15%로 구성되어 있는 액체연료 1kg을 공기비 1.1로 연소하는 경우에 C의 0.5%가 검댕으로 발생된다고 하면 건연소가스 $1Sm^3$ 중의 검댕의 농도(g/Sm^3)는 약 얼마인가?

> **해설**

[풀이 1]

1) $G_d = mA_o - 5.6H + 0.7O + 0.8N$

$$= 1.1 \times \frac{1.867 \times 0.85 + 5.6 \times 0.15}{0.21} - 5.6 \times 0.15$$

$$= 11.8725 Sm^3/kg$$

2) 연료 1kg 연소 시 발생하는 검댕량(g)

$$10^3 g \times 0.85 \times 0.005 = 4.25g$$

3) $\dfrac{검댕(g)}{배기가스(Sm^3)} = \dfrac{4.25g}{11.8725Sm^3} = 0.3579g/Sm^3$

[풀이 2]

1) $A_o(Sm^3/kg) = \dfrac{O_o}{0.21}$

$$= \frac{1.867C + 5.6\left(H - \dfrac{O}{8}\right) + 0.7S}{0.21}$$

$$= \frac{1.867 \times 0.85 + 5.6 \times 0.15}{0.21}$$

$$= 11.5569 Sm^3/kg$$

2)

$$G_d = (m - 0.21)A_o + (CO_2 + N_2 + SO_2)$$

$$= (1.1 - 0.21) \times 11.5569 + \left(\frac{22.4}{12} \times 0.85 \times 0.995\right)$$

$$= 11.8643 Sm^3/kg$$

(연료 중 0.5%가 검댕이 되면, 나머지 99.5%가 CO_2가 되므로, CO_2 생성량은 $\dfrac{22.4}{12} \times 0.85 \times 0.995$ 이다.)

3) 연료 1kg 연소 시 발생하는 검댕량(g)

$$10^3 g \times 0.85 \times 0.005 = 4.25g$$

4) $\dfrac{검댕(g)}{배기가스(Sm^3)} = \dfrac{4.25g}{11.8643Sm^3} = 0.3582g/Sm^3$

정답 $0.36g/Sm^3$

36 황 성분이 1.8%, 저위발열량이 10,000kcal/kg인 중유를 공기과잉계수 1.1로 연소 시 습연소가스 중의 SO_2 농도(ppm)는? (단, Rosin식 적용, S은 전량 SO_2로 전환됨)

해설

발열량을 이용한 간이식(Rosin식)

1) 액체연료 이론공기량(A_o)

$$A_o = 0.85 \times \frac{H_l}{1,000} + 2$$

$$= 0.85 \times \frac{10,000}{1,000} + 2$$

$$= 10.5 \, Sm^3/kg$$

2) 액체연료 이론연소가스량(G_o)

$$G_o = 1.11 \times \frac{저위발열량(H_l)}{1,000} = 1.11 \times \frac{10,000}{1,000} = 11.1 Sm^3/kg$$

3) $G_{실제} = G_o + (m-1)A_o$

$$= 11.1 + (1.1-1) \times 10.5$$

$$= 12.15 Sm^3/kg$$

4) $\dfrac{SO_2}{G_{실제}} = \dfrac{0.7 \times \dfrac{1.8}{100}}{12.15} \times 10^6 ppm = 1,037.037 ppm$

정답 1,037.04ppm

연습문제

Ⅵ 연소열역학 및 열수지

37 다음은 반응속도에 관한 사항이다. 다음 물음에 답하시오.

(1) 반응속도의 정의

(2) 1차 반응에 관해 서술하시오. (단, 시간과 농도와의 관계식을 넣어서 설명)

(3) 2차 반응에 관해 서술하시오. (단, 시간과 농도와의 관계식을 넣어서 설명)

> **정답** (1) 화학반응이 일어날 때 단위시간에 감소한 반응물질의 농도(혹은 증가한 생성물질의 농도)
>
> (2) 1차 반응은 반응속도가 반응물의 농도에 비례하는 반응이다.
>
> · 1차 반응식 : $\dfrac{dC}{dt} = -kC$
>
> $\therefore \ln\dfrac{C}{C_0} = -kt$
>
> 여기서, k : 반응속도상수
> C : 반응물 농도
> t : 반응차수
>
> (3) 2차 반응은 반응속도가 반응물의 농도의 제곱에 비례하는 반응이다.
>
> · 2차 반응식 : $\dfrac{dC}{dt} = -kC^2$
>
> $\therefore \dfrac{1}{C} = \dfrac{1}{C_0} + kt$

38 어떤 1차 반응에서 반감기가 1,000초였다. 반응물이 1/150 농도로 감소할 때까지는 얼마의 시간이 걸리 겠는가?

해설

1차 반응식 $\ln\left(\dfrac{C}{C_o}\right) = -kt$

1) 반응속도 상수(k)

$\ln\left(\dfrac{1}{2}\right) = -k \times 1,000\,\mathrm{sec}$

$\therefore k = 6.93 \times 10^{-4}/\mathrm{sec}$

2) 반응물이 1/150 농도로 감소될 때까지의 시간

$\ln\left(\dfrac{1}{150}\right) = -6.93 \times 10^{-4} \times t$

$\therefore t = 7,228.8186\,\mathrm{sec}$

정답 7,228.82sec

39 다음의 연소반응으로 연료 A가 99.9% 연소된다고 한다. 이때 연소반응시간(sec)은 얼마인가?

A → 연소생성물　　　　반응속도상수 $k = 0.015/\mathrm{sec}$

해설

반응속도상수 k 단위가 1/sec이므로, 1차 반응임

1차 반응식 $\ln\left(\dfrac{C}{C_o}\right) = -kt$

$\ln\left(\dfrac{100 - 99.9}{100}\right) = -0.015 \times t$

$\therefore t = 460.517\,\mathrm{sec}$

정답 460.52sec

연습문제

40 다음 질문에 답하시오.

(1) 폭굉 유도거리(DID)를 설명하시오.

(2) 폭굉 유도거리가 짧아지는 요건을 서술하시오.(3가지)

(3) 아래의 조성을 가진 혼합기체의 하한 연소범위(%)는?

성분	조성(%)	하한연소범위(%)
메탄	80	5.0
에탄	14	3.0
프로판	4	2.1
부탄	2	1.5

> **해설**

(1) 폭굉 유도거리(DID)

관 중에 폭굉 가스가 존재할 때 최초의 완만한 연소가 격렬한 폭굉으로 발전할 때까지의 거리

(2) 폭굉 유도거리가 짧아지는 요건
  ① 관 속에 방해물이 있거나 관내경이 작을수록   ② 압력이 높을수록
  ③ 점화원의 에너지가 강할수록   ④ 정상의 연소속도가 큰 혼합가스일수록
  → 폭굉거리 짧아짐

(3) 르 샤틀리에의 폭발범위

$$L(\%) = \frac{100}{\dfrac{V_1}{L_1} + \dfrac{V_2}{L_2} + \cdots + \dfrac{V_n}{L_n}} = \frac{100}{\dfrac{80}{5.0} + \dfrac{14}{3.0} + \dfrac{4}{2.1} + \dfrac{2}{1.5}} = 4.1832\%$$

∴ 4.18%

정답 (1) 관 중에 폭굉 가스가 존재할 때 최초의 완만한 연소가 격렬한 폭굉으로 발전할 때까지의 거리
   (2) ① 관 속에 방해물이 있거나 관내경이 작을수록 짧아짐
      ② 압력이 높을수록 짧아짐
      ③ 점화원의 에너지가 강할수록 짧아짐
   (3) 4.18%

41 프로판의 고발열량이 54,000kcal/Sm³이라면 저발열량(kcal/Sm³)은? (단, 물의 증발잠열은 600kcal/kg이다.)

해설

1) 물의 증발잠열(kcal/Sm³) $= 600kcal/kg \times \dfrac{18kg}{22.4Sm^3} = 482.1428kcal/Sm^3$

2) 저위발열량(kcal/Sm³) 계산

$C_3H_8 + 5O_2 \rightarrow 3CO_2 + 4H_2O$

$H_1 = H_h - 482.1428 \cdot \sum H_2O$

$= 54,000 - 482.1428 \times 4 = 52,071.428kcal/Sm^3$

정답 52,071.43kcal/Sm³

42 탄소 1kg 연소 시 이론적으로 30,000kcal의 열이 발생하고, 수소 1kg 연소 시 이론적으로 34,100kcal의 열이 발생된다면, 프로판 1kg 연소 시 이론적으로 발생되는 열량(kcal)은?

해설

1) 프로판 중에 포함된 탄소의 열량

$\dfrac{30,000kcal}{kg\ C} \times \dfrac{3 \times 12kg\ C}{44kg\ C_3H_8} = \dfrac{24,545.4545kcal}{kg\ C_3H_8}$

2) 프로판 중에 포함된 수소의 열량

$\dfrac{34,100kcal}{kg\ H} \times \dfrac{8 \times 1kg\ H}{44kg\ C_3H_8} = \dfrac{6,200kcal}{kg\ C_3H_8}$

3) 프로판의 발열량

$= (24,545.4545 + 6,200)kcal/kg \times 1kg$

$= 30,745.4545kcal$

정답 30,745.45kcal

연습문제

43 4.2×10^8Watt의 전기를 생산하는 석탄 화력발전소가 있다. 이 발전소에서 석탄의 발열량이 2,500kcal/kg 이고, 재의 함량이 10%일 때 연간 재 발생량(ton)을 계산하시오. (단, 발전소의 열효율은 50%이고, $1kW = \dfrac{1}{4.2}$kcal/s 임)

> **해설**

1) 열효율(E) $= \dfrac{\text{유효출열}}{H_l \times \text{연료량}} \times 100(\%)$

$$0.5 = \frac{4.2 \times 10^8 W \times \dfrac{1kW}{1,000W} \times \dfrac{\frac{1}{4.2}kcal/s}{1kW}}{2,500kcal/kg \times \text{석탄}(kg/s)}$$

∴ 석탄 $= 80kg/s$

2) 배출되는 재의 양(ton/yr)

$$80kg/s \times \frac{10}{100} \times \frac{86,400s}{day} \times \frac{365day}{yr} \times \frac{1ton}{1,000kg} = 252,288ton/yr$$

정답 252,288ton/yr

2과목

가스처리

Chapter 01 가스상 물질 처리 방법

I 유체의 흐름

1. 유체

기체와 액체처럼 흐르는 물질

2. 흐름의 분류

(1) 시간 변화에 따른 분류

① 정류 : 시간이 변화함에 따라 흐름이 일정함
② 부정류 : 시간이 변화함에 따라 흐름이 변함

(2) 흐름에 따른 분류

층류와 난류로 분류됨

① 층류 : 규칙적인 흐름
② 난류 : 불규칙적인 흐름

1) 레이놀즈 수

$$R_e = \frac{관성력}{점성력} = \frac{vd}{\nu} = \frac{\rho vd}{\mu}$$

v : 유속
d : 관의 직경
ρ : 유체 밀도
μ : 유체 점성계수
ν : 유체 동점성계수

2) 흐름의 판별

종류	레이놀즈 수(R_e)	흐름의 특성
층류	$R_e < 2,100$	· 규칙적, 일정한 흐름 · 흐름을 예측할 수 있음
천이영역	$2,100 \sim 4,000$	· 층류와 난류의 중간
난류	$4,000 < R_e$	· 불규칙적인 흐름 · 흐름을 예측하기 어려움

(3) 유체 흐름에 따른 침강속도식

층류	천이류	난류
$V_s = \dfrac{d_p^2(\rho_p - \rho_s)g}{18\mu}$	$V_s = \dfrac{0.2\rho_\rho^{\frac{2}{3}} g^{\frac{2}{3}} d_p}{\rho_s^{\frac{1}{3}} \mu^{\frac{1}{3}}}$	$V_s = 1.74\left(gd\dfrac{\rho_\rho}{\rho_s}\right)^{\frac{1}{2}}$

여기서,

d_p	:	입자 직경
ρ_p	:	입자의 밀도
ρ_s	:	가스(유체)의 밀도
μ	:	가스의 점성계수

Ⅱ 흡수법

1. 헨리의 법칙

(1) 정의
일정 온도에서 일정량 액체에 용해되는 기체 질량은 그 압력에 비례함

$P = HC$	P	:	분압(atm)
	C	:	액중 농도($kmol/m^3$)
	H	:	헨리상수($atm \cdot m^3/kmol$)

(2) 특징
① 용해도 작을수록 헨리상수 H는 커짐
② 헨리의 법칙이 잘 적용되는 기체

헨리의 법칙이 잘 적용되는 기체	헨리의 법칙이 적용되기 어려운 기체
· 용해도가 작은 기체 · N_2, H_2, O_2, CO, CO_2, NO, NO_2, H_2S 등	· 용해도가 크거나 반응성이 큰 기체 · Cl_2, HCl, HF, SiF_4, SO_2 NH_3 등

2. 물질이동 계수(K)

① 기체가 경계막을 통해 도달하는 속도는 면적에 비례함
② 가스에서의 분압차와 비례함
③ 액체에서의 농도차와 비례함

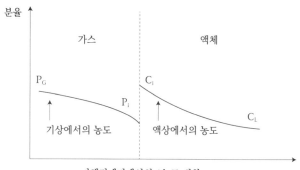

기액경계면에서의 A농도 변화

$$N = K_G \cdot A(P_G - P_i) = K_L \cdot A(C_i - C_L)$$

N	:	경계막을 통한 물질이동속도(kmol/hr)
A	:	접촉면적(m^2)
K_G	:	기상물질 이동계수($kmol/m^2 \cdot atm \cdot hr$)
K_L	:	액상물질 이동계수(m/hr)
P_G	:	가스성분 자체의 분압(atm)
P_i	:	경계막에서의 분압(atm)
C_i	:	경계막에서의 농도($kmol/m^3$)
C_L	:	액성분 자체의 농도($kmol/m^3$)

3. 분류

(1) 세정액 접촉방법에 의한 분류

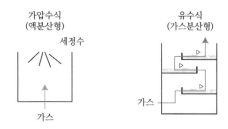

분류	가압수식(액분산형)	유수식(저수식, 가스분산형)	
특징	가스에 액을 뿌리는 방법	저수된 수조에 가스를 통과시키는 방법	
액가스비	큼	작음	
종류	· 충전탑(packed tower) · 분무탑(spray tower) · 벤투리 스크러버 · 사이클론 스크러버 · 제트 스크러버	단탑	포종탑 다공판탑
		기포탑	
집진효율	· 벤투리, 제트, 사이클론 : 유속 빠를수록 집진효율 높아짐 · 충전탑, 분무탑 : 가스유속 느릴수록 집진효율 높아짐	· 가스유속 느릴수록 집진효율 높아짐	

4. 종류

(1) 다공판탑

장점	단점
· 액가스비 작음 · 처리용량이 큰 시설에 적합 · 판 수 증가 시 고농도 가스도 일시처리 가능 · 머무름 현상으로 흡수액의 hold-up이 큼	· 구조 복잡 · 부하 변동에 대응이 어려움 · 압력손실 큼

(2) 충전탑과 단탑 비교

구분	충전탑	단탑
분류	액분산형	가스분산형
액가스비(L/m^3)	큼	작음
구조	간단	복잡
압력손실(mmH$_2$O)	작음(50)	큼(100~200)
처리가스속도	0.3~1m/s	

5. 스크러버 관련 공식

(1) 회전식 스크러버의 물방울 직경(수적경) 계산

$$d_w(\mu m) = \frac{200}{N\sqrt{R}} \times 10^4$$

- N : 회전수
- R : 회전판 반경(cm)

(2) 벤투리 스크러버의 목부 직경(D)

$$Q = AV = \frac{\pi}{4}D^2 \times V$$

$$\therefore D = \sqrt{\frac{4Q}{\pi V}}$$

- Q : 가스량(m^3/s)
- A : 스크러버 목부 면적(m^2)
- V : 가스 속도(m/s)
- D : 목부 직경(m)

(3) 목부 유속과 노즐 개수 및 수압 관계식

$$n\left(\frac{d}{D_t}\right)^2 = \frac{v_t L}{100\sqrt{P}}$$

- n : 노즐 수
- d : 노즐 직경
- D_t : 목부 직경
- P : 수압(mmH_2O)
- v_t : 목부 유속(m/s)
- L : 액가스비(L/m^3)

(4) 벤투리 스크러버의 압력강하식

$$L = \frac{세정수량}{가스유량}$$

$$\triangle P = (0.5+L)\frac{\gamma V^2}{2g}$$

- $\triangle P$: 압력강하(mmH_2O)
- V : 목부 유속(m/s)
- γ : 가스 비중(kg/m^3)
- L : 액가스비(L/m^3)

$$R = \frac{단면적}{윤변} = \frac{\frac{\pi}{4}D^2}{\pi D} = \frac{D}{4}$$

$$\triangle P = \left(\frac{0.033}{\sqrt{R}} + 3.0R^{0.3}L\right) \times \frac{\rho V^2}{2g}$$

- $\triangle P$: 압력손실(mmH_2O)
- R : 경심
- V : 목부 유속(m/s)
- γ : 가스 비중(kg/m^3)
- L : 액가스비(L/m^3)

6. 충전탑 설계요소

(1) 기상총괄단위수(NOG)

$$NOG = \ln\left(\frac{1}{1-\eta}\right)$$

NOG : 총괄 이동단위 수
η : 흡수 효율

(2) 충전층의 높이

$$h = HOG \times NOG = HOG \times \ln\left(\frac{1}{1-\eta}\right)$$

HOG : 총괄 이동단위 높이
NOG : 총괄 이동단위 수
η : 흡수 효율

(3) 흡수액량

$$L = G \times \frac{m}{f}$$

L : 흡수액량(kg·mol/hr)
G : 가스량(kg·mol/hr)
m : 평선의 기울기
f : stripping factor

(4) 관련 용어

① 홀드업(hold - up) : 충전층 내 액보유량
② 부하(loading) : 유속 증가 시 액의 hold - up이 현저히 증가하는 현상
③ 부하점(loading point) : 유속 증가 시 액의 hold - up이 현저히 증가(loading)하는 지점
④ 범람(flooding) : 부하점을 초과하여 유속 증가 시 가스가 액중으로 분산·범람하는 현상
⑤ 범람점(flooding point) : 부하점 초과하여 유속 증가 시 가스가 액중으로 분산·범람
　　(flooding)하는 지점

(5) 압력손실과 가스속도

압력손실은 log(가스속도)와 비례함

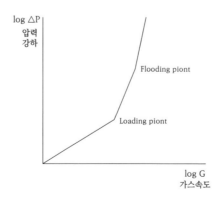

(6) 충전탑에서 유지관리상 문제

① 범람(Flooding)

현상	· 물이 충전물 위로 넘치는 현상
원인	· 함진가스 유입속도가 너무 빠른 경우 발생
대책	· 유속을 Flooding이 발생하는 유속의 40~70% 속도로 주입

② 편류(Channelling)

현상	· 충전탑에서 흡수액 분배가 잘 되지 않아 한쪽으로만 액이 지나가는 현상
원인	· 충전물의 입도가 다를 경우 발생 · 충전밀도가 작을 경우 발생
대책	· 탑의 직경(D)과 충전물 직경(d)비 : D/d = 8~10으로 설계 · 입도가 고른 충전물로 충전함 · 높은 공극률과 낮은 저항의 충전재를 사용함

Ⅲ 흡착법

1. 흡착법의 장단점

장점	단점
· 흡착 운전에 관한 축적된 자료 풍부 · 운전이 쉬움 · 흡착제 재생 가능 · 다양한 가스 처리 가능 · VOC 회수 가능 · 혼합 VOC 처리 가능	· 흡착제가 비쌈 · 재생장치가 필요함 · 가스흐름이 균일하지 못하면 효과 떨어짐 · 전처리가 필요함 · 고온가스 처리 시 효율이 떨어짐 · 고농도일 경우 탈착이 발생할 수 있음

2. 흡착의 분류

구분	물리적 흡착	화학적 흡착
반응	· 가역반응	· 비가역반응
계	· open system	· closed system
원동력	· 분자간 인력(반데르발스 힘)	· 화학 반응
흡착열	· 낮음(2~20kJ/mol)	· 높음(20~400kJ/mol)
흡착층	· 다분자 흡착	· 단분자 흡착
온도, 압력 영향	· 온도영향이 큼 (온도↓, 압력↑ → 흡착↑) (온도↑, 압력↓ → 탈착↑)	· 온도영향 적음 (임계온도 이상에서 흡착 안 됨)
재생	· 가능	· 불가능

3. 흡착제

(1) 흡착제의 종류
① 활성탄 : 현재 가장 많이 사용, 비극성 물질을 흡착, 유기용제의 증기제거에 사용
② 실리카겔 : 250℃ 이하에서 물 및 유기물을 잘 흡착
③ 활성 알루미나 : 물과 유기물을 잘 흡착하며 175~325℃로 가열하여 재생 사용
④ 합성 제올라이트 : 특정한 물질을 선택적으로 흡착시키거나 흡착속도를 다르게 할 수 있음, 극성이 다른 물질이나 포화가 다른 탄화수소 물질의 분리가 가능
⑤ 마그네시아 : 표면적이 200m²/g 정도로서, 주로 휘발유 및 용제정제 등으로 사용됨
⑥ 보크사이트

(2) 흡착제의 조건
① 단위질량당 표면적이 큰 것
② 어느 정도의 강도 및 경도를 지녀야 함
③ 흡착효율이 높아야 함
④ 가스 흐름에 대한 압력손실이 작아야 함
⑤ 재생과 회수가 쉬워야 함

(3) 흡착성능에 중요한 인자가 되는 흡착제의 특성
① 흡착제의 비표면적 : 단위중량당 비표면적이 클수록 흡착성능이 증가한다.
② 흡착제의 강도와 경도 : 흡착제는 어느 정도 강도와 경도를 가져야 한다.
③ 흡착제의 온도 및 유입가스의 온도 : 온도가 낮을수록 흡착성능이 증가한다.

(4) 흡착제(활성탄) 재생법
① 가열공기 통과 탈착식
② 수세 탈착식
③ 수증기 탈착식
④ 감압 탈착식
⑤ 고온의 불활성 기체 주입방법

4. 흡착장치의 종류

흡착장치 종류	특징
고정층 흡착장치	입상활성탄의 흡착층에 가스를 통과시키는 방식
이동층 흡착장치	흡착제는 상부에서 하부로 이동하고, 가스는 하부에서 상부로 이동하면서 흡착하는 방식
유동층 흡착장치	고정층 흡착장치와 이동층 흡착장치의 결합 방식

5. 등온흡착식

(1) 랭뮤어(Langmuir) 등온흡착식

1) 가정조건

① 약한 화학적 흡착

② 단분자층 흡착

③ 가역반응

④ 평형상태

2) 특징

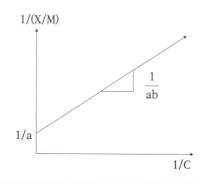

$$\frac{X}{M} = \frac{abC}{1+bC}$$

$$\frac{1}{X/M} = \frac{1}{ab} \cdot \frac{1}{C} + \frac{1}{a}$$

X	:	흡착된 피흡착물의 농도
M	:	주입된 흡착제의 농도
C	:	피흡착물의 평형농도
a, b	:	경험상수

(2) Freundlich 등온흡착식

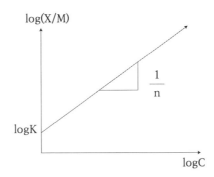

$$\frac{X}{M} = K \cdot C^{1/n}$$

$$\log\frac{X}{M} = \frac{1}{n}\log C + \log K$$

X	:	흡착된 피흡착물의 농도
M	:	주입된 흡착제의 농도
C	:	피흡착물의 평형농도
K, n	:	경험상수

(3) Yaws의 식

$$\log X = -1.189 + 0.288\log C_e - 0.0238(\log C_e)^2$$

X	:	흡착용량(오염물g/탄소g)
C_e	:	오염농도(ppm)

Ⅳ 산화 및 환원법

1. 연소법

공장에서 배출되는 가연성 성분을 연소시켜 제거하는 방법

(1) 종류

직접 연소법	· 오염가스를 연소장치 내에서 태우는 방법 · 오염물의 발열량이 연소에 필요한 전체 열량의 50% 이상 될 때 경제적
가열 연소법	· 오염가스 중에 가연성 성분이 매우 낮아서 직접 연소가 곤란할 경우 연료를 가해 연소시켜 오염물질을 제거하는 방법
촉매 연소법	① 오염가스 중 가연성 성분을 연소로 내에서 촉매를 사용하여 불꽃 없이 산화시키는 방법 ② 체류시간을 단축시킬 수 있으며 연소온도가 300~500℃로 낮기 때문에 NOx의 발생을 줄일 수 있음 ③ 배출가스량이 적은 경우, 악취물질의 종류 및 농도변화가 적은 시설에 적합(일반 연소법으로 처리가 어려운 저농도의 경우일 때 효과적) ④ 촉매 사용으로 활성화 에너지를 낮춰 연소가 효과적으로 일어남 ⑤ 운전비용이 저렴하고 자동제어가 가능하며 질소산화물의 생성이 거의 없음 ⑥ 장치의 부식과 처리대상가스 제한 ⑦ 촉매 사용 : 백금, 알루미나 ⑧ 반응속도 증가 → 체류시간 단축 ⑨ 연소온도 낮아짐(300~500℃) → NOx 저감 ⑩ 촉매독 주의 : S, Fe, Pb, Si, P 등

2. 촉매환원법

분류	특징
선택적 촉매환원법 (SCR ; Selective Catalytic Reduction)	· 촉매를 이용하여 배기가스 중 존재하는 O_2와는 무관하게 NOx를 선택적으로 N_2로 환원시키는 방법 · 촉매 : TiO_2, V_2O_5 · 환원제 : NH_3, $CO(NH_2)_2$, H_2S 등 · 온도 : 275~450℃(최적반응 350℃) · 제거효율 : 90% · 반응식 $6NO + 4NH_3 \rightarrow 5N_2 + 6H_2O$ $6NO_2 + 8NH_3 \rightarrow 7N_2 + 12H_2O$

비선택적 촉매환원법
(NCR ; Nonselective Catalytic
Reduction)
	· 촉매를 이용하여 배기가스 중 O_2를 환원제로 먼저 소비한 다음, NOx를 환원시키는 방법
	· 촉매 : Pt, Co, Ni, Cu, Cr, Mn
	· 환원제 : CH_4, H_2, H_2S, CO
	
	  - NOx와의 반응정도는 CO > H_2 > CH_4 순임
	  - 탄화수소의 경우 탄소수가 많을수록, 불포화도가 높을수록 반응성이 좋음
	
	· 온도 : 200~450℃

선택적 무촉매환원법 (SNCR)	· 촉매 사용하지 않음 · 온도 : 750~950℃ (최적 800~900℃) · 제거효율 : 약 40~70% · 반응식 $4NO + 4NH_3 + O_2 \rightarrow 4N_2 + 6H_2O$

V 악취방지법

물리적 처리 방법	· 수세법 · 흡착법	· 냉각법(응축법) · 환기법(ventilation)
화학적 처리 방법	· 화학적 산화법 : 오존산화법, 염소산화법 · 약액세정법 : 산·알칼리 세정법	· 산화법 : 연소산화법, 촉매산화법 · 은폐법(Masking법)

1. 물리적 방식

(1) 수세법

① 세정수로 악취물질을 씻어서 처리함
② 친수성 물질 제거에 효과적
③ 처리효율 낮음

(2) 흡착법

① 주로 이용되는 방법
② 비교적 소량가스에 이용
③ 효율 : 60~70%
④ 상온에서 실시
⑤ 제진, 제습, 감온 조치 필요

활성탄 흡착 효과	악취 성분 물질
효과가 큰 물질	메르캅탄류, 페놀류, 지방산류, 지방족탄화수소류, 방향족탄화수소류, 유기염소 화합물, 알코올류(메탄올 제외), 케톤류, 알데하이드류(폼알데하이드 제외), 에스 테르류
효과가 보통인 물질	황화수소, 아황산가스, 염소, 폼알데하이드, 아민류 등
효과가 작은 물질	암모니아, 메탄올, 메탄, 에탄 등

(3) 냉각응축법
① 냄새를 가진 가스를 응결 또는 냉각시켜서 응축시키는 처리방법
② 종류 : 접촉 응축법, 표면응결법
③ 고농도·소량가스, 고온가스에 유리

(4) 환기법(ventilation)
① 후드와 덕트를 사용하거나 높은 굴뚝을 사용하여 악취를 외부로 강제 배출
② 운영비 최소

2. 화학적 방식

(1) 화학적 산화법
① 산화제를 이용해 화학반응과 물리적인 흡수법을 이용해 악취가스나 유해가스를 제거하는 가장 일반화된 방법
② 종류 : 오존산화법, 염소산화법
③ 산화제의 종류 : O_3, $KMnO_4$, $NaOCl$, H_2O_2, ClO_2, Cl_2, ClO 등

(2) 약액세정법
산·알칼리 세정법 - 산성, 알칼리성 가스를 별도로 처리하는 방법

(3) 연소법(산화법)
① 연소산화법(직접연소법)
   악취물질을 600~800℃의 화염으로 직접 연소시키는 방법
② 촉매산화법(촉매연소법)
   백금 및 팔라듐 등의 금속 촉매를 이용하여 250~450℃로 처리하는 방법

(4) 은폐법(Masking법)
좋은 냄새가 풍기는 향료(바닐린, 종진류, 초산벤질 등)를 이용하여 악취를 위장하는 방법

VI 물질별 처리기술

1. 황산화물의 방지기술

(1) 분류

분류	정의	공법 종류
전처리 (중유탈황)	연료 중 탈황	· 접촉 수소화 탈황 · 금속산화물에 의한 흡착 탈황 · 미생물에 의한 생화학적 탈황 · 방사선 화학에 의한 탈황
후처리 (배연탈황)	배기가스 중 SOx 제거	· 흡수법 · 흡착법 · 산화법 · 전자선 조사법

(2) 배연탈황법의 분류

분류	특징 및 공법
건식법	· 원리 : 배가스에 고체 흡착제 등을 접촉시켜 건조 상태에서 황산화물을 제거하는 방법 · 장치규모가 큼 · 배출가스 온도저하가 작음 · 종류 : 석회석 주입법, 활성탄 흡착법, 활성산화망간법, 전자선조사법
습식법	· 원리 : 배가스에 물 또는 수용액을 접촉시켜 습한 상태에서 황산화물을 제거하는 방법 · 효율이 높으나, 연돌확산이 나쁘고, 수질오염 문제 발생 · 종류 : NaOH 흡수, Na_2SO_3 흡수, 암모니아법, 산화흡수법

(3) 석회세정법에서 스케일링 방지대책

① 부생된 석고를 반송하고 흡수액 중 석고 농도를 5% 이상 높게 하여 결정화 촉진
② 순환액 pH 변동 줄임
③ 흡수액량을 다량 주입하여 탑 내 결착 방지
④ 가능한 탑 내 내장물 최소화

2. 질소산화물(NOx) 제거방법

(1) 연소공정에서 발생하는 질소산화물(NOx)의 종류

질소산화물	정의 및 특징
Fuel NOx	· 연료 자체가 함유하고 있는 질소 성분의 연소로 발생하는 질소산화물 · 원료 중 질소 성분 중에서 10~60% 정도가 질소산화물로 산화됨
Thermal NOx	· 연료의 연소로 인한 고온분위기에서 연소공기의 분해과정 시 발생하는 질소산화물 · 주로 1,000℃ 이상에서 발생 · 고온, 과잉 산소 조건에서 가장 많이 발생함 · NOx 중 발생량이 가장 큼
Prompt NOx	· 불꽃 주변에서 일어나는 반응으로 빠르게 생성하는 질소산화물 · 다른 종류의 NOx에 비하여 생성량이 극히 적어 거의 무시해도 됨

(2) NOx의 저감방법

1) 연소조절에 의한 NOx의 저감방법

① 저온 연소 : NOx는 고온(250~300℃)에서 발생하므로, 예열온도 조절로 저온 연소를 하면 NOx 발생을 줄일 수 있음

② 저산소 연소

③ 저질소 성분연료 우선 연소

④ 2단 연소 : 버너부분에서 이론공기량의 95%를 공급하고 나머지 공기는 상부의 공기구멍에서 공기를 더 공급하는 방법

⑤ 수증기 및 물분사 방법

⑥ 배기가스 재순환 : 가장 실용적인 방법, 소요공기량의 10~15%의 배기가스를 재순환시킴

⑦ 버너 및 연소실의 구조개선

2) 배기가스 탈질(NO 제거)

① 흡수법 : 용융염 흡수법

② 흡착법

③ 촉매 환원법(접촉 환원법) : 선택적 촉매환원법(SCR), 선택적 무촉매환원법(SNCR)

④ 접촉분해법

⑤ 전자선조사법

⑥ 수세법

분류	특징
선택적 촉매환원법 (SCR ; Selective Catalytic Reduction)	· 촉매를 이용하여 배기가스 중 존재하는 O_2와는 무관하게 NOx를 선택적으로 N_2로 환원시키는 방법 · 촉매 : TiO_2, V_2O_5 · 환원제 : NH_3, $CO(NH_2)_2$, H_2S 등 · 온도 : 275~450℃(최적반응 350℃) · 제거효율 : 90% · 반응식 $$6NO + 4NH_3 \rightarrow 5N_2 + 6H_2O$$ $$6NO_2 + 8NH_3 \rightarrow 7N_2 + 12H_2O$$ $$NO + H_2 \rightarrow 0.5N_2 + H_2O$$ $$NO + CO \rightarrow 0.5N_2 + CO_2$$ $$NO + H_2S \rightarrow 0.5N_2 + H_2O + S$$
비선택적 촉매환원법 (NCR ; Nonselective Catalytic Reduction)	· 촉매를 이용하여 배기가스 중 O_2를 환원제로 먼저 소비한 다음, NOx를 환원시키는 방법 · 촉매 : Pt, Co, Ni, Cu, Cr, Mn · 환원제 : CH_4, H_2, H_2S, CO · 온도 : 200~450℃
선택적 무촉매환원법 (SNCR)	· 촉매 사용하지 않음 · 온도 : 750~950℃ (최적 800~900℃) · 제거효율 : 약 40~70% · 반응식 $$4NO + 4NH_3 + O_2 \rightarrow 4N_2 + 6H_2O$$

3. 대표 반응식

① 황산화물(SOx)

$$SO_2 + CaO + \frac{1}{2}O_2 \rightarrow CaSO_4$$

② 질소산화물(NOx)

$$6NO + 4NH_3 \rightarrow 5N_2 + 6H_2O$$
$$6NO_2 + 8NH_3 \rightarrow 7N_2 + 12H_2O$$
$$NO + H_2 \rightarrow \frac{1}{2}N_2 + H_2O$$
$$NO + CO \rightarrow \frac{1}{2}N_2 + CO_2$$

$$NO + H_2S \rightarrow \frac{1}{2}N_2 + H_2O + S$$

$$2NO_2 + 2NaOH \rightarrow NaNO_2 + NaNO_3 + H_2O$$

③ 염소화합물

$$HCl + NaOH \rightarrow NaCl + H_2O$$

$$2HCl + Ca(OH)_2 \rightarrow CaCl_2 + 2H_2O$$

$$Cl_2 + 2NaOH \rightarrow NaCl + NaOCl + H_2O$$

$$Cl_2 + Ca(OH)_2 \rightarrow CaOCl_2 + H_2O$$

④ 불화수소

$$2HF + Ca(OH)_2 \rightarrow CaF_2 + 2H_2O$$

연습문제

가스상 물질 처리 방법

Ⅰ 유체의 흐름

01 직경 0.3m인 덕트로 공기가 1m/s로 흐를 때 이 공기의 레이놀즈 수(N_{Re})는? (단, 공기의 점성계수는 1.8×10^{-4}g/cm · s)

> **해설** ▶
>
> 1.8×10^{-4}g/cm · s $= 1.8 \times 10^{-5}$kg/m · s
>
> $R_e = \dfrac{DV\rho}{\mu}$
>
> $= \dfrac{0.3 \times 1 \times 1.3}{1.8 \times 10^{-5}} = 21,666.666$
>
> **정답** 21,666.67

02 내경이 120mm의 원통 내에 20℃ 1기압의 공기가 30m³/hr로 흐른다. 표준상태의 공기의 밀도가 1.3kg/Sm³, 20℃의 공기의 점도가 1.81×10^{-4}poise이라면 레이놀즈 수는?

> **해설** ▶
>
> 1) 20℃에서의 공기의 밀도
>
> $1.3\text{kg/Sm}^3 \times \dfrac{(273+0)}{(273+20)} = 1.2113\text{kg/m}^3$
>
> 2) 20℃에서의 레이놀즈 수
>
> $R_e = \dfrac{DV\rho}{\mu}$
>
> $= \dfrac{0.12\text{m} \times \dfrac{30\text{m}^3/\text{hr}}{\dfrac{\pi}{4}(0.12\text{m})^2} \times \dfrac{1\text{hr}}{3,600\text{s}} \times 1.2113\text{kg/m}^3}{1.8 \times 10^{-5}\text{kg/m·s}}$
>
> $= 5,948.661$
>
> **정답** 5,948.66

연습문제

03 높이와 폭이 각각 3m인 중력 집진기에 20℃ 1기압의 가스가 1m/s 속도로 흐른다. 20℃의 공기의 점도가 1.18×10^{-5} kg/m·s이라면 레이놀즈 수는?

해설

1) γ

$$\gamma = \frac{1.3\text{kg}}{\text{Sm}^3} \times \frac{273}{273+20} = 1.2113\text{kg/m}^3$$

2) 상당직경(D_0)

$$D_0 = \frac{2\text{가로(m)} \times \text{세로(m)}}{\text{가로(m)} + \text{세로(m)}} = \frac{2ab}{a+b} = \frac{2 \times 3 \times 3}{3+3} = 3\text{m}$$

3) 레이놀즈 수

$$R_e = \frac{DV\rho}{\mu}$$

$$= \frac{3 \times 1 \times 1.2113}{1.18 \times 10^{-5}} = 307,957.627$$

정답 307,957.63

04 덕트의 반경은 15cm, 공기의 유속과 점도가 각각 2m/s, 0.2cP, 공기의 밀도가 1.2kg/m³일 때 다음 물음에 답하시오.

(1) 레이놀즈 수

(2) 동점성계수(cm²/s)

해설

(1) 레이놀즈 수

$\mu = 0.2\text{cP} = 0.2 \times 10^{-2}\text{g/cm} \cdot \text{s}$

$= 0.2 \times 10^{-3}\text{kg/m} \cdot \text{s}$

$= 2 \times 10^{-4}\text{kg/m} \cdot \text{s}$

$\therefore R_e = \dfrac{DV\rho}{\mu} = \dfrac{0.3 \times 2 \times 1.2}{2 \times 10^{-4}} = 3,600$

(2) 동점성계수(cm²/s)

$\nu = \dfrac{\mu}{\rho} = \dfrac{2 \times 10^{-4}\text{kg}}{\text{m} \cdot \text{s}} \times \dfrac{\text{m}^3}{1.2\text{kg}} \times \left(\dfrac{100\text{cm}}{1\text{m}}\right)^2$

$= 1.6666\text{cm}^2/\text{s}$

정답 (1) 3,600 (2) 1.67cm²/s

연습문제

05 직경 10cm인 덕트로 공기가 10cm/s로 흐를 때 이 공기의 레이놀즈 수(N_{Re})를 구하고, 이 유체가 층류인지 난류인지 근거를 들어 서술하시오. (단, 공기의 밀도는 0.85g/cm^{3}이고, 공기의 점성계수는 5cP)

해설

1) ρ

$$\frac{0.85g}{cm^3} \times \frac{1kg}{1,000g} \times \left(\frac{100cm}{1m}\right)^3 = 850kg/m^3$$

2) $\mu = 5cP = 5 \times 10^{-2}g/cm \cdot s$
$= 5 \times 10^{-3}kg/m \cdot s$

3) $R_e = \frac{DV\rho}{\mu} = \frac{0.1 \times 0.1 \times 850}{5 \times 10^{-3}}$
$= 1,700$

$R_e < 2,100$ 이므로, 흐름은 층류임

정답 $R_e = 1,700$
$R_e < 2,100$ 이므로, 흐름은 층류임

참고 흐름의 판별

종류	레이놀즈 수(R_e)	흐름의 특성
층류	$R_e < 2,100$ 관수로에서는 $R_e < 400$	· 규칙적, 일정한 흐름 · 흐름을 예측할 수 있음
천이영역	$2,100 \sim 4,000$	· 층류와 난류의 중간
난류	$4,000 < R_e$	· 불규칙적인 흐름 · 흐름을 예측하기 어려움

06 7개의 수평판(바닥포함)이 설치된 중력집진시설이 다음 표의 조건과 같을 때, 입자의 침강속도(m/s)를 계산하시오.

[조건]

· 침강실의 폭과 높이는 각각 2m, 1.4m
· 배출가스의 유량 $1m^3/s$
· 가스의 점도 0.067kg/m·hr
· 가스의 밀도 $1.2kg/m^3$
· 구형 입자의 밀도 $1.1g/cm^3$
· 먼지 직경 $10\mu m$

[유체 흐름에 따른 침강속도식]

층류	천이류	난류
$V_s = \dfrac{d_p^2(\rho_p - \rho_s)g}{18 \cdot \mu}$	$V_s = \dfrac{0.2\rho_\rho^{\frac{2}{3}} g^{\frac{2}{3}} d}{\rho_s^{\frac{1}{3}} \mu^{\frac{1}{3}}}$	$V_s = 1.74(gd\dfrac{\rho_\rho}{\rho_s})^{\frac{1}{2}}$

해설

1) R_e로 흐름 판별

$$R_e = \frac{DV\rho_s}{\mu} = \frac{0.36363 \times 0.3571 \times 1.2}{1.8611 \times 10^{-5}} = 8,373.71$$

① $D = \dfrac{2ab}{a+b} = \dfrac{2 \times 2 \times 0.2}{2 + 0.2} = 0.36363m$

폭(a) : 2m, 1단의 높이(b) = $\dfrac{1.4m}{7} = 0.2m$

② $V = \dfrac{Q}{A} = \dfrac{1m^3/s}{2m \times 1.4m} = 0.3571m/s$

③ $\mu = 0.067kg/m \cdot hr \times \dfrac{1hr}{3,600s} = 1.8611 \times 10^{-5}kg/m \cdot s$

④ $\rho_s = 1.2kg/m^3$

∴ $R_e > 4,000$ 이므로, 흐름은 난류임

연습문제

2) 난류의 입자 침강속도

$$V_s = 1.74\left(g \cdot d\frac{\rho_\rho}{\rho_s}\right)^{\frac{1}{2}}$$

$$= 1.74\left(9.8 \times 10 \times 10^{-6} \times \frac{1,100}{1.2}\right)^{\frac{1}{2}} = 0.5215 \text{m/s}$$

① $\rho_\rho = 1.1\text{g/cm}^3 = 1,100\text{kg/m}^3$

정답 0.52m/s

▥ 흡수법

07 유해가스와 물이 일정한 온도에서 평형상태에 있다. 기상의 유해가스의 분압이 45.6mmHg일 때 수중 가스의 농도가 2kmol/m³이다. 이 경우 헨리 정수(atm · m³/kmol)는 약 얼마인가?

해설

헨리의 법칙 P = HC 이므로,

$$\therefore H = \frac{P}{C} = \frac{45.6 \text{mmHg}}{2\text{kmol/m}^3} \times \frac{1\text{atm}}{760\text{mmHg}}$$

$$= 0.03 \text{atm} \cdot \text{m}^3/\text{kmol}$$

정답 0.03atm · m³/kmol

08 Henry 법칙이 적용되는 가스로서 공기 중 유해가스의 분압이 258.4mmH$_2$O일 때, 수중 유해가스의 농도는 2.0kgmol/m^{3}이었다. 같은 조건에서 가스분압이 38mmHg가 되면 수중 유해가스의 농도는?

해설

1) 38mmHg → mmH$_2$O

$$38mmHg \times \frac{10,332mmH_2O}{760mmHg} = 516.6mmH_2O$$

2) 수중농도

헨리의 법칙 P = HC 이므로

∴ P ∝ C

258.4mmH$_2$O : 2.0kgmol/m^3

516.6mmH$_2$O : x kgmol/m^3

$$\therefore x = \frac{516.6mmH_2O}{258.4mmH_2O} \times 2.0kgmol/m^3 = 3.998kgmol/m^3$$

정답 4.00kgmol/m^3

연습문제

09 송풍기 회전판 회전에 의하여 집진장치에 공급되는 세정액이 미립자로 만들어져 집진하는 원리를 가진 회전식 세정집진장치에서 직경이 12cm인 회전판이 4,400rpm으로 회전할 때 형성되는 물방울의 직경은 몇 μm인가?

해설

회전판의 반경과 물방울 직경과의 관계식을 이용한 계산

$$D_w = \frac{200}{N\sqrt{R}}$$

$$= \frac{200}{4,400\sqrt{6cm}} = 0.01855cm$$

$$\therefore D_w = 0.01855cm \times \frac{10^4\mu m}{1cm} = 185.567\mu m$$

N : 회전수(rpm)

R : 회전판의 반경(cm)

D_w : 물방울 직경

정답 $185.57\mu m$

10 유량 25,000Sm³/hr의 함진가스를 원형 벤투리 스크러버로 집진하려고 한다. 목부유속이 85m/s, 액가스비가 1L/m³일 때 벤투리 스크러버의 목부 직경(m)을 구하시오. (단, 처리가스 온도는 100℃임)

해설

$$Q = AV = \frac{\pi}{4}D^2 \times V$$

$$(25,000/3,600)Sm^3/s \times \frac{(273+100)m^3}{273Sm^3} = \frac{\pi}{4}D^2 \times 85m/s$$

$$\therefore D = 0.376m$$

정답 0.38m

11 Venturi scrubber에서 목부의 직경 0.22m, 목부의 수압 20,000mmH$_2$O, 목부 유속 90m/s, 노즐의 직경 0.4cm이다. 노즐의 개수를 6개로 할 경우 2m^3/s의 함진가스를 처리하기 위해 요구되는 물의 양 (L/s)을 계산하시오.

해설 ▶

벤투리 스크러버의 물 소비량

목부 유속과 노즐 개수 및 수압 관계식

$$n\left(\frac{d}{D_t}\right)^2 = \frac{v_t L}{100\sqrt{P}}$$

$$6\left(\frac{0.004}{0.22}\right)^2 = \frac{90 \times L}{100\sqrt{20,000}}$$

∴ L = 0.3116L/m^3

∴ 물의 양 = 0.3116L/m^3 × 2m^3/s = 0.62L/s

n	:	노즐 수
d	:	노즐 직경
D$_t$	:	목부 직경
P	:	수압(mmH$_2$O)
v$_t$	:	목부 유속(m/s)
L	:	액가스비(L/m^3)

정답 0.62L/s

연습문제

12 Venturi Scrubber의 액가스비가 $0.5L/m^3$, 수압이 20,000mmH₂O, 노즐 지름이 3.8mm, 목부 직경이 0.2m, 목부의 가스속도가 60m/s일 때, 노즐의 개수는 몇 개인가?

> **해설**
>
> **목부 유속과 노즐 개수 및 수압 관계식**
>
> $$n\left(\frac{d}{D_t}\right)^2 = \frac{v_t L}{100 \sqrt{P}}$$
>
> $$n\left(\frac{0.0038}{0.2}\right)^2 = \frac{60 \times 0.5}{100 \sqrt{20,000}}$$
>
> $$\therefore \ n = 5.876 ≒ 6$$
>
> n : 노즐 수
> d : 노즐 직경
> D_t : 목부 직경
> P : 수압(mmH₂O)
> v_t : 목부 유속(m/s)
> L : 액가스비(L/m^3)
>
> **정답** 6개

13 목(throat)부의 속도가 50m/s인 Venturi Scrubber를 사용하여 $100m^3/min$의 함진가스를 처리할 때, 60L/min의 세정수를 공급할 경우 이 부분의 압력손실(mmH₂O)은? (단, 가스밀도는 $1.2kg/m^3$이고, 압력손실 $\triangle P = (0.5 + L) \times \frac{\gamma V^2}{2g}$ 이다.)

> **해설**
>
> **벤투리 스크러버의 압력강하식**
>
> $$L = \frac{세정수량}{가스유량} = \frac{60L/min}{100m^3/min} = 0.6L/m^3$$
>
> $$\gamma = 1.2kg/m^3$$
>
> $$\triangle P = (0.5 + L)\frac{\gamma V^2}{2g} = (0.5 + 0.6) \times \frac{1.2 \times (50)^2}{2 \times 9.8} = 168.367\,mm\,H_2O$$
>
> **정답** 168.37mmH₂O

14 20℃에서 평균입경이 1μm인 분진을 함유한 배기가스 200m³/min을 벤투리 스크러버로 집진하려고 한다. 액가스비(L)는 1.5L/m³, 목부 유속은 50m/s, 함진가스 밀도(ρ)는 1.2kg/m³일 때, (1) 목부 직경 (m)과 (2) 압력손실(mmH₂O)을 계산하시오. (단, $\triangle P = \left(\dfrac{0.033}{\sqrt{R}} + 3.0R^{0.3}L \right) \times \dfrac{\rho V^2}{2g}$ 임)

해설

(1) 목부직경

$$Q = AV = \frac{\pi}{4}D^2 \times V$$

$$(200/60)\text{m}^3/\text{s} = \frac{\pi}{4}D^2 \times 50$$

$$\therefore D = 0.2913\text{m}$$

(2) 압력손실

1) $R = \dfrac{\text{단면적}}{\text{둘레길이}} = \dfrac{\frac{\pi}{4}D^2}{\pi D} = \dfrac{D}{4} = 0.07282\text{m}$

2) $\triangle P = \left(\dfrac{0.033}{\sqrt{R}} + 3.0R^{0.3}L \right) \times \dfrac{\rho V^2}{2g}$

$$= \left(\frac{0.033}{\sqrt{0.07282}} + 3.0 \times 0.07282^{0.3} \times 1.5 \right) \times \frac{1.2 \times 50^2}{2 \times 9.8}$$

$$= 322.595\text{mmH}_2\text{O}$$

정답 (1) 0.29m (2) 333.60mmH₂O

연습문제

15 기상 총괄이동단위높이(HOG)가 1m인 충전탑을 이용하여 배출가스 중의 HF를 NaOH 수용액으로 흡수제거하려 한다. 제거율이 95%일 때 다음 물음에 답하시오.

(1) NOG

(2) 충전탑의 높이(m)

해설

(1) $NOG = \ln\left(\dfrac{1}{1-\eta}\right) = \ln\left(\dfrac{1}{1-0.95}\right) = 2.995$

(2) $h = HOG \times NOG = 1m \times 2.995 = 2.995m$

정답 (1) 3.00 (2) 3.00m

16 기상 총괄이동단위높이가 1m인 충전탑을 이용하여 불화수소를 함유한 용해성이 높은 가스를 충전탑에서 흡수처리할 때, 제거율을 99%로 하기 위한 충전탑의 높이는?

해설

$h = HOG \times NOG = 1m \times \ln\left(\dfrac{1}{1-0.99}\right) = 4.605m$

정답 4.61m

17 가스 흡수장치 중 액분산형 흡수장치를 4가지 쓰시오.

해설 ▶

분류	가압수식(액분산형)		유수식(저수식, 가스분산형)	
특징	가스에 액을 뿌리는 방법		저수된 수조에 가스를 통과시키는 방법	
액가스비	큼		작음	
종류	· 충전탑(packed tower) · 분무탑(spray tower) · 벤투리 스크러버	· 사이클론 스크러버 · 제트 스크러버	단탑	포종탑
				다공판탑
			기포탑	
집진효율	· 벤투리, 제트, 사이클론 : 유속 빠를수록 집진효율 높아짐 · 충전탑, 분무탑 : 가스유속 느릴수록 집진효율 높아짐		· 가스유속 느릴수록 집진효율 높아짐	

정답 충전탑, 분무탑, 벤투리 스크러버, 사이클론 스크러버

18 충전탑과 단탑의 차이점을 비교하여 설명하시오. (3가지)

해설 ▶

충전탑과 단탑 비교

구분	충전탑	단탑
분류	액분산형	가스분산형
액가스비(L/m³)	큼	작음
구조	간단	복잡
압력손실(mmH$_2$O)	작음(50)	큼(100~200)
처리가스속도	0.3~1m/s	

정답 ① 충전탑은 액분산형이고, 단탑은 가스분산형이다.
② 충전탑은 액가스비가 크고, 단탑은 액가스비가 작다.
③ 충전탑은 구조가 간단하고, 단탑은 구조가 복잡하다.

연습문제

19 충전탑에서 유지관리 시 나타나는 문제인 편류현상(channeling)을 설명하고 그 방지대책 2가지를 서술하시오.

(1) 편류현상

(2) 방지대책(2가지)

해설

유지관리상 문제

① 범람(Flooding)

현상	· 물이 충전물 위로 넘치는 현상
원인	· 함진가스 유입속도가 너무 빠른 경우 발생
대책	· 유속을 Flooding이 발생하는 유속의 40~70% 속도로 주입

② 편류(Channelling)

현상	· 충전탑에서 흡수액 분배가 잘 되지 않아 한쪽으로만 액이 지나가는 현상
원인	· 충전물의 입도가 다를 경우 발생 · 충전밀도가 작을 경우 발생
대책	· 탑의 직경(D)과 충전물 직경(d)비 : D/d = 8~10으로 설계 · 입도가 고른 충전물로 충전함 · 높은 공극률과 낮은 저항의 충전재를 사용함

정답 (1) 편류 현상 : 충전탑에서 흡수액 분배가 잘 되지 않아 한쪽으로만 액이 지나가는 현상

　　　(2) 방지대책

　　　　① 탑의 직경(D)과 충전물 직경(d)비 : D/d = 8~10으로 설계

　　　　② 입도가 고른 충전물로 충전함

20 액분산형 흡수장치의 종류를 3가지 적고, 부하점(loading point)을 설명하시오.

(1) 액분산형 흡수장치의 종류

(2) 부하점

> 정답 (1) 벤투리 스크러버, 사이클론 스크러버, 제트 스크러버
> (2) 부하점(loading point) : 유속 증가 시 액의 hold-up이 현저히 증가(loading)하는 지점

21 다음은 충전탑에 관한 사항이다. 다음 물음에 답하시오.

(1) 다음 용어를 설명하시오.
  ① Hold - up
  ② Loading
  ③ Flooding

(2) Loading point와 Flooding point를 그래프로 그려 나타내시오.

> 정답 (1) ① 홀드업(hold-up) : 충전층 내 액보유량
> ② 부하(loading) : 유속 증가 시 액의 hold - up이 현저히 증가하는 현상
> ③ 범람(flooding) : 부하점을 초과하여 유속 증가 시 가스가 액중으로 분산·범람하는 현상
>
> (2) 그래프 그리기 : 압력손실은 log(가스속도)와 비례함
>
>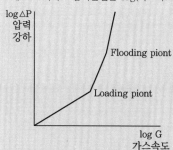

연습문제

III 흡착법

22 다음은 등온흡착식이다. 등온흡착식을 쓰고, 각 변수가 무엇인지 설명하시오.

(1) Freundlich 등온흡착식

(2) Langmuir 등온흡착식

정답 (1) Freundlich 등온흡착식

$$\frac{X}{M} = K \cdot C^{1/n}$$

- X : 흡착된 피흡착물의 농도
- M : 주입된 흡착제의 농도
- C : 피흡착물의 평형농도
- K, n : 경험상수

(2) 랭뮤어(Langmuir) 등온흡착식

$$\frac{X}{M} = \frac{abC}{1+bC}$$

- X : 흡착된 피흡착물의 농도
- M : 주입된 흡착제의 농도
- C : 피흡착물의 평형농도
- a, b : 경험상수

23 흡착실험을 통해 흡착제 단위질량당 흡착된 피흡착제 농도(X/M), 피흡착제의 평형농도(C)에 대한 실험 데이터를 얻었다. 이 흡착은 Freundlich 등온흡착식을 만족할 때, 실험 데이터로부터 상수 n과 K의 값을 구하는 방법을 설명하시오. (단, Freundlich 등온흡착식 $\dfrac{X}{M} = KC^{\frac{1}{n}}$)

정답 Freundlich식 $\dfrac{X}{M} = KC^{\frac{1}{n}}$ ⋯⋯⋯⋯⋯⋯⋯⋯⋯⋯⋯⋯식①

양변에 log를 씌우면,

$\log(X/M) = \dfrac{1}{n}\log C + \log K$ ⋯⋯⋯⋯⋯⋯⋯⋯⋯식②

식②를 $y = ax + b$(1차 함수)가 되도록 그래프를 그리면 다음과 같다.

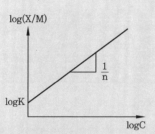

이 그래프를 그리면,

그래프의 기울기는 $\dfrac{1}{n}$ 이므로, n을 구할 수 있고 그래프의 y절편은 logK 이므로, K를 구할 수 있다.

연습문제

24 활성탄으로 암모니아 가스를 흡착처리 하고자 한다. NH_3 농도가 56ppm인 배기가스에 활성탄 20ppm 주입하였더니 NH_3 농도가 16ppm이 되었고 52ppm을 주입하였더니 NH_3가 4ppm이 되었다. NH_3 농도를 10ppm으로 하기 위하여 주입해야 할 활성탄의 양은 몇 ppm으로 해야 하는가? (단, Freundlich의 등온흡착식을 이용할 것)

해설 ▶

1) 활성탄 20ppm일 때

$$\frac{56-16}{20} = K(16)^{\frac{1}{n}}$$

$$\therefore 2 = K(16)^{\frac{1}{n}} \cdots\cdots 식 ①$$

2) 활성탄 52ppm일 때

$$\frac{56-4}{52} = K(4)^{\frac{1}{n}}$$

$$\therefore 1 = K(4)^{\frac{1}{n}} \cdots\cdots 식 ②$$

3) 식 ①, ②를 연립 방정식으로 풀면,

$$\therefore n = 2, \quad K = 0.5$$

4) NH_3 10ppm 되기 위한 활성탄 주입량

$$\frac{X}{M} = 0.5 \times C^{1/2}$$

$$\frac{(56-10)}{M} = 0.5(10)^{1/2}$$

$$\therefore M = 29.092ppm$$

정답 29.09ppm

25 오염된 공기를 활성탄 흡착으로 처리하고자 한다. 25℃, 1atm에서 benzene(C_6H_6) 600ppm이 포함된 오염 공기 25m³/min이 흡착층에 유입된다. 활성탄 흡착층의 깊이는 0.7m, 공탑속도는 0.5m/s, 활성탄의 겉보기 밀도는 320kg/m³, 활성탄 흡착층의 운전흡착용량은 주어진 Yaws의 식에 나타난 흡착용량의 40%라 할 때 활성탄 흡착층의 운전흡착용량(kg/kg)을 계산하시오.

> Yaws의 식 : $\log X = -1.189 + 0.288\log C_e - 0.0238(\log C_e)^2$
>
> 단, X : 흡착용량(오염물g/탄소g)
>
> C_e : 오염농도(ppm)

해설

$\log X = -1.189 + 0.288\log C_e - 0.0238[\log C_e]^2$

$\quad\quad = -1.189 + 0.288\log(600) - 0.0238[\log(600)]^2$

$\quad\quad = -0.5725$

∴ X = 0.2675(오염물 kg/탄소 kg)

∴ 실제 운전 가능한 흡착용량은 이 값의 40%에 해당하므로 0.2675×0.4 = 0.107kg/kg

정답 0.11kg/kg

연습문제

26 활성탄 흡착에서 물리적 흡착의 특징을 4가지 서술하시오. (단, "반데르발스(Vad der waals)의 분자간 인력으로 흡착된다"는 답에서 제외함)

해설

흡착의 분류

구분	물리적 흡착	화학적 흡착
반응	· 가역반응	· 비가역반응
계	· open system	· closed system
원동력	· 분자간 인력(반데르발스 힘)	· 화학 반응
흡착열	· 낮음(2~20kJ/mol)	· 높음(20~400kJ/mol)
흡착층	· 다분자 흡착	· 단분자 흡착
온도, 압력 영향	· 온도영향이 큼 (온도↓, 압력↑ → 흡착↑) (온도↑, 압력↓ → 탈착↑)	· 온도영향 적음 (임계온도 이상에서 흡착 안 됨)
재생	· 가능	· 불가능

정답 가역반응, 다분자층 흡착, 재생 가능함, 흡착 반응 엔탈피가 2~20kJ/mol임

27 흡착법 중 (1) 물리적 흡착의 특징을 화학적 흡착과 비교하여 4가지 답하고, (2) 흡착법의 단점 2가지를 답하시오.

(1) 물리적 흡착의 특징

(2) 흡착법의 단점

해설

흡착법의 장점과 단점

장점	단점
· 흡착 운전에 관한 축적된 자료 풍부	· 흡착제가 비쌈
· 운전이 쉬움	· 재생장치가 필요함
· 흡착제 재생 가능	· 가스흐름이 균일하지 못하면 효과 떨어짐
· 다양한 가스 처리 가능	· 전처리가 필요함
· VOC 회수 가능	· 고온가스 처리 시 효율이 떨어짐
· 혼합 VOC 처리 가능	· 고농도일 경우 탈착이 발생할 수 있음

정답 (1) 물리적 흡착의 특징
① 화학적 흡착은 비가역반응이고 물리적 흡착은 가역반응이다.
② 화학적 흡착은 단분자층 흡착이지만 물리적 흡착은 다분자층 흡착이다.
③ 화학적 흡착은 재생이 안 되지만 물리적 흡착은 재생이 가능하다.
④ 화학적 흡착은 발열량이 높지만 물리적 흡착은 발열량이 낮다.

(2) 흡착법의 단점
① 흡착제가 비쌈
② 재생장치가 필요함

28 물리적 흡착의 특징을 3가지 서술하시오.

정답 ① 가역반응
② 분자간의 인력이 원동력임
③ 다분자층 흡착

연습문제

29 흡착제를 선택할 때 고려해야 할 사항 5가지를 쓰시오. (단, 비용에 대한 고려는 제외할 것)

> **정답** **흡착제의 조건**
> ① 단위질량당 표면적이 큰 것
> ② 어느 정도의 강도 및 경도를 지녀야 함
> ③ 흡착효율이 높아야 함
> ④ 가스 흐름에 대한 압력손실이 작아야 함
> ⑤ 재생과 회수가 쉬워야 함

30 흡착법에서 (1) 흡착제의 종류 3가지와 (2) 활성탄을 재생하는 방법 3가지를 쓰시오.

(1) 흡착제의 종류(3가지)

(2) 활성탄을 재생하는 방법(3가지)

> **해설**
>
> **흡착제의 종류**
>
> | | | |
> |---|---|---|
> | ① 활성탄 | ② 실리카겔 | ③ 활성 알루미나 |
> | ④ 합성 제올라이트 | ⑤ 마그네시아 | ⑥ 보크사이트 |
>
> **활성탄 재생법**
>
> | | | |
> |---|---|---|
> | ① 가열공기 통과 탈착식 | ② 수세 탈착식 | ③ 수증기 탈착식 |
> | ④ 감압 탈착식 | ⑤ 고온의 불활성 기체 주입방법 | |
>
> **정답** (1) 흡착제 종류
> 활성탄, 실리카겔, 활성 알루미나
>
> (2) 활성탄 재생법
> ① 가열공기 통과 탈착식
> ② 수세 탈착식
> ③ 수증기 탈착식

31 흡착법에서 활성탄 재생방법을 3가지 쓰시오.

> **정답** **활성탄 재생법**
> ① 가열공기 통과 탈착식
> ② 수세 탈착식
> ③ 수증기 탈착식

32 휘발성유기화합물(VOCs) 흡착방법을 3가지만 쓰고 각각을 간단히 서술하시오.

> **정답** ① 고정층 흡착장치 : 입상활성탄의 흡착층에 가스를 통과시키는 방식
> ② 이동층 흡착장치 : 흡착제는 상부에서 하부로 이동하고, 가스는 하부에서 상부로 이동하면서 흡착하는 방식
> ③ 유동층 흡착장치 : 고정층 흡착장치와 이동층 흡착장치의 결합 방식

연습문제

Ⅳ 산화 및 환원법

33 다음 촉매연소법에 관한 물음에 답하시오.

(1) 촉매연소법의 정의와 사용되는 촉매를 2가지 이상 쓰시오.

(2) 촉매연소법의 장점과 단점을 각각 2가지씩 서술하시오.

> **정답** (1) ① 정의 : 오염가스 중 가연성 성분을 연소로 내에서 촉매를 사용하여 불꽃 없이 산화시키는 방법
> ② 촉매 : 백금, 알루미나
>
> (2) ① 장점 : 체류시간을 단축시킬 수 있음
> 연소온도가 300~500℃로 낮기 때문에 NOx의 발생을 줄일 수 있음
> ② 단점 : 촉매독에 주의해야 함
> 촉매가 비쌈

34 선택적 촉매환원법의 (1) 원리를 서술하고, (2) 사용되는 환원제 2가지와 (3) 사용되는 촉매 2가지를 서술하시오.

(1) 선택적 촉매환원법 원리

(2) 환원제

(3) 촉매

> **정답** (1) 선택적 촉매환원법 : 배기가스 중 존재하는 O_2와는 무관하게 NOx를 선택적으로 N_2, H_2O로 접촉환원시키는 방법
> (2) 환원제 : NH_3, $CO(NH_2)_2$, H_2S 등
> (3) 촉매 : TiO_2, V_2O_5

V 악취방지법

35 다음은 악취방지법에 관한 질문이다. 다음 물음에 답하시오.

(1) 촉매소각법(단, 반응온도를 포함해 서술할 것)

(2) 화학적 산화법(단, 산화제 종류 2가지 포함해 서술할 것)

> **정답** (1) 촉매소각법(촉매연소법) : 백금 등의 금속 촉매를 이용하여 250~450℃로 처리하는 방법
> (2) 화학적 산화법 : 산화제(O_3, $KMnO_4$, $NaOCl$, H_2O_2, ClO_2, Cl_2, ClO 등)의 화학반응과 물리적인 흡수법을 이용해 악취가스나 유해가스를 제거하는 가장 일반화된 방법

36 악취 제거법을 4가지 쓰시오.

해설

악취 처리방법

물리적 처리 방법	· 수세법	· 냉각법(응축법)
	· 흡착법	· 환기법(ventilation)
화학적 처리 방법	· 화학적 산화법 : 오존산화법, 염소산화법	· 산화법 : 연소산화법, 촉매산화법
	· 약액세정법 : 산·알칼리 세정법	· 은폐법(Masking법)

> **정답** 수세법, 냉각법, 화학적 산화법, 은폐법

연습문제

VI 물질별 처리기술

37 $1,000Sm^3/hr$의 배출가스를 방출하는 연소로를 건식석회주입법(CaO 이용)으로 SO_2를 처리하고자 한다. 이때 배출가스의 SO_2 농도가 2,000ppm, SO_2의 제거율은 80%일 때, 생성하는 $CaSO_4(kg/hr)$의 양은?

> **해설**
>
> $$SO_2 + CaO + 1/2O_2 \rightarrow CaSO_4$$
>
> $$SO_2 : CaSO_4$$
>
> $$22.4Sm^3 : 136kg$$
>
> $$\frac{2,000}{10^6} \times 1,000Sm^3/hr \times 0.8 : x(kg/hr)$$
>
> 따라서, $x = 9.714kg/hr$
>
> **정답** 9.71kg/hr

38 황성분 2.5%인 중유를 5ton/hr로 연소시키는 보일러에서 생성되는 SO_2를 탄산칼슘($CaCO_3$)으로 흡수 제거할 때 필요한 탄산칼슘의 양(kg/hr)은? (단, 표준상태 기준, 황성분은 전량 SO_2으로 전환되고, 탈황률은 100%임)

> **해설**
>
> $$S + O_2 \rightarrow SO_2 + CaCO_3 + 1/2O_2 \rightarrow CaSO_4 + CO_2$$
>
> $$S : CaCO_3$$
>
> $$32kg : 100kg$$
>
> $$\frac{2.5}{100} \times 5,000kg/hr : x(kg/hr)$$
>
> $\therefore x = 390.625kg/hr$
>
> **정답** 390.63kg/hr

39 습식 석회세정법으로 배기가스 중 아황산가스를 24시간 동안 처리한 후 15.7ton의 석고($CaSO_4 \cdot 2H_2O$)를 회수하였다. 배기가스량이 400,000Sm^3/hr, 탈황률 98%일 때 배기가스 중 아황산가스의 농도(ppm)를 계산하시오.

해설

$$SO_2 : \quad CaSO_4 \cdot 2H_2O$$

$$22.4Sm^3 : \quad 172kg$$

$$400,000Sm^3/hr \times \frac{x}{10^6} \times 0.98 \times 24hr : \quad 15.7 \times 10^3 kg$$

$$\therefore x = 217.331ppm$$

정답 217.33ppm

40 석탄화력발전소에서 배기가스가 매시간 10,000Sm^3이 발생되고, 이 중 NO_2가 200ppm이다. NO_2를 NaOH로 흡수제거할 때 흡수율이 95%이라면, 흡수에 필요한 NaOH의 양(kg/h)은 얼마인가?

해설

$$2NO_2 + 2NaOH \rightarrow NaNO_2 + NaNO_3 + H_2O$$

$$2NO_2 : 2NaOH$$

$$2 \times 22.4Sm^3 : 2 \times 40kg$$

$$\frac{200}{10^6} \times 10,000Sm^3/h \times \frac{95}{100} : NaOH(kg/h)$$

$$\therefore NaOH = 3.392kg/h$$

정답 3.39kg/h

연습문제

41 NO 224ppm, NO₂ 22.4ppm을 함유하는 배기가스 100,000Sm³/h를 암모니아 선택적 접촉환원법으로 배연탈질할 때 요구되는 암모니아의 양(kg/h)은? (단, 산소 공존은 고려하지 않으며, 표준상태 기준)

해설

1) NO 제거 시 필요한 NH_3

$$6NO + 4NH_3 \rightarrow 5N_2 + 6H_2O$$

$$6 \times 22.4Sm^3 : 4 \times 17kg$$

$$100,000\,Sm^3/h \times \frac{224}{10^6} : x\,(kg/h)$$

$$\therefore x = 11.3333kg/h$$

2) NO₂ 제거 시 필요한 NH_3

$$6NO_2 + 8NH_3 \rightarrow 7N_2 + 12H_2O$$

$$6 \times 22.4Sm^3 : 8 \times 17kg$$

$$100,000\,Sm^3/h \times \frac{22.4}{10^6} : y\,(kg/h)$$

$$\therefore y = 2.2666kg/h$$

3) 필요한 NH_3

$$x + y = 11.3333 + 2.2666 = 13.5999kg/h$$

정답 13.60kg/h

42 표준상태에서 염화수소 함량이 0.05%인 배출가스 1,000m³/hr를 수산화칼슘(Ca(OH)₂)액으로 처리하고
자 한다. 염화수소가 100% 제거된다고 할 때, 시간당 필요한 수산화칼슘의 이론적인 양(kg/hr)은?

해설 ▶

$$2HCl + Ca(OH)_2 \rightarrow CaCl_2 + 2H_2O$$

$$2HCl \ : \ Ca(OH)_2$$

$$2 \times 22.4Sm^3 \ : \ 74kg$$

$$\frac{0.05}{100} \times 1,000m^3/h \ : \ Ca(OH)_2(kg/hr)$$

$$\therefore Ca(OH)_2 = 0.8258 \ kg/hr$$

정답 0.83kg/hr

43 염소를 0.56% 함유하는 배기가스 5,000Sm³/hr을 수산화나트륨으로 처리할 때 사용되는 NaOH 소모
량(kg/hr)을 구하시오. (단, 흡수율은 100%, NaOH의 분자량 40)

해설 ▶

$$Cl_2 + 2NaOH \rightarrow NaCl + NaOCl + H_2O$$

$$Cl_2 \ : \ 2NaOH$$

$$22.4Sm^3 \ : \ 2 \times 40kg$$

$$\frac{0.56}{100} \times 5,000m^3/hr \ : \ x(kg/hr)$$

$$\therefore \ x = 100kg/hr$$

정답 100kg/hr

연습문제

44 배출가스 중 염소의 농도가 160ppm이다. 배출허용기준이 20mg/Sm³일 때, 배출허용기준을 만족시키기 위해서 제거해야 할 염소 농도(mL/Sm³)를 계산하시오. (단, 표준상태 기준이며, 기타 조건은 동일하다.)

해설 ▶

1) 처음농도 $C_0 = 160\,mL/Sm^3$

2) 나중농도 $C = \dfrac{20\,mg}{Sm^3} \times \dfrac{22.4\,mL}{71\,mg} = 6.3098\,mL/Sm^3$

3) 제거농도 $= C_0 - C$
$= 160 - 6.3098$
$= 153.6901$

∴ $153.69\,mL/Sm^3$

정답 $153.69\,mL/Sm^3$

45 염소농도가 35.5mg/Sm^3인 배기가스 $15,000\text{Sm}^3/\text{hr}$을 NaOH 용액으로 세정 처리하여 염소농도를 5ppm으로 만들고자 한다. 이때 이론적으로 필요한 NaOH 양(kg/hr)은?

해설

1) 현재 Cl_2 농도(ppm)

$$35.5\text{mg/Sm}^3 \times \frac{22.4\,\text{SmL}}{71\text{mg}} = 11.2\,\text{SmL/Sm}^3 = 11.2\text{ppm}$$

2) 제거해야 할 Cl_2 농도(ppm)

$11.2 - 5 = 6.2\text{ppm}$

3) NaOH 필요량

$$Cl_2 + 2NaOH \rightarrow NaCl + NaOCl + H_2O$$

$$22.4\text{Sm}_3 : 2 \times 40\text{kg}$$

$$15,000\text{Sm}^3/\text{hr} \times \frac{6.2}{10^6} : x\,(\text{kg/hr})$$

$\therefore$ x $= 0.3333\text{kg/hr}$

정답 0.33kg/hr

연습문제

46 배출가스 중 HF 농도가 100ppm이다. 배출허용기준이 5mg/Sm³일 때, 최소한 몇 %를 제거해야 배출 허용기준을 만족시킬 수 있는가?(단, HF의 분자량은 20이고, 표준상태 기준이며, 기타 조건은 동일하다.)

> **해설**

1) 배출허용기준농도

$$\frac{5mg}{Sm^3} \times \frac{22.4mL}{20mg} = 5.6ppm$$

2) 제거율

$$\eta = 1 - \frac{C}{C_o} = 1 - \frac{5.6ppm}{100ppm} = 0.944 = 94.4\%$$

> **정답** 94.4%

47 배연탈황방법에서 습식 및 건식법 원리와 종류(3가지)를 각각 쓰시오.

> **해설**

분류	특징 및 공법 종류
건식법	· 장치규모가 큼 · 배출가스 온도저하가 작음 · 종류 : 석회석 주입법, 활성탄 흡착법, 활성산화망간법, 전자선조사법
습식법	· 효율이 높으나, 연돌확산이 나쁘고, 수질오염 문제 발생 · 종류 : NaOH 흡수, Na₂SO₃ 흡수, 암모니아법, 산화흡수법

> **정답** (1) 건식법
> ① 원리 : 배가스에 고체 흡착제 등을 접촉시켜 건조 상태에서 황산화물을 제거하는 방법
> ② 종류 : 석회석 주입법, 활성탄 흡착법, 활성산화망간법, 전자선조사법
>
> (2) 습식법
> ① 원리 : 배가스에 물 또는 수용액을 접촉시켜 습한 상태에서 황산화물을 제거하는 방법
> ② 종류 : NaOH 흡수, Na₂SO₃ 흡수, 암모니아법, 산화흡수법

48 황산화물(SOx)을 제거하는 방법 중 건식 탈황법을 3가지 쓰시오.

> **정답** 석회석 주입법, 활성탄 흡착법, 활성산화망간법

49 석회석세정법을 사용하면 스케일(Scale)이 발생할 수 있다. 스케일 생성을 방지할 수 있는 대책을 3가지 서술하시오.

> **정답** **스케일링 방지대책**(아래 항목 중 3가지 작성)
> ① 부생된 석고를 반송하고 흡수액 중 석고 농도를 5% 이상 높게 하여 결정화 촉진
> ② 순환액 pH 변동 줄임
> ③ 흡수액을 다량 주입하여 탑 내 결착 방지
> ④ 가능한 탑 내 내장물을 최소화 함

50 연소공정에서 발생하는 질소산화물(NOx)의 3가지 생성기전에 대해 설명하시오.

> **정답** ① Fuel NOx : 연료 자체가 함유하고 있는 질소 성분의 연소로 발생하는 질소산화물
> ② Thermal NOx : 연료의 연소로 인한 고온분위기에서 연소공기의 분해과정 시 발생하는 질소산화물
> ③ Prompt NOx : 불꽃 내부에서 일어나는 반응으로 빠르게 생성하는 질소산화물

연습문제

51 연소과정 중 발생하는 질소산화물의 저감방법을 6가지 서술하시오.

해설

연소조절에 의한 NOx의 저감방법

① 저온 연소 : NOx는 고온(250~300℃)에서 발생하므로, 예열온도 조절로 저온 연소를 하면 NOx 발생을 줄일 수 있음
② 저산소 연소
③ 저질소 성분연료 우선 연소
④ 2단 연소 : 버너부분에서 이론공기량의 95%를 공급하고 나머지 공기는 상부의 공기구멍에서 공기를 더 공급하는 방법
⑤ 수증기 및 물분사 방법
⑥ 배기가스 재순환 : 가장 실용적인 방법, 소요공기량의 10~15%의 배기가스를 재순환시킴
⑦ 버너 및 연소실의 구조개선

정답 ① 저온 연소
② 저산소 연소
③ 저질소 성분연료 우선 연소
④ 2단 연소
⑤ 수증기 및 물분사 방법
⑥ 배기가스 재순환

52 질소 환원 탈질법에서 환원제를 NH_3, H_2S, CO, H_2을 사용하여 질소를 제거하고자 한다. 각 환원제에서 NO의 탈질반응식을 쓰시오.

(1) H_2

(2) H_2S

(3) CO

(4) NH_3

> **정답** (1) $NO + H_2 \rightarrow \dfrac{1}{2}N_2 + H_2O$
>
> (2) $NO + H_2S \rightarrow \dfrac{1}{2}N_2 + H_2O + S$
>
> (3) $NO + CO \rightarrow \dfrac{1}{2}N_2 + CO_2$
>
> (4) $6NO + 4NH_3 \rightarrow 5N_2 + 6H_2O$

53 선택적 촉매환원법(Selective Catalyric Reduction)의 원리를 설명하고 대표적인 반응식을 3가지 쓰시오.

> **정답** (1) 원리 : 촉매를 이용하여 배기가스 중 존재하는 O_2와는 무관하게 NOx를 선택적으로 N_2로 환원시키는 방법
>
> (2) 대표 반응식(아래 반응식 중 3가지 작성)
> $6NO + 4NH_3 \rightarrow 5N_2 + 6H_2O$
> $6NO_2 + 8NH_3 \rightarrow 7N_2 + 12H_2O$
> $NO + H_2 \rightarrow 0.5N_2 + H_2O$
> $NO + CO \rightarrow 0.5N_2 + CO_2$
> $NO + H_2S \rightarrow 0.5N_2 + H_2O + S$

연습문제

54 다음의 불소화합물 처리공정에서 배출가스 중의 불소화합물을 침전조에서 CaF_2로 분리 회수하기 위해 중화탱크에 주입하는 약품(응집제)을 쓰시오.

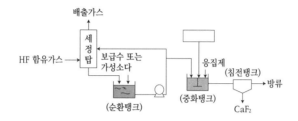

해설

· 반응식 : $2HF + Ca(OH)_2 \rightarrow CaF_2 + 2H_2O$

정답 $Ca(OH)_2$

Chapter 02 환기 및 통풍장치

Ⅰ 환기 및 통풍

1. 환기

(1) 분류

① 전체환기 : 실내 전체를 환기시키는 방식, 대풍량의 배기장치가 필요함
② 국소환기 : 오염물질이 발생원에서 실내에 확산되기 전에 포집·제거하는 환기 방식

2. 국소배기와 전체환기 비교

구분	국소배기	전체환기
유해물질 발생량	클 때 사용	적을 때 사용
유해물질 독성	강할 때 사용	약할 때 사용
발생원	고정되어 있을 때 사용	이동할 때 사용
발생주기	균일하지 않을 때 사용	균일할 때 사용

3. 전체환기보다 국소환기가 유리한 이유

① 국소배기장치는 고농도로 배출된 오염물질을 주변으로 분산되기 전에 흡입 제거할 수 있다.
② 국소배기장치는 발생원 가까이에 설치하므로 흡인풍량을 줄일 수 있어 비용이 적게 든다.
③ 전체환기보다 국소배기장치가 설비면적이 적게 든다.

⚓ 국소배기장치

1. 국소배기장치의 구성

후드 – 덕트 – 송풍기 – 굴뚝

2. 후드

(1) 정의

오염물질 발생원 쪽에 설치하여 외부로 배출시키는 장치

(2) 후드의 종류

종류	특징
포위식 후드 (enclosures hood)	· 오염원을 가능한 최대로 포위하여 오염물질이 후드 밖으로 누출되는 것을 막고 필요한 공기량을 최소한으로 줄일 수 있는 후드 · 완전한 오염방지 가능 · 주변 난기류 영향 적음 · 종류 : 커버형(작은 구멍 정도의 개구부만 있음), 글로브 박스형(양손을 넣어 작업할 수 있는 정도의 구멍), 부스형(전면 개방), 드래프트 챔버형(미닫이문)
외부식 후드 (exterior hood)	· 발생원과 후드가 일정거리 떨어져 있는 후드 · 필요공기량 소요가 많음 · 다른 종류의 후드에 비해 근로자가 방해를 많이 받지 않고 작업가능 · 외부 난기류의 영향으로 흡인효과가 떨어짐 · 종류 - 후드 모양 : 슬로트형, 루버형, 그리드형 - 흡인 위치 : 측방, 상방, 하방형 등 - 흡인 방식 : 리시버식 후드, 포집식 후드
리시버식 후드 (recieving hood, 수형 후드)	· 공정이나 오염물질의 발생 특성을 이용하여 수동적으로 오염물질을 후드로 끌어들이는 형태
포집식 후드	· 국소배기장치의 송풍기 힘에 의해 능동적으로 오염물질을 후드로 끌어들이는 형태

(3) 후드의 제어속도(통제속도, 포착속도 ; control velocity)

오염물질의 발생속도를 이겨내고 오염물질을 후드 내로 흡인할 때 필요한 최소의 기류 속도

(4) 무효점(null point)

오염물질 운동량이 소실되어 속도가 0이 되는 위치

(5) 플랜지(flange)

1) 정의
후드 뒤쪽의 공기흡입을 줄이면서 제어속도를 높일 수 있음

2) 플랜지 부착 효과
① 포착속도가 커짐
② 동일한 오염물질 제거에 있어 압력손실은 감소함
③ 후드 뒤쪽의 공기 흡입을 방지할 수 있음
④ 동일한 오염물질 제거에 있어 송풍량이 25% 정도 감소함

(6) 후드의 흡입 향상 조건
① 후드를 발생원에 가깝게 설치
② 후드의 개구면적을 작게 함
③ 충분한 포착속도를 유지
④ 기류흐름 및 장애물 영향 고려(에어커튼 사용)
⑤ 배풍기 여유율을 30%로 유지함

3. 덕트(Duct)
① 후드와 외부의 연결통로
② 공기나 기타 유체가 흐르는 통로 및 구조물

4. 송풍기(Blower)

(1) 정의
인공적인 바람을 일으켜 공기를 이동시키는 기계

(2) 송풍기의 유량 조절방법
① 회전수 변화
② 댐퍼 부착
③ 베인 컨트롤법(날개 조절법)

5. 국소 환기장치 관련 계산 공식

(1) 후드의 흡인유량(송풍량)

$$Q = AV$$

Q : 후드 흡인유량
A : 관 면적
V : 흡입 속도

(2) 후드 종류별 흡인유량(송풍량)

1) 자유 공간에 설치된 외부식 장방형 후드의 필요 송풍량

$$Q = (10X^2 + A) \times V_c$$

X : 후드로부터 발생원까지의 거리
A : 후드 면적
V_c : 흡인 속도

$$Y = \frac{V_c}{V} \times 100$$

$$\frac{Y}{100 - Y} = \frac{0.1A}{X^2}$$

V_c : 흡인 속도
V : 오염원 이동속도
A : 후드 면적
X : 후드로부터 발생원까지의 거리

2) 후드 중심의 작업대에 오염원이 존재하여 한 변이 경계 지어질 때의 흡인유량

$$Q_c = (5X^2 + A) \times V_c$$

V_c : 흡인 속도
A : 후드 면적
X : 후드로부터 발생원까지의 거리

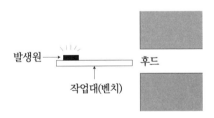

발생원 → 후드
작업대(벤치)

(3) 압력손실(ΔP)

① 후드의 압력손실

$$\Delta P = F \times P_v = F \times \frac{\gamma v^2}{2g}$$

$$F = \frac{(1 - C_e^2)}{C_e^2}$$

F : 후드 압력손실계수
C_e : 후드 유입계수
P_v : 속도압(mmH$_2$O)
γ : 유체 비중(kg$_f$/m^3)

② 원형 덕트의 압력손실

$$\Delta P = F \times P_v = 4f \frac{L}{D} \times \frac{\gamma v^2}{2g}$$

F : 상수
P_v : 속도압(mmH$_2$O)
f : 마찰손실계수
L : 관의 길이(m)
D : 관의 직경(m)
γ : 유체 비중(kg$_f$/m^3)
v : 유속(m/s)

(4f를 λ로 나타내기도 함)

③ 장방형 덕트의 압력손실

$$\Delta P = F \times P_v = f \frac{L}{D_o} \times \frac{\gamma v^2}{2g}$$

D_o : 상당직경 $= 2ab/(a+b)$

(4) 송풍기의 동력

$$P = \frac{Q \, \Delta P \, \alpha}{102\eta}$$

P $=$ 소요 동력(kW)
Q $=$ 처리가스량(m^3/s)
ΔP $=$ 압력(mmH$_2$O)
α $=$ 여유율(안전율)
η $=$ 효율

(5) 송풍기의 상사 법칙

송풍기의 크기(D)와 유체 밀도(ρ)가 일정할 때,

① 유량(Q)은 회전수(N)의 1승에 비례함

$$Q \propto N \qquad Q_2 = Q_1 \left(\frac{N_2}{N_1} \right) \qquad \frac{Q_2}{Q_1} = \frac{N_2}{N_1}$$

② 압력(P)은 회전수의 2승(N^2)에 비례함

$$P \propto N^2 \qquad P_2 = P_1 \left(\frac{N_2}{N_1} \right)^2 \qquad \frac{P_2}{P_1} = \left(\frac{N_2}{N_1} \right)^2$$

③ 동력(W)은 회전수의 3승(N^3)에 비례함

$$W \propto N^3 \qquad W_2 = W_1 \left(\frac{N_2}{N_1} \right)^3 \qquad \frac{W_2}{W_1} = \left(\frac{N_2}{N_1} \right)^3$$

(6) 송풍기의 전압, 정압, 동압

① 동압(Velocity Pressure : P_v) : 속도압, 유체를 정지상태에서 어느 속도까지 가속하는 데 필요한 압력
② 정압(Static Pressure : P_s) : 단위부피당 유체가 압력형태로 보유한 에너지
③ 전압(Total Pressure : P_t) : 정압과 동압을 합친 압력

$$P_v = \frac{\gamma V^2}{2g} \qquad \begin{aligned} P_v &= \text{동압(m)} \\ V &= \text{유속(m/s)} \\ \gamma &= \text{유체 비중} \end{aligned}$$

$$\begin{aligned} \text{전압} &= \text{정압} + \text{동압} \\ P_t &= P_s + P_v \\ &= P_s + \frac{\gamma V^2}{2g} \end{aligned}$$

(7) 송풍기의 유효정압

$$\begin{aligned} \text{유효정압} &= \text{입구정압} + \text{출구정압} - \text{입구속도압} \\ Ps_f &= Ps_i + Ps_o - Pv_i \\ &= Ps_i + Ps_o - \frac{\gamma V^2}{2g} \end{aligned}$$

6. 굴뚝의 통풍력

(1) 통풍력의 특징

① 굴뚝높이가 높고, 단면적이 작을수록 통풍력은 커짐
② 배출가스의 온도가 높을수록 통풍력 커짐
③ 굴뚝 내의 굴곡이 없을수록 통풍력이 커짐
④ 외기유입이 없을수록 통풍력이 커짐

(2) 통풍력의 계산

1) 외기 및 가스의 비중량과 온도를 알 때

$$Z = 273H\left[\frac{\gamma_a}{273+t_a} - \frac{\gamma_g}{273+t_g}\right]$$

Z : 통풍력(mmH_2O)
γ_a : 외기(공기) 밀도(kg/Sm^3)
γ_g : 가스 밀도(kg/Sm^3)
t_a : 외기 온도(℃)
t_g : 가스 온도(℃)
H : 굴뚝높이(m)

2) 외기온도와 가스의 온도를 알 때

공기 및 가스 밀도(비중)를 $1.3kg/Sm^3$으로 가정함

$$Z = 355H\left[\frac{1}{273+t_a} - \frac{1}{273+t_g}\right]$$

01 후드의 압력손실이 150mmH$_2$O, 가스 속도 10m/s, 가스 밀도 2.5kg/m^{3}일 때, 후드의 유입계수를 계산하시오.

해설▶

1) F

$$\triangle P = F \times \frac{\gamma V^2}{2g}$$

$$150\,mmH_2O = F \times \frac{2.5 \times 10^2}{2 \times 9.8}$$

$$\therefore F = 11.76$$

2) C_e

$$F = \frac{1 - C_e^2}{C_e^2}$$

$$11.76 = \frac{1 - C_e^2}{C_e^2}$$

$$\therefore C_e = 0.2799$$

정답 0.28

02 유입계수 0.81, 속도압 22mmH$_2$O일 때, 후드의 압력손실(mmH$_2$O)은?

해설▶

1) $F = \frac{1 - Ce^2}{Ce^2} = \frac{1 - 0.81^2}{0.81^2} = 0.52415$

2) $\triangle P = F \times \frac{\gamma V^2}{2g} = 0.52415 \times 22 = 11.5314\,mmH_2O$

정답 11.53mmH$_2$O

03 발생원에서 후드까지의 거리가 0.7m, 개구면적 0.6m², 제어속도가 0.3m/s, 유입손실계수가 0.82인
외부식 후드에서 다음을 구하시오. (단, 공기의 온도 : 80℃, 공기의 밀도 : 1.3kg/Sm³, 덕트의 반송속
도 : 12m/s)

(1) 후드의 흡인풍량(m³/s)

(2) 후드의 압력손실(mmH₂O)

해설

(1) 송풍량

$$Q_c = (10X^2 + A)V_c = (10 \times 0.7^2 + 0.6) \times 0.3 = 1.65 m^3/s$$

(2) 후드의 압력손실

① 80℃ 공기 밀도

$$\gamma = \frac{1.3kg}{Sm^3} \times \frac{273}{273 + 80} = 1.0053 kg/m^3$$

② $F = \frac{1 - C_e^2}{C_e^2} = \frac{1 - 0.82^2}{0.82^2} = 0.4872$

③ $\triangle P = F \times \frac{\gamma V^2}{2g} = 0.4872 \times \frac{1.0053 \times 12^2}{2 \times 9.8} = 3.5984 mmH_2O$

정답 (1) 1.65m³/s (2) 3.60mmH₂O

연습문제

04 원형관의 직경이 원래 직경의 1/3배가 될 때, 관의 마찰손실은 원래의 몇 배가 되는가? (단, 다른 조건은 변하지 않음)

> **해설**
>
> $$\triangle P(\text{mmH}_2\text{O}) = 4f \times \frac{L}{D} \times \frac{\gamma V^2}{2g}$$
>
> $$\triangle P = 4f \times \frac{L}{D} \times \frac{\gamma V^2}{2g} \cdots 식 ①$$
>
> $$\triangle V = \frac{Q}{A} = \frac{Q}{\frac{\pi}{4}D^2} \cdots 식 ②$$
>
> 식②를 식①에 대입하면
>
> $$\triangle P = 4f \times \frac{L}{D} \times \frac{\gamma}{2g}\left(\frac{Q}{\frac{\pi}{4}D^2}\right)^2 = \frac{32fL\gamma Q^2}{g\pi^2 D^5}$$
>
> $$\therefore \quad \triangle P \propto \frac{1}{D^5}임$$
>
> $$\therefore \quad D가 \frac{1}{3}이 되면, \triangle P는 \frac{1}{(1/3)^5} = 243배 증가함$$
>
> **정답** 243배 증가함

05 다음은 외부식 장방형 후드의 설계제원이다. 이 후드의 송풍량(m^3/min)을 계산하시오.

> · 개구면으로부터 포측점까지의 거리 : 0.4m
> · 개구면적 : $0.5m^2$
> · 제어속도 : 0.25m/s

> **해설**
>
> **자유 공간에 설치된 외부식 장방형 후드의 필요 송풍량**
>
> $$Q_c = (10X^2 + A) \times V_c$$
>
> $$= (10 \times 0.4^2 + 0.5) \times 0.25\text{m/s} \times 60\text{s/min} = 31.5\text{m}^3/\text{min}$$
>
> **정답** 31.5m^3/min

06 송풍기가 공기를 280m³/min로 이동시키고 400rpm으로 회전할 때 정압이 72mmH₂O, 동력이 5.5HP 이다. 회전수를 550rpm으로 증가시켰을 때 다음을 계산하시오.

(1) 유량(m³/min)

(2) 정압(mmH₂O)

(3) 동력(HP)

해설

(1) 유량

$Q \propto N$ 이므로

$$Q_2 = Q_1 \left(\frac{N_2}{N_1} \right) = 280 \times \left(\frac{550}{400} \right) = 385 \, \mathrm{m^3/min}$$

(2) 정압

$P \propto N^2$ 이므로

$$P_2 = P_1 \left(\frac{N_2}{N_1} \right)^2 = 72 \times \left(\frac{550}{400} \right)^2 = 136.125 \, \mathrm{mmH_2O}$$

(3) 동력

$W \propto N^3$ 이므로

$$W_2 = W_1 \left(\frac{N_2}{N_1} \right)^3 = 5.5 \times \left(\frac{550}{400} \right)^3 = 14.2978 \, \mathrm{HP}$$

정답 (1) 385m³/min (2) 136.13mmH₂O (3) 14.30HP

연습문제

07 처리가스량 100,000m³/hr, 압력손실이 800mmH₂O, 가동시간이 하루 16시간인 집진장치의 연간 동력비는 1,160만원이다. 동일한 집진장치를 처리가스량 70,000m³/hr, 압력손실 400mmH₂O로 운전할 때 연간 동력비를 계산하시오. (단, 집진장치의 가동시간 및 효율 등 다른 조건은 모두 동일함)

해설▶

소요 동력식

$$P = \frac{Q \times \triangle P \times \alpha}{102 \times \eta}$$

여기서,   P : 소요 동력(kW)
           Q : 처리가스량(m³/s)
          △P : 압력(mmH₂O)
           α : 여유율(안전율)
           η : 효율

동력(P) ∝ Q△P 이고,

동력 ∝ 동력비 이므로,

동력비 ∝ Q△P 임

동력비   : Q△P
1,160만원   : 100,000×800
x(만원)   : 70,000×400

∴ x = 406

정답 406만원

08 송풍기가 공기(밀도 : 1.3kg/m³)를 평균 유속이 1,200m/min으로 흡입한다. 입구 정압이 58mmH₂O, 출구 정압이 30mmH₂O일 때 필요한 송풍기 유출정압(kg/cm²)을 계산하시오.

해설

송풍기 유효정압 = 입구정압 + 출구정압 − 입구속도압

$$Ps_f = Ps_i + Ps_o - Pv_i$$

$$= Ps_i + Ps_o - \frac{\gamma V^2}{2g}$$

$$= 58 + 30 - \left[\frac{1.3kg}{m^3} \times \left(\frac{1,200m}{min}\right)^2 \times \frac{s^2}{2 \times 9.8m} \times \left(\frac{1min}{60s}\right)^2\right]$$

$$= 61.4693mmH_2O = 61.4693kg/m^2$$

$$\frac{61.4693kg}{m^2} \times \left(\frac{1m}{100cm}\right)^2 = 6.146 \times 10^{-3}kg/cm^2$$

정답 $6.15 \times 10^{-3}kg/cm^2$

09 굴뚝높이가 120m, 배기가스의 평균온도가 180℃일 때 굴뚝의 통풍력(mmH₂O)은 얼마가 되는가? (단, 외기온도는 20℃이며, 대기 비중량은 1.29kg/m³, 가스의 비중량은 표준상태에서 1.3kg/Sm³이다.)

해설

$$Z = 273H \times \left\{\frac{\gamma_a}{273 + t_a} - \frac{\gamma_g}{273 + t_g}\right\}$$

$$\therefore Z = 273 \times 120 \times \left\{\frac{1.29}{273 + 20} - \frac{1.3}{273 + 180}\right\}$$

$$= 50.220mmH_2O$$

정답 50.22mmH₂O

연습문제

10 연돌 높이가 35m, 배출가스 평균온도가 227℃인 자연통풍 열설비시설이 있다. 이 시설에 집진장치를
    설치하였더니 10mmH₂O의 압력손실이 발생하였다. 집진장치를 설치하기 전의 통풍력을 유지하기 위해
    연돌의 높이를 몇 m 더 높여야 하는가? (단, 대기온도는 27℃, 공기와 배출가스의 비중량은 1.3kg/Sm³,
    연돌 내의 압력손실은 무시한다.)

> **해설**

(1) 집진장치 설치 전 통풍력

$$Z = 355H \left(\frac{1}{273 + t_a} - \frac{1}{273 + t_g} \right)$$

$$= 355 \times 35 \left(\frac{1}{273 + 27} - \frac{1}{273 + 227} \right) = 16.5666 \, mmH_2O$$

(2) 집진장치 설치 후 통풍력

$(16.5666 + 10)mmH_2O = 26.5666mmH_2O$

$$26.5666 \, mmH_2O = 355 \times H \times \left\{ \frac{1}{273 + 27} - \frac{1}{273 + 227} \right\}$$

$\therefore \ H = 56.1266m$

$56.1266 - 35 = 21.1266m$

정답 21.13m

11 250m^3 되는 방에서 문을 닫고 흡연을 하면서 회의하였더니 실내 폼알데하이드(HCHO) 농도가 0.5 ppm이 되어 회의를 더 이상 진행할 수 없었다. 일단 회의를 중단하고 공기청정기로 폼알데하이드 농도를 0.01ppm으로 낮추려고 한다면, 회의는 몇 분 뒤부터 다시 시작할 수 있는가? (단, 공기청정기 유량은 25m^3/min이고 효율은 100%이다. 회의 전 폼알데하이드 농도는 0이다.)

해설

$$\ln \frac{C}{C_o} = -\frac{Q}{V}t$$

$$\ln \frac{0.01}{0.5} = -\frac{25m^3/min}{250m^3} \times t$$

$$\therefore t = 39.120min$$

정답 39.12min

참고 물질수지식

$$V\frac{dC}{dt} = QC_o - QC - kC^n$$

조건에서 $C_o = 0$, 반응 없으므로 $n = 0$

$$\therefore V\frac{dC}{dt} = -QC$$

$$\int_{c_o}^{c} \frac{1}{C}dC = -\frac{Q}{V}\int_{o}^{t}dt$$

$$\ln \frac{C}{C_o} = -\frac{Q}{V}t$$

연습문제

12 체적이 $500m^3$인 방 안에서 1시간 동안 5명이 총 20개비의 담배를 피우고 있다. 1시간 후의 회의실 내의 폼알데하이드 농도(ppm)를 계산하시오. (단, 흡연으로 배출되는 폼알데하이드(HCHO)의 양은 1.4mg/개비, 회의실 온도는 25℃, 환기는 되지 않고, 비흡연자나 흡연자의 체내로 흡수된 폼알데하이드는 없음. 계산 결과는 소수점 셋째 자리까지 구함)

해설

$$HCHO = \dfrac{\dfrac{1.4mg}{1개비} \times \dfrac{20개비}{hr} \times \dfrac{22.4SmL}{30mg} \times \dfrac{(273+25)mL}{(273+0)SmL}}{500m^3}$$

$$= 4.5642 \times 10^{-2}mL/m^3$$

$$= 4.5642 \times 10^{-2}ppm$$

정답 $4.564 \times 10^{-2}ppm$

13 가로 4m, 세로 5m, 높이 6m인 복사실의 공간에서 오존(O_3)의 배출량이 분당 1.5mg인 복사기를 2대 연속 사용하고 있다. 복사기 사용 전의 실내오존(O_3)의 농도가 20ppb라고 할 때 2시간 사용 후 오존 농도는 몇 ppb인가? (단, 환기가 되지 않음, 25℃, 1기압 기준으로 하며, 기타 조건은 고려하지 않음)

해설

1) 발생 오존 $= \dfrac{오존(m^3)}{실내(m^3)} \times \dfrac{10^9ppb}{1}$

$$= \dfrac{\dfrac{1.5mg}{분 \cdot 대} \times 2대 \times \dfrac{22.4Sm^3}{48kg} \times \dfrac{60분}{hr} \times \dfrac{1kg}{10^6mg} \times 2hr \times \dfrac{(273+25)}{273}}{4m \times 5m \times 6m} \times 10^9ppb$$

$$= 1,528.205ppb$$

2) 2시간 사용 후 오존농도 $=$ 처음농도 $+$ 발생농도
$$= 20 + 1,528.205$$
$$= 1,548.205ppb$$

정답 $1,548.21ppb$

14 공기 중 농도가 1,000ppm를 넘으면 인체에 해롭다고 한다면 지금 150m³ 되는 방에서 문을 닫고 90%의 탄소를 가진 숯을 최소 몇 g을 태우면 해로운 상태로 되겠는가? (단, 기존의 공기 중 CO_2 가스의 부피는 고려하지 않음, 실내에서 완전혼합, 표준상태 기준)

해설

1) CO_2 발생량(m³)

$$\frac{CO_2}{150m^3} \times 10^6 = 1,000ppm$$

$$\therefore CO_2 = 0.15m^3$$

2) CO_2 0.15m³이 배출되기 위한 숯 사용량(g)

$$C + O_2 \rightarrow CO_2$$

$$12kg \quad : \quad 22.4Sm^3$$

$$x\ kg \times \frac{90}{100} \quad : \quad 0.15m^3$$

$$\therefore x = 0.089285kg = 89.285g$$

정답 89.29g

15 국소배기가 전체환기보다 유리한 점(장점) 3가지를 쓰시오.

정답 ① 국소배기 장치는 고농도로 배출된 오염물질을 주변으로 분산되기 전에 흡입 제거할 수 있다.
② 국소배기 장치는 발생원 가까이에 설치하므로 흡인풍량을 줄일 수 있어 비용이 적게 든다.
③ 전체환기보다 국소배기 장치가 설비면적이 적게 든다.

연습문제

16 외부형 후드 및 통풍에 관한 다음 물음에 답하시오.

(1) 외부형 후드의 장점 1가지

(2) 외부형 후드의 단점 1가지

(3) 제어속도(Control velocity)

(4) 무효점

> **정답** (1) 장점 : 다른 종류의 후드에 비해 근로자가 방해를 많이 받지 않고 작업 가능
> (2) 단점 : 외부 난기류의 영향으로 흡인효과가 떨어짐
> (3) 제어속도 : 오염물질의 발생속도를 이겨내고 오염물질을 후드 내로 흡인할 때 필요한 최소의 기류속도
> (4) 무효점(null point) : 오염물질 운동량이 소실되어 속도가 0이 되는 위치

17 후드에 플랜지를 부착하는 이유를 설명하시오.

> **정답** ① 포착속도가 커짐
> ② 동일한 오염물질 제거에 있어 압력손실은 감소함
> ③ 후드 뒤쪽의 공기 흡입을 방지할 수 있음
> ④ 동일한 오염물질 제거에 있어 송풍량이 25% 정도 감소함

18 송풍기의 송풍량 제어방법 3가지를 쓰시오.

> **정답** **송풍량 제어방법 - 유량(풍량) 조절방법**
> ① 회전수 변화
> ② 댐퍼 부착
> ③ 베인 컨트롤법(날개 조절법)

3과목

입자처리

Chapter 01 입자와 집진원리

I 입자의 기본이론

1. 입자의 질량

$$질량 = 밀도 \times 체적 = 밀도 \times \frac{\pi}{6}D^3$$

2. 입경분포의 해석

(1) Rosin - Rammler 분포

1) 체상분율(R)

임의 입경 d_p보다 큰 입자가 차지하는 비율(%)

$$R = 100e^{-\beta d_p^n}$$

R(wt%)	:	체상분율
β	:	입도특성계수
n	:	입경지수
d_p	:	입자의 직경

① 입도특성계수(β)가 클수록 입경이 미세한 먼지로 됨
② 입경지수(n)가 클수록 입경 분포 간격이 좁은 입자로 구성

2) 체하분율(D)

임의 입경 d_p보다 작은 입자가 차지하는 비율(%)

$$D = 100 - R$$

(2) 커닝험 보정계수

직경이 $1\mu m$ 이하인 미세입자에 가스의 점성저항을 보정하는 계수

① 미세입자에 작용하는 항력이 스토크스 법칙으로 예측한 값보다 작아져 커닝험 보정계수를 사용해 보정함
② 항상 1 이상의 값을 가짐
③ 먼지 입경, 가스 분자경과 가스 압력이 작을수록, 가스온도가 높을수록 값이 커짐

(3) 비표면적

입자 직경이 작을수록, 비표면적이 커짐

① 단위 체적당 비표면적(S_v)

$$비표면적 = \frac{표면적}{부피}$$

$$S_v = \frac{\pi d_p^2}{\frac{\pi}{6} d_p^3} = \frac{6}{d_p}$$

S_v : 단위 체적당 비표면적(m^2/m^3)
d_p : 입자의 직경(m)

② 단위 질량당 비표면적(S_m)

$$비표면적 = \frac{표면적}{질량} = \frac{표면적}{밀도 \times 부피}$$

$$S_m = \frac{\pi d_p^2}{\rho \times \frac{\pi}{6} d_p^3} = \frac{6}{\rho d_p}$$

S_m : 단위 질량당 비표면적(m^2/kg)
d_p : 입자의 직경(m)
ρ : 입자의 밀도(kg/m^3)

3. 입자의 직경

직경의 종류	정의 및 특징
스토크 직경	· 원래의 분진과 밀도와 침강속도가 동일한 구형입자의 직경
공기역학적 직경	· 원래의 분진과 침강속도는 같고 밀도가 $1g/cm^3$인 구형입자의 직경
중앙입경(중위경)	· 체상곡선에서 R = 50%에 대응하는 입경
산술평균입경	· 모든 입경을 더해서 입자수로 나눈 값
기하평균입경	· 대수분포에서의 중위경(50% 입경) $d_m = (d_1 \times d_2 \times \cdots \times d_n)^{\frac{1}{n}}$
상당직경	· 해당 단면이 직사각형일 때, 2ab/(a+b)를 직경으로 사용
광학적 직경	· Feret경 : 입자의 끝과 끝을 연결한 선 중 최대인 선의 길이 · Martin경 : 평면에 투영된 입자의 그림자 면적과 기준선이 평형하게 이등분하는 선의 길이 　　　　　(2개의 등면적으로 각 입자를 등분할 때 그 선의 길이) · 투영면적경(등가경) : 울퉁불퉁, 들쭉날쭉한 먼지의 면적과 동일한 면적을 가지는 원의 직경

4. 입경분포 측정방법

직접측정법	현미경법, 표준 체거름법(표준 체측정법)
간접측정법	관성충돌법, 액상침강법, 광산란법, 공기투과법

(1) 직접측정법
① 현미경 측정법 : 광학현미경을 이용하여 입자의 투영면적을 관찰
② 표준 체거름법(표준 체측정법) : 입자를 입경별로 분리하여 측정

(2) 간접측정법
① 관성충돌법 : 입자의 관성충돌을 이용하여 측정
② 액상침강법 : 액상 중에 입자를 분산시켜 침강속도로 입경을 측정
③ 광산란법 : 액상 중에 분산시켜 침강하는 입자의 표면에서 일어나는 빛의 산란 정도를 광학분진계로 측정하여 입자 크기를 측정
④ 공기투과법 : 입자의 비표면적을 측정하여 입경을 측정

ⅠⅠ 집진원리

1. 집진율(제거율, η)

① 입출구 유량이 같을 때 집진율

$$\eta = \frac{C_o - C}{C_o} = 1 - \frac{C}{C_o}$$

η : 집진율
C_o : 입구 농도
C : 출구 농도

② 입출구 유량이 다른 경우의 집진율

$$\eta = \left(1 - \frac{CQ}{C_o Q_o}\right) \times 100(\%)$$

C_o : 입구 농도
C : 출구 농도
Q_o : 입구 가스량
Q : 출구 가스량

③ 부분집진율

$$\eta = \left(1 - \frac{C f}{C_0 f_0}\right) \times 100(\%)$$

C_o : 입구 농도
C : 출구 농도
f_o : 입구 먼지 중 입경범위의 먼지 질량분율
f : 출구 먼지 중 입경범위의 먼지 질량분율
η : 부분집진율

2. 통과율(P)

① 통과율

$$P = \frac{C}{C_o} = 1 - \eta$$

P : 통과율
C_o : 입구 농도
C : 출구 농도
η : 집진율

② 유입유량, 출구유량이 다를 때 통과율

$$P = \frac{CQ}{C_o Q_o} \times 100(\%)$$

C_o : 입구 농도
C : 출구 농도
Q_o : 입구 가스량
Q : 출구 가스량

3. 집진 방법

(1) 연결 방식에 따른 분류

1) 직렬 연결

직렬 연결을 하면, 처리가스량은 동일하고 집진율이 증가함

① 직렬 연결 시 총 집진율

$$\eta_T = 1 - (1 - \eta_1)(1 - \eta_2)$$

η_1 : 1차 집진장치의 집진율
η_2 : 2차 집진장치의 집진율
η_T : 전체 집진장치의 집진율

② 직렬 연결 시 출구 농도

$$C = C_o(1 - \eta_1)(1 - \eta_2)$$

η_1 : 1차 집진장치의 집진율
η_2 : 2차 집진장치의 집진율
C : 출구 농도
C_o : 입구 농도

2) 병렬 연결

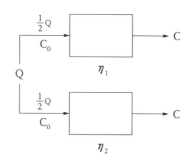

병렬 연결을 하면, 처리가스량이 증가하고 집진율은 동일함

① 병렬 연결 시 총 집진율

$$\eta_{\text{T}} = \frac{\eta_1 + \eta_2}{2}$$

η_1 : 1차 집진장치의 집진율

η_2 : 2차 집진장치의 집진율

η_{T} : 전체 집진장치의 집진율

(2) 수분 사용에 의한 구분

분류	수분 사용	종류
건식	없음	중력 집진, 원심력 집진, 관성력 집진, 여과 집진, 건식 전기 집진
습식	있음	세정 집진, 습식 전기 집진

연습문제

입자와 집진원리

입자의 기본이론

01 밀도가 1,500kg/m³, 입경이 3μm인 구형 입자의 (1) 비표면적(표면적/질량)을 계산하고, (2) 입자의 질량 합계가 1kg일 때 입자의 수를 계산하시오.

(1) 비표면적(m²/kg)

(2) 입자의 개수

해설

(1) 비표면적(S_m)

$$S_m = \frac{6}{\rho \, d_p}$$

$$= \frac{1m^3}{1,500kg} \times \frac{6}{3\mu m} \times \frac{10^6 \mu m}{1m} = 1,333.3333 \, m^2/kg$$

(2) 입자의 개수(N)

입자 질량 = 입자 1개의 질량 × 입자의 개수

= (입자 1개의 밀도 × 입자 1개의 부피) × 입자의 개수

$$m = \rho V \times N$$
$$= \rho \times \left(\frac{\pi}{6} d^3 \right) \times N$$

$$1kg = \frac{1,500kg}{m^3} \times \left(\frac{\pi (3 \times 10^{-6} m)^3}{6} \right) \times N$$

$$\therefore N = 4.7157 \times 10^{13}$$

정답 (1) 1,333.33m²/kg (2) 4.72×10¹³개

연습문제

02 먼지의 Stokes 직경이 3μm, 입자의 밀도가 4g/cm^3일 때 이 분진의 공기역학적 직경(μm)은? (단, Stokes 직경과 공기역학적 직경의 상관관계를 이용하여 풀이할 것)

> **해설**
>
> 1) 입자 밀도
>   스토크 직경의 입자 밀도 $= 4\text{g/cm}^3$
>   공기 역학적 직경의 입자 밀도 $= 1\text{g/cm}^3$
>
> 2) 먼지 입자의 침강속도
>   스토크 직경의 침강속도 : $V_s = \dfrac{(4,000-1.3)\times d_s^2 \times g}{18\mu}$
>
>   공기역학적 직경의 침강속도 : $V_a = \dfrac{(1,000-1.3)\times d_a^2 \times g}{18\mu}$
>
>   스토크 직경의 침강속도 $=$ 공기역학적 직경의 침강속도 이므로,
> $$\frac{(4,000-1.3)\times(3\times 10^{-6})^2 \times g}{18\mu} = \frac{(1,000-1.3)\times d_a^2 \times g}{18\mu}$$
>
> $$\therefore d_a = \sqrt{\frac{(4,000-1.3)}{(1,000-1.3)}} \times (3\times 10^{-6})$$
> $$= 6.002\times 10^{-6}\text{m} \times \frac{10^6 \mu\text{m}}{1\text{m}}$$
> $$= 6.002\mu\text{m}$$

정답 6.00μm

03 먼지의 입경 $d_p(\mu m)$을 Rosin - Rammler 분포에 의해 체상분율 $R(\%) = 100\exp(-\beta\ d_p^n)$으로 나타낸다. 이 먼지의 중위경(R : 50%)이 50μm이라면, 이 먼지에서 입경이 25μm인 입자의 R(%)는 얼마인가? (단, n = 1)

해설

1) 중위경을 이용해 β 구하기

$$체상분율(R) = 100 \cdot e(-\beta\ d_p^n)$$
$$50 = 100 \cdot e(-\beta \times 50)$$
$$\therefore\ \beta = 0.01386$$

2) 입경 25μm인 입자의 R(%)

$$R = 100 \cdot e(-\beta\ d_p^n)$$
$$= 100 \cdot e(-0.01386 \times 25^1)$$
$$= 70.710(\%)$$

정답 70.71%

04 어떤 먼지의 입경 X(μm), 체상분율(R, 질량 %)은 다음 식과 같이 나타낸다.

$$R = 100 \exp\left[-\left(\frac{X}{X_{50}}\right)^n \times 0.693\right]$$

단, n : 입경지수

이때, $X_{50} = 2\mu$m, n = 1인 먼지에 대하여 입경 10μm 이하인 먼지는 전체 먼지 질량의 몇 %인지 계산하시오.

해설

1) 체상분율(R)

$$R = 100\ e\left[-\left(\frac{10}{2}\right)^1 \times 0.693\right] = 3.1273\%$$

2) 체하분율(D)

$$D = 100 - R$$
$$= 100 - 3.1273$$
$$= 96.872\%$$

정답 96.87%

연습문제

05 어떤 먼지의 입경분포에 따른 입자수가 다음 표와 같다. 다음 물음에 답하시오.

입경분포(μm)	0 ~ 2.5	2.5 ~ 5.5	5.5 ~ 7.5	7.5 ~ 10.5	10.5 ~ 20	20 ~ 30	30 ~ 60
입자수	200	180	400	560	160	160	120

(1) 20~30μm의 입경범위에 대한 빈도(f, %/μm)

(2) 20~30μm의 입경범위에 대한 체상 누적분포율(R, %)

해설

(1) f

① 전체 입자수 = 200 + 180 + 400 + 560 + 160 + 160 + 120 = 1,780

② $dR = \dfrac{20\text{~}30\mu\text{m의 입자수}}{\text{전체 입자수}} = \dfrac{160}{1,780} = 0.089887$

$= 8.9887\%$

③ $f = \dfrac{dR}{d(dp)} = \dfrac{8.9887\%}{(30-20)\mu\text{m}} = 0.8988\%/\mu\text{m}$

(2) R

입경분포(μm)	0~2.5	2.5~5.5	5.5~7.5	7.5~10.5	10.5~20	20~30	30~60
입자수	200	180	400	560	160	160	120
체상누적 입자수	1,780	1,580	1,400	1,000	440	280	120
체상분율	$\dfrac{1,780}{1,780}$	$\dfrac{1,580}{1,780}$	$\dfrac{1,400}{1,780}$	$\dfrac{1,000}{1,780}$	$\dfrac{440}{1,780}$	$\dfrac{280}{1,780}$	$\dfrac{120}{1,780}$
체상분율(%)	100	88.764	78.651	56.179	24.719	15.730	6.741

정답 (1) 0.90%/μm (2) 15.73%

06 스토크 직경과 공기역학적 직경을 비교하여 각각 설명하시오.

(1) 스토크 직경

(2) 공기역학적 직경

> **정답** (1) 스토크 직경 : 원래의 분진과 밀도와 침강속도가 동일한 구형입자의 직경
> (2) 공기역학적 직경 : 원래의 분진과 침강속도는 같고 밀도가 $1g/cm^3$인 구형입자의 직경

07 광학현미경을 이용하여 입자의 투영면적으로부터 측정되는 직경 중 입자상 물질의 끝과 끝을 연결한 선 중 가장 긴 선을 의미하는 직경은 무엇인가?

> **정답** 페렛경, feret경, 휘렛경, 피렛경 모두 정답임

08 입자의 입경측정 시 직접측정방법과 간접측정방법을 각각 2가지씩 적고, 각 방법을 설명하시오.

(1) 직접측정법

(2) 간접측정법

> **정답** (1) 직접측정법
> ① 현미경 측정법 : 광학현미경을 이용하여 입자의 투영면적을 관찰
> ② 표준체 측정법 : 입자를 입경별로 분리하여 측정
>
> (2) 간접측정법(아래 항목 중 2가지 작성)
> ① 관성충돌법 : 입자의 관성충돌을 이용하여 측정
> ② 액상침강법 : 액상 중에 입자를 분산시켜 침강속도로 입경을 측정
> ③ Bacho 원심기체 침강법 : 원심력을 이용하여 몸통에 충돌 침강한 분진의 입자를 크기별로 분류하여 측정
> ④ 광산란법 : 액상 중에 분산시켜 침강하는 입자의 표면에서 일어나는 빛의 산란 정도를 광학분진계로 측정하여 입자 크기를 측정
> ⑤ 공기투과법 : 입자의 비표면적을 측정하여 입경을 측정

연습문제

09 다음 입경측정방법에 대한 물음에 답하시오.

(1) 먼지의 간접측정법 3가지를 쓰시오.

(2) 먼지의 입경분포와 입경지수(n)의 관계를 서술하시오.

(3) 먼지의 입경크기와 입경특성계수(β)의 관계를 서술하시오.

> **해설**
>
> **체상분율(R)**
>
> 임의 입경 d_p보다 큰 입자가 차지하는 비율(%)
>
> | | | |
> |---|---|---|
> | $R = 100e^{-\beta d_p^n}$ | R(wt%) : | 체상분율 |
> | | β : | 입도특성계수 |
> | | n : | 입경지수 |
> | | d_p : | 입자의 직경 |
>
> ① 입도특성계수가 클수록 입경이 미세한 먼지로 됨
> ② 입경지수 n이 클수록 입경 분포 간격이 좁은 입자로 구성
>
> **정답** (1) 간접측정법 : 관성충돌법, 액상침강법, 광산란법, 공기투과법
> (2) 입경지수(n)가 클수록 먼지의 입경 분포는 좁아진다.
> (3) 입도특성계수(β)가 클수록 먼지의 크기는 작아진다.

10 커닝험 보정계수에 관하여 설명하시오.

> **정답** 커닝험 보정계수는 가스의 점성저항을 보정하는 것으로 먼지 입경, 가스 분자경과 가스 압력이 작을수록, 그리고 가스온도가 높을수록 커진다.

11 커닝험 보정계수에 대한 설명이다. 다음 빈칸에 알맞은 말을 쓰시오.

> 커닝험 보정계수는 먼지의 입경이 (①)수록, 가스 압력이 낮을수록, 가스의 온도가 (②)수록, 가스 입경이 작을수록 커진다.

정답 ① 작을 ② 높을

Ⅱ 집진원리

12 매연을 1차 처리하고, 다시 집진율 85%인 집진장치로 2차 처리한다. 2차 집진장치로 처리한 결과 배출가스 전체 집진율이 95%가 되었다. 이때 1차 집진장치의 집진율은? (단, 직렬기준)

해설

$$\eta_T = 1 - (1 - \eta_1)(1 - \eta_2)$$
$$0.95 = 1 - (1 - \eta_1)(1 - 0.85)$$
$$\therefore \eta_1 = 0.66666 = 66.666\%$$

정답 66.67%

연습문제

13 먼지 농도가 $10g/Sm^3$인 매연을 집진율 90%인 집진장치로 1차 처리하고 다시 2차 집진장치로 처리한 결과 배출가스 중 먼지 농도가 $0.2g/Sm^3$이 되었다. 이때 2차 집진장치의 집진율은?(단, 직렬기준)

해설

1) 총 집진효율(η_T)

$$\eta_T = 1 - \frac{C}{C_o}$$

$$= 1 - \frac{0.2}{10}$$

$$= 0.98 = 98\%$$

2) 2차 집진장치 효율(η_2)

$$\eta_T = 1 - (1-\eta_1)(1-\eta_2)$$

$$0.98 = 1 - (1-0.9)(1-\eta_2)$$

$$\therefore \eta_2 = 0.8 = 80\%$$

정답 80%

14 배출가스 중 먼지농도가 2,500mg/Sm³인 먼지를 처리하고자 제진효율이 50%인 중력 집진장치, 78% 인 원심력 집진장치, 82%인 세정 집진장치를 직렬로 연결하였다. 여기에 효율이 85%인 여과 집진장치 를 하나 더 직렬로 연결할 때, (1) 전체 집진효율과 이때 (2) 출구의 먼지농도는 각각 얼마인가?

(1) 전체 집진효율

(2) 출구의 먼지농도

해설

(1) $\eta_T = 1 - (1-\eta_1)(1-\eta_2)(1-\eta_3)(1-\eta_4)$

$\quad = 1 - (1-0.5)(1-0.78)(1-0.82)(1-0.85)$

$\quad = 0.99703 = 99.70\%$

(2) 1) 통과율 $= 100-99.7 = 0.3\%$

　 2) 출구농도

　　 $C = 2,500\text{mg/Sm}^3 \times 0.003 = 7.5\text{mg/Sm}^3$

정답 (1) 99.70% (2) 7.5mg/Sm³

연습문제

15 A 집진장치의 입구와 출구에서의 함진가스 농도가 각각 15g/Nm³, 150mg/Nm³이고, 그 중 입경범위가 0~5μm인 먼지의 질량분율이 각각 10%와 60%일 때, 이 집진장치에서 입경범위 0~5μm인 먼지의 부분집진율(%)은?

해설

부분집진율

$$\eta = \left(1 - \frac{C\,f}{C_0\,f_0}\right) \times 100\%$$

$$\eta = \left(1 - \frac{0.15g/Sm^3 \times 0.6}{15g/Sm^3 \times 0.1}\right) \times 100\% = 94\%$$

정답 94%

16 사이클론에서 처리가스량에 대하여 외부로부터 외기가 10% 누입이 될 때의 집진율이 78%이었다면 외기의 누입이 없을 때 집진율은 얼마인가? (단, 이때 먼지 통과율은 누입되지 않은 경우의 2.5배에 해당한다.)

해설

1) 외기 누입 시 통과율

   나중 집진율은 78%이므로, 나중 통과율은 22%임

   먼지 통과율이 2.5배가 되었으므로,

   외기 누입이 없을 때 나중 통과율 $= \dfrac{22\%}{2.5} = 8.8\%$임

2) 외기 누입 없을 때 집진율

   처음 집진율 = 100 − 처음 통과율
   　　　　　 = 100 − 8.8
   　　　　　 = 91.2%

정답 91.2%

17 어떤 공장의 먼지배출량은 $3.25g/m^3$이고, 배출허용기준은 $0.10g/m^3$이다. 배출허용기준을 준수하여 집진 장치를 설계하고자 할 때 다음 물음에 답하시오.

(1) 한 대의 집진장치를 설치할 때 집진장치의 효율은 최소 얼마 이상은 되어야 하는가?

(2) 효율이 동일한 집진장치 두 대로 직렬 연결할 때, 한 대의 집진장치의 효율은 최소 얼마 이상은 되어야 하는가?

(3) 2차 집진장치의 집진율이 75%였다면, 1차 집진장치의 집진율은 최소 얼마 이상은 되어야 하는가?

해설

(1) $\eta_T = 1 - \dfrac{C}{C_o} = 1 - \dfrac{0.10}{3.25} = 0.96923 = 96.923\%$

(2) $\eta_T = 1 - (1 - \eta_1)(1 - \eta_2)$

$0.96923 = 1 - (1 - \eta_1)^2$

$\therefore \eta_1 = 0.82458 = 82.458\%$

(3) $\eta_T = 1 - (1 - \eta_1)(1 - \eta_2)$

$0.96923 = 1 - (1 - \eta_1)(1 - 0.75)$

$\therefore \eta_1 = 0.87692 = 87.692\%$

정답 (1) 96.92% (2) 82.46% (3) 87.69%

Chapter 02 집진장치

Ⅰ 중력 집진장치

1. 중력 집진장치에서의 종말침강속도

입자에 작용하는 힘 : 중력, 부력, 항력

① 중력 $F_g = mg = (\rho V)g = \dfrac{1}{6}\pi\rho_p d_p^3 g$

② 부력 $F_b = \dfrac{1}{6}\pi\rho_g d_p^3 g$

③ 항력 $F_d = 3\pi\mu_g v_p d_p$

④ 입자에 작용하는 힘의 평형

중력   −   부력   =   항력
F_g − F_b = F_d

$\dfrac{1}{6}\pi d_p^3(\rho_p - \rho_g)g = 3\pi\mu_g v_p d_p$ 이므로,

따라서, 입자 침강속도는 다음과 같음

$$v_p = \frac{d_p^2(\rho_p - \rho_g)g}{18\mu_g}$$

ρ_p	:	입자 밀도
ρ_g	:	가스 밀도
g	:	중력가속도
μ_g	:	가스의 점성계수
v_p	:	입자의 침강속도
d_p	:	입자의 직경

2. 입자의 침강속도(Stokes 식)

$$V_g = \frac{(\rho_p - \rho_a)d^2 g}{18\mu}$$

V_g : 침강속도(m/s)

ρ_p : 입자의 밀도(kg/m^3)

ρ_a : 가스의 밀도($1.3kg/m^3$)

d : 입자의 직경(m)

g : 중력가속도($9.8m/s^2$)

μ : 가스의 점도($kg/m \cdot s$)

3. 가스 속도

$$V = \frac{Q}{A'} = \frac{Q}{B \times H}$$

V : 함진가스 속도(m/s)

Q : 가스량(m^3/s)

B : 침강실 폭(m)

H : 침강실 높이(m)

4. 체류시간

$$t = \frac{L}{V} = \frac{H}{V_g}$$

t : 체류시간

L : 침강실 길이

H : 침강실 높이

V : 함진가스(유입가스) 속도

V_g : 입자의 침강속도

5. 표면부하율(Q/A)

$$Q/A = \frac{\forall/t}{A} = \frac{(BLH)}{t(BL)} = \frac{H}{t}$$
$$= \frac{(A'V)}{A} = \frac{BHV}{BL} = \frac{HV}{L}$$

$\forall$: 침강실 부피

t : 체류시간

A′ : 침강실 입구 면적

A : 침강실 수면적

V : 함진가스 속도

6. 집진율

$$\eta = \frac{V_g}{Q/A} = \frac{V_g t}{H}$$

V_g : 입자의 침강속도

η : 침전 효율

$$\eta = \frac{V_g}{Q/A} = \frac{V_g}{HV/LN_c} = \frac{V_g L N_c}{VH}$$

L : 침강실 길이

H : 침강실 높이

V : 함진가스(유입가스) 속도

V_g : 입자의 침강속도

N_c : 단수

7. 최소입경(한계입경, 임계입경, d_p)

100% 집진(제거)가능한 최소입경

$V_g = Q/A$이면 100% 집진됨

$$\frac{(\rho_p - \rho_a)d^2 g}{18\mu} = \frac{Q}{A}$$

$$\frac{(\rho_p - \rho_a)d^2 g}{18\mu} = \frac{Q}{LB}$$

$$\therefore d = \sqrt{\frac{Q}{LB}\frac{18\mu}{(\rho_p - \rho_a)g}}$$

8. 100% 침전효율일 때의 침강실 길이

먼지입자를 완전히 처리할 때 $\eta = 1$이므로,

$$\eta = \frac{V_g \times L \times N_c}{V \times H} = 1$$

$$\therefore L = \frac{V \times H}{V_g \times N_c}$$

L : 침강실 길이(m)

H : 낙하 높이(m)

V : 함진가스 속도(m/s)

V_g : 입자의 침강속도(m/s)

N_c : 단수

9. 낙하지점

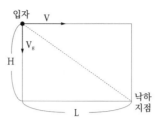

$\dfrac{H}{L} = \dfrac{V_g}{V}$ 이므로,

$$L = \dfrac{H \times V}{V_g}$$	V : 함진가스 속도(m/s) V_g : 입자의 침강속도(m/s) L : 낙하 거리(m) H : 낙하 높이(m)

10. 중력 집진장치의 특징

장점	단점
· 구조가 간단 · 설치비용이 적음 · 압력손실이 작음 · 먼지부하가 높은 가스 처리 용이 · 고온가스 처리 용이	· 미세먼지 포집 어려움 · 집진효율이 낮음 · 먼지부하 및 유량변동에 적응성이 낮음 · 시설의 규모가 큼

▌▌ 관성력 집진장치

1. 관성력 집진장치의 특징

장점	단점
· 구조가 간단 · 취급이 용이 · 운전비, 유지비 저렴 · 고온가스 처리 가능	· 미세입자 포집이 곤란 · 효율이 낮음 · 방해판 전환각도 큼

Ⅲ 원심력 집진장치

1. 원리

함진가스에 선회운동을 부여하여 입자에 작용하는 원심력에 의해 분리포집

2. 특징

(1) 장단점

장점	단점
· 조작 간단 · 유지관리 쉬움 · 운전비 저렴 · 설치비가 낮음 · 고온가스처리 가능 · 압력손실 작음 · 내열 소재로 제작 가능 · 먼지량이 많아도 처리 가능	· 미세입자 집진효율 낮음 · 수분함량이 높은 먼지 집진이 어려움 · 분진량과 유량의 변화에 민감

(2) 블로우 다운(Blow down)

1) 정의

사이클론 하부 분진박스(dust box)에서 처리가스량의 5~10%에 상당하는 함진가스를 흡인하는 것

2) 블로우 다운 효과

① 유효 원심력 증대
② 집진효율 향상
③ 내 통의 폐색 방지(더스트 플러그 방지)
④ 분진의 재비산 방지

(3) 효율 향상 조건

먼지의 농도, 밀도, 입경 클수록
입구 유속 빠를수록
유량 클수록
회전수 많을수록
몸통 길이 길수록
몸통 직경 작을수록
처리가스 온도 낮을수록
점도 작을수록

〕 집진효율 증가 / 압력손실 증가

(4) 사이클론 운전조건을 변경하여 효율을 증가시킬 수 있는 방법

① 배기관경을 작게 함
② 함진가스 입구 유속을 증가시킴
③ 고농도의 먼지 투입
④ 멀티사이클론 방식을 사용함
⑤ 블로우 다운 효과를 적용함
⑥ 고농도일 때는 병렬 연결하여 사용하고, 응집성이 강한 먼지인 경우는 직렬 연결함
 (단수 3단 한계)

3. 표준 사이클론의 설계조건

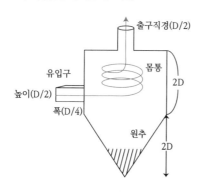

설계조건	표준 사이클론
몸통 직경	D
유입구 높이	D/2
유입구 폭	D/4
몸체의 높이	2D
원추의 높이	2D
출구 직경	D/2

4. 관련 공식

(1) 분리속도(V_r)

원심 분리력 = 원심력 − 부력 = $\dfrac{\pi d^3}{6}(\rho_p - \rho_a)\dfrac{v^2}{r}$

항력 = $3\pi\mu d V_r$

원심 분리력 = 항력이므로,

$\dfrac{\pi d^3}{6}(\rho_p - \rho_a)\dfrac{v^2}{r} = 3\pi\mu d V_r$ 임

V_r에 관해 식을 정리하면 아래와 같음

$$V_r = \frac{d_p^2(\rho_p - \rho)v^2}{18\mu r}$$

v : 함진가스 속도
r : 몸통 반경

(2) 분리계수(S)

① 원심력에 의한 입자 분리능력을 나타낸 지표
② 중력분리속도(V_g)와 원심분리속도(V_r)의 비

$$S = \frac{V_r}{V_g} = \frac{v^2}{rg}$$

v : 함진가스 속도
r : 몸통 반경

(3) 집진효율

$$\eta = \frac{\pi N_e v d_p^2(\rho_p - \rho)}{9\mu B}$$

v : 가스 유속
d_p : 입자 직경
ρ_p : 입자 밀도
ρ : 가스 밀도
μ : 가스 점성계수(kg/m·s)
r : 사이클론 몸통 반경
N_e : 유효회전수
B : 사이클론 유입구 폭

(4) 유효회전수(N_e)

$$N_e = \frac{\left(H_1 + \dfrac{H_2}{2}\right)}{h}$$

h : 유입구 높이
H_1 : 몸통 높이
H_2 : 원추 높이

(5) 임계입경($\mathrm{d}_{\mathrm{p}_{100}}$)

집진 효율이 100%($\eta = 1$)일 때 입경

$$\mathrm{d}_{\mathrm{p}_{100}} = \sqrt{\frac{9\mu B}{\pi N_e v(\rho_p - \rho)}}$$

(6) 절단입경(cut size diameter, $\mathrm{d}_{\mathrm{p}_{50}}$)

집진 효율이 50%($\eta = 0.5$)일 때 입경

① 라플방정식

$$\mathrm{d}_{\mathrm{p}_{50}} = \sqrt{\frac{9\mu B}{2\pi N_e v(\rho_p - \rho)}}$$

(7) 사이클론 압력강하식

$$\Delta P(\mathrm{mmH_2O}) = F \times \frac{\gamma v^2}{2g}$$

F	: 압력손실계수
v	: 가스 속도(m/s)
$\triangle$P	: 압력손실(mmH2O)

(8) Single 사이클론의 경우 압력손실($\triangle$P)

$$\triangle P = \frac{0.1Q^2}{K \cdot D_e^2 \cdot B \cdot H \cdot \left(\dfrac{Z}{L}\right)^{\frac{1}{3}}}$$

Q	: 유량(m³/s)
K	: 계수
D_e	: 출구 직경(m)
B	: 입구 폭(m)
H	: 입구 높이(m)
L	: 몸통 길이(m)
Z	: 원추 길이(m)

(9) 사이클론의 중심반경 유속

$$V = \frac{Q}{WR\ln\left(\dfrac{r_2}{r_1}\right)}$$

Q	: 유량(m³/s)
W	: 폭(m), $W = r_2 - r_1$
R	: 반경(m)
r_1	: 내측반경(m)
r_2	: 외측반경(m)

(10) 운전조건 변화 시 집진효율

① 다른 조건은 일정하고 처리가스량(Q)만 변할 때

$$\frac{100(\%) - \eta_1}{100(\%) - \eta_2} = \left(\frac{Q_2}{Q_1}\right)^{0.5}$$

η_1 : 처음 집진율
η_2 : 나중 집진율
Q_1 : 처음 처리가스량
Q_2 : 나중 처리가스량

② 다른 조건은 일정하고 점성계수(μ)만 변할 때

$$\frac{100(\%) - \eta_1}{100(\%) - \eta_2} = \left(\frac{\mu_1}{\mu_2}\right)^{0.5}$$

η_1 : 처음 집진율
η_2 : 나중 집진율
μ_1 : 처음 점성계수
μ_2 : 나중 점성계수

IV 세정 집진장치

1. 세정 집진장치의 주요 포집 메커니즘

① 관성충돌 : 액적 - 입자 충돌에 의한 부착포집
② 확산 : 미립자 확산에 의한 액적과의 접촉포집
③ 증습에 의한 응집 : 배기가스 증습에 의한 입자간 상호응집
④ 응결 : 입자를 핵으로 한 증기의 응결에 따른 응집성 증가
⑤ 부착 : 액막의 기포에 의한 입자의 접촉부착

2. 세정 집진장치의 특징

(1) 장단점

장점	단점

· 입자상 및 가스상 물질 동시 제거 가능
· 유해가스 제거 가능
· 고온가스 처리 가능
· 구조가 간단함
· 설치면적 작음
· 먼지의 재비산이 없음
· 처리효율이 먼지의 영향을 적게 받음
· 인화성, 가열성, 폭발성 입자를 처리 가능
· 부식성 가스 중화 가능
	· 동력비 큼
	· 먼지의 성질에 따라 효과가 다름
	  - 소수성 먼지 : 집진효과 적음
	  - 친수성 먼지 : 폐색 가능
	· 물 사용량이 많음
	  - 급수설비, 폐수처리시설 설치 필요
	  - 수질오염 발생
	· 배출 시 가스 재가열 필요
	· 동절기 관의 동결 위험
	· 장치부식 발생
	· 압력강하와 동력으로 습한 부위와 건조한 부위
	  사이에 고형질이 생성될 수 있음
	· 포집된 먼지는 오염될 수 있음
	· 부산물 회수 곤란
	· 폐색장해 가능
	· 폐슬러지의 처리비용이 비쌈

(2) 좋은 흡수액(세정액)의 조건
      ① 용해도가 커야 함
      ② 화학적으로 안정해야 함
      ③ 독성이 없어야 함
      ④ 부식성이 없어야 함
      ⑤ 휘발성이 작아야 함
      ⑥ 점성이 작아야 함
      ⑦ 어는점이 낮아야 함
      ⑧ 가격이 저렴해야 함

(3) 액가스비를 증가시켜야 하는 경우
처리하기 힘든 먼지일수록 액가스비를 증가시켜야 함

      ① 먼지 입자의 소수성이 클 때
      ② 먼지의 입경이 작을 때
      ③ 먼지 입자의 점착성이 클 때
      ④ 처리가스의 온도가 높을 때

(4) 관성충돌계수가 증가하는 조건

    ① 먼지의 밀도가 커야 함

    ② 먼지의 입경이 커야 함

    ③ 액적의 직경이 작아야 함

    ④ 처리가스와 액적의 상대속도가 커야 함

    ⑤ 처리가스 점도가 작아야 함

    ⑥ 처리가스 온도가 낮아야 함

    ⑦ 커닝험 보정계수가 커야 함

    ⑧ 분리계수가 커야 함

    → 먼지는 크고, 무거울수록, 액적은 직경이 작을수록, 비표면적이 클수록 관성충돌계수 증가함

V 여과 집진장치

1. 집진원리

    ① 관성충돌

    ② 중력

    ③ 확산

    ④ 직접 차단

    ⑤ 정전기적 인력

2. 장단점

장점	단점
· 미세입자 집진효율이 높음 · 처리 입경범위가 넓음 · 취급 쉬움 · 여러 가지 형태의 분진 포집 가능 · 다양한 여재를 사용함으로써 설계 및 운영에 융통성이 있음	· 소요 설치공간 큼 · 유지비 큼 · 습하면 눈막힘 현상으로 여과포 막힘 · 내열성이 적어 고온가스 처리 어려움 · 가스의 온도에 따라 여과재 선택에 제한을 받음 · 여과포는 손상 쉬움(고온, 부착성 화학물질) · 수분·여과속도 적응성 낮음 · 폭발 위험성

3. 청소방법(탈진방식)에 따른 분류

분류	간헐식	연속식
정의	· 운전과 청소를 따로 진행하는 방식	· 운전과 청소를 동시에 진행하는 방식
장점	· 분진 재비산이 적음 · 집진율 높음 · 여과포 수명이 긺	· 처리량 많을 경우, 대용량 처리 가능 · 고농도, 고부착성의 함진가스 처리에 적합 · 압력손실 일정함
단점	· 저농도 소량가스에 적합 · 압력손실이 일정하지 않음 · 압력손실 및 분진부하가 일정수준에 이를 때마다 분진층 탈리해야 함 · 점착성·조대 먼지의 경우 여과포 손상 가능	· 분진 재비산이 많음 · 집진율 낮음 · 여과포 수명 짧음
종류	· 중앙 진동형, 상하 진동형 · 역기류형 · 역세형 · 역세 진동형	· pulse jet · reverse jet · 음파 제트(sonic jet)

4. 설계요소

(1) 겉보기 여과유속

$$v_f = \frac{Q_f}{A_f}$$

(2) 여과면적(A)

① 여과포 1개의 여과면적

$$A_1 = \pi DL$$

A_1 : 여과포 1개의 여과면적
D : 여과포 직경
L : 여과포 길이

② 총 여과면적(A_f)

$$A_f = N \times A_1 = N(\pi DL)$$

A_f : 총 여과면적
N : 여과포 수(백필터 개수)
D : 여과포 직경
L : 여과포 길이

(3) 백필터 개수(N)

$$N = \frac{Q}{A_1 V_f} = \frac{Q}{(\pi \times D \times L) \times V_f}$$

Q : 처리량
A_1 : 여과포 1개의 여과면적
V_f : 여과속도
D : 여과포 직경
L : 여과포 길이

(4) 먼지 부하(L_d)

$$L_d = C_i \times V_f \times t \times \eta$$

L_d : 먼지 부하(kg/m^2)
C_i : 먼지 농도(g/m^3)
V_f : 여과속도
t : 여과시간
η : 집진율

(5) 먼지층의 두께

$$먼지층\ 두께 = \frac{L_d}{\rho}$$

L_d : 먼지 부하(kg/m^2)
ρ : 먼지 밀도(kg/m^3)

(6) 백필터의 압력손실($\triangle P$)

$$\triangle P = K_1 V + K_2 V^2 C \eta t$$

V : 여과속도
C : 입구 먼지 농도
η : 집진효율
t : 탈진주기
$k_1,\ k_2$: 상수

Ⅵ 전기 집진장치

1. 정의

고압의 직류 전원을 걸어주면 집진극을 (+), 방전극을 (-)로 불평등 전계를 형성하는데, 이 전계에서의 코로나 방전을 이용하여 함진가스 내 입자에 전하를 부여하고 대전입자를 쿨롱력에 의하여 집진극에 분리포집하는 집진장치

2. 주요 메커니즘

    ① 하전에 의한 쿨롱력
    ② 전계경도에 의한 힘
    ③ 입자 간에 작용하는 흡인력
    ④ 전기풍에 의한 힘

3. 특징

장점	단점
· 집진효율이 매우 높음 · 미세입자 집진효율 높음 · 대량가스 처리가 가능함 · 압력손실이 낮음 · 운전비 적음 · 온도 범위 넓음 · 배출가스의 온도강하가 적음 · 고온가스 처리 가능 · 연속운전 가능	· 설치비용 큼 · 가스상 물질 제어 안 됨 · 운전조건 변동에 적응성 낮음 · 넓은 설치면적 필요 · 비저항 큰 분진 제거 곤란 · 분진부하가 대단히 높으면 전처리 시설이 요구 · 근무자의 안전성 유의

4. 집진효율 향상 조건

(1) 전기 집진장치의 효율 향상 조건

    ① 집진판이 면적이 클수록
    ② 겉보기 이동속도가 빠를수록
    ③ 집진판의 길이가 길수록
    ④ 처리가스 유속이 느릴수록
    ⑤ 집진판과 방전극의 거리가 짧을수록
    ⑥ 가스흐름이 층류일수록

(2) 평판형 집진판 집진효율 향상 조건

    ① 처리가스 속도 느리게 함
    ② 전원은 유효전압과 방전기류가 충분히 공급되어야 함
    ③ 시동 시에는 애자, 애관 등의 표면을 깨끗이 닦아 고압회로의 절연저항이 100MΩ 이상이 되도록 함
    ④ 집진극은 열부식에 의한 기계적 강도, 재비산 방지, 털어낼 때의 충격효과에 유의함
    ⑤ 체류시간을 길게 함
    ⑥ 방전극을 가늘고 길게 함
    ⑦ 처리가스량을 적게 함
    ⑧ 전기비저항을 $10^4 \sim 10^{11} \Omega \cdot cm$로 유지함
    ⑨ 함진가스 중 먼지의 농도가 높을 경우 전압을 높여야 함
    ⑩ 습식으로 변경함

5. 전기저항률(비저항)

포집된 분진층의 전류에 대한 전기 저항($\Omega \cdot cm$)

1) 계산

$$\rho_d = \frac{E_d}{i}$$

E_d : 분진층 전계강도(V/cm)

i : 전류밀도(A/cm^2)

2) 특징

① 전기 집진장치 성능을 가장 크게 지배하는 요인

② 집진효율이 좋은 전기비저항 범위 : $10^4 \sim 10^{11} \Omega cm$

구분	$10^4 \Omega \cdot cm$ 이하일 때	$10^{11} \Omega \cdot cm$ 이상일 때
현상	· 포집 후 전자 방전이 쉽게 되어 재비산 (jumping)현상 발생	· 역코로나(전하가 바뀜, 불꽃방전이 정지되고, 형광을 띤 양(+)코로나 발생) · 역전리(back corona) 발생 · 집진효율 떨어짐
심화 조건	· 유속 클 때	· 가스 점성이 클 때 · 미분탄, 카본블랙 연소 시
대책	· 함진가스 유속을 느리게 함 · 암모니아수 주입	· 물(수증기) 주입 · 무수황산, SO_3, 소다회(Na_2CO_3) 주입 · 탈진빈도를 늘리거나 타격을 강하게 함

6. 유지관리 시 문제점

(1) 2차 전류가 현저하게 떨어질 때

1) 원인

① 먼지 농도가 높을 때

② 먼지 저항이 높을 때 발생함

2) 대책

① 스파크 횟수 증가

② 조습용 스프레이 수량 증가

③ 입구 먼지 농도 조절

(2) 2차 전류가 많이 흐를 때(방전 전류)

1) 원인

① 고압회로의 절연불량

② 먼지 농도 낮을 때

③ 공기부하 시험을 행할 때

④ 이온이동도가 큰 가스를 처리할 때
⑤ 방전극이 너무 가늘 때
2) 대책
  고압부 절연회로의 점검 및 방전극 교체

(3) 재비산현상이 발생할 때
1) 원인
① 먼지 비저항이 너무 낮을 경우($10^4 \Omega \cdot cm$ 이하일 때)
② 입구유속이 클 때 발생함
2) 대책
① 처리가스 속도를 낮춤
② 배출가스 중에 NH_3를 주입

(4) 2차 전류가 주기적으로 변하거나 불규칙하게 흐를 때
1) 원인
  부착된 먼지가 스파크를 일으키거나, 전극변형이 일어날 경우 발생함
2) 대책
① 충분하게 분진을 탈리한다.
② 1차전압을 스파크 및 전류의 흐름이 안정될 때까지 낮춘다.
③ 방전극과 집진극을 점검한다.

7. 집진극 길이(L)

100% 집진가능한 집진극의 길이

$L = RU / w$	R :	집진극과 방전극 사이의 거리(m)
	U :	처리가스 속도(m/s)
	w :	겉보기 속도(m/s)

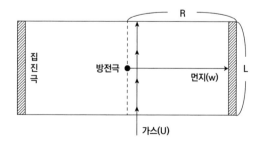

8. 집진효율 계산(Deutsch – Anderson 식)

종류	공식	
평판형	$\eta = \left(1 - e^{\frac{-Aw}{Q}}\right) \times 100(\%)$	A : 집진판 면적(m^2) w : 겉보기 속도(m/s) Q : 처리가스량(m^3/s)
원통형	$\eta = \left(1 - e^{\frac{-2Lw}{RU}}\right) \times 100(\%)$	L : 집진판 길이(m) w : 겉보기 속도(m/s) R : 반경(m) U : 처리가스 속도(m/s)

9. 겉보기 이동속도(W_e)

$$W_e = \frac{1.1 \times 10^{-14} P \cdot E_o \cdot E_P \cdot d}{\mu} = \frac{1.1 \times 10^{-14} P \cdot E^2 \cdot d}{\mu}$$

W_e : 겉보기 이동속도(m/s)
$E_o(E_P)$: 집진장(충전장)의 세기(volt/m)
P : 실험상수(약 2)
d : 입자의 직경(μm)
μ : 가스의 점도(kg/m·hr)

10. 집진율

$$\eta = \frac{실제\ 집진시간}{100\%\,집진시간} = \frac{L/U}{R/W} = \frac{LW}{RU}$$

R : 집진극과 방전극 사이의 거리(m)
U : 처리가스 속도(m/s)
w : 겉보기 속도(m/s)
L : 집진극 길이(m)

Ⅰ 중력 집진장치

01 층류상태에서 입자에 작용하는 항력 $F_d = 3\pi\mu_g v_p d_p$ 이다. 힘의 평형으로부터 stoke's 침강 속도식을 유도하시오. (단, d_p : 구형입자의 직경, μ_g : 가스의 점도, V_p : 입자의 침강속도)

정답 **입자의 종말침강속도**

입자에 작용하는 힘 : 중력, 부력, 항력

① 중력 $F_g = mg = (\rho V)g = \dfrac{1}{6}\pi\rho_p d_p^3 g$

② 부력 $F_b = \dfrac{1}{6}\pi\rho_g d_p^3 g$

③ 항력 $F_d = 3\pi\mu_g v_p d_p$

④ 입자에 작용하는 힘의 평형

$$\begin{array}{ccc} 중력 & - 부력 & = 항력 \\ F_g & - \quad F_b & = \quad F_d \end{array}$$

$\dfrac{1}{6}\pi d_p^3(\rho_p - \rho_g)g = 3\pi\mu_g v_p d_p$ 이므로,

따라서, 입자 침강 속도는 다음과 같음

$$v_p = \frac{d_p^2(\rho_p - \rho_g)g}{18\mu_g}$$

ρ_p : 입자 밀도

ρ_g : 가스 밀도

g : 중력가속도

μ_g : 가스의 점성계수

v_p : 입자의 침강속도

연습문제

02 길이 11m, 높이 2m인 중력침강실이 있다. 침강실에 유입되는 분진가스의 유속이 1.5m/s일 때 분진을 완전히 제거할 수 있는 최소입경(μm)은 얼마인가? (단, 입자의 밀도는 2,000kg/m³, 분진가스의 점도는 2.0×10^{-5}kg/m·s, 밀도는 1.2kg/m³이고 가스의 흐름은 층류로 가정한다.)

> **해설** ▶
>
> 1) 집진율 100%(완전 제거 시)일 때 침강속도
>
> $$\eta = \frac{V_g \times L}{V \times H}$$
>
> $$1 = \frac{V_g \times 11}{1.5 \times 2}$$
>
> $$\therefore V_g = 0.2727 \text{m/s}$$
>
> 2) 분진 완전 제거 시 최소 입경
>
> $$V_g = \frac{d^2(\rho_p - \rho_a)g}{18\mu} \text{ 이므로,}$$
>
> $$0.2727 = \frac{d^2(2,000 - 1.2) \times 9.8}{18 \times (2.0 \times 10^{-5})}$$
>
> $$\therefore d = 7.0797 \times 10^{-5}\text{m} \times \frac{10^6 \mu\text{m}}{1\text{m}} = 70.797 \mu\text{m}$$
>
> **정답** 70.80μm

03 높이 5m, 길이 10m, 침강실 내 가스유속은 1.4m/s인 중력 집진장치를 이용하여 밀도가 $1g/cm^3$인 먼지를 처리하고 있다. 이 집진장치가 포집할 수 있는 최소입자의 크기(d_{min}, μm)는? (단, 온도는 25℃, 점성계수는 $2.0 \times 10^{-4}g/cm \cdot s$이며 흐름은 층류임. 공기의 밀도는 무시함)

해설

$\rho_p = 1g/cm^3 = 1,000kg/m^3$

$\mu = 2.0 \times 10^{-4}g/cm \cdot s = 2.0 \times 10^{-5}kg/m \cdot s$

1) Q/A

$$\frac{Q}{A} = \frac{A'V}{BL} = \frac{(BH)V}{BL} = \frac{HV}{L} \cdots\cdots 식 ①$$

2) d_{min}

$\eta = \dfrac{V_g}{Q/A} = 1$ 이므로

$V_g = Q/A$

$$\frac{d^2(\rho_p - \rho_a)g}{18\mu} = \frac{Q}{A} = \frac{HV}{L} \quad (\because 식 ①에서)$$

$$\frac{d^2(1,000) \times 9.8}{18 \times (2.0 \times 10^{-5})} = \frac{5 \times 1.4}{10}$$

$\therefore d = 1.60356 \times 10^{-4}m \times \dfrac{10^6 \mu m}{1m} = 160.356 \mu m$

정답 $160.36 \mu m$

연습문제

04 높이 2.5m, 폭 2m, 길이 6m의 중력 집진장치를 이용하여 처리가스를 $300m^3/min$의 유량으로 비중이 2인 먼지를 처리하고 있다. 다음 물음에 답하시오. (단, 점성계수는 $0.2×10^{-3}g/cm·s$이며 공기의 밀도는 무시한다.)

(1) 입경이 $60\mu m$일 때 종말침강속도(cm/s)를 계산하시오.

(2) 입경이 $70\mu m$일 때 입자의 부분효율을 계산하시오.

> **해설**

(1) 입경이 $60\mu m$인 입자의 침강속도

　1) 점도 $0.2×10^{-3}g/cm·s = 0.2×10^{-4} kg/m·s$

　2) $V_g = \dfrac{(\rho_s - \rho)×d^2×g}{18×\mu}$

　　　$= \dfrac{2,000×(60×10^{-6})^2×9.8}{18×0.2×10^{-4}}$

　　　$= 0.196m/s$

　　　$= 19.6cm/s$

(2) 입경이 $70\mu m$일 때 입자 부분효율

　1) 입경이 $70\mu m$인 입자의 침강속도

　　$V_g = \dfrac{(\rho_s - \rho)×d^2×g}{18×\mu}$

　　　$= \dfrac{2,000×(70×10^{-6})^2×9.8}{18×0.2×10^{-4}}$

　　　$= 0.26677m/s$

　2) 표면부하율(Q/A)

　　$Q/A = \dfrac{Q}{BL} = \dfrac{300m}{min}×\dfrac{1min}{60s}×\dfrac{1}{2m×6m} = 0.41666m/s$

　3) 입경이 $70\mu m$일 때 입자 부분효율

　　$\eta = \dfrac{V_g}{Q/A} = \dfrac{0.26677}{0.41666} = 0.64026 = 64.026\%$

정답 (1) 19.6cm/s (2) 64.03%

05 배출가스의 흐름이 층류일 때 입경 $50\mu m$ 입자가 100% 침강할 때 필요한 중력 침강실의 길이는? (단, 중력 침전실의 높이 10m, 배출가스의 유속 1.5m/s, 입자의 종말침강속도는 20cm/s이다.)

> **해설**
>
> $$L = \frac{V \times H \times \eta}{V_s}$$
>
> $$\therefore \ L = \frac{1.5 \times 10}{0.2} = 75m$$
>
> **정답** 75m

06 직경 $100\mu m$의 먼지가 높이 10m 되는 위치에서 바람이 5m/s 수평으로 불 때 이 먼지의 전방 낙하지점은? (단, 동종의 $10\mu m$ 먼지의 낙하속도는 0.55cm/s)

> **해설**
>
> $V_g \propto d^2$ 이므로,
>
> $0.55 : 10^2 = x : 100^2$
>
> $\therefore \ x = 55cm/s = 0.55m/s$
>
> $\dfrac{H}{V_g} = \dfrac{L}{U}$ 이므로,
>
> $\therefore \ L = \dfrac{H \times U}{V_g} = \dfrac{10m \times 5m/s}{0.55m/s} = 90.909m$
>
>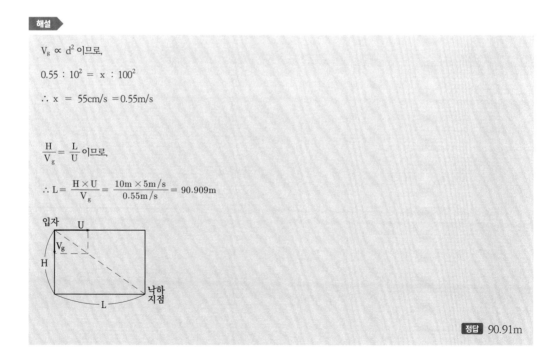
>
> **정답** 90.91m

연습문제

07 높이 2.5m, 폭 4.0m인 중력식 집진장치의 침강실에 바닥을 포함하며 18개의 평행판을 설치하였다. 이 침강실에 점도가 $\mu=0.0748$kg/m·hr인 먼지가스를 2.0m³/s 유량으로 유입시킬 때 밀도가 1,200 kg/m³ 이고, 입경이 40μm인 먼지입자를 완전히 처리하는 데 필요한 침강실의 길이는? (단, 침강실의 흐름은 층류)

해설

1) $\mu = 0.0748$ kg/m·hr $\times \dfrac{1\text{hr}}{3,600\text{s}}$

   $= 2.0778 \times 10^{-5}$ kg/m·s

2) 침강 속도

   $V_g = \dfrac{(\rho_p - \rho_a) \times d^2 \times g}{18 \times \mu}$

   $= \dfrac{(1,200 - 1.3) \times (40 \times 10^{-6})^2 \times 9.8}{18 \times 2.0778 \times 10^{-5}}$

   $= 0.05025$ m/s

3) 침강실 길이

   $\eta = \dfrac{V_g}{Q/A} = \dfrac{V_g}{(Q/BLn)} = \dfrac{V_g BLn}{Q}$

   $1 = \dfrac{0.05025 \times 4 \times L \times 18}{2.0}$

   $\therefore \ L = 0.5527$m

정답 0.55m

08 중력 집진장치의 장단점을 각각 2가지씩 서술하시오.

(1) 장점

(2) 단점

해설

중력 집진장치의 장단점

장점	단점
· 구조가 간단하고 설치비용이 적음	· 미세먼지 포집 어려움
· 압력손실이 작음	· 집진효율이 낮음
· 먼지부하가 높은 가스 처리 용이	· 먼지부하 및 유량변동에 적응성이 낮음
· 고온가스 처리 용이	· 시설의 규모가 큼

정답 (1) 장점
　　　　① 구조가 간단
　　　　② 설치비용이 적음

　　　(2) 단점
　　　　① 미세먼지 포집 어려움
　　　　② 집진효율이 낮음

연습문제

▮ 관성력 집진장치

09 관성력 집진장치의 장단점을 각각 2가지씩 서술하시오.

> **해설**

관성력 집진장치의 장단점

장점	단점
· 구조가 간단	· 미세입자 포집이 곤란
· 취급이 용이	· 효율이 낮음
· 운전비, 유지비 저렴	· 방해판 전환각도 큼
· 고온가스 처리 가능	

정답 (1) 장점
　　　① 구조가 간단
　　　② 취급이 용이

　　(2) 단점
　　　① 미세입자 포집이 곤란
　　　② 효율이 낮음

Ⅲ 원심력 집진장치

10 원추하부 반지름이 30cm인 cyclone에서 가스접선 속도가 5m/s이면 분리계수는?

> **해설**
>
> 분리계수$(S) = \dfrac{V^2}{Rg} = \dfrac{5^2}{0.3 \times 9.8} = 8.5034$
>
> **정답** 8.50

11 A 공장의 연마실에서 발생되는 배출가스의 먼지제거에 유입구 폭이 0.25m, 유입구 높이 0.5m, 사이클론 몸통직경 1m인 Cyclone이 사용되고 있다. 유효회전수 6회, 유입가스량 1m³/s로 가동 중인 공정조건에서 (1) 10μm 먼지입자의 부분집진효율과 (2) 총 집진효율은 각각 몇 %인가? (단, 먼지의 밀도는 1.8g/cm³, 가스점도는 1.85×10^{-4}g/cm·s, 가스밀도는 1.2kg/m³임)

[표1] 입경별 중량분포

입경(μm)	10	30	60	80	100
중량분포(%)	5	15	50	20	10

[표2] d/d$_{p50}$별 부분집진율

d/d$_{p50}$	0.16	0.48	1.14	1.27	2.06	3.42	3.81	6.85	9.13	11.42
부분집진율	3	19	51	62	81	93	94	97	99	100

> **해설**
>
> 1) $\mu = 1.85 \times 10^{-4}$g/cm·s $= 1.85 \times 10^{-5}$kg/m·s
>
> 2) $V = \dfrac{Q}{A} = \dfrac{1\text{m}^3/\text{s}}{0.25\text{m} \times 0.5\text{m}} = 8\text{m/s}$

연습문제

3) 사이클론의 절단입경(d_{p50})

$$d_{p50} = \sqrt{\frac{9 \times \mu \times b}{2 \times (\rho_p - \rho) \times \pi \times V \times N}}$$

$$= \sqrt{\frac{9 \times 1.85 \times 10^{-5} kg/m \cdot s \times 0.25m}{2 \times (1,800 - 1.2) kg/m^3 \times \pi \times 8m/s \times 6}} \times \frac{10^6 \mu m}{1m}$$

$$= 8.7594 \mu m$$

4) 각 입경별 부분집진효율

① $10 \mu m$의 부분집진율 $\dfrac{d}{d_{p50}} = \dfrac{10}{8.7594} = 1.1416$

　표에서 d/d_{p50} 값이 비슷한 것을 찾으면, 부분집진율 51%

　∴ $10 \mu m$의 부분집진율 51% ‥‥‥‥‥‥‥‥‥‥‥‥‥‥‥ 정답 (1)

② $30 \mu m$의 부분집진율 $\dfrac{d}{d_{p50}} = \dfrac{30 \mu m}{8.7594 \mu m} = 3.4248$

　∴ 부분집진율 93%

③ $60 \mu m$의 부분집진율 $\dfrac{d}{d_{p50}} = \dfrac{60 \mu m}{8.7594 \mu m} = 6.8497$

　∴ 부분집진율 97%

④ $80 \mu m$의 부분집진율 $\dfrac{d}{d_{p50}} = \dfrac{80 \mu m}{8.7594 \mu m} = 9.133$

　∴ 부분집진율 99%

⑤ $100 \mu m$의 부분집진율 $\dfrac{d}{d_{p50}} = \dfrac{100 \mu m}{8.7594 \mu m} = 11.1416$

　∴ 부분집진율 100%

5) 총합 집진율(%) = 질량(%) × 부분집진율(%)

　　　= 5×0.51 + 15×0.93 + 50×0.97 + 20×0.99 + 10×1

　　　= 94.8% ‥‥‥‥‥‥‥‥‥‥‥‥‥‥‥‥‥‥‥ 정답 (2)

정답 (1) 51%

(2) 94.8%

12 몸통 직경이 1m인 표준 원심력 집진장치로 유량 2m³/s의 함진가스를 처리한다. 처리 입자 밀도는 1.8g/cm³일 때 다음 물음에 답하시오. (단, 가스의 온도는 300K, 압력은 1atm, 가스의 점도는 1.85×10^{-5} kg/m·s)

[표준 원심력 집진장치의 설계인자]

· Diameter of Body(D_o) : 1m
· Height of Entrance(H) : $D_o/2$
· Width of Entrance(W) : $D_o/4$

---

(1) 집진장치에 유입되는 가스 유속(m/s)을 계산하시오.

(2) 유효회전수가 5회일 때, 집진율이 50%인 먼지의 입경(μm)을 구하시오.

해설

설계조건	표준 사이클론
몸통 직경	D
유입구 높이	D/2
유입구 폭	D/4
몸체의 높이	2D
원추의 높이	2D
출구 직경	D/2

(1) V

1) $A = HW = \dfrac{1m}{2}\times\dfrac{1m}{4} = 0.125m^2$

2) $\rho_a = \dfrac{1.3kg}{Sm^3}\times\dfrac{273}{300} = 1.183kg/Sm^3$

3) $V = \dfrac{Q}{A} = \dfrac{2m^3/s}{0.125m^2} = 16m/s$

(2) 사이클론의 절단입경(d_{p50})

$d_{p50} = \sqrt{\dfrac{9\times\mu\times b}{2\times(\rho_p-\rho)\times\pi\times V\times N}}$

$= \sqrt{\dfrac{9\times1.85\times10^{-5}kg/m\cdot s\times0.25m}{2\times(1,800-1.183)kg/m^3\times\pi\times16m/s\times5}}\times\dfrac{10^6\mu m}{1m}$

$= 6.784\mu m$

정답 (1) 16m/s (2) 6.78μm

연습문제

13 원심력 집진장치에 관해 다음 물음에 답하시오.

(1) Cut size diameter를 설명하시오.

(2) 입구 폭을 3배, 가스 유입속도를 2배 증가시킬 경우 Cut size diameter는 처음보다 몇 배 증가하는가?

해설

(1) 절단입경(d_{p50}) : 집진 효율이 50%일 때의 입경

(2) $d_{p50} = \sqrt{\dfrac{9\mu B}{2\pi N_e v(\rho_p - \rho)}}$ 이므로

$d_{p50} \propto \sqrt{\dfrac{B}{v}}$ 임

$\therefore d_{p50}{}' = \sqrt{\dfrac{3}{2}}\, d_{p50} = 1.224\, d_{p50}$

$\therefore 1.224$배

정답 (1) 집진 효율이 50%일 때의 입경
(2) 1.22배

14 유입구 폭이 11cm, 유효회전수가 5인 사이클론에 아래 상태와 같은 함진가스를 처리하고자 할 때, 이 함진가스에 포함된 입자의 절단입경(μm)은?

- · 함진가스의 유입속도 : 16m/s
- · 함진가스의 점도 : 0.0748kg/m · hr
- · 먼지입자의 밀도 : 1.6g/cm^3
- · 배기가스 온도 : 350K
- · 가스의 밀도는 무시함

해설

1) $\mu = 0.0748 \, \text{kg/m} \cdot \text{hr} \times \dfrac{1 \text{hr}}{3,600 \text{s}} = 2.0777 \times 10^{-5} \text{kg/m} \cdot \text{s}$

2) $\rho_\text{p} = 1,600 \text{kg/m}^3$

3) 사이클론의 절단입경(d_{p50})

$$d_{p50} = \sqrt{\frac{9 \times \mu \times \text{b}}{2 \times (\rho_\text{p} - \rho) \times \pi \times \text{v} \times \text{N}}}$$

$$= \sqrt{\frac{9 \times 2.0777 \times 10^{-5} \times 0.11}{2 \times 1,600 \times \pi \times 16 \times 5}} \times \frac{10^6 \mu\text{m}}{1\text{m}}$$

$$= 5.057 \mu\text{m}$$

정답 5.06μm

연습문제

15 사이클론에서 다른 조건은 동일할 때, 가스 유입속도를 16배로 증가시키면 50% 효율로 집진되는 입자의 직경, 즉 Lapple의 절단입경(dp_{50})은 처음에 비해 어떻게 변화되겠는가? (단, 반드시 Lapple 방정식을 작성하여 계산하시오.)

해설

라플방정식

$$d_{p50} = \sqrt{\frac{9\mu B}{2\pi N_e v (\rho_p - \rho)}}$$

$d_{p50} \propto \sqrt{\dfrac{1}{v}}$ 이므로,

$$d_{p50}' = \sqrt{\frac{1}{16}}\ d_{p50} = 0.25\ d_{p50}$$

∴ 0.25배

정답 처음 절단입경의 0.25배가 됨

16 반경 1m인 사이클론에서 외부선회류의 외측반경이 0.7m, 내측반경이 0.5m일 경우 장치의 중심에서 반경 0.6m인 곳으로 유입된 입자의 속도(m/s)를 계산하시오. (단, 사이클론으로 유입된 함진가스량은 $1.5m^3/s$임)

해설

1) $W = r_1 - r_2 = 0.7 - 0.5 = 0.2m$

2) 사이클론의 중심반경 유속

$$V = \frac{Q}{WR\ln\left(\dfrac{r_2}{r_1}\right)} = \frac{1.5}{0.2 \times 0.6 \times \ln\left(\dfrac{0.7}{0.5}\right)} = 37.150 m/s$$

Q	:	유량(m^3/s)
W	:	폭(m)
R	:	반경(m)
r_1	:	내측 반경(m)
r_2	:	외측 반경(m)

정답 37.15m/s

17 원심력 집진장치에서 블로우 다운의 효과 3가지만 서술하시오.

> **정답** **블로우 다운 효과**(아래 항목 중 3가지 작성)
> ① 유효 원심력 증대
> ② 집진효율 향상
> ③ 내 통의 폐색 방지(더스트 플러그 방지)
> ④ 분진의 재비산 방지

18 원심력 집진장치에서 블로우 다운의 정의와 효과 3가지를 서술하시오.

> **정답** (1) 블로우 다운(Blow down) 정의 : 사이클론 하부 분진박스(dust box)에서 처리가스량의 5~10%에 상당하는 함진가스를 흡인하는 것
>
> (2) 블로우 다운 효과(아래 항목 중 3가지 작성)
> ① 유효 원심력 증대
> ② 집진효율 향상
> ③ 내 통의 폐색 방지(더스트 플러그 방지)
> ④ 분진의 재비산 방지

19 사이클론에서 운전조건을 변경하여 효율을 증가시킬 수 있는 방법을 3가지만 서술하시오(단, 블로우 다운 효과는 정답에서 제외함)

> **정답** **사이클론 운전조건을 변경하여 효율을 증가시킬 수 있는 방법**(아래 항목 중 3가지 작성)
> ① 배기관경을 작게 함
> ② 함진가스 입구 유속을 증가시킴
> ③ 고농도의 먼지 투입
> ④ 멀티사이클론 방식을 사용함
> ⑤ 고농도일 때는 병렬 연결하여 사용하고, 응집성이 강한 먼지인 경우는 직렬 연결함(단수 3단 한계)

연습문제

Ⅳ 세정 집진장치

20 세정 집진장치의 장단점을 각각 3가지씩 서술하시오.

해설

장점	단점
· 입자상 및 가스상 물질 동시 제거 가능	· 동력비 큼
· 유해가스 제거 가능	· 먼지의 성질에 따라 효과가 다름
· 고온가스 처리 가능	– 소수성 먼지 : 집진효과 적음
· 구조가 간단함	– 친수성 먼지 : 폐색 가능
· 설치면적 작음	· 물 사용량이 많음
· 먼지의 재비산이 없음	– 급수설비, 폐수처리시설 설치 필요
· 처리효율이 먼지의 영향을 적게 받음	– 수질오염 발생
· 인화성, 가열성, 폭발성 입자를 처리 가능	· 배출 시 가스 재가열 필요
· 부식성 가스 중화 가능	· 동절기 관의 동결 위험
	· 장치부식 발생
	· 압력강하와 동력으로 습한 부위와 건조한 부위 사이에 고형질이 생성될 수 있음
	· 포집된 먼지는 오염될 수 있음
	· 부산물 회수 곤란
	· 폐색장해 가능
	· 폐슬러지의 처리비용이 비쌈

정답 (1) 장점
　　　① 입자상 및 가스상 물질 동시 제거 가능함
　　　② 고온가스 처리 가능
　　　③ 먼지의 재비산이 없음

　　(2) 단점
　　　① 동력비 큼
　　　② 급수설비, 폐수처리시설 설치 필요
　　　③ 수질오염이 발생함

21 세정 집진장치에 관한 다음 물음에 답하시오.

(1) 세정 집진장치의 입자 포집 메커니즘 4가지를 서술하시오.

(2) 다공판(plate)탑의 장점 및 단점을 각각 3가지씩 서술하시오.

정답 (1) 관성충돌, 확산, 증습에 의한 응집, 응결, 부착

(2) 1) 장점
　　① 액가스비 작음
　　② 처리용량이 큰 시설에 적합
　　③ 판수 증가 시 고농도 가스도 일시처리 가능
　　2) 단점
　　① 충전탑보다 구조 복잡
　　② 부하 변동에 대응이 어려움
　　③ 충전탑보다 압력손실 큼

연습문제

22 세정 집진장치에서 관성충돌계수(관성충돌효과)를 크게 하기 위한 조건을 6가지 서술하시오.

해설

관성충돌계수가 증가하는 조건

① 먼지의 밀도가 커야 함

② 먼지의 입경이 커야 함

③ 액적의 직경이 작아야 함

④ 처리가스와 액적의 상대속도가 커야 함

⑤ 처리가스 점도가 작아야 함

⑥ 처리가스 온도가 낮아야 함

⑦ 커닝험 보정계수가 커야 함

⑧ 분리계수가 커야 함

→ 먼지는 크고, 무거울수록, 액적은 직경이 작을수록, 비표면적이 클수록 관성충돌계수 증가함

정답 ① 먼지의 밀도가 커야 함   ② 먼지의 입경이 커야 함
③ 액적의 직경이 작아야 함   ④ 처리가스와 액적의 상대속도가 커야 함
⑤ 처리가스 점도가 작아야 함   ⑥ 커닝험 보정계수가 커야 함

23 흡수장치 중 충전탑에서 흡수액의 조건을 3가지 쓰시오.

해설

좋은 흡수액(세정액)의 조건

① 용해도가 커야 함   ② 화학적으로 안정해야 함   ③ 독성이 없어야 함

④ 부식성이 없어야 함   ⑤ 휘발성이 작아야 함   ⑥ 점성이 작아야 함

⑦ 어는점이 낮아야 함   ⑧ 가격이 저렴해야 함

정답 ① 용해도가 커야 함 ② 화학적으로 안정해야 함 ③ 휘발성이 작아야 함

24 벤투리스크러버에서 액가스비를 크게 하는 요인을 5가지 쓰시오.

> **정답** 액가스비를 증가시켜야 하는 경우
> ① 먼지 농도가 클수록
> ② 먼지의 입경이 작을 때
> ③ 먼지 입자의 점착성이 클 때
> ④ 처리가스의 온도가 높을 때
> ⑤ 먼지 입자의 소수성이 클 때

V 여과 집진장치

25 여과 집진장치에서 전체 처리가스량 $4.72 \times 10^6 \text{cm}^3/\text{s}$, 공기여재비(A/C Ratio)=4cm/s로 처리하기 위하여 직경 0.203m, 높이 3.66m 규격의 필터 백(filter bag)을 사용하고 있다. 이때 집진장치에 필요한 필터 백의 개수는?

> **해설**
>
> $$N = \frac{Q}{\pi \times D \times L \times V_f} = \frac{4.72 \times 10^6 \text{cm}^3/\text{s}}{\pi \times 20.3\text{cm} \times 366\text{cm} \times 4\text{cm/s}} = 50.55$$
>
> ∴ 51개
>
> **정답** 51개

연습문제

26 유량 $180\text{m}^3/\text{min}$로 배출하는 배출구에 여과 집진장치를 설치하고자 한다. 이 여과 집진장치의 평균 여과속도는 1.3cm/s이고, 여기에 직경 292mm, 높이 11.6m의 원통형 여과백을 사용한다면 필요한 여과백의 수는?

해설 ▶

$$N = \frac{Q}{\pi \times D \times L \times V_f} = \frac{180\text{m}^3/\text{min} \times \dfrac{1\text{min}}{60s}}{\pi \times 0.292\text{m} \times 11.6\text{m} \times 0.013\text{m/s}} = 21.68$$

$\therefore$ 22개

정답 22개

27 직경 290mm, 유효높이 11.5m인 백필터를 사용하여 먼지농도 5g/m^3인 배기가스를 $1,150\text{m}^3/\text{min}$로 배출하는 배출구에 여과집진장치를 설치하고자 한다. 이 여과 집진장치의 겉보기 여과속도는 1.5cm/s이고, 백필터의 먼지부하가 360g/m^2일 때 다음 물음에 답하시오. (단, 효율 100% 입구유량과 출구유량은 같음)

(1) 백필터의 개수를 계산하시오.

(2) 탈진주기(hr)를 계산하시오.

해설 ▶

(1) 백필터의 수

$$N = \frac{Q}{\pi \times D \times L \times V_f} = \frac{1,150\text{m}^3/\text{min} \times \dfrac{1\text{min}}{60s}}{\pi \times 0.29\text{m} \times 11.5\text{m} \times 0.015\text{m/s}} = 121.95$$

$\therefore$ 122개

(2) 탈진주기

$L_d(\text{g/m}^2) = C_i \times V_f \times \eta \times t$

$$\therefore t = \frac{L_d}{C_i \times V_f \times \eta} = \frac{360\text{g/m}^2}{5\text{g/m}^3 \times 0.015\text{m/s}} \times \frac{1\text{hr}}{3,600s} = 1.333\text{hr}$$

정답 (1) 122개 (2) 1.33hr

28 Bag filter에서 먼지부하가 360g/m^2일 때마다 부착먼지를 간헐적으로 탈락시키고자 한다. 유입가스 중의 먼지농도가 10g/m^3이고, 겉보기 여과속도가 1cm/s일 때 부착먼지의 탈락시간 간격(s)은? (단, 집진율은 98.5%이다.)

> **해설**
>
> $$L_d(\text{g/m}^2) = C_i \times V_f \times \eta \times t$$
>
> $$\therefore t = \frac{L_d}{C_i \times V_f \times \eta}$$
>
> $$= \frac{360\text{g/m}^2}{10\text{g/m}^3 \times 0.01\text{m/s} \times 0.985}$$
>
> $$= 3,654.822\text{s}$$
>
> **정답** 3,654.82s

29 백필터의 먼지부하가 300g/m^2에 달할 때 먼지를 탈락시키고자 한다. 백필터 유입가스 함진농도는 3.0g/m^3, 출구먼지농도 100mg/m^3, 여과속도 5cm/s일 때 탈락시간 간격(min)은?

> **해설**
>
> $$L_d(\text{g/m}^2) = C_i \times V_f \times \eta \times t$$
>
> $$\therefore t = \frac{L_d}{C_i \times V_f \times \eta} = \frac{L_d}{(C_i - C)V_f}$$
>
> $$= \frac{300\text{g/m}^2}{(3-0.1)\text{g/m}^3 \times 0.05\text{m/s}} \times \frac{1\text{min}}{60\text{s}}$$
>
> $$= 34.482\text{min}$$
>
> **정답** 34.48min

연습문제

30 다음의 조건을 가지는 백필터의 탈락시간 간격(min)을 계산하시오.

[백필터 운전 조건]
· 입구먼지농도 : 12g/m³
· 함진가스 유량 : 300m³/min
· 여과속도 : 3m/min
· 집진효율 : 98%
· 압력손실 : 220mmH₂O

[차압식 조건]
· $\triangle P = K_1 V + K_2 C \eta V^2 t$
· $K_1 = 59.8 mmH_2O/(m/min)$
· $K_2 = 127 mmH_2O/(m/min)(kg/m^2)$

해설

$\triangle P = K_1 V + K_2 C \eta V^2 t$

$220 kg/m^2 = \left(\dfrac{59.8 mmH_2O \cdot min}{m} \times \dfrac{3m}{min} \right) + \left(\dfrac{127 mmH_2O \cdot m \cdot min}{kg} \times \dfrac{12g}{m^3} \times \dfrac{1kg}{10^3 g} \times 0.98 \times \left(\dfrac{3m}{min} \right)^2 \times t \right)$

$\triangle P = K_1 V + K_2 C \eta V^2 t$

$220 = (59.8 \times 3) + (127 \times 12 \times 10^{-3} \times 0.98 \times 3^2 \times t)$

$\therefore t = 3.020 min$

정답 3.02min

31 10개의 bag을 사용한 여과 집진장치에서 입구먼지농도가 $15g/Sm^3$, 집진율이 98%였다. 가동 중 1개의 bag에 구멍이 열려 전체 처리가스량의 10%가 그대로 통과하였다면 출구의 먼지농도는 몇 g/Sm^3인가? (단, 나머지 bag의 집진율 변화는 없음)

해설

1) 구멍난 백의 출구 먼지농도

　처리가스량의 10%가 그대로 통과하였으므로,

$$0.1 \times 15g/Sm^3 = 1.5g/Sm^3$$

2) 나머지 9개 백의 출구 먼지농도

$$C = C_0(1 - \eta)$$

$$= 0.9 \times 15g/Sm^3(1 - 0.98) = 0.27g/Sm^3$$

3) 전체 출구 먼지농도

$$1.5 + 0.27 = 1.77g/Sm^3$$

정답 $1.77g/Sm^3$

32 여과 집진장치의 포집원리를 4가지 서술하시오.

해설

여과 집진장치의 집진(포집)원리

① 관성충돌

② 중력

③ 확산

④ 직접 차단

⑤ 정전기적 인력

정답 관성충돌, 중력, 확산, 직접 차단

연습문제

33 여과 집진장치의 단점을 4가지 서술하시오.

해설

여과 집진장치의 단점

① 설치공간 큼

② 유지비 큼

③ 습하면 눈막힘 현상으로 여과포 막힘

④ 고온가스 처리 어려움

⑤ 가스의 온도에 따라 여과재 선택에 제한을 받음

⑥ 여과포 손상 쉬움

⑦ 수분·여과속도 적응성 낮음

⑧ 폭발 위험성

정답 ① 설치공간 큼
② 유지비 큼
③ 습하면 눈막힘 현상으로 여과포 막힘
④ 고온가스 처리 어려움

34 여과 집진장치는 탈진방식에 따라 간헐식과 연속식으로 구분된다. 각 방식의 장점 및 단점을 비교하여 각각 2가지씩 서술하시오.

해설

청소방법(탈진방식)에 따른 분류

분류	간헐식	연속식
장점	· 분진 재비산이 적음 · 집진율 높음 · 여과포 수명이 긺	· 고농도, 대량 가스 처리에 적합 · 압력손실 거의 일정함
단점	· 저농도 소량가스에 적합 · 압력손실이 일정하지 않음 · 점착성·조대 먼지의 경우 여과포 손상 가능	· 분진 재비산이 많음 · 집진율 낮음 · 여과포 수명 짧음

정답 (1) 간헐식　　　　　　　　　　　　　　(2) 연속식
　　　　1) 장점　　　　　　　　　　　　　　　　1) 장점
　　　　　　① 집진율 높음　　　　　　　　　　　　① 고농도, 대량 가스 처리에 적합
　　　　　　② 여과포 수명이 긺　　　　　　　　　② 압력손실이 거의 일정함
　　　　2) 단점　　　　　　　　　　　　　　　　2) 단점
　　　　　　① 압력손실이 일정하지 않음　　　　　① 집진율 낮음
　　　　　　② 점착성 먼지의 경우 여과포 손상 가능　② 여과포 수명 짧음

Ⅵ 전기 집진장치

35 평판형 전기 집진장치에서 입자의 이동속도가 5cm/s, 방전극과 집진극 사이의 거리가 15cm, 배출가스의 유속이 0.67m/s인 경우 층류영역에서 집진율이 100%가 되는 집진극의 길이(m)는?

해설

전기 집진기의 이론적 길이(L)

$$L = \frac{RU}{w} = \frac{0.15 \times 0.67}{0.05} = 2.01m$$

정답 2.01m

36 전기 집진장치에서 방전극과 집진극 사이의 거리가 4cm, 처리가스의 유입속도가 3m/s, 입자의 분리속도가 6cm/s일 때, 100% 집진 가능한 이론적인 집진극의 길이(m)는? (단, 배출가스의 흐름은 층류이다.)

해설

$$\eta = \frac{Lw}{RU}$$

$$\therefore L = \frac{RU\eta}{w} = \frac{0.04 \times 3}{0.06} = 2m$$

정답 2m

연습문제

37 평판형 전기 집진장치의 집진판 사이의 간격이 8cm, 가스의 유속은 2m/s, 입자가 집진극으로 이동하는 속도가 5cm/s일 때, 층류영역에서 입자를 완전히 제거하기 위한 이론적인 집진극의 길이(m)는?

해설▶

집진판 사이 간격이 8cm이면, 집진판과 집진극 사이 거리(R)는 4cm임

전기 집진기의 이론적 길이(L)

$$L = \frac{RU}{w} = \frac{0.04 \times 2}{0.05} = 1.6m$$

정답 1.6m

38 평판형 전기 집진장치의 집진판 사이의 간격이 23cm, 가스속도가 1.5m/s, 방전극과 집진극 사이의 유효전압이 50kV일 때, 직경 0.5μm 입자를 완전히 제거하기 위한 이론적인 집진극의 길이(m)는? (단, 입자의 표류속도는 $W_e = \dfrac{1.1 \times 10^{-14} \times P \times E^2 \times d_p}{\mu}$ 식으로 구하고, 식에서 μ=0.0863kg/m·hr, P=2, E=volt/m, $d_p = \mu$m임)

해설▶

1) W_e

$$E = \frac{V}{r} = \frac{50,000\,volt}{0.23m/2} = 434,782.6087volt/m$$

$$d = 0.5\mu m$$

$$\mu = 0.0863kg/m \cdot hr$$

$$W_e = \frac{1.1 \times 10^{-14}P \cdot E^2 \cdot d}{\mu} = \frac{1.1 \times 10^{-14} \times 2 \times (434,782.6087)^2 \times 0.5}{0.0863} = 0.02409m/s$$

2) L

$$\eta = \frac{Lw}{RU} \text{ 이므로,}$$

$$\therefore L = \frac{RU\eta}{w} = \frac{(0.23/2) \times 1.5}{0.02409} = 7.159m$$

정답 7.16m

39 평판형 전기 집진장치의 처리가스 유량 150m³/min, 입구 먼지농도가 10g/Sm³일 때, 출구 먼지농도를 20mg/Sm³이 되게 하려면, 충전 입자의 이동속도(cm/s)는? (단, 집진판 규격은 높이 4m, 길이 5m이며, 집진판수는 25개임)

해설

1) 평판형 전기 집진장치의 집진매수

   집진판 개수를 N 이라 하면,
   양면이므로 2N 이고, 그 중 2개의 외부집진판은 각각 집진면이 1개 이므로,

   집진매수 = 2N − 2 = 2×25 − 2 = 48

2) 처리효율

$$\eta = 1 - \frac{C}{C_o} = 1 - \frac{20\,\mathrm{mg/Sm^3}}{10{,}000\,\mathrm{mg/Sm^3}}$$

$$= 0.998$$

3) 충전입자 이동속도(w)

$$\eta = 1 - e^{\frac{-Aw}{Q}}$$

$$0.998 = 1 - e^{\frac{-(4\times5\times48)w}{150/60}}$$

$$\therefore \; w = 0.016183\,\mathrm{m/s}$$

$$= 1.6183\,\mathrm{cm/s}$$

정답 1.62cm/s

연습문제

40 집진판의 높이가 5m, 길이가 2m인 전기 집진장치로 시간당 120,000m^{3}의 가스를 99.5%의 제거효율로 처리하고자 한다. 이 집진장치의 입자표류속도가 12m/min일 때 필요한 집진판의 개수를 계산하시오. (단, 내부 집진판은 양면집진, 2개의 외부 집진판은 각 하나의 집진면을 가진다.)

해설

1) 집진판 개수 : 2n-2

2) 집진 면적

   A = (2n-2)×5×2 = 20(n-1)

3) $W(m/s) = \dfrac{12m}{1\,min} \times \dfrac{1\,min}{60s} = 0.2\,m/s$

4) $Q(m^3/s) = \dfrac{120,000m^3}{hr} \times \dfrac{1\,hr}{3,600s} = 33.3333\,m^3/s$

5) 집진판 개수(n)

   $\eta = 1 - e^{\frac{-Aw}{Q}}$

   $0.995 = 1 - e^{\frac{-20(n-1)\times 0.2}{33.3333}}$

   $\therefore\ n\ =\ 45.15$

정답 46개

41 전기 집진장치의 먼지 제거효율을 90%에서 99.9%로 증가시키고자 할 때, 집진극의 면적은 길이방향으로 몇 배 증가하여야 하는가? (단, 나머지 조건은 일정하다고 가정함)

해설

$\eta = 1 - e^{(-\frac{Aw}{Q})}$

$\therefore\ A = -\dfrac{Q}{w}\ln(1-\eta)$ 이므로,

$\dfrac{A_{99.9}}{A_{90}} = \dfrac{-\dfrac{Q}{w}\ln(1-0.999)}{-\dfrac{Q}{w}\ln(1-0.9)} = 3$배

정답 3배 증가시켜야 한다.

258 | **3과목** | 입자처리

42 전기 집진장치의 장단점을 각각 2가지 서술하시오.

해설

전기 집진장치의 장단점

장점	단점
· 집진효율이 매우 높음	· 설치비용 큼
· 미세입자 집진효율 높음	· 가스상 물질 제어 안 됨
· 낮은 압력손실	· 운전조건 변동에 적응성 낮음
· 대량가스 처리 가능	· 넓은 설치면적 필요
· 운전비 적음	· 비저항 큰 분진 제거 곤란
· 온도 범위 넓음	· 분진부하가 대단히 높으면 전처리 시설이 요구
· 배출가스의 온도강하가 적음	· 근무자의 안전성 유의
· 고온가스 처리 가능	
· 연속운전 가능	

정답 (1) 장점
　　① 집진효율이 매우 높음
　　② 대량가스 처리가 가능함

(2) 단점
　　① 설치비가 큼
　　② 운전조건 변동에 적응성이 낮음

연습문제

43 평판형 전기 집진장치에서 집진성능을 향상시키기 위한 조건 6가지를 서술하시오.

해설

평판형 집진판 집진효율 향상 조건
① 처리가스 속도 느리게 함
② 전원은 유효전압과 방전기류가 충분히 공급되어야 함
③ 시동 시에는 애자, 애관 등의 표면을 깨끗이 닦아 고압회로의 절연저항이 100MΩ 이상이 되도록 함
④ 집진극은 열부식에 의한 기계적 강도, 재비산 방지, 털어낼 때의 충격효과에 유의함
⑤ 체류시간을 길게 함
⑥ 방전극을 가늘고 길게 함
⑦ 처리가스량을 적게 함
⑧ 전기비저항을 $10^4 \sim 10^{11} \Omega \cdot cm$ 로 유지함
⑨ 함진가스 중 먼지의 농도가 높을 경우 전압을 높여야 함
⑩ 습식으로 변경함

정답 ① 처리가스 속도 느리게 함
② 습식으로 변경함
③ 전기비저항을 $10^4 \sim 10^{11} \Omega \cdot cm$로 유지함
④ 처리가스량을 적게 함
⑤ 방전극을 가늘고 길게 함
⑥ 체류시간을 길게 함

44 평판형 집진판을 이용하여 전기 집진장치로 먼지를 제거하고자 한다. 집진효율공식을 이용하여 성능을 향상시키기 위한 조건 6가지를 서술하시오.

> **정답** ① 집진판이 면적이 클수록
> ② 겉보기 이동속도가 빠를수록
> ③ 집진판의 길이가 길수록
> ④ 처리가스 유속이 느릴수록
> ⑤ 집진판과 방전극의 거리가 짧을수록
> ⑥ 가스흐름이 층류일수록
> → 효율이 증가한다.

45 다음 전기 집진장치의 장해현상의 원인과 대책을 각각 1가지씩 서술하시오.

(1) 2차 전류가 주기적으로 변하거나 불규칙하게 흐를 때
　　① 원인
　　② 대책

(2) 2차 전류가 현저하게 떨어질 때
　　① 원인
　　② 대책

(3) 재비산현상이 발생할 때
　　① 원인
　　② 대책

> **해설**
>
> (1) 2차 전류가 주기적으로 변하거나 불규칙하게 흐를 때
>
> 　① 원인 : 부착된 먼지가 스파크를 일으킨다거나, 전극변형이 일어날 경우 발생함
>
> 　② 대책 : a. 충분하게 분진을 탈리한다.
> 　　　　　　b. 1차전압을 스파크 및 전류의 흐름이 안정될 때까지 낮춘다.
> 　　　　　　c. 방전극과 집진극을 점검한다.

연습문제

(2) 2차 전류가 현저하게 떨어질 때

　① 원인 : 먼지 비저항이 너무 높거나 입구분진농도가 높을 경우 발생함

　② 대책 : a. 입구분진농도를 적절하게 조절한다.
　　　　　 b. 스파크 횟수를 늘린다.
　　　　　 c. 조습용 스프레이 수량을 늘린다.

(3) 재비산현상이 발생할 때

　① 원인 : 먼지 비저항이 너무 낮을 경우($10^4\Omega \cdot cm$ 이하일 때), 입구유속이 클 때 발생함

　② 대책 : a. 처리가스 속도를 낮춘다.
　　　　　 b. 배출가스 중에 NH_3를 주입한다.

정답 (1) 2차 전류가 주기적으로 변하거나 불규칙하게 흐를 때
　　　　① 원인 : 부착된 먼지가 스파크를 일으킨다거나, 전극변형이 일어날 경우 발생함
　　　　② 대책 : 충분하게 분진을 탈리한다.

　　　(2) 2차 전류가 현저하게 떨어질 때
　　　　① 원인 : 먼지 비저항이 너무 높거나 입구분진농도가 높을 경우 발생함
　　　　② 대책 : 입구분진농도를 적절하게 조절한다.

　　　(3) 재비산현상이 발생할 때
　　　　① 원인 : 먼지 비저항이 너무 낮을 경우($10^4\Omega \cdot cm$ 이하일 때), 입구유속이 클 때 발생함
　　　　② 대책 : 처리가스 속도를 낮춘다.

46 전기 집진장치의 장해 현상 중에서 2차 전류가 현저하게 떨어질 때 대책을 3가지 서술하시오.

　　　정답 **2차 전류가 현저하게 떨어질 때 대책**
　　　　① 스파크 횟수 증가
　　　　② 조습용 스프레이 수량 증가
　　　　③ 입구 먼지 농도 조절

4과목

대기오염 측정 및 관리

Chapter 01 시료채취, 측정 및 분석

I 총칙

1. 오염물질 농도 보정

$$C = C_a \times \frac{21 - O_s}{21 - O_a}$$

C : 오염물질농도(mg/Sm³ 또는 ppm)
C_a : 실측오염물질농도(mg/Sm³ 또는 ppm)
O_s : 표준산소농도(%)
O_a : 실측산소농도(%)

2. 배출가스유량 보정

$$Q = Q_a \div \frac{21 - O_s}{21 - O_a}$$

Q : 배출가스유량(Sm³/일)
Q_a : 실측배출가스유량(Sm³/일)
O_s : 표준산소농도(%)
O_a : 실측산소농도(%)

3. 온도의 표시

① 표준온도 : 0℃
② 상온 : 15~25℃
③ 실온 : 1~35℃
④ 냉수 : 15℃ 이하
⑤ 온수 : 60~70℃
⑥ 열수 : 약 100℃
⑦ "냉후"(식힌 후)라 표시되어 있을 때는 보온 또는 가열 후 실온까지 냉각된 상태를 뜻한다.
⑧ 찬 곳 : 따로 규정이 없는 한 0~15˚C의 곳
⑨ 각 조의 시험은 따로 규정이 없는 한 상온에서 조작하고 조작 직후 그 결과를 관찰한다.

4. 관련 용어

① "정확히 단다"라 함은 규정한 양의 검체를 취하여 분석용 저울로 0.1mg까지 다는 것을 뜻한다.

② 액체성분의 양을 "정확히 취한다"함은 홀피펫, 부피플라스크 또는 이와 동등 이상의 정도를 갖는 용량계를 사용하여 조작하는 것을 뜻한다.

③ "항량이 될 때까지 건조한다 또는 강열한다"라 함은 따로 규정이 없는 한 보통의 건조방법으로 1시간 더 건조 또는 강열할 때 전후 무게의 차가 매 g당 0.3mg 이하일 때를 뜻한다.

④ 시험조작 중 "즉시"란 30초 이내에 표시된 조작을 하는 것을 뜻한다.

⑤ "감압 또는 진공"이라 함은 따로 규정이 없는 한 15mmHg 이하를 뜻한다.

⑥ "이상" "초과" "이하" "미만"이라고 기재하였을 때 이자가 쓰인 쪽은 어느 것이나 기산점 또는 기준점인 숫자를 포함하며, "미만" 또는 "초과"는 기산점 또는 기준점의 숫자는 포함하지 않는다. 또 "a~b"라 표시한 것은 a 이상 b 이하임을 뜻한다.

⑦ "바탕시험을 하여 보정한다" 함은 시료에 대한 처리 및 측정을 할 때 시료를 사용하지 않고 같은 방법으로 조작한 측정치를 빼는 것을 뜻한다.

⑧ "약"이란 그 무게 또는 부피에 대하여 ±10% 이상의 차가 있어서는 안 된다.

⑨ "방울수"라 함은 20℃에서 정제수 20방울을 떨어뜨릴 때 그 부피가 약 1mL 되는 것을 뜻한다.

5. 용기

① 용기

시험용액 또는 시험에 관계된 물질을 보존, 운반 또는 조작하기 위하여 넣어두는 것으로 시험에 지장을 주지 않도록 깨끗한 것

② 밀폐용기

물질을 취급 또는 보관하는 동안에 이물이 들어가거나 내용물이 손실되지 않도록 보호하는 용기

③ 기밀용기

물질을 취급 또는 보관하는 동안에 외부로부터의 공기 또는 다른 가스가 침입하지 않도록 내용물을 보호하는 용기

④ 밀봉용기

물질을 취급 또는 보관하는 동안에 기체 또는 미생물이 침입하지 않도록 내용물을 보호하는 용기

⑤ 차광용기

광선을 투과하지 않은 용기 또는 투과하지 않게 포장을 한 용기로서 취급 또는 보관하는 동안에 내용물의 광화학적 변화를 방지할 수 있는 용기

II 기기분석

1. 기체크로마토그래피

(1) 측정원리
기체시료 또는 기화한 액체나 고체시료를 운반가스(carrier gas)에 의하여 분리, 관내에 전개시켜 기체상태에서 분리되는 각 성분을 크로마토그래프로 분석하는 방법

(2) 적용범위
일반적으로 무기물 또는 유기물의 대기오염 물질에 대한 정성, 정량 분석에 이용한다.

(3) 장치 구성

운반가스 입구 → 유량 및 압력조절부 → 시료도입부 → 분리관 → 검출기

(4) 기체크로마토그래피 관련 공식

① 이론단수(n)

$$n = 16 \times \left(\frac{t_R}{W}\right)^2$$

t_R : 시료도입점으로부터 봉우리 1의 최고점까지의 길이(머무름시간)
W : 봉우리의 좌우 변곡점에서 접선이 자르는 바탕선의 길이

② 분리계수

$$\text{분리계수}(d) = \frac{t_{R2}}{t_{R1}}$$

t_{R1} : 시료도입점으로부터 봉우리 1의 최고점까지의 길이(머무름시간)
t_{R2} : 시료도입점으로부터 봉우리 2의 최고점까지의 길이(머무름시간)

③ 분리도

$$\text{분리도}(R) = \frac{2(t_{R2} - t_{R1})}{W_1 + W_2}$$

t_{R1} : 시료도입점으로부터 봉우리 1의 최고점까지의 길이(머무름시간)
t_{R2} : 시료도입점으로부터 봉우리 2의 최고점까지의 길이(머무름시간)
W_1 : 봉우리 1의 좌우 변곡점에서의 접선이 자르는 바탕선의 길이(피크 폭)
W_2 : 봉우리 2의 좌우 변곡점에서의 접선이 자르는 바탕선의 길이(피크 폭)

(5) 정량법

1) 보정넓이 백분율법
도입한 시료의 전 성분이 용출되며 또한 용출 전 성분의 상대감도가 구해진 경우에 정해진 공식을 사용하여 정확한 함유율을 구한다.

$$X_i(\%) = \frac{\dfrac{A_i}{f_i}}{\displaystyle\sum_{i=1}^{n} \dfrac{A_i}{f_i}} \times 100$$

- X_i : i 성분의 함유율
- f_i : i 성분의 상대감도
- A_i : i 성분의 봉우리 넓이
- n : 전 봉우리 수

2) 상대검정곡선법
시료 내에 표준물질을 가하는 방법으로, 특성이 정확하게 알려진 물질을 시료에 가하든지 시료 중의 농도를 아는 물질을 표준으로 하여 목적 물질을 정량하는 방법

$$X(\%) = \frac{\left(\dfrac{M'_X}{M'_S}\right) \times n}{M} \times 100$$

- $\dfrac{M'_X}{M'_S}$: 피검성분량(M'_X)과 표준물질량(M'_S)의 비
- M : 정량하려는 성분의 순물질양
- n : 표준물질의 순물질양

3) 표준물질첨가법
시료의 크로마토그램으로부터 피검성분 A 및 다른 임의의 성분 B의 봉우리 넓이 a_1 및 b_1을 구한다.

$$X(\%) = \frac{\Delta W_A}{\left(\dfrac{a_2}{b_2} \cdot \dfrac{b_1}{a_1} - 1\right)W} \times 100$$

- X : 성분 A의 부피 또는 무게 함유율(%)
- W_A, W_B : 시료 중에 존재하는 A 및 B 성분의 양
- W : 시료의 일정량
- a_2, b_2 : 성분 A 및 B의 봉우리 넓이
- a_1, b_1 : 피검성분 A 및 다른 임의의 성분 B의 봉우리 넓이

2. 자외선 / 가시선 분광법

(1) 원리
시료물질이나 시료물질의 용액 또는 여기에 적당한 시약을 넣어 발색시킨 용액의 흡광도를 측정하여 시료 중의 목적성분을 정량하는 방법

(2) 적용범위

파장 200~1,200nm에서의 액체의 흡광도를 측정함으로써 대기 중이나 굴뚝배출 가스 중의 오염 물질 분석에 적용한다.

(3) 장치 구성

광원부 – 파장선택부 – 시료부 – 측광부

(4) 광원

① 가시부와 근적외부 : 텅스텐램프
② 자외부 : 중수소 방전관

(5) 관련공식

① 램버어트 비어(Lambert - Beer) 법칙

$$I_t = I_o \cdot 10^{-\epsilon C \ell}$$

I_o : 입사광의 강도
I_t : 투사광의 강도
C : 농도
ℓ : 빛의 투사거리
ϵ : 비례상수로서 흡광계수
(C = 1mol, ℓ = 10mm일 때의 ϵ의 값을 몰흡광계수라 하며 K로 표시한다.)

② 투과도(t)

$$t = \frac{I_t}{I_o} = 10^{-\epsilon C \ell}$$

③ 투과퍼센트(T)

$$T = t \times 100 (\%)$$

④ 흡광도(A)

$$A = \log \frac{1}{t} = \log \frac{I_o}{I_t} = \epsilon C \ell$$

I_o : 입사광의 강도
I_t : 투사광의 강도
t : 투과도
A : 흡광도

⑤ 흡수율

흡수율 = 100% - 투과도

(6) 흡수셀 재질별 적용파장

① 플라스틱 셀 : 근적외부
② 유리셀 : 가시부, 근적외부
③ 석영셀 : 자외부

3. 원자흡광분광광도법

(1) 정의

시료를 적당한 방법으로 해리시켜 중성원자로 증기화하여 생긴 기저상태의 원자가 이 원자 증기층을 투과하는 특유파장의 빛을 흡수하는 현상을 이용하여 광전측광과 같은 개개의 특유 파장에 대한 흡광도를 측정하여 시료 중의 원소농도를 정량하는 방법

(2) 적용범위

대기 또는 배출 가스 중의 유해 중금속, 기타 원소의 분석에 적용한다.

(3) 용어

① 역화(flame back)
불꽃의 연소속도가 크고 혼합기체의 분출속도가 작을 때 연소현상이 내부로 옮겨지는 것
② 원자흡광스펙트럼(Atomic Absorption Spectrum)
물질의 원자증기층을 빛이 통과할 때 각각 특유한 파장의 빛을 흡수한다. 이 빛을 분산하여 얻어지는 스펙트럼을 말한다.
③ 공명선(Resonance Line)
원자가 외부로부터 빛을 흡수했다가 다시 먼저 상태로 돌아갈 때 방사하는 스펙트럼선
④ 근접선(Neighbouring Line)
목적하는 스펙트럼선에 가까운 파장을 갖는 다른 스펙트럼선
⑤ 중공음극램프(Hollow Cathode Lamp)
원자흡광분석의 광원이 되는 것으로 목적원소를 함유하는 중공음극 한 개 또는 그 이상을 저압의 네온과 함께 채운 방전관
⑥ 다음극 중공음극램프(Multi - Cathode Hollow Cathode Lamp)
두 개 이상의 중공음극을 갖는 중공음극램프
⑦ 다원소 중공음극램프(Multi - Element Hollow Cathode Lamp)
한 개의 중공음극에 두 종류 이상의 목적원소를 함유하는 중공음극램프
⑧ 충전가스(Filler Gas)
중공음극램프에 채우는 가스
⑨ 소연료불꽃(Fuel - Lean Flame)
가연성 가스와 조연성 가스의 비를 적게 한 불꽃, 즉 가연성 가스 / 조연성 가스의 값을 적게 한 불꽃

⑩ **다연료 불꽃**(Fuel - Rich Flame)
가연성 가스/조연성 가스의 값을 크게 한 불꽃

⑪ **분무기**(Nebulizer Atomizer)
시료를 미세한 입자로 만들어 주기 위하여 분무하는 장치

⑫ **분무실**(Nebulizer - Chamber, Atomizer Chamber)
분무기와 함께 분무된 시료용액의 미립자를 더욱 미세하게 해주는 한편 큰 입자와
분리시키는 작용을 갖는 장치

⑬ **슬롯버너**(Slot Burner, Fish Tail Burner)
가스의 분출구가 세극상으로 된 버너

⑭ **전체분무버너**(Total Consumption Burner, Atomizer Burner)
시료용액을 빨아올려 미립자로 되게 하여 직접 불꽃 중으로 분무하여 원자증기화하
는 방식의 버너

⑮ **예복합 버너**(Premix Type Burner)
가연성 가스, 조연성 가스 및 시료를 분무실에서 혼합시켜 불꽃 중에 넣어주는 방식
의 버너

⑯ **선폭**(Line Width)
스펙트럼선의 폭

⑰ **선프로파일**(Line Profile)
파장에 대한 스펙트럼선의 강도를 나타내는 곡선

⑱ **멀티 패스**(Multi - Path)
불꽃 중에서의 광로를 길게 하고 흡수를 증대시키기 위하여 반사를 이용하여 불꽃
중에 빛을 여러 번 투과시키는 것

(4) 원리
원자증기화하여 생긴 기저상태의 원자가 그 원자증기층을 투과하는 특유파장의 빛을 흡수하는 성
질을 이용

(5) 장치
① 구성

광원부 - 시료원자화부 - 파장선택부(분광부) - 측광부

② 광원부
중공음극램프가 많이 사용됨

(6) 정량법
① **검정곡선법**
3종류 이상의 농도의 표준시료용액에 대하여 흡광도를 측정하여 표준물질의 농도를

가로대에, 흡광도를 세로대에 취하여 그래프를 그려서 작성한 후, 분석시료에 대하여 흡광도를 측정하고 검정곡선의 직선영역에 의하여 목적성분의 농도를 구한다.

② **표준물첨가법**

같은 양의 분석시료를 여러 개 취하고 여기에 표준물질이 각각 다른 농도로 함유되도록 표준용액을 첨가하여 용액열을 만든다. 이어 각각의 용액에 대한 흡광도를 측정하여 가로대에 용액영역 중의 표준물질 농도를, 세로대에는 흡광도를 취하여 그래프용지에 그려 검정곡선을 작성한다.

③ **상대검정곡선법**

분석시료 중에 다량으로 함유된 공존원소 또는 새로 분석시료 중에 가한 내부 표준원소(목적원소와 물리적 화학적 성질이 아주 유사한 것이어야 한다.)와 목적원소와의 흡광도 비를 구하는 동시 측정을 행한다.

4. 비분산적외선분광분석법

(1) 측정원리

선택성 검출기를 이용하여 시료 중의 특정 성분에 의한 적외선의 흡수량 변화를 측정하여 시료 중에 들어있는 특정 성분의 농도를 구하는 방법

(2) 적용범위

① 적외선 영역에서 고유 파장 대역의 흡수 특성을 갖는 성분가스의 농도 분석에 적용된다.
② 대기 및 굴뚝 배출기체 중의 오염물질을 연속적으로 측정하는 비분산 정필터형 적외선가스 분석기에 대하여 적용한다.

(3) 용어

① **비분산**

빛을 프리즘(prism)이나 회절격자와 같은 분산소자에 의해 분산하지 않는 것

② **비교가스**

시료 셀에서 적외선 흡수를 측정하는 경우 대조가스로 사용하는 것으로 적외선을 흡수하지 않는 가스

③ **시료 셀** : 시료가스를 넣는 용기
④ **비교 셀** : 비교가스를 넣는 용기
⑤ **시료 광속** : 시료 셀을 통과하는 빛
⑥ **비교 광속** : 비교 셀을 통과하는 빛
⑦ **제로가스** : 분석기의 최저 눈금 값을 교정하기 위하여 사용하는 가스
⑧ **스팬가스** : 분석기의 최고 눈금 값을 교정하기 위하여 사용하는 가스
⑨ **제로 드리프트** : 측정기의 최저 눈금에 대한 지시치의 일정기간 내의 변동
⑩ **교정범위** : 측정기 최대측정범위의 80~90% 범위에 해당하는 교정 값을 말한다.

⑪ 스팬 드리프트 : 측정기의 교정범위눈금에 대한 지시 값의 일정기간 내의 변동

⑫ 회전섹터

회전섹터는 시료광속과 비교광속을 일정주기로 단속시켜 광학적으로 변조시키는 것으로 측정 광신호의 증폭에 유효하고 잡신호 영향을 줄일 수 있다.

⑬ 광학필터

광학필터는 시료가스 중에 간섭 물질가스의 흡수 파장역의 적외선을 흡수제거하기 위하여 사용하며, 가스필터와 고체필터가 있는데 이것은 단독 또는 적절히 조합하여 사용한다.

⑭ 시료셀

시료셀은 시료가스가 흐르는 상태에서 양단의 창을 통해 시료광속이 통과하는 구조를 갖는다.

⑮ 비교셀

비교셀은 시료셀과 동일한 모양을 가지며 아르곤 또는 질소 같은 불활성 기체를 봉입하여 사용한다.

⑯ 검출기

검출기는 광속을 받아들여 시료가스 중 측정성분 농도에 대응하는 신호를 발생시키는 선택적 검출기 혹은 광학필터와 비선택적 검출기를 조합하여 사용한다.

(4) 장치 구성

광원 – 회전섹터 – 광학필터 – 시료셀 – 검출기 – 증폭기 – 지시계

(5) 측정기기 성능

① 재현성

동일 측정조건에서 제로가스와 스팬가스를 번갈아 3회 도입하여 각각의 측정값의 평균으로부터 편차를 구한다. 이 편차는 전체 눈금의 ±2% 이내이어야 한다.

② 감도

최대눈금범위의 ±1% 이하에 해당하는 농도변화를 검출할 수 있는 것이어야 한다.

③ 제로 드리프트

동일 조건에서 제로가스를 연속적으로 도입하여 고정형은 24시간, 이동형은 4시간 연속 측정하는 동안에 전체 눈금의 ±2% 이상의 지시 변화가 없어야 한다.

④ 스팬 드리프트

동일 조건에서 제로가스를 흘려 보내면서 때때로 스팬가스를 도입할 때 제로 드리프트(zero drift)를 뺀 드리프트가 고정형은 24시간, 이동형은 4시간 동안에 전체 눈금 값의 ±2% 이상이 되어서는 안 된다.

⑤ 응답시간

제로 조정용 가스를 도입하여 안정된 후 유로를 스팬가스로 바꾸어 기준 유량으로 분석기에 도입하여 그 농도를 눈금 범위 내의 어느 일정한 값으로부터 다른 일정한 값으로 갑자기 변화시켰을 때 스텝(step) 응답에 대한 소비시간이 1초 이내이어야 한다. 또 이때 최종 지시 값에 대한 90%의 응답을 나타내는 시간은 40초 이내 이어야 한다.

⑥ 온도변화에 대한 안정성

측정가스의 온도가 표시온도 범위 내에서 변동해도 성능에 지장이 있어서는 안 된다.

⑦ 유량변화에 대한 안정성

측정가스의 유량이 표시한 기준유량에 대하여 ±2% 이내에서 변동하여도 성능에 지장이 있어서는 안 된다.

⑧ 주위 온도변화에 대한 안정성

주위온도가 표시 허용변동 범위 내에서 변동하여도 성능에 지장이 있어서는 안 된다.

⑨ 전압변동에 대한 안정성

전원전압이 설정 전압의 ±10% 이내로 변화하였을 때 지시 값 변화는 전체눈금의 ±1% 이내여야 하고, 주파수가 설정 주파수의 ±2%에서 변동해도 성능에 지장이 있어서는 안 된다.

5. 이온크로마토그래피

(1) 측정원리

이동상으로는 액체, 그리고 고정상으로는 이온교환수지를 사용하여 이동상에 녹는 혼합물을 고분리능 고정상이 충전된 분리관 내로 통과시켜 시료성분의 용출상태를 전도도 검출기 또는 광학 검출기로 검출하여 그 농도를 정량하는 방법

(2) 적용범위

일반적으로 강수(비, 눈, 우박 등), 대기먼지, 하천수 중의 이온성분을 정성, 정량 분석할 때 이용한다.

(3) 장치

1) 장치구성

용리액조 – 송액펌프 – 시료주입장치 – 분리관 – 써프렛서 – 검출기 – 기록계

2) 용리액조

  ① 이온성분이 용출되지 않는 재질로써 용리액을 직접 공기와 접촉시키지 않는 밀폐된 것을 선택한다.

  ② 일반적으로 폴리에틸렌이나 경질 유리제를 사용한다.

3) 송액펌프 조건

  ① 맥동이 적은 것

  ② 필요한 압력을 얻을 수 있는 것

  ③ 유량조절이 가능할 것

  ④ 용리액 교환이 가능할 것

4) 써프렛서

용리액에 사용되는 전해질 성분을 제거하기 위하여 분리관 뒤에 직렬로 접속시킨 것으로써 전해질을 물 또는 저전도도의 용매로 바꿔줌으로써 전기전도도 셀에서 목적이온 성분과 전기전도도만을 고감도로 검출할 수 있게 해주는 것

6. 흡광차분광법

(1) 원리 및 적용범위

일반적으로 빛을 조사하는 발광부와 50~1,000m 정도 떨어진 곳에 설치되는 수광부 사이에 형성되는 빛의 이동경로를 통과하는 가스를 실시간으로 분석하며, 측정에 필요한 광원은 180~2,850nm 파장을 갖는 제논 램프를 사용하여 이산화황, 질소산화물, 오존 등의 대기오염물질 분석에 적용한다.

(2) 특징

  ① 흡광차분광법(DOAS)은 흡광광도법의 기본 원리인 Beer - Lambert 법칙을 이용함

  ② 흡광차분광법(DOAS)은 일정 파장 간격범위의 연속 흡수 스펙트럼 곡선을 통해 농도를 구한다.

  ③ 일반 흡광광도법은 미분적(일시적)이며 흡광차분광법(DOAS)은 적분적(연속적)이란 차이점이 있다.

가스상 물질의 시료채취방법

1. 가스상 물질의 시료채취방법

① 직접채취법
② 용기채취법
③ 용매채취법
④ 고체흡착법
⑤ 저온농축법

2. 분석물질의 종류별 채취관 및 연결관 등의 재질

분석물질, 공존가스	채취관, 연결관의 재질	여과재	비고
암모니아	① ② ③ ④ ⑤ ⑥	ⓐ ⓑ ⓒ	① 경질유리
일산화탄소	① ② ③ ④ ⑤ ⑥ ⑦	ⓐ ⓑ ⓒ	② 석영
염화수소	① ② ⑤ ⑥ ⑦	ⓐ ⓑ ⓒ	③ 보통강철
염소	① ② ⑤ ⑥ ⑦	ⓐ ⓑ ⓒ	④ 스테인리스강 재질
황산화물	① ② ④ ⑤ ⑥ ⑦	ⓐ ⓑ ⓒ	⑤ 세라믹
질소산화물	① ② ④ ⑤ ⑥	ⓐ ⓑ ⓒ	⑥ 플루오로수지
이황화탄소	① ② ⑥	ⓐ ⓑ	⑦ 염화바이닐수지
폼알데하이드	① ② ⑥	ⓐ ⓑ	⑧ 실리콘수지
황화수소	① ② ④ ⑤ ⑥ ⑦	ⓐ ⓑ ⓒ	⑨ 네오프렌
플루오린화합물	④ ⑥	ⓒ	
사이안화수소	① ② ④ ⑤ ⑥ ⑦	ⓐ ⓑ ⓒ	
브로민	① ② ⑥	ⓐ ⓑ	
벤젠	① ② ⑥	ⓐ ⓑ	ⓐ 알칼리 성분이 없는 유리솜 또는 실리카솜
페놀	① ② ④ ⑥	ⓐ ⓑ	ⓑ 소결유리
비소	① ② ④ ⑤ ⑥ ⑦	ⓐ ⓑ ⓒ	ⓒ 카보런덤

3. 채취관을 보온 및 가열하는 이유

① 배출가스 중의 수분 또는 이슬점이 높은 기체성분이 응축해서 채취관이 부식될 염려가 있는 경우
② 여과재가 막힐 염려가 있는 경우
③ 분석물질이 응축수에 용해되어 오차가 생길 염려가 있는 경우

4. 건조시료가스 채취량(L) 계산식

① 습식가스미터를 사용할 시

$$V_s = V \times \frac{273}{273+t} \times \frac{P_a + P_m - P_v}{760}$$

V_s : 건조시료가스 채취량(L)
V : 가스미터로 측정한 흡입가스량(L)
t : 가스미터의 온도(℃)
P_a : 대기압(mmHg)
P_m : 가스미터의 게이지압(mmHg)
P_v : t ℃에서의 포화수증기압(mmHg)

② 건식가스미터를 사용할 시

$$V_s = V \times \frac{273}{273+t} \times \frac{P_a + P_m}{760}$$

V_s : 건조시료가스 채취량(L)
V : 가스미터로 측정한 흡입가스량(L)
t : 가스미터의 온도(℃)
P_a : 대기압(mmHg)
P_m : 가스미터의 게이지압(mmHg)

IV 입자상 물질의 시료채취방법

1. 등속 흡입을 위한 흡입량

$$q_m = \frac{\pi}{4} d^2 v \left(1 - \frac{X_w}{100}\right) \times \frac{273 + \theta_m}{273 + \theta_s} \times \frac{P_a + P_s}{P_a + P_m - P_v} \times 60 \times 10^{-3}$$

q_m : 가스미터에 있어서의 등속 흡입유량(L/min)
d : 흡입노즐의 내경(mm)
v : 배출가스 유속(m/s)
X_w : 배출가스 중의 수증기의 부피 백분율(%)
θ_m : 가스미터의 흡입가스 온도(℃)
θ_s : 배출가스 온도(℃)
P_a : 측정공 위치에서의 대기압(mmHg)
P_s : 측정점에서의 정압(mmHg)
P_m : 가스미터의 흡입가스 게이지압(mmHg)
P_v : θ_m 의 포화수증기압(mmHg)

2. 등속흡입계수(I)

등속흡입계수는 90~110% 범위여야 한다.

$$I(\%) = \frac{V'_m}{q_m \times t} \times 100$$

I : 등속흡입계수(%)
V'_m : 흡입가스량(습식가스미터에서 읽은 값)(L)
q_m : 가스미터에 있어서의 등속 흡입유량(L/min)
t : 가스 흡입시간(min)

3. 배출가스의 유속 계산

$$V = C\sqrt{\frac{2gh}{\gamma}}$$

V : 유속(m/s)
C : 피토관 계수
h : 피토관에 의한 동압 측정치(mmH_2O)
g : 중력가속도($9.81 m/s^2$)
γ : 굴뚝 내의 배출가스 밀도(kg/m^3)

4. 배출가스의 밀도 계산

$$\gamma = \gamma_o \times \frac{273}{273 + \theta_s} \times \frac{P_a + P_s}{760}$$

γ : 굴뚝 내의 배출가스 밀도(kg/m^3)
γ_o : 온도 0℃, 기압 760mmHg로 환산한 습한 배출가스 밀도 (kg/Sm^3)
γ_d : 가스밀도계에 의해 구한 건조 배출가스 밀도(kg/m^3)
P_a : 측정공 위치에서의 대기압(mmHg)
P_s : 각 측정점에서 배출가스 정압의 평균치(mmHg)
θ_s : 각 측정점에서 배출가스 온도의 평균치(℃)

5. 경사 마노미터의 동압 계산

$$h = \gamma \times L \times \sin\theta \times \frac{1}{\alpha}$$

h : 동압(mmH_2O, kg/m^3)
γ : 경사마노미터 내 용액의 비중(톨루엔 사용 시, 0.85)
L : 액주높이(mm)
θ : 경사각
α : 확대율

V 각 물질별 공정시험방법

1. 배출가스 중 무기물질 시험방법

무기물질	시험방법
매연	· 광학기법
먼지	· 반자동식 측정법 · 수동식 측정법 · 자동식 측정법
플루오린화합물	· 자외선/가시선분광법 · 적정법 · 이온선택전극법
비산먼지	· 고용량공기시료채취법　　　· 저용량공기시료채취법 · 베타선법　　　　　　　　　· 광학기법
산소	· 자동측정법 – 전기화학식 · 자동측정법 – 자기식(자기풍) · 자동측정법 – 자기식(자기력)
사이안화수소	· 자외선/가시선분광법 – 4피리딘카복실산 – 피라졸론법 · 연속흐름법
암모니아	· 자외선/가시선분광법 – 인도페놀법
염소	· 자외선/가시선분광법 – 오르토톨리딘법 · 자외선/가시선분광법 – 4-피리딘카복실산 – 피라졸론법
염화수소	· 이온크로마토그래피 · 싸이오사이안산제이수은 자외선/가시선분광법
유류 중의 황함유량 분석방법	· 연소관식 공기법 · 방사선 여기법
이황화탄소	· 기체크로마토그래피 · 자외선/가시선분광법
일산화탄소	· 자동측정법 – 비분산적외선분광분석법 · 자동측정법 – 전기화학식(정전위전해법) · 기체크로마토그래피
질소산화물	· 자동측정법 · 자외선/가시선분광법 – 아연환원 나프틸에틸렌다이아민법
황산화물	· 자동측정법 · 침전적정법 – 아르세나조 Ⅲ법
황화수소	· 자외선/가시선분광법 – 메틸렌블루법 · 기체크로마토그래피
하이드라진	· 황산함침여지채취 – 고성능액체크로마토그래피 · HCl 흡수액 – 고성능액체크로마토그래피 · HCl 흡수액 – 기체크로마토그래피 · HCl 흡수액 – 자외선/가시선분광법

2. 배출가스 중 금속화합물 시험방법

금속화합물	시험방법
비소화합물	· 수소화물생성원자흡수분광광도법 · 흑연로원자흡수분광광도법 · 유도결합플라스마 분광법 · 자외선/가시선분광법
카드뮴화합물	· 원자흡수분광광도법 · 유도결합플라스마 분광법
납화합물	· 원자흡수분광광도법 · 유도결합플라스마 분광법
크로뮴화합물	· 원자흡수분광광도법 · 유도결합플라스마 분광법 · 자외선/가시선분광법
구리화합물	· 원자흡수분광광도법 · 유도결합플라스마 분광법
니켈화합물	· 원자흡수분광광도법 · 유도결합플라스마 분광법 · 자외선/가시선분광법
아연화합물	· 원자흡수분광광도법 · 유도결합플라스마 분광법
수은화합물	· 냉증기 원자흡수분광광도법
베릴륨화합물	· 원자흡수분광광도법

3. 자외선 / 가시선분광법 정리

(1) 흡광도 파장순

분야	물질 – 분석방법	흡광도(nm)
휘발성유기화합물	폼알데하이드 – 아세틸아세톤 자외선/가시선분광법	420
무기물질	이황화탄소 – 자외선/가시선분광법	435
무기물질	염소 – 자외선/가시선분광법 – 오르토톨리딘법	435
금속화합물	니켈화합물 – 자외선/가시선분광법	450
무기물질	염화수소 – 싸이오사이안산제이수은 자외선/가시선분광법	460
휘발성유기화합물	브로민화합물 – 자외선/가시선분광법	460
무기물질	하이드라진 – HCl 흡수액 – 자외선/가시선분광법	480
금속화합물	비소화합물 – 자외선/가시선분광법	510
휘발성유기화합물	페놀화합물 – 4-아미노안티피린 자외선/가시선분광법	510
금속화합물	크로뮴화합물 – 자외선/가시선분광법	540
무기물질	질소산화물 – 자외선/가시선분광법 – 아연환원 나프틸에틸렌다이아민법	545
휘발성유기화합물	폼알데하이드 – 크로모트로핀산 자외선/가시선분광법	570
무기물질	플루오린화합물 – 자외선/가시선분광법	620
무기물질	사이안화수소 – 자외선/가시선분광법 – 4피리딘카복실산 – 피라졸론법	620
무기물질	염소 – 자외선/가시선분광법 – 4-피리딘카복실산 – 피라졸론법	638
무기물질	암모니아 – 자외선/가시선분광법 – 인도페놀법	640
무기물질	황화수소 – 자외선/가시선분광법 – 메틸렌블루법	670

(2) 흡광도 분야별

분야	물질 – 분석방법	흡광도(nm)
금속화합물	니켈화합물 – 자외선/가시선분광법	450
금속화합물	비소화합물 – 자외선/가시선분광법	510
금속화합물	크로뮴화합물 – 자외선/가시선분광법	540
무기물질	이황화탄소 – 자외선/가시선분광법	435
무기물질	염소 – 자외선/가시선분광법 – 오르토톨리딘법	435
무기물질	염화수소 – 싸이오사이안산제이수은 자외선/가시선분광법	460
무기물질	하이드라진 – HCl 흡수액 – 자외선/가시선분광법	480
무기물질	질소산화물 – 자외선/가시선분광법 – 아연환원 나프틸에틸렌다이아민법	545
무기물질	플루오린화합물 – 자외선/가시선분광법	620
무기물질	사이안화수소 – 자외선/가시선분광법 – 4피리딘카복실산 – 피라졸론법	620
무기물질	염소 – 자외선/가시선분광법 – 4피리딘카복실산 – 피라졸론법	638
무기물질	암모니아 – 자외선/가시선분광법 – 인도페놀법	640
무기물질	황화수소 – 자외선/가시선분광법 – 메틸렌블루법	670
휘발성유기화합물	폼알데하이드 – 아세틸아세톤 자외선/가시선분광법	420
휘발성유기화합물	브로민화합물 – 자외선/가시선분광법	460
휘발성유기화합물	페놀화합물 – 4-아미노안티피린 자외선/가시선분광법	510
휘발성유기화합물	폼알데하이드 – 크로모트로핀산 자외선/가시선분광법	570

4. 환경대기 시험방법

(1) 환경대기 중 아황산가스 측정방법

수동측정법	자동측정법
파라로자닐린법 산정량 수동법 산정량 반자동법	자외선형광법(주시험방법) 용액전도율법 불꽃광도법 흡광차분광법

(2) 환경대기 중 일산화탄소 측정방법

수동측정법	자동측정법
비분산형적외선분석법 불꽃이온화검출기법	비분산적외선분석법(주시험방법)

(3) 환경대기 중 질소산화물 측정방법

수동측정법	자동측정법
야곱스호흐하이저법 수동살츠만법	화학발광법(주시험방법) 흡광광도법(살츠만법) 흡광차분광법 공동감쇠분광법

(4) 환경대기 중 먼지 측정방법

수동측정법	자동측정법
고용량 공기시료채취기법 저용량 공기시료채취기법	베타선법

(5) 환경대기 중 미세먼지(PM10, PM2.5) 측정방법

수동측정법	자동측정법
중량농도법	베타선법

(6) 환경대기 중 옥시던트 측정방법

수동측정법	자동측정법
중성 요오드화칼륨법 알칼리성 요오드화칼륨법	중성 요오드화칼륨법

(7) 환경대기 중 오존 측정방법

수동측정법	자동측정법
자외선광도법(주시험방법) 화학발광법	흡광차분광법

(8) 환경대기 중 석면 측정용 현미경법

① 위상차현미경법(주시험 방법)
② 주사전자현미경법
③ 투과전자현미경법

(9) 환경대기 중 금속

물질	측정방법
구리화합물	· 원자흡수분광법 · 유도결합플라스마 분광법
납화합물	· 원자흡수분광법 · 유도결합플라스마 분광법 · 자외선/가시선 분광법
니켈화합물	· 원자흡수분광법 · 유도결합플라스마 분광법
비소화합물	· 수소화물발생 원자흡수분광법 · 유도결합플라스마 분광법 · 흑연로 원자흡수분광법
아연화합물	· 원자흡수분광법 · 유도결합플라스마 분광법
철화합물	· 원자흡수분광법 · 유도결합플라스마 분광법
카드뮴화합물	· 원자흡수분광법 · 유도결합플라스마 분광법
크로뮴화합물	· 원자흡수분광법 · 유도결합플라스마 분광법
베릴륨화합물	· 원자흡수분광법
코발트화합물	· 원자흡수분광법
수은	· 습성 침적량 측정법 · 냉증기 원자흡수분광법 · 냉증기 원자형광광도법

(10) 환경대기 중 휘발성유기화합물(VOC)

물질	측정방법
벤조(a)피렌	· 가스크로마토그래피 · 형광분광광도법
다환방향족탄화수소류(PAHs)	· 기체크로마토그래피/질량분석법
알데하이드류	· 고성능액체크로마토그래피
유해 휘발성 유기화합물(VOCs)	· 캐니스터 법 · 고체흡착법
환경대기 중의 오존전구물질	· 자동측정법
탄화수소	· 비메탄 탄화수소 측정법 · 총탄화수소 측정법 · 활성탄화수소 측정법

5. 배출가스 중 연속자동측정방법

굴뚝연속자동측정기기 측정물질	측정방법
먼지	· 광산란적분법 · 베타(β)선 흡수법 · 광투과법
이산화황	· 용액전도율법 · 적외선흡수법 · 자외선흡수법 · 정전위전해법 · 불꽃광도법
질소산화물	· 설치방식 : 시료채취형, 굴뚝부착형 · 측정원리 : 화학발광법, 적외선흡수법, 자외선흡수법 및 정전위전해법 등
염화수소	· 이온전극법 · 비분산적외선분광분석법
플루오린화수소	· 이온전극법
암모니아	· 용액전도율법 · 적외선가스분석법
배출가스 유량	· 피토관을 이용하는 방법 · 열선 유속계를 이용하는 방법 · 와류 유속계를 이용하는 방법

6. 비산먼지 측정방법

(1) 비산먼지 - 고용량공기시료채취법

채취입자의 입경은 일반적으로 0.01~100μm 범위이다.

1) 채취된 먼지의 농도 계산

$$\text{비산먼지의 농도}(\mu g/Sm^3) = \frac{We - Ws}{V} \times 10^3$$

We : 채취 후 여과지의 질량(mg)
Ws : 채취 전 여과지의 질량(mg)
V : 총 공기흡입량(m³)

2) 비산먼지 농도 계산

$$C = (C_H - C_B) \times W_D \times W_S$$

C : 비산먼지 농도
C_H : 채취먼지량이 가장 많은 위치에서의 먼지농도(mg/Sm³)
C_B : 대조위치에서의 먼지농도(mg/Sm³)
W_D, W_S : 풍향, 풍속 측정결과로부터 구한 보정계수
단, 대조위치를 선정할 수 없는 경우에는 C_B는 0.15mg/Sm³로 한다.

3) 보정

풍향, 풍속 보정계수(W_D, W_S)는 다음과 같이 구한다.

① 풍향에 대한 보정

풍향 변화 범위	보정계수
전 시료채취 기간 중 주 풍향이 90° 이상 변할 때	1.5
전 시료채취 기간 중 주 풍향이 45~90° 변할 때	1.2
전 시료채취 기간 중 주 풍향이 변동이 없을 때(45° 미만)	1.0

② 풍속에 대한 보정

풍속 범위	보정계수
풍속이 0.5m/s 미만 또는 10m/s 이상 되는 시간이 전 채취시간의 50% 미만일 때	1.0
풍속이 0.5m/s 미만 또는 10m/s 이상 되는 시간이 전 채취시간의 50% 이상일 때	1.2

(풍속의 변화 범위가 위 표를 초과할 때는 원칙적으로 다시 측정한다.)

(2) 비산먼지 - 저용량공기시료채취

① 적용범위 : 총부유먼지와 10μm 이하의 입자상 물질

7. 다이옥신의 독성등가환산농도

독성등가환산농도(TEQ) = ∑(독성등가환산계수(TEF) × 각 동족체의 실측농도)

8. 휘발성유기화합물 누출확인방법

(1) 휴대용 VOCs 측정기기 성능 기준

① 측정될 개별 화합물에 대한 기기의 반응인자(response factor)는 10보다 작아야 한다.

② 기기의 응답시간은 30초보다 작거나 같아야 한다.

③ 교정 정밀도는 교정용 가스 값의 10%보다 작거나 같아야 한다.

Ⅰ 총칙

01 어떤 사업장의 굴뚝에서 실측한 배출가스 중 A 오염물질의 농도가 400ppm이었다. 이때 표준산소 농도는 4%, 실측산소농도는 8%, 실측 배기가스 유량은 12,000Sm³/hr이었다면 이 사업장의 (1) 배 출가스 중 보정된 A 오염물질의 농도(ppm)와 (2) 보정가스유량(Sm³/hr)은 얼마인가? (단, A 오염물 질은 배출허용기준 중 표준산소농도를 적용받는 항목이다.)

(1) 보정농도(ppm)

(2) 보정유량(Sm³/hr)

> **해설**

(1) 오염물질 농도 보정

$$C = C_a \times \frac{21 - O_s}{21 - O_a} = 400 \times \frac{21 - 4}{21 - 8} = 523.076 \text{ppm}$$

여기서, C : 오염물질 농도(mg/Sm³ 또는 ppm)

C_a : 실측오염물질농도(mg/Sm³ 또는 ppm)

O_s : 표준산소농도(%)

O_a : 실측산소농도(%)

(2) 배출가스 유량 보정

$$Q = Q_a \div \frac{21 - O_s}{21 - O_a} = 12,000 \div \frac{21 - 4}{21 - 8} = 9,176.470 \text{m}^3/\text{hr}$$

정답 (1) 523.08ppm (2) 9176.47m³/hr

Ⅱ 기기분석

02 광원에서 나오는 빛을 단색화장치에 의하여 좁은 파장범위의 빛만을 선택하여 어떤 액 층을 통과시킬 때 흡광계수 $\varepsilon = 90$이었다. 이 경우 Lambert - Beer 법칙을 적용하여 투과도와 흡광도를 각각 계산하시오. (단, 액의 농도 0.02mol, 셀의 길이 0.2mm임)

해설

(1) 투과도

$$t = \frac{I_t}{I_o} = 10^{-\epsilon C\ell} = 10^{-90 \times 0.02 \times 0.2} = 0.4365$$

(2) 흡광도

$$A = \log \frac{1}{t} = \log \frac{I_o}{I_t} = \epsilon C\ell = 90 \times 0.02 \times 0.2 = 0.36$$

정답 (1) 0.44 (2) 0.36

03 가스크로마토그래피에서 이론단수가 1,800인 분리관이 있다. 머무름시간이 10분인 피크의 좌우 변곡점에서 접선이 자르는 바탕선의 길이(mm)는? (단, 기록지 이동속도는 1.5cm/min, 이론단수는 모든 성분에 대하여 같다.)

해설

$$이론단수(n) = 16 \times \left(\frac{t_R}{W}\right)^2$$

$$1,800 = 16 \times \left(\frac{10\min \times 15\mathrm{mm/min}}{W(\mathrm{mm})}\right)^2$$

$$\therefore W = 14.1414\mathrm{mm}$$

정답 14.14mm

연습문제

04 다음은 기체크로마토그래피에 관한 질문이다. 다음 물음에 답하시오.

(1) 분리계수(d)를 구하는 공식을 쓰고 설명하시오.

(2) 분리도(R)를 구하는 공식을 쓰고 설명하시오.

정답 (1) 분리계수(d) $= \dfrac{t_{R2}}{t_{R1}}$

(2) 분리도(R) $= \dfrac{2(t_{R2} - t_{R1})}{W_1 + W_2}$

여기서,

t_{R1} : 시료도입점으로부터 봉우리 1의 최고점까지의 길이(머무름시간)

t_{R2} : 시료도입점으로부터 봉우리 2의 최고점까지의 길이(머무름시간)

W_1 : 봉우리 1의 좌우 변곡점에서의 접선이 자르는 바탕선의 길이(폭)

W_2 : 봉우리 2의 좌우 변곡점에서의 접선이 자르는 바탕선의 길이(폭)

05 다음은 가스크로마토그래피에서 사용하는 정량방법이다. 각각을 설명하시오.

(1) 보정넓이 백분율법

(2) 상대검정곡선법

(3) 표준물질첨가법

정답 (1) 보정넓이 백분율법
도입한 시료의 전 성분이 용출되며 또한 용출 전 성분의 상대감도가 구해진 경우에 정해진 공식을 사용하여 정확한 함유율을 구한다.

$$X_i(\%) = \frac{\dfrac{A_i}{f_i}}{\displaystyle\sum_{f=1}^{n} \dfrac{A_i}{f_i}} \times 100$$

X_i : i 성분의 함유율
f_i : i 성분의 상대감도
A_i : i 성분의 봉우리 넓이
n : 전 봉우리 수

(2) 상대검정곡선법(내부표준법)
시료 내에 표준물질을 가하는 방법으로, 특성이 정확하게 알려진 물질을 시료에 가하든지 시료 중의 농도를 아는 물질을 표준으로 하여 목적 물질을 정량하는 방법

$$X(\%) = \frac{\left(\dfrac{M'_x}{M'_s}\right) \times n}{M} \times 100$$

$\dfrac{M'_x}{M'_s}$: 피검성분량(M'_x)과 표준물질량(M'_s)의 비
M : 정량하려는 성분의 순물질양
n : 표준물질의 순물질양

(3) 표준물질첨가법(피검성분추가법)
시료의 크로마토그램으로부터 피검성분 A 및 다른 임의의 성분 B의 봉우리 넓이 a_1 및 b_1을 구한다.

$$X(\%) = \frac{\Delta W_A}{\left(\dfrac{a_2}{b_2} \cdot \dfrac{b_1}{a_1} - 1\right)W} \times 100$$

X : 성분 A의 부피 또는 무게 함유율(%)
W_A, W_B : 시료 중에 존재하는 A 및 B 성분의 양
W : 시료의 일정량
a_2, b_2 : 성분 A 및 B의 봉우리 넓이
a_1, b_1 : 피검성분 A 및 다른 임의의 성분 B의 봉우리 넓이

연습문제

06 이온크로마토그래피의 측정원리와 써프렛서의 역할에 대해 설명하시오.

(1) 측정원리

(2) 써프렛서의 역할

> **정답** (1) 측정원리 : 이동상으로는 액체, 그리고 고정상으로는 이온교환수지를 사용하여 이동상에 녹는 혼합물을 고분리능 고정상이 충전된 분리관 내로 통과시켜 시료성분의 용출상태를 전도도 검출기 또는 광학 검출기로 검출하여 그 농도를 정량하는 방법
>
> (2) 써프렛서 : 용리액에 사용되는 전해질 성분을 제거하기 위하여 분리관 뒤에 직렬로 접속시킨 것으로써 전해질을 물 또는 저전도도의 용매로 바꿔줌으로써 전기전도도 셀에서 목적이온 성분과 전기전도도만을 고감도로 검출할 수 있게 해주는 것

07 이온크로마토그래피의 측정원리와 적용범위를 서술하시오.

(1) 측정원리

(2) 적용범위

> **정답** (1) 측정원리 : 이동상으로는 액체, 그리고 고정상으로는 이온교환수지를 사용하여 이동상에 녹는 혼합물을 고분리능 고정상이 충전된 분리관 내로 통과시켜 시료성분의 용출상태를 전도도 검출기 또는 광학 검출기로 검출하여 그 농도를 정량하는 방법
>
> (2) 적용범위 : 일반적으로 강수(비, 눈, 우박 등), 대기먼지, 하천수 중의 이온성분을 정성, 정량 분석할 때 이용한다.

08 다음의 기기분석법의 측정원리 및 적용범위를 각각 서술하시오.

(1) 기체크로마토그래피

(2) 이온크로마토그래피

정답 (1) 기체크로마토그래피
   ① 측정원리 : 기체시료 또는 기화한 액체나 고체시료를 운반가스(carrier gas)에 의하여 분리, 관내에
      전개시켜 기체상태에서 분리되는 각 성분을 크로마토그래프로 분석하는 방법

   ② 적용범위 : 일반적으로 무기물 또는 유기물의 대기오염 물질에 대한 정성, 정량 분석에 이용한다.

(2) 이온크로마토그래피
   ① 측정원리 : 이동상으로는 액체, 그리고 고정상으로는 이온교환수지를 사용하여 이동상에 녹는 혼합
      물을 고분리능 고정상이 충전된 분리관 내로 통과시켜 시료성분의 용출상태를 전도도
      검출기 또는 광학 검출기로 검출하여 그 농도를 정량하는 방법

   ② 적용범위 : 일반적으로 강수(비, 눈, 우박 등), 대기먼지, 하천수 중의 이온성분을 정성, 정량 분석할
      때 이용한다.

연습문제

09 다음 각 분석방법의 측정원리를 서술하시오.

    (1) 이온크로마토그래피(Ion Chromatography)

    (2) 비분산적외선분광분석법(Non - Dispersive infrared Photometer Analysis)

    (3) 흡광차분광법(Differential Optical Absorption Spectroscopy)

정답 (1) 이온크로마토그래피 측정원리

이동상으로는 액체, 그리고 고정상으로는 이온교환수지를 사용하여 이동상에 녹는 혼합물을 고분리능 고정상이 충전된 분리관 내로 통과시켜 시료성분의 용출상태를 전도도 검출기 또는 광학 검출기로 검출하여 그 농도를 정량하는 방법

(2) 비분산적외선분광분석법 측정원리

선택성 검출기를 이용하여 시료 중의 특정 성분에 의한 적외선의 흡수량 변화를 측정하여 시료 중에 들어있는 특정 성분의 농도를 구하는 방법

(3) 흡광차분광법 측정원리

일반적으로 빛을 조사하는 발광부와 50~1,000m 정도 떨어진 곳에 설치되는 수광부 사이에 형성되는 빛의 이동경로를 통과하는 가스를 실시간으로 분석하며, 측정에 필요한 광원은 180~2,850nm 파장을 갖는 제논 램프를 사용하여 아황산가스, 질소산화물, 오존 등의 대기오염물질 분석에 적용한다.

10 비분산적외선분광분석법에 대해 다음 물음에 답하시오.

(1) 측정원리 및 적용범위를 쓰시오.

(2) 다음 용어의 정의를 쓰시오.
　　① 스팬가스
　　② 비교가스

(3) 다음 [보기]의 장치를 이용하여 장치구성을 순서대로 나열하시오.

> **[보기]**
> 광원, 광학필터, 지시계, 증폭기, 회전섹터, 검출기, 시료셀

정답 (1) ① 측정원리
　　　　선택성 검출기를 이용하여 시료 중의 특정 성분에 의한 적외선의 흡수량 변화를 측정하여 시료 중에
　　　　들어있는 특정 성분의 농도를 구하는 방법

　　　② 적용범위
　　　　a. 적외선 영역에서 고유 파장 대역의 흡수 특성을 갖는 성분가스의 농도 분석에 적용된다.
　　　　b. 대기 및 굴뚝 배출기체 중의 오염물질을 연속적으로 측정하는 비분산 정필터형 적외선 가스 분석
　　　　　기에 대하여 적용한다.

　　(2) ① 스팬가스 : 분석기의 최고 눈금 값을 교정하기 위하여 사용하는 가스
　　　　② 비교가스 : 시료 셀에서 적외선 흡수를 측정하는 경우 대조가스로 사용하는 것으로 적외선을 흡수하
　　　　　　　　　　지 않는 가스

　　(3) 광원 - 회전섹터 - 광학필터 - 시료셀 - 검출기 - 증폭기 - 지시계

연습문제

11 비분산적외선분광분석법에서 다음의 용어에 대해 설명하시오.

(1) 광학필터

(2) 회전섹터

> **정답** (1) 광학필터 : 시료가스 중에 간섭 물질가스의 흡수파장역의 적외선을 흡수제거하기 위하여 사용하며, 가스
> 필터와 고체필터가 있는데 이것은 단독 또는 적절히 조합하여 사용한다.
>
> (2) 회전섹터 : 시료광속과 비교광속을 일정주기로 단속시켜 광학적으로 변조시키는 것으로 측정 광신호의
> 증폭에 유효하고 잡신호 영향을 줄일 수 있다.

12 다음은 대기오염공정시험기준상 원자흡수분광광도법에서 사용되는 용어이다. 다음 용어의 정의를 쓰시오.

(1) 공명선(Resonance Line)

(2) 분무실(Atomizer chamber)

> **정답** (1) 공명선 : 원자가 외부로부터 빛을 흡수했다가 다시 먼저 상태로 돌아갈 때 방사하는 스펙트럼선
>
> (2) 분무실 : 분무기와 함께 분무된 시료용액의 미립자를 더욱 미세하게 해주는 한편 큰 입자와 분리시키는
> 작용을 갖는 장치

13 원자흡수분광광도법에서 정량법 중 검정곡선법, 표준물첨가법, 상대검정곡선법에 대하여 각각 설명하시오.

(1) 검정곡선법

(2) 표준물첨가법

(3) 상대검정곡선법

> **정답** **원자흡수분광광도법의 정량법**
> (1) 검정곡선법(검량선법) : 3종류 이상의 농도의 표준시료용액에 대하여 흡광도를 측정하여 표준물질의 농도를 가로대에, 흡광도를 세로대에 취하여 그래프를 그려서 작성한 후, 분석시료에 대하여 흡광도를 측정하고 검정곡선의 직선영역에 의하여 목적성분의 농도를 구한다.
>
> (2) 표준물첨가법 : 같은 양의 분석시료를 여러 개 취하고 여기에 표준물질이 각각 다른 농도로 함유되도록 표준용액을 첨가하여 용액열을 만든다. 이어 각각의 용액에 대한 흡광도를 측정하여 가로대에 용액영역 중의 표준물질 농도를, 세로대에는 흡광도를 취하여 그래프용지에 그려 검정곡선을 작성한다.
>
> (3) 상대검정곡선법(내부표준법) : 분석시료 중에 다량으로 함유된 공존원소 또는 새로 분석시료 중에 가한 내부 표준원소(목적원소와 물리적 화학적 성질이 아주 유사한 것이어야 한다.)와 목적원소와의 흡광도 비를 구하는 동시 측정을 행한다.

Ⅲ 가스상 물질의 시료채취방법

14 가스상 물질의 시료채취방법 5가지를 쓰시오.

> **정답** 직접채취법, 용기채취법, 용매채취법, 고체흡착법, 저온농축법

연습문제

15 가스상 물질의 시료채취에 관한 다음 질문에 알맞은 답을 쓰시오.

(1) 채취관을 보온 및 가열하는 이유(3가지)

(2) 브로민 채취 시 채취관의 재질(3가지)

> **정답** (1) ① 배출가스 중의 수분 또는 이슬점이 높은 기체성분이 응축해서 채취관이 부식될 염려가 있는 경우
> ② 여과재가 막힐 염려가 있는 경우
> ③ 분석물질이 응축수에 용해되어 오차가 생길 염려가 있는 경우
> 채취관을 보온 및 가열해 위의 3가지 경우를 미리 방지한다.
>
> (2) ① 경질유리
> ② 석영
> ③ 플루오로수지

Ⅳ 입자상 물질의 시료채취방법

16 어떤 굴뚝 배출가스의 유속을 피토관으로 측정하고자 한다. 동압 측정 시 확대율이 10배인 경사 마노미터를 사용했을 때 차압이 3.2mmH$_2$O이다. 이때 측정점의 가스유속이 1.4배 증가한다면 동압(mmH$_2$O)은 얼마이겠는가?

> **해설**
>
> $V = C\sqrt{\dfrac{2gh}{\gamma}}$ 에서, $V \propto \sqrt{h}$ 이므로,
>
> $$V \quad : \quad \sqrt{h}$$
> $$1\text{m/s} \quad : \quad \sqrt{3.2}$$
> $$1.4\text{m/s} \quad : \quad \sqrt{x}$$
>
> $\therefore x = 6.272\text{mmH}_2\text{O}$
>
> **정답** 6.27mmH$_2$O

Ⅴ 각 물질별 공정시험방법

17 비산먼지의 농도를 구하기 위해 측정한 조건 및 결과가 다음과 같을 때 비산먼지의 농도(mg/Sm³)는?

> · 채취먼지량이 가장 많은 위치에서의 먼지농도(mg/Sm³) : 6.83
> · 대조위치에서의 먼지농도(mg/Sm³) : 0.12
> · 전 시료채취 기간 중 주 풍량이 90° 이상 변한다.
> · 풍속이 0.5m/s 미만 또는 10m/s 이상 되는 시간이 전 채취량의 50% 미만이다.

해설

비산먼지 농도의 계산

비산먼지 농도

$C = (C_H - C_B) \times W_D \times W_S = (6.83 - 0.12) \times 1.5 \times 1.0 = 10.065\text{mg/Sm}^3$

C_H : 채취먼지량이 가장 많은 위치에서의 먼지농도(mg/Sm³)
C_B : 대조위치에서의 먼지농도(mg/Sm³)
W_D, W_S : 풍향, 풍속 측정결과로부터 구한 보정계수

단, 대조위치를 선정할 수 없는 경우에는 C_B는 0.15mg/Sm³로 한다.

보정 계수

① 풍향에 대한 보정

풍향 변화 범위	보정계수
전 시료채취 기간 중 주 풍향이 90° 이상 변할 때	1.5
전 시료채취 기간 중 주 풍향이 45°~90° 변할 때	1.2
전 시료채취 기간 중 주 풍향이 변동이 없을 때(45° 미만)	1.0

② 풍속에 대한 보정

풍속 범위	보정계수
풍속이 0.5m/s 미만 또는 10m/s 이상 되는 시간이 전 채취시간의 50% 미만일 때	1.0
풍속이 0.5m/s 미만 또는 10m/s 이상 되는 시간이 전 채취시간의 50% 이상일 때	1.2

정답 10.07mg/Sm³

연습문제

18 소각로에서 배출되는 다이옥신의 배출농도를 측정한 결과 산소농도 17%일 때 다음 표와 같은 결과를 얻었다. 산소농도를 12%로 환산하여 다이옥신의 독성등가환산농도($ng - TEQ/Sm^3$)를 구하시오. (단, 결과치는 소수점 셋째자리까지 계산한다.)

다이옥신	독성등가환산계수	배출가스 중 다이옥신류 농도(ng/Sm^3)
T_4CDD	1	0.1
P_5CDD	0.5	0.5
O_8CDD	0.001	2
T_4CDF	0.1	1
O_8CDF	0.001	12

해설

독성등가환산농도(TEQ) = $\sum$(독성등가환산계수 × 각 동족체의 실측농도)

$$= 1 \times 0.1 + 0.5 \times 0.5 + 0.001 \times 2 + 0.1 \times 1 + 0.001 \times 12$$

$$= 0.464 ng/Sm^3$$

$$C = C_a \times \frac{21 - O_s}{21 - O_a} = 0.464 \times \frac{21 - 12}{21 - 17}$$

$$= 1.044 ng - TEQ/Sm^3$$

정답 $1.044 ng-TEQ/Sm^3$

19 다음은 휘발성유기화합물(VOC) 누출확인방법의 성능기준에 관한 내용이다. (   ) 안에 들어갈 알맞은 말을 넣으시오.

(1) 측정될 개별 화합물에 대한 기기의 반응인자(Response factor)는 (①)보다 작아야 한다.

(2) 기기의 응답시간은 (②)보다 작거나 같아야 한다.

(3) 교정 정밀도는 교정용 가스값의 (③)%보다 작거나 같아야 한다.

> **정답** ① 10 ② 30 ③ 10

20 대기오염공정시험기준상 배기가스 중 사이안화수소 및 일산화탄소의 분석방법을 쓰시오.

(1) 사이안화수소의 분석방법(2가지)

(2) 일산화탄소의 분석방법(3가지)

> **정답** (1) 자외선/가시선분광법-4-피리딘카복실산-피라졸론법, 연속흐름법
> (2) 자동측정법-비분산적외선분광분석법, 자동측정법-전기화학식(정전위전해법), 기체크로마토그래피

21 배출가스 중 다이옥신을 가스크로마토그래피/질량분석기(GC/MS)로 분석하고자 할 때, GC/MS에 주입하기 전에 첨가하는 실린지 첨가용 내부표준물질 2종류를 쓰시오.

> **정답** $^{13}C_{12}$-1,2,3,4-T_4CDD, $^{13}C_{12}$-1,2,3,7,8,9-H_XCDD

연습문제

22 다음은 대기오염공정시험 기준상 배출가스 중 플루오린화합물을 플루오린화 이온으로 분석하는 방법 중 적정법에 관한 설명이다. ( ) 안에 알맞은 말을 각각 넣으시오.

> 플루오린화 이온을 방해 이온과 분리한 다음, 완충액을 가하여 pH를 조절하고 (①)을 가한 다음 (②) 네오트린 용액으로 적정하는 방법이다. 이 방법의 정량범위는 HF로서 0.6~4,200ppm이고, 방법검출한계는 0.2ppm이다.

정답 ① 네오트린 ② 질산토륨

23 다음은 대기오염물질 공정시험기준상 환경대기 중 알데하이드류 – 고성능 액체크로마토그래피에 관한 설명이다. ( ) 안에 알맞은 말을 넣으시오.

> 배출가스 중 폼알데하이드 및 알데하이드류–고성능액체크로마토그래피는 배출가스 중의 알데하이드류를 흡수액 2,4-다이나이트로페닐하이드라진(DNPH, dinitrophenyl hydrazine)과 반응하여 하이드라존 유도체를 형성하여 (①) 용매로 추출하여 고성능 액체크로마토그래프에 의해 자외선 검출기로 분석한다. 이때, 하이드라존은 UV영역, 특히 (②)nm에서 최대 흡광도를 나타낸다.

정답 ① 아세토나이트릴 ② 350~380

참고 배출가스 중 폼알데하이드 및 알데하이드류–고성능액체크로마토그래피는 배출가스 중의 알데하이드류를 흡수액 2,4-다이나이트로페닐하이드라진(DNPH, dinitrophenyl hydrazine)과 반응하여 하이드라존 유도체를 형성하여 아세토나이트릴(acetonitrile) 용매로 추출하여 고성능 액체크로마토그래프에 의해 자외선 검출기로 분석한다. 이때, 하이드라존은 UV영역, 특히 350~380nm에서 최대 흡광도를 나타낸다.

24 대기오염공정시험기준상 환경대기 중 아황산가스의 자동연속측정방법을 3가지 쓰시오.

해설

환경대기 중 아황산가스 측정방법

수동측정법	자동측정법
파라로자닐린법 산정량 수동법 산정량 반자동법	자외선형광법(주시험방법) 용액전도율법 불꽃광도법 흡광차분광법

정답 ① 자외선형광법 ② 용액전도율법 ③ 불꽃광도법

Chapter 02 대기환경관계법규

I 환경정책기본법

1. 환경정책기본법상 대기환경기준 〈개정 2019. 7. 2.〉

측정시간	SO$_2$ (ppm)	NO$_2$ (ppm)	O$_3$ (ppm)	CO (ppm)	PM$_{10}$ (μg/m^3)	PM$_{2.5}$ (μg/m^3)	납(Pb) (μg/m^3)	벤젠 (μg/m^3)
연간	0.02	0.03	-	-	50	15	0.5	5
24시간	0.05	0.06	-	-	100	35	-	-
8시간	-	-	0.06	9	-	-	-	-
1시간	0.15	0.10	0.10	25	-	-	-	-

II 실내공기질 관리법

1. 신축 공동주택의 실내공기질 권고기준(제7조의2 관련) 〈개정 2018. 10. 18.〉

물질	실내공기질 권고기준
벤젠	30μg/m^3 이하
폼알데하이드	210μg/m^3 이하
스티렌	300μg/m^3 이하
에틸벤젠	360μg/m^3 이하
자일렌	700μg/m^3 이하
톨루엔	1,000μg/m^3 이하
라돈	148Bq/m^3 이하

2. 실내공기질 유지기준 – 실내공기질 관리법 시행규칙 [별표 2] 〈개정 2020. 4. 8.〉

오염물질 항목 / 다중이용시설	미세먼지 (PM - 10) ($\mu g/m^3$)	미세먼지 (PM - 2.5) ($\mu g/m^3$)	이산화탄소 (ppm)	폼알데하이드 ($\mu g/m^3$)	총부유세균 (CFU/m^3)	일산화탄소 (ppm)
가. 지하역사, 지하도상가, 철도역사의 대합실, 여객자동차터미널의 대합실, 항만시설 중 대합실, 공항시설 중 여객터미널, 도서관·박물관 및 미술관, 대규모 점포, 장례식장, 영화상영관, 학원, 전시시설, 인터넷컴퓨터게임시설제공업의 영업시설, 목욕장업의 영업시설	100 이하	50 이하	1,000 이하	100 이하	–	10 이하
나. 의료기관, 산후조리원, 노인요양시설, 어린이집, 실내어린이놀이시설	75 이하	35 이하	1,000 이하	80 이하	800 이하	10 이하
다. 실내주차장	200 이하	–	1,000 이하	100 이하	–	25 이하
라. 실내 체육시설, 실내 공연장, 업무시설, 둘 이상의 용도에 사용되는 건축물	200 이하	–	–	–	–	–

참고

암기법

오염물질 항목 / 다중이용시설	이 (CO₂)	폼 (HCHO)	일 (CO)	미 (PM10)	미 (PM2.5)	총 (부유세균)
노약자시설	1,000	80	10	75	35	800
일반인시설	1,000	100	10	100	50	–
실내주차장	1,000	100	25	200	–	–
복합용도시설	–	–	–	200	–	–

3. 실내공기질 권고기준 – 실내공기질 관리법 시행규칙 [별표 3] ⟨개정 2020. 4. 8.⟩

오염물질 항목 / 다중이용시설	이산화질소 (ppm)	라돈 (Bq/m³)	총휘발성유기화합물 (μg/m³)	곰팡이 (CFU/m³)
가. 지하역사, 지하도상가, 철도역사의 대합실, 여객자동차터미널의 대합실, 항만시설 중 대합실, 공항시설 중 여객터미널, 도서관·박물관 및 미술관, 대규모점포, 장례식장, 영화상영관, 학원, 전시시설, 인터넷컴퓨터게임시설제공업의 영업시설, 목욕장업의 영업시설	0.1 이하	148 이하	500 이하	–
나. 의료기관, 어린이집, 노인요양시설, 산후조리원	0.05 이하		400 이하	500 이하
다. 실내주차장	0.30 이하		1,000 이하	–

참고

암기법

오염물질 항목 / 다중이용시설	곰 (곰팡이)	총 (VOC)	이 (NO₂)	라 (Rn)
노약자시설	500 이하	400 이하	0.05 이하	148 이하
일반인시설	–	500 이하	0.1 이하	
실내주차장	–	1,000 이하	0.30 이하	

연습문제

대기환경관계법규

Ⅰ 환경정책기본법

01 다음은 환경정책기본법령상 환경기준에 관한 문제이다. 빈칸에 알맞은 수치를 쓰시오. (단, 부분점수 없음)

항목	측정 기간	환경기준
아황산가스(SO_2)	1시간 평균치	(①) ppm 이하
일산화탄소(CO)	8시간 평균치	(②) ppm 이하
이산화질소(NO_2)	24시간 평균치	(③) ppm 이하
오존(O_3)	1시간 평균치	(④) ppm 이하
납(Pb)	연간 평균치	(⑤) ppm 이하
벤젠	연간 평균치	(⑥) ppm 이하

해설

환경정책기본법상 대기환경기준 〈개정 2019. 7. 2.〉

측정시간	SO_2 (ppm)	NO_2 (ppm)	O_3 (ppm)	CO (ppm)	PM_{10} ($\mu g/m^3$)	$PM_{2.5}$ ($\mu g/m^3$)	납(Pb) ($\mu g/m^3$)	벤젠 ($\mu g/m^3$)
연간	0.02	0.03	-	-	50	15	0.5	5
24시간	0.05	0.06	-	-	100	35	-	-
8시간	-	-	0.06	9	-	-	-	-
1시간	0.15	0.10	0.10	25	-	-	-	-

정답 ① 0.15 ② 9 ③ 0.06 ④ 0.10 ⑤ 0.5 ⑥ 5

연습문제

02 다음은 환경정책기본법령상 대기환경기준이다. (   ) 안에 알맞은 수치를 각각 쓰시오.

항목	대기환경기준
이산화질소(NO_2)	연간 평균치 (①)ppm 이하
오존(O_3)	1시간 평균치 (②)ppm 이하
벤젠	연간 평균치 (③)$\mu g/m^3$ 이하

정답 ① 0.03 ② 0.10 ③ 5

03 다음은 환경정책기본법령상 아황산가스(SO_2)의 대기환경기준이다. 측정기간에 따른 대기환경기준을 각 각 쓰시오.

(1) 연간 평균치(ppm)

(2) 24시간 평균치(ppm)

(3) 1시간 평균치(ppm)

정답 (1) 0.02ppm 이하
(2) 0.05ppm 이하
(3) 0.15ppm 이하

Ⅱ 실내공기질 관리법

04 다음 표는 실내공기질 관리법상의 실내공기질 권고기준에 관한 내용이다. 다음 빈칸에 알맞은 수치를 쓰시오.

오염물질 항목 다중이용시설	NO_2 (ppm)	Rn (Bq/m^3)	VOC $(\mu g/m^3)$
실내주차장	(①) 이하	(②) 이하	(③) 이하

해설

실내공기질 관리법 시행규칙 [별표 3] 〈개정 2020. 4. 8.〉

실내공기질 권고기준(제4조 관련)

오염물질 항목 다중이용시설	곰 (곰팡이)	총 (VOC)	이 (NO_2)	라 (Rn)
노약자시설	500 이하	400 이하	0.05 이하	148 이하
일반인시설	-	500 이하	0.1 이하	
실내주차장	-	1,000 이하	0.30 이하	

정답 ① 0.30ppm ② $148Bq/m^3$ ③ $1,000\mu g/m^3$

연습문제

05 다음 표는 실내공기질 관리법상의 실내공기질 유지기준에 관한 내용이다. 다음 빈칸에 알맞은 수치를 쓰시오.

다중이용시설 ＼ 오염물질 항목	폼알데하이드 (μg/m³)	총부유세균 (CFU/m³)
산후조리원	(①) 이하	(②) 이하

> **해설**

암기법

실내공기질 유지기준(제3조 관련)

다중이용시설 ＼ 오염물질 항목	이 (CO₂)	폼 (HCHO)	일 (CO)	미 (PM10)	미 (PM2.5)	총 (부유세균)
노약자시설	1,000	80	10	75	35	800
일반인시설	1,000	100	10	100	50	-
실내주차장	1,000	100	25	200	-	-
복합용도시설	-	-	-	200	-	-

정답 ① 80μg/m³ ② 800CFU/m³

06 다음은 (1) 실내공기질 관리법상의 실내공기질 권고기준과 (2) 환경정책기본법상의 대기환경기준이다. 다음 빈칸에 알맞은 수치를 쓰시오.

(1) 실내공기질 권고기준

오염물질 항목 다중이용시설	총휘발성유기화합물	이산화질소
철도역사의 대합실	(①)$\mu g/m^3$ 이하	(②)ppm 이하

(2) 대기환경기준

항목 – 측정 기간	환경기준
일산화탄소(CO) 8시간 평균치	(③) ppm 이하
아황산가스(SO₂) 1시간 평균치	(④) ppm 이하
미세먼지(PM10) 24시간 평균치	(⑤) $\mu g/m^3$ 이하
오존(O₃) 1시간 평균치	(⑥) ppm 이하

> **해설**

실내공기질 관리법 시행규칙 [별표 3] ^{〈개정 2020. 4. 8.〉}

실내공기질 권고기준(제4조 관련)

오염물질 항목 다중이용시설	곰팡이 (CFU/m³)	총휘발성유기화합물 (μg/m³)	이산화질소 (ppm)	라돈 (Bq/m³)
노약자시설	500 이하	400 이하	0.05 이하	148 이하
일반인시설	-	500 이하	0.1 이하	
실내주차장	-	1,000 이하	0.30 이하	

환경정책기본법상 대기환경기준 〈개정 2019. 7. 2.〉

측정시간	SO₂ (ppm)	NO₂ (ppm)	O₃ (ppm)	CO (ppm)	PM10 (μg/m³)	PM2.5 (μg/m³)	납(Pb) (μg/m³)	벤젠 (μg/m³)
연간	0.02	0.03	-	-	50	15	0.5	5
24시간	0.05	0.06	-	-	100	35	-	-
8시간	-	-	0.06	9	-	-	-	-
1시간	0.15	0.10	0.10	25	-	-	-	-

정답 ① 500 ② 0.1 ③ 9 ④ 0.15 ⑤ 100 ⑥ 0.1

MEMO

기출

대기환경 기사

2019년 제 1회 대기환경기사

01. 다음 조건의 석탄을 완전연소한 후 배출가스 중 O_2는 3%였다고 할 때 건조배출가스 중 SO_2(ppm)을 구하시오. (단, 표준상태 기준이고, 석탄 중의 황은 모두 SO_2가 되는 것으로 가정한다.)

> · 연료의 조성
> C : 72.3%, H : 5.8%, N : 1.3%, S : 0.5%, O : 14.9%, 재 : 2.5%

02. 탄소 85%, 이외에 수소, 황으로 된 중유를 공기비 1.3에서 완전연소한 후 습배출가스 중 SO_2는 0.25%의 값을 얻었다. 이 중유 속에 포함된 황의 양을 구하시오. (단, 황은 전량 연소하여 SO_2가 된다.)

03. 어떤 1차반응에서 초기농도가 1mol, 180분 후에 농도가 0.1mol로 감소하였다. 99% 반응하여 농도가 0.01mol로 감소되는 데 걸리는 시간(min)을 계산하시오.

04. 흡수법에서 흡수액의 구비조건을 3가지 쓰시오.

05. 황성분 2%인 중유를 250kg/hr로 연소시키는 보일러에서 생성되는 SO_2를 탄산칼슘 ($CaCO_3$)으로 흡수 탈황하였다. 이때 생성되는 $CaSO_4 \cdot 2H_2O$의 이론량(kg/hr)을 구하시오. (단, 황성분은 전량 SO_2으로 전환되고, 탈황률은 95%임)

06. 배연탈황방법에서 습식 및 건식법의 종류를 각각 3가지씩 쓰시오.

07. 배출가스의 온도를 227℃에서 127℃로 낮추었을 때 통풍력은 몇 %로 낮아지는가? (단, 대기의 온도는 27℃, 가스밀도와 공기밀도는 $1.3kg/Sm^3$)

08. 배출가스 중 먼지농도가 $3g/m^3$인 먼지를 집진효율이 95%인 전기집진장치와 99%인 여과집진장치를 병렬로 연결하여 집진하려고 한다. 여과집진장치의 통과유량이 $10,000m^3/hr$, 전기집진장치의 통과유량은 $30,000m^3/hr$일 때, 출구에서 시간당 배출되는 먼지농도(g/hr)는 얼마인가?

09. 사이클론에서 다른 조건은 동일할 때, 유입속도와 입구 폭을 각각 2배 증가시키면 50% 효율로 집진되는 입자의 직경, 즉 Lapple의 절단입경(d_{p50})은 처음에 비해 몇 배로 변화되는가? (단, 반드시 Lapple 방정식을 작성하여 계산하시오.)

10. 전기집진장치 전류밀도가 먼지층 표면부근의 이론전류밀도와 같고 양호한 집진작용이 이루어지는 값이 $2 \times 10^{-8}A/cm^2$이다. 먼지층 중 절연파괴 전계강도를 $4.5 \times 10^3 V/cm$로 할 경우 먼지 중의 겉보기 저항($\Omega \cdot cm$)을 구하고, 역전리 현상의 발생 여부를 판단하시오. (단, 부분배점 없음)

(1) 겉보기 저항($\Omega \cdot cm$)

(2) 역전리현상 발생 여부 판단

11. 다음은 가스크로마토그래피에서 사용하는 정량방법이다. 각각을 산출식을 포함해 설명하시오.

(1) 보정넓이 백분율법

(2) 상대검정곡선법

(3) 표준물질첨가법

해설 및 정답 →

해설 및 정답

01 1) 공기비(m)

$$m = \frac{21}{21 - O_2} = \frac{21}{21 - 3} = 1.1666$$

2) $A_o = \dfrac{O_o}{0.21}$

$$= \frac{1.867C + 5.6\left(H - \dfrac{O}{8}\right) + 0.7S}{0.21}$$

$$= \frac{1.867 \times 0.723 + 5.6\left(0.058 - \dfrac{0.149}{8}\right) + 0.7 \times 0.005}{0.21}$$

$$= 7.4944$$

3) $G_d(Sm^3/kg) = mA_o - 5.6H + 0.7O + 0.8N$

$$= 1.1666 \times 7.4944 - 5.6 \times 0.058$$
$$+ 0.7 \times 0.149 + 0.8 \times 0.013$$
$$= 8.5329 \, Sm^3/kg$$

4) $SO_2(ppm) = \dfrac{SO_2}{G_d} \times 10^6 = \dfrac{0.7S}{G_d} \times 10^6$

$$= \frac{0.7 \times 0.005}{8.5329} \times 10^6 = 410.177ppm$$

정답 410.18ppm

02

$$
\begin{array}{llll}
0.85 & : C & + O_2 & \rightarrow CO_2 \\
(0.15-x) & : H_2 & + 1/2O_2 & \rightarrow H_2O \\
x & : S & + O_2 & \rightarrow SO_2
\end{array}
$$

탄소 성분이 0.85이므로, 황 성분을 x라 하면,
수소 성분은 (0.15-x) 들어있음

1) $A_o = \dfrac{O_o}{0.21}$

$$= \frac{1.867C + 5.6\left(H - \dfrac{O}{8}\right) + 0.7S}{0.21}$$

$$= \frac{1.867 \times 0.85 + 5.6(0.15 - x) + 0.7x}{0.21}$$

$$= 11.5569 - 23.3333x$$

2) $G_w(Sm^3/kg)$

$$= mA_o + 5.6H + 0.7O + 0.8N + 1.244W$$

$$= 1.3 \times (11.5569 - 23.3333x) + 5.6(0.15 - x)$$

$$= 15.8639 - 35.9332x$$

3) 황 성분(x)

$$\frac{SO_2}{G_d} = \frac{0.7S}{G_d}$$

$$= \frac{0.7x}{15.8639 - 35.9332x} = \frac{0.25}{100}$$

$$\therefore \ x = 0.05021$$
$$= 5.021(\%)$$

정답 5.02%

03 1차 반응식

$$\ln\left(\frac{C}{C_o}\right) = -k \cdot t$$

1) 반응속도 상수(k)

$$\ln\left(\frac{0.1}{1}\right) = -k \times 180min$$

$$\therefore \ k = 0.01279/min$$

2) 반응물이 0.01mol로 감소될 때까지의 시간

$$\ln\left(\frac{0.01}{1}\right) = -0.01279 \times t$$

$$\therefore \ t = 360min$$

정답 360min

314 | **기출문제** | 대기환경기사

04 좋은 흡수액(세정액)의 조건

① 용해도가 커야 함
② 화학적으로 안정해야 함
③ 독성이 없어야 함
④ 부식성이 없어야 함
⑤ 휘발성이 작아야 함
⑥ 점성이 작아야 함
⑦ 어는점이 낮아야 함
⑧ 가격이 저렴해야 함

정답 ① 용해도가 커야 함
② 화학적으로 안정해야 함
③ 독성이 없어야 함

05 S : $CaSO_4 \cdot 2H_2O$ = 1:1이므로,

S	:	$CaSO_4 \cdot 2H_2O$
32kg	:	172kg

$\dfrac{2}{100} \times 250kg/hr \times \dfrac{95}{100}$: X(kg/hr)

$\therefore$ X(kg/hr) = 25.531kg/hr

정답 25.53kg/hr

06 **정답** (1) 습식법(이 중 3가지 작성)
NaOH 흡수, Na_2SO_3 흡수, 암모니아법, 산화흡수법

(2) 건식법(이 중 3가지 작성)
석회석 주입법, 활성탄 흡착법, 활성산화망간법, 전자선조사법

07 $\dfrac{127℃의 통풍력}{227℃의 통풍력} = \dfrac{355 \times H \times \left\{\dfrac{1}{273+27} - \dfrac{1}{273+127}\right\}}{355 \times H \times \left\{\dfrac{1}{273+27} - \dfrac{1}{273+227}\right\}}$

= 0.625

= 62.5%

정답 62.5%

08 1) 전기집진장치의 출구 먼지농도
$3g/m^3 \times (1 - 0.95) \times 30,000m^3/h$
= 4,500g/hr

2) 여과집진장치의 출구 먼지농도
$3g/m^3 \times (1 - 0.99) \times 10,000m^3/h$
= 300g/hr

3) 총 출구 먼지농도
4,500 + 300 = 4,800g/hr

정답 4,800g/hr

09 **라플방정식** $d_{p50} = \sqrt{\dfrac{9\mu B}{2\pi N_e v(\rho_p - \rho)}}$

$d_{p50} \propto \sqrt{\dfrac{B}{V}}$ 이므로,

$d_{p50}' = \sqrt{\dfrac{2}{2}}$ d_{p50} = d_{p50}

$\therefore$ 1배

정답 1배 증가함

10 (1) 겉보기 저항(R)
V = IR

$\therefore$ R = $\dfrac{V}{I} = \dfrac{4.5 \times 10^3 V/cm}{2 \times 10^{-8} A/cm^2}$

= $2.25 \times 10^{11} \Omega \cdot cm$

Ω = V/A

정답 (1) $2.25 \times 10^{11} \Omega \cdot cm$

(2) 겉보기 저항값이 $10^{11} \Omega \cdot cm$보다 크므로, 역전리 현상이 발생한다.

11 정답 (1) 보정넓이 백분율법

도입한 시료의 전 성분이 용출되며 또한 용출 전 성분의 상대감도가 구해진 경우에 정해진 공식을 사용하여 정확한 함유율을 구한다.

$$X_1(\%) = \frac{\dfrac{A_i}{f_i}}{\displaystyle\sum_{f=1}^{n} \dfrac{A_i}{f_i}} \times 100$$

X_i : i 성분의 함유율

f_i : i 성분의 상대감도

A_i : i 성분의 봉우리 넓이

n : 전 봉우리 수

(2) 상대검정곡선법(내부표준법)

시료 내에 표준물질을 가하는 방법으로, 특성이 정확하게 알려진 물질을 시료에 가하든지 시료 중의 농도를 아는 물질을 표준으로 하여 목적 물질을 정량하는 방법

$$X(\%) = \frac{\left(\dfrac{M'_X}{M'_S}\right) \times n}{M} \times 100$$

$\dfrac{M'_X}{M'_S}$: 피검성분량(M'_X)과 표준물질량(M'_S)의 비

M : 정량하려는 성분의 순물질양

n : 표준물질의 순물질양

(3) 표준물질첨가법(피검성분추가법)

시료의 크로마토그램으로부터 피검성분 A 및 다른 임의의 성분 B의 봉우리 넓이 a_1 및 b_1을 구한다.

$$X(\%) = \frac{\Delta W_A}{\left(\dfrac{a_2}{b_2} \cdot \dfrac{b_1}{a_1} - 1\right)W} \times 100$$

X : 성분 A의 부피 또는 무게 함유율(%)

W_A, W_B : 시료 중에 존재하는 A 및 B 성분의 양

W : 시료의 일정량

a_2, b_2 : 성분 A 및 B의 봉우리 넓이

a_1, b_1 : 피검성분 A 및 다른 임의의 성분 B의 봉우리 넓이

02 2019년 제 2회 대기환경기사

01. 스테판 - 볼츠만의 법칙에 대해 서술하시오.

02. 굴뚝의 현재 유효고가 50m일 때, 최대 지표농도를 1/4로 감소시키기 위해서는 유효고도를 몇 m로 증가시켜야 하는가? (단, Sutton식을 적용하고, 기타 조건은 동일하다고 가정)

03. 유해가스 흡수법에서 흡수액이 갖추어야 할 조건을 6가지 쓰시오. (단, 용해도가 클 것과 가격이 저렴할 것은 제외함)

04. 액분산형 흡수장치 중 분무탑의 장단점을 각각 3가지씩 서술하시오.

05. 매시간 10ton의 중유를 연소하는 보일러의 배연탈황에 수산화나트륨을 흡수제로 하여 부산물로서 아황산나트륨을 회수한다. 중유 중 황성분은 2.5%, 탈황률이 85%라면 필요한 수산화나트륨의 이론량(kg/d)은? (단, 중유 중 황성분은 연소 시 전량 SO_2로 전환되며, 표준상태, 24시간 연속가동을 기준으로 한다.)

06. 배연탈황에서 (1) 건식법의 종류(3가지), (2) 건식법의 장점(2가지), (3) 습식법의 장점(2가지)을 서술하시오.
(1) 건식법의 종류(3가지)
(2) 건식법의 장점(2가지)
(3) 습식법의 장점(2가지)

07. 압입통풍의 장점과 단점을 각각 3가지씩 서술하시오.

08. 유입계수 0.79, 속도압 22mmH₂O일 때, 후드의 압력손실(mmH₂O)은?

09. 50개의 bag을 사용한 여과집진장치에서 입구 먼지농도가 $10g/Sm^3$, 집진율이 90%였다. 가동 중 1개의 bag에 구멍이 열려 전체 처리가스량의 1/10이 그대로 통과하였다면 출구의 먼지농도는? (단, 나머지 bag의 집진율 변화는 없음)

10. 사이클론에서 블로우 다운의 효과 4가지만 서술하시오.

11. 기체크로마토그래피에서 이론단수가 1,800인 분리관이 있다. 머무름시간이 10분인 피크의 좌우 변곡점에서 접선이 자르는 바탕선의 길이(mm)는? (단, 기록지 이동속도는 1.5cm/min, 이론단수는 모든 성분에 대하여 같다.)

12. 고용량 공기시료채취기로 비산먼지 포집 시, 포집개시 직후의 유량이 $1.6m^3/min$, 포집종료 직전의 유량이 $1.4m^3/min$이라면 총 흡입량(m^3)은 얼마인가? (단, 포집시간은 25시간)

해설 및 정답 →

해 설 및 정답

01 스테판 볼츠만 법칙

흑체복사를 하는 물체에서 나오는 복사에너지는 표면온도의 4승에 비례함

$$E = \sigma T^4$$

E : 복사에너지

T : 절대온도

σ : 스테판 볼츠만 상수

정답 흑체복사를 하는 물체에서 나오는 복사에너지는 표면온도의 4승에 비례한다는 법칙이다.

02

$$C_{max} = \frac{2 \cdot QC}{\pi \cdot e \cdot U \cdot (H_e)^2} \times \left(\frac{\sigma_z}{\sigma_y}\right) \text{ 에서,}$$

$$C_{max} \propto \frac{1}{H_e^2} \text{ 이므로,}$$

$$\frac{C_2}{C_1} = \frac{(H_{e_1})^2}{(H_{e_2})^2}$$

$$\frac{1}{4} = \frac{50^2}{(H_{e_2})^2}$$

$$\therefore H_{e_2} = 2 \times 50 = 100\,m$$

정답 100m

03 좋은 흡수액(세정액)의 조건

① 용해도가 커야 함
② 화학적으로 안정해야 함
③ 독성이 없어야 함
④ 부식성이 없어야 함
⑤ 휘발성이 작아야 함
⑥ 점성이 작아야 함
⑦ 어는점이 낮아야 함
⑧ 가격이 저렴해야 함

정답 ① 점성이 작아야 함
② 화학적으로 안정해야 함
③ 독성이 없어야 함

④ 부식성이 없어야 함
⑤ 휘발성이 작아야 함
⑥ 어는점이 낮아야 함

04 분무탑의 장단점

장점	단점
· 충전물이 없어 막힘 없음 · 범람, 편류 발생 없음 · 가격 저렴 · 침전물 발생 시에도 사용 가능	· 미세입자포집이 어려움 · 동력소모가 발생함 · 액가스비 큼 · 스프레이 구멍이 잘 막힘 · 분무액과 가스의 접촉이 어려워 효율이 낮음

정답 (1) 장점
① 충전물이 없어 막힘 없음
② 범람, 편류 발생 없음
③ 가격 저렴

(2) 단점
① 미세입자포집이 어려움
② 동력소모가 발생함
③ 액가스비 큼

05

$$S + O_2 \rightarrow SO_2 + 2NaOH \rightarrow Na_2SO_3 + H_2O$$

$$S : 2NaOH$$

$$32kg : 2 \times 40kg$$

$$\frac{2.5}{100} \times 10,000kg/h \times \frac{85}{100} \times \frac{24hr}{1d} : NaOH(kg/d)$$

$$\therefore NaOH = \frac{2.5}{100} \times 10,000kg/d$$

$$\times \frac{85}{100} \times \frac{24hr}{1d} \times \frac{2 \times 40}{32}$$

$$= 12,750kg/h$$

정답 12,750kg/d

06 정답 (1) 건식법의 종류(3가지 작성)

석회석 주입법, 활성탄 흡착법, 활성 산화망간법, 전자선조사법

(2) 건식법의 장점

① 배출가스의 온도저하가 거의 없다.

② 배출가스의 확산이 양호하다.

(3) 습식법의 장점

① 건식에 비해 반응효율이 높다.

② 장치의 규모가 작다.

07 **강제통풍(인공통풍)**

1) 가압통풍(압입통풍)

① 노내 가압통풍기를 설치하여 공기를 연소로 안으로 압입하는 방식

② 가압통풍기를 이용

③ 연소실 내 압력을 대기압보다 약간 정압(+)으로 유지

④ 내압이 정압(+)으로 연소효율이 좋음

⑤ 송풍기 고장이 적고 유지보수 용이

⑥ 소모동력이 적음

⑦ 연소용 공기 예열할 수 있음

⑧ 고온의 연소가스 누출 위험

⑨ 역화 위험성이 큼

⑩ 노 벽 손상의 우려가 있음

2) 흡인통풍

① 흡인통풍기를 이용해 굴뚝 내에 송풍기를 설치하여 연소가스를 흡인하는 방식

② 연소실 내의 압력을 부압(-)으로 유지

③ 노 내압이 부압으로 냉기 침입의 우려가 있음

④ 역화 위험이 없고 통풍력이 큼

⑤ 동력소요가 큼

⑥ 연소용 공기 예열에는 부적합

⑦ 송풍기의 점검 및 보수가 어려움

⑧ 굴뚝의 통풍저항이 큰 경우에 적합함

3) 평형통풍

① 가압·흡인 통풍기를 모두 이용하여 압입통 풍과 흡인통풍을 겸한 방식

② 연소실 앞과 굴뚝하부에 각각 송풍기를 설치하여 대기압 이상의 공기를 압입송풍기로 노 속에 송입하고, 흡인송풍기로 대기압보다 약간 높은 압력으로 노 내압을 유지시키는 통풍방식

③ 연소실 내 압력을 정압 또는 부압으로 조절 가능

④ 대형 연소시설에 적합

⑤ 시설비, 유지비용이 큼

⑥ 소음 큼

⑦ 동력 발생 많음

정답 (1) 장점

① 내압이 정압(+)으로 연소효율이 좋다.

② 송풍기 고장이 적고 유지보수가 용이하다.

③ 연소용 공기를 예열할 수 있다.

(2) 단점

① 고온의 연소가스 누출이나 역화가 발생할 수 있다.

② 노 벽 손상의 우려가 있다.

③ 노 내압이 정압으로 가스분출의 우려가 있다.

08 1) $F = \dfrac{1 - C_e^2}{C_e^2} = \dfrac{1 - 0.79^2}{0.79^2} = 0.6023$

2) $\triangle P = F \times \dfrac{\gamma V^2}{2g}$

$= 0.6023 \times 22 = 13.250 \text{mmH}_2\text{O}$

정답 $13.25 \text{mmH}_2\text{O}$

09 1) 구멍난 백의 출구 먼지농도

처리가스량의 1/10이 그대로 통과하였으므로,

$$\frac{10g/Sm^3}{10} = 1g/Sm^3$$

2) 나머지 49개 백의 출구 먼지농도

$$C = C_0(1-\eta)$$

$$= \frac{9}{10} \times 10g/Sm^3(1-0.9) = 0.9g/Sm^3$$

3) 전체 출구 먼지농도

$$1 + 0.9 = 1.9g/Sm^3$$

정답 $1.9g/Sm^3$

10 정답 ① 유효 원심력 증대

② 집진효율 향상

③ 내 통의 폐색 방지(더스트 플러그 방지)

④ 분진의 재비산 방지

11 이론단수(n) $= 16 \times \left(\frac{t_R}{W}\right)^2$

$$1,800 = 16 \times \left(\frac{10min \times 15mm/min}{W(mm)}\right)^2$$

$$\therefore W = 14.1414mm$$

정답 14.14mm

12 흡인공기량 $= \frac{Q_s + Q_e}{2}t$

$$= \frac{(1.6+1.4)m^3/min}{2} \times 25hr \times \frac{60min}{1hr}$$

$$= 2,250m^3$$

Q_s : 시료채취 개시 직후의 유량(m^3/분)

Q_e : 시료채취 종료 직전의 유량(m^3/분)

t : 시료채취시간(분)

정답 $2,250m^3$

2019년 제4회 대기환경기사

01. 다음 질문에 답하시오.

(1) 흑체를 설명하시오.
(2) 스테판 – 볼츠만 법칙의 공식과 각각의 인자를 설명하시오.

02. 바람의 종류 중 지균풍과 경도풍에 관해 서술하시오. (단, 각 바람에 작용하는 힘이 들어가 도록 함)

(1) 지균풍
(2) 경도풍

03. 옥탄가와 세탄가에 대하여 설명하시오.

(1) 옥탄가
(2) 세탄가

04. H_2S가 5% 포함된 메탄 $1Sm^3$을 공기비 1.05로 연소했을 때 건조 배기가스 중의 SO_2 농도(ppm)는? (단, H_2S의 황은 연소로 전량 SO_2로 전환된다.)

05. 다음 표는 어떤 연료의 원소 분석 결과와 연소 후 발생한 배출가스 분석결과이다. 건조배출가스 중의 황산화물 농도(ppm)를 계산하시오. (단, 표준상태 기준이다.)

· 연료의 원소분석 결과 : C 82%, H 13%, S 2%, O 2%, N 1%
· 배출가스 분석 결과 : (CO_2+SO_2) 13%, O_2 3%, CO 0%

06. 활성탄으로 암모니아 가스 200L를 흡착처리 하고자 한다. 초기농도가 60ppm NH_3일 때, 흡착 처리 후 배출농도가 5ppm이 되게 하려면, 주입할 활성탄 양(g)은 얼마인가? (단, Freundlich의 등온흡착식을 이용하고, 활성탄 농도 단위가 g/L일 때, 등온흡착식 상수 K = 0.015, 1/n = 4이다.)

07. 연돌 높이가 50m, 배출가스 평균온도가 225℃인 자연통풍 열설비시설이 있다. 이 시설의 통풍력을 1.5배 증가시키려면 배기가스의 온도는 얼마가 되어야 하는가? (단, 대기온도는 25℃, 공기와 배출가스의 비중량은 $1.3kg/Sm^3$이다.)

08. 유입구 폭이 14.5cm, 유효회전수가 5회인 사이클론에 아래 상태와 같은 함진가스를 처리하고자 할 때, 이 함진가스에 포함된 입자의 절단입경(μm)을 계산하시오.

· 함진가스의 유입속도 : 15m/s	· 함진가스의 점도 : 0.0748kg/m·hr
· 먼지입자의 밀도 : $2.15g/cm^3$	· 배기가스 온도 : 350K
· 가스의 밀도는 무시함	

09. 충전탑에서 발생하는 편류현상을 설명하고, 그 방지대책을 3가지 서술하시오.

(1) 편류현상
(2) 편류현상의 방지대책(3가지)

10. 전기집진장치의 집진원리(집진력)를 4가지 서술하시오.

11. 전기집진장치에서 먼지의 전기비저항은 집진율에 큰 영향을 미친다. 정상적인 집진율을 얻기 위해서 입자의 비저항은 $10^4 \sim 10^{11} \Omega \cdot cm$ 범위를 유지하여야 한다. 전기비저항이 다음과 같을 때 발생하는 장해현상과 그 대책을 각각 2가지씩 서술하시오.

(1) $10^4 \Omega \cdot cm$ 이하일 때
(2) $10^{11} \Omega \cdot cm$ 이상일 때

12. "대기오염공정시험기준"상의 환경대기 시험방법 중 아황산가스의 자동연속측정방법을 3가지 서술하시오.

해설 및 정답 →

01 정답 (1) 입사하는 모든 파장의 전자기파를 반사하는 것 없이 모두 흡수하고 복사하는 가상의 물체

(2) 스테판 볼츠만 법칙
흑체복사를 하는 물체에서 나오는 복사에너지는 표면온도의 4승에 비례한다는 법칙

$$E = \sigma T^4$$

  E : 복사에너지
  T : 절대온도
  σ : 스테판 볼츠만 상수

02 **지균풍**
마찰 영향이 무시되는 상층에서 부는 공중풍으로, 기압경도력과 전향력이 평형을 이룰 때 부는 수평 바람

경도풍
① 지균풍에 원심력 효과가 포함된 수평 바람
② 마찰 영향이 무시되는 상층에서 부는 공중풍으로, 기압경도력과 전향력, 원심력이 평형을 이룰 때 부는 수평 바람

정답 (1) 지균풍
마찰 영향이 무시되는 상층에서 부는 공중풍으로, 기압경도력과 전향력이 평형을 이룰 때 부는 수평 바람
(2) 경도풍
마찰 영향이 무시되는 상층에서 부는 공중풍으로, 기압경도력과 전향력, 원심력이 평형을 이룰 때 부는 수평 바람

03 정답 (1) 옥탄가
휘발유의 실제 성능을 나타내는 척도로, 옥탄가가 높을수록 노킹이 억제된다.

(2) 세탄가
경유의 착화성을 나타낼 때 이용되는 척도로, 세탄가가 높을수록 디젤노킹이 억제된다.

04 95% : $CH_4 + 2O_2 \rightarrow CO_2 + 2H_2O$
 5% : $H_2S + 1.5O_2 \rightarrow SO_2 + H_2O$

1) $A_o (Sm^3/Sm^3) = \dfrac{O_o}{0.21}$

$$= \frac{0.95 \times 2 + 0.05 \times 1.5}{0.21}$$

$$= 9.4047 (Sm^3/Sm^3)$$

2) $G_d (Sm^3/Sm^3)$

$$= (m - 0.21)A_o + \sum 건조생성물$$

$$= (1.05 - 0.21) \times 9.4047 + (0.95 \times 1 + 0.05 \times 1)$$

$$= 8.9$$

3) $SO_2 = \dfrac{SO_2}{G_d} \times 10^6 \, ppm$

$$= \frac{0.05 \times 1}{8.9} \times 10^6 \, ppm = 5,617.9775 ppm$$

정답 5,617.98ppm

05 1) 공기비

$N_2 = 100\% - 13\% - 3\% = 84\%$

$$m = \frac{N_2}{N_2 - 3.76\,O_2}$$

$$= \frac{84}{84 - 3.76 \times 3} = 1.15511$$

2) 이론공기량(A_o)

$A_o(Sm^3/kg)$

$$= \frac{O_o}{0.21}$$

$$= \frac{1.867C + 5.6H - 0.7O + 0.7S}{0.21}$$

$$= \frac{1.867 \times 0.82 + 5.6 \times 0.13 - 0.7 \times 0.02 + 0.7 \times 0.02}{0.21}$$

$$= 10.75685$$

3) $G_d = mA_o - 5.6H + 0.7O + 0.8N$

$$= 1.1551 \times 10.7568 - 5.6 \times 0.13$$
$$+ 0.7 \times 0.02 + 0.8 \times 0.01$$

$$= 11.71941\,Sm^3/kg$$

4) $SO_2 = \dfrac{SO_2}{G_d} \times 10^6 = \dfrac{0.7S}{G_d} \times 10^6$

$$= \frac{0.7 \times 0.02}{11.71941} \times 10^6 = 1{,}194.5991\,ppm$$

$\boxed{정답}$ 1,194.60ppm

06 $\dfrac{X}{M} = KC^{\frac{1}{n}}$

$$\frac{(60-5)}{M} = 0.015 \times 5^4$$

$$\therefore \ M = 5.86666\,g/L$$

$5.86666\,g/L \times 200L = 1{,}173.333\,g$

$\boxed{정답}$ 1,173.33g

07 (1) 연돌 높이 50m일 때의 통풍력

$$Z = 355H\left(\frac{1}{273 + t_a} - \frac{1}{273 + t_g}\right)$$

$$= 355 \times 50\left(\frac{1}{273 + 25} - \frac{1}{273 + 225}\right)$$

$$= 23.92118\,mmH_2O$$

(2) 1.5배 증가시킨 통풍력의 배기가스 온도

$1.5 \times 23.92118\,mmH_2O$

$$= 355 \times 50 \times \left\{\frac{1}{273 + 25} - \frac{1}{273 + t}\right\}$$

$$\therefore \ t = 476.5147\,℃$$

$\boxed{정답}$ 476.51℃

08 1) $\mu = 0.0748\,kg/m \cdot hr \times \dfrac{1hr}{3{,}600s}$

$$= 2.0777 \times 10^{-5}\,kg/m \cdot s$$

2) $\rho_p = 2{,}150\,kg/m^3$

3) 사이클론의 절단입경(d_{p50})

$$d_{p50} = \sqrt{\frac{9 \times \mu \times b}{2 \times (\rho_p - \rho) \times \pi \times v \times N}}$$

$$= \sqrt{\frac{9 \times 2.0777 \times 10^{-5} \times 0.145}{2 \times 2{,}150 \times \pi \times 15 \times 5}} \times \frac{10^6 \mu m}{1m}$$

$$= 5.173\,\mu m$$

$\boxed{정답}$ 5.17μm

09 $\boxed{정답}$ (1) 편류현상

충전탑에서 흡수액 분배가 잘 되지 않아 한쪽으로만 액이 지나가는 현상

(2) 편류현상의 방지대책(3가지)
① 탑의 직경과 충전물 직경의 비를 1 : 8~10으로 조절한다.
② 입도가 고른 충전물로 충전한다.
③ 높은 공극률과 낮은 저항의 충전재를 사용한다.

10 정답 ① 하전에 의한 쿨롱력

② 전계경도에 의한 힘

③ 입자 간에 작용하는 흡인력

④ 전기풍에 의한 힘

11

구분	$10^4 \Omega \cdot cm$ 이하일 때	$10^{11} \Omega \cdot cm$ 이상일 때
현상	· 포집 후 전자 방전이 쉽게 되어 재비산(jumping) 현상 발생	· 역코로나(전하가 바뀜, 불꽃방전이 정지되고, 형광을 띤 양(+)코로나 발생) · 역전리(back corona) 발생 · 집진효율 떨어짐
심화 조건	· 유속 클 때	· 가스 점성이 클 때 · 미분탄, 카본블랙 연소 시
대책	· 함진가스 유속을 느리게 함 · 암모니아수 주입	· 물(수증기) 주입 · 무수황산, SO_3, 소다회(Na_2CO_3) 주입 · 탈진빈도를 늘리거나 타격을 강하게 함

정답 (1) $10^4 \Omega \cdot cm$ 이하일 때

1) 장해현상 : 재비산 현상

2) 대책

① 함진가스 유속을 느리게 한다.

② 암모니아수를 주입한다.

(2) $10^{11} \Omega \cdot cm$ 이상일 때

1) 장해현상 : 역코로나 현상, 역전리 현상

2) 대책

① 물(수증기)을 주입한다.

② 무수황산을 주입한다.

12 환경대기 중 아황산가스 측정방법

수동측정법	자동측정법
파라로자닐린법 산정량 수동법 산정량 반자동법	자외선형광법(주시험방법) 용액전도율법 불꽃광도법 흡광차분광법

정답 · 자외선형광법

· 용액전도율법

· 불꽃광도법

04 2020년 제1회 대기환경기사

01. 연돌 높이가 35m, 배출가스 평균온도가 227℃인 자연통풍 열설비시설이 있다. 이 시설에 집진장치를 설치하였더니 10mmH$_2$O의 압력손실이 발생하였다. 집진장치를 설치하기 전의 통풍력을 유지하기 위해 연돌의 높이를 몇 m 더 높여야 하는가? (단, 대기온도는 27℃, 공기와 배출가스의 비중량은 1.3kg/Sm^3, 연돌 내의 압력손실은 무시한다.)

02. Coh의 정의를 쓰고 공식과 그에 따른 조건을 설명하시오.

    (1) Coh의 정의

    (2) Coh 구하는 공식 및 조건

03. 중유 1kg의 조성이 탄소 85%, 수소 10%, 황 2%, 산소 3%일 때, (1) 이론공기량과 (2) 이론습연소가스량을 구하시오.

    (1) 이론공기량(Sm^3/kg)

    (2) 이론습연소가스량(Sm^3/kg)

04. 입자의 측정방법 중 간접측정방법을 2가지 쓰고 간단히 설명하시오.

05. 지름 200mm, 높이 3m인 원통형 bag filter를 이용하여 함진농도가 5g/m^{3}이고, 배출가스량이 480m^3/s인 오염물질을 처리한다. 설계 여과속도가 4m/s일 때, bag filter의 소요 개수는 몇 개인가?

06. Venturi Scrubber의 액가스비가 0.5L/m^3, 수압이 20,000mmH$_2$O, 노즐 지름이 3.8mm, 목부 직경이 0.2m, 목부의 가스속도가 60m/s일 때, 노즐의 개수는 몇 개인가?

07. 충전탑과 단탑의 차이점을 비교하여 설명하시오. (3가지)

08. 사이클론에서 운전조건을 변경하여 효율을 증가시킬 수 있는 방법을 3가지만 서술하시오. (단, 블로우 다운 효과는 정답에서 제외함)

09. 대기오염물질(가스상 물질)을 포집하기 위해서 시료채취관을 선택하려고 한다. 다음 물음에 답하시오.
 (1) 채취관의 재질 선택 시 고려사항을 3가지 쓰시오.
 (2) 분석 대상가스가 폼알데하이드일 경우 적당한 여과재의 재질을 2가지 쓰시오.

10. 25℃, 760mmHg의 상태에서 Hg 1kg을 기화시켰을 때 수은 증기의 부피(m^3)는? (단, 수은 원자량 200.592)

11. Bag filter에서 먼지부하가 360g/m^2일 때마다 부착먼지를 간헐적으로 탈락시키고자 한다. 유입가스 중의 먼지농도가 10g/m^3이고, 겉보기 여과속도가 1cm/s일 때 부착먼지의 탈락시간 간격(s)은? (단, 집진율은 98.5%이다.)

12. 여과집진장치의 집진원리 4가지를 쓰시오.

13. 다음은 환경정책기본법령상 대기환경기준이다. (   ) 안에 알맞은 수치를 각각 쓰시오.

항목	대기환경기준
이산화질소(NO_2)	연간 평균치 (①)ppm 이하
PM10	24시간 평균치 (②)$\mu g/m^3$ 이하
벤젠	연간 평균치 (③)$\mu g/m^3$ 이하

14. 어느 시설의 배기가스 중 플루오르화규소(SiF_4)의 농도를 측정하였더니 25ppm이었다. 이 시설에 관계되는 대기환경보전법 시행규칙에 의해서 정해진 플루오르화규소의 배출기준이 플루오르의 양으로 10mg/m^3이라 하면 이 배기가스 중의 플루오르화규소 농도를 몇 % 정도 줄여야 하는가? (단, SiF_4 분자량 104, F 원자량 19이고, 표준상태 기준이며, 기타 조건은 동일하다.)

15. 덕트의 직경(D) 0.3048m, 유속(V) 2m/s, 밀도(ρ) 1.2kg/m^3, 점도(μ) 20cP일 때 다음을 구하시오.

(1) Reynolds Number

(2) Kinematic Viscosity

16. 송풍기가 공기를 200m^3/min로 이동시키고 200rpm으로 회전할 때 정압이 60mmH$_2$O, 동력이 6HP이다. 회전수를 400rpm으로 증가시켰을 때 다음을 계산하시오.

(1) 정압(mmH$_2$O)

(2) 동력(HP)

(3) 유량(m^3/min)

17. C 86%, H 14%의 조성을 갖는 액체연료로 매시 100kg 연소시킬 때 생성되는 배기가스의 조성은 CO$_2$ 12.5%, O$_2$ 3.5%, N$_2$ 84%이었다. 이때, 시간당 연소용 공기의 공급량(Sm^3/hr)을 구하시오.

18. 배출가스량이 7,500m^3/min인 배기가스를 전기집진장치로 처리하려 한다. 집진극의 면적이 4,500m^{2}일 때 효율이 98%라면 집진극으로 입자가 이동하는 속도(m/s)를 구하시오. (단, Deutsch식을 적용할 것)

19. 굴뚝의 현재 유효고가 50m일 때, 최대 지표농도를 1/3로 감소시키기 위해서는 유효고도(m)를 얼마만큼 더 증가시켜야 하는가? (단, Sutton식을 적용하고, 기타 조건은 동일하다고 가정)

20. 부탄 1Sm^{3}을 연소하였을 때 건조 배기가스 중 CO$_2$가 11%이다. 공기비는?

해설 및 정답 →

01 (1) 집진장치 설치 전 통풍력

$$Z = 355H\left(\frac{1}{273+t_a} - \frac{1}{273+t_g}\right)$$

$$= 355 \times 35\left(\frac{1}{273+27} - \frac{1}{273+227}\right)$$

$$= 16.5666 mmH_2O$$

(2) 집진장치 설치 후 연돌 높이

$$(16.5666+10)mmH_2O = 26.5666mmH_2O$$

$$26.5666mmH_2O$$

$$= 355 \times H \times \left\{\frac{1}{273+27} - \frac{1}{273+227}\right\}$$

$$\therefore\ H = 56.1266m$$

(3) 추가 연돌 높이

$$56.1266 - 35 = 21.1266m$$

정답 21.13m

02 헤이즈 계수(Coh ; Coeff. of haze)

(1) 정의

빛전달률(t)을 측정했을 때 광화학적 밀도가 0.01이 되도록 하는 여과지상의 빛을 분산시키는 고형물의 양

(2) 공식

$$Coh = \frac{광학적\ 밀도}{0.01} = \frac{\log\left(\frac{1}{t}\right)}{0.01}$$

여기서, t : 빛전달률

정답 (1) 빛전달률을 측정했을 때 광화학적 밀도가 0.01이 되도록 하는 여과지상의 빛을 분산시키는 고형물의 양

(2) $Coh = \dfrac{광학적\ 밀도}{0.01} = \dfrac{\log\left(\frac{1}{t}\right)}{0.01}$

여기서, t : 빛전달률

03 (1) $A_o = \dfrac{O_o}{0.21} = \dfrac{1.867C + 5.6\left(H - \dfrac{O}{8}\right) + 0.7S}{0.21}$

$$= \frac{1.867 \times 0.85 + 5.6 \times \left(0.1 - \dfrac{0.03}{8}\right) + 0.7 \times 0.02}{0.21}$$

$$= 10.1902 Sm^3/kg$$

(2) $G_{ow} = A_o + 5.6H + 0.7O + 0.8N + 1.244W$

$$= 10.1902 + 5.6 \times 0.10 + 0.7 \times 0.03$$

$$= 10.7712 Sm^3/kg$$

정답 (1) $10.19 Sm^3/kg$
(2) $10.77 Sm^3/kg$

04 입경분포 측정방법

직접 측정법	현미경법, 표준 체거름법(표준 체측정법)
간접 측정법	관성충돌법, 액상침강법, 광산란법, 공기투과법

(1) 직접측정법

① 현미경 측정법 : 광학현미경을 이용하여 입자의 투영면적을 관찰

② 표준 체거름법(표준 체측정법) : 입자를 입경별로 분리하여 측정

(2) 간접측정법

① 관성충돌법 : 입자의 관성충돌을 이용하여 측정

② 액상침강법 : 액상 중에 입자를 분산시켜 침강속도로 입경을 측정

③ 광산란법 : 액상 중에 분산시켜 침강하는 입자의 표면에서 일어나는 빛의 산란 정도를 광학분진계로 측정하여 입자크기를 측정

④ 공기투과법 : 입자의 비표면적을 측정하여 입경을 측정

정답 ① 관성충돌법 : 입자의 관성충돌을 이용하여 측정

② 액상침강법 : 액상 중에 입자를 분산시켜 침강속도로 입경을 측정

05 $N = \dfrac{Q}{\pi \times D \times L \times V_f}$

$= \dfrac{480 \text{m}^3/\text{s}}{\pi \times 0.2\text{m} \times 3\text{m} \times 4\text{m/s}} = 63.66$

$\therefore$ 64개

정답 64개

06 목부 유속과 노즐 개수 및 수압 관계식

$n\left(\dfrac{d}{D_t}\right)^2 = \dfrac{v_t L}{100 \sqrt{P}}$

$n\left(\dfrac{0.0038}{0.2}\right)^2 = \dfrac{60 \times 0.5}{100 \sqrt{20,000}}$

$\therefore n = 5.876 \fallingdotseq 6$

n : 노즐 수
d : 노즐 직경
D_t : 목부 직경
P : 수압(mmH₂O)
v_t : 목부 유속(m/s)
L : 액가스비(L/m³)

정답 6개

07 충전탑과 단탑 비교

구분	충전탑	단탑
분류	액분산형	가스분산형
액가스비(L/m³)	큼	작음
구조	간단	복잡
압력손실(mmH₂O)	작음(50)	큼(100~200)
처리가스속도	0.3~1m/s	

정답 ① 충전탑은 액분산형이고, 단탑은 가스분산형이다.
② 충전탑은 액가스비가 크고, 단탑은 액가스비가 작다.
③ 충전탑은 구조가 간단하고, 단탑은 구조가 복잡하다.

08 사이클론 운전조건을 변경하여 효율을 증가시킬 수 있는 방법

① 배기관경을 작게 함
② 함진가스 입구 유속을 증가시킴
③ 고농도의 먼지 투입
④ 멀티사이클론 방식을 사용함
⑤ 블로우 다운 효과를 적용함
⑥ 고농도일 때는 병렬 연결하여 사용하고, 응집성이 강한 먼지인 경우는 직렬 연결함(단수 3단 한계)

정답 ① 배기관경을 작게 함
② 함진가스 입구 유속을 증가시킴
③ 고농도의 먼지 투입

09 (1) 채취관의 재질 선택 시 고려사항
① 화학반응이나 흡착작용 등으로 배출가스의 분석결과에 영향을 주지 않는 것
② 배출가스 중의 부식성 성분에 의하여 잘 부식되지 않는 것
③ 배출가스의 온도, 유속 등에 견딜 수 있는 충분한 기계적 강도를 갖는 것

(2) 분석물질별 채취관의 재질

<분석물질의 종류별 채취관 및 연결관 등의 재질 >

분석물질, 공존가스	채취관, 연결관의 재질	여과재	비고
암모니아	① ② ③ ④ ⑤ ⑥	ⓐ ⓑ ⓒ	① 경질유리
일산화탄소	① ② ③ ④ ⑤ ⑥ ⑦	ⓐ ⓑ ⓒ	② 석영
염화수소	① ② ⑤ ⑥ ⑦	ⓐ ⓑ ⓒ	③ 보통강철
염소	① ② ⑤ ⑥ ⑦	ⓐ ⓑ ⓒ	④ 스테인리스강 재질
황산화물	① ② ④ ⑤ ⑥ ⑦	ⓐ ⓑ ⓒ	⑤ 세라믹
질소산화물	① ② ④ ⑤ ⑥	ⓐ ⓑ ⓒ	⑥ 플루오로수지
이황화탄소	① ② ⑥	ⓐ ⓑ	⑦ 염화바이닐수지
폼알데하이드	① ② ⑥	ⓐ ⓑ	⑧ 실리콘수지
황화수소	① ② ④ ⑤ ⑥ ⑦	ⓐ ⓑ ⓒ	⑨ 네오프렌
플루오린화합물	④ ⑥	ⓒ	
사이안화수소	① ② ④ ⑤ ⑥ ⑦	ⓐ ⓑ ⓒ	
브로민	① ② ⑥	ⓐ ⓑ	
벤젠	① ② ⑥	ⓐ ⓑ	ⓐ 알칼리성분이 없는 유리솜 또는 실리카솜
페놀	① ② ④ ⑥	ⓐ ⓑ	ⓑ 소결유리
비소	① ② ④ ⑤ ⑥ ⑦	ⓐ ⓑ ⓒ	ⓒ 카보런덤

TIP) 대부분의 채취관의 재질은 ① 경질유리,
② 석영, ⑥ 플루오로수지이다.

정답 (1) 채취관의 재질 선택 시 고려사항
① 화학반응이나 흡착작용 등으로 배출가스의 분석결과에 영향을 주지 않는 것
② 배출가스 중의 부식성 성분에 의하여 잘 부식되지 않는 것
③ 배출가스의 온도, 유속 등에 견딜 수 있는 충분한 기계적 강도를 갖는 것

(2) 알칼리 성분이 없는 유리솜, 실리카솜, 소결유리 중 2가지

10 (1) 0℃, 1기압(760mmHg)에서 수은 1kg의 부피
0℃, 1기압에서
수은 200.592kg = 22.4Sm³ 이므로,
0℃, 1기압에서 수은 1kg의 부피
$$= \frac{22.4\,\mathrm{Sm}^3}{200.592\,\mathrm{kg}} \times 1\mathrm{kg} = 0.111669\,\mathrm{Sm}^3$$

(2) 25℃, 1기압(760mmHg)에서
수은 1kg의 부피
$$V_{25} = V_0 \times \frac{273 + t℃}{273 + 0℃}$$
$$V_{25} = 0.111669 \times \frac{273 + 25}{273 + 0} = 0.12189\,\mathrm{m}^3$$

정답 0.12m³

11 $L_d(\mathrm{g/m^2}) = C_i \times V_f \times \eta \times t$
$$\therefore t = \frac{L_d}{C_i \times V_f \times \eta}$$
$$= \frac{360\mathrm{g/m^2}}{10\mathrm{g/m^3} \times 0.01\mathrm{m/s} \times 0.985}$$
$$= 3,654.822\mathrm{s}$$

정답 3,654.82s

12 여과집진장치의 집진원리
① 관성충돌
② 중력
③ 확산
④ 직접 차단
⑤ 정전기적 인력

정답 관성충돌, 중력, 확산, 직접 차단

13 환경정책기본법상 대기환경기준 <개정 2019. 7. 2.>

측정시간	연간	24시간	8시간	1시간
SO_2 (ppm)	0.02	0.05	-	0.15
NO_2 (ppm)	0.03	0.06	-	0.10
O_3 (ppm)	-	-	0.06	0.10
CO (ppm)	-	-	9	25
PM_{10} ($\mu g/m^3$)	50	100	-	-
$PM_{2.5}$ ($\mu g/m^3$)	15	35	-	-
납(Pb) ($\mu g/m^3$)	0.5	-	-	-
벤젠 ($\mu g/m^3$)	5	-	-	-

정답 ① 0.03 ② 100 ③ 5

14 (1) 플루오르화규소 배출 농도(C_0)

$$\frac{25\,mL}{Sm^3} \times \frac{104\,mgSiF_4}{22.4mL} \times \frac{4 \times 19\,mgF}{104\,mgSiF_4}$$

$$= 84.8214\,mg/Sm^3$$

(2) 제거율

$$\eta = 1 - \frac{C}{C_o} = 1 - \frac{10\,mg/Sm^3}{84.8214\,mg/Sm^3}$$

$$= 0.882105 = 88.2105\%$$

정답 88.21%

15 (1) 레이놀즈 수(Reynolds Number)

1.1) 점성계수

$$20cP = 20 \times 10^{-2} g/cm \cdot s$$
$$= 20 \times 10^{-3} kg/m \cdot s$$

1.2) 레이놀즈 수

$$R_e = \frac{DV\rho}{\mu}$$

$$= \frac{0.3048 \times 2 \times 1.2}{20 \times 10^{-3}} = 36.576$$

(2) 동점성계수(Kinematic Viscosity)

$$\nu = \frac{\mu}{\rho}$$

$$= \frac{20 \times 10^{-3} kg/m \cdot s}{1.2kg/m^3}$$

$$= 1.666 \times 10^{-2} m^2/s$$

정답 (1) 36.58
(2) $1.67 \times 10^{-2} m^2/s$

16 (1) 정압

$P \propto N^2$ 이므로

$$P_2 = P_1 \left(\frac{N_2}{N_1}\right)^2 = 60 \times \left(\frac{400}{200}\right)^2 = 240\,mmH_2O$$

(2) 동력

$W \propto N^3$ 이므로

$$W_2 = W_1 \left(\frac{N_2}{N_1}\right)^3 = 6 \times \left(\frac{400}{200}\right)^3 = 48\,HP$$

(3) 유량

$Q \propto N$ 이므로

$$Q_2 = Q_1 \left(\frac{N_2}{N_1}\right) = 200 \times \left(\frac{400}{200}\right) = 400\,m^3/min$$

정답 (1) 240mmH₂O
(2) 48HP
(3) 400m³/min

17

(1) $\quad m = \dfrac{N_2}{N_2 - 3.76(O_2 - 0.5CO)}$

$\qquad = \dfrac{84}{84 - 3.76 \times 3.5}$

$\qquad = 1.18577$

(2) $A_o(Sm^3/kg)$

$\quad = \dfrac{O_o}{0.21}$

$\quad = \dfrac{1.867C + 5.6\left(H - \dfrac{O}{8}\right) + 0.7S}{0.21}$

$\quad = \dfrac{1.867 \times 0.86 + 5.6 \times 0.14}{0.21}$

$\quad = 11.3791$

(3) 실제공기량(Sm^3/hr)

$\quad A = mA_o$

$\qquad = 1.18577 \times 11.3791 Sm^3/kg \times 100kg/hr$

$\qquad = 1,349.304 Sm^3/hr$

$\qquad\qquad$ **정답** $1,349.30 Sm^3/hr$

18 충전입자 이동속도(w)

$\quad \eta = 1 - e^{\frac{-Aw}{Q}}$

$\quad 0.98 = 1 - e^{\frac{-4,500w}{7,500/60}}$

$\quad \therefore w = 0.10866 m/s$

$\qquad\qquad$ **정답** $0.11 m/s$

19

$\quad C_{max} = \dfrac{2 \cdot QC}{\pi \cdot e \cdot U \cdot (H_e)^2} \times \left(\dfrac{\sigma_z}{\sigma_y}\right)$ 에서,

$\quad C_{max} \propto \dfrac{1}{H_e^2}$ 이므로,

$\quad \dfrac{C_2}{C_1} = \dfrac{(H_{e_1})^2}{(H_{e_2})^2}$

$\quad \dfrac{1}{3} = \dfrac{50^2}{(H_{e_2})^2}$

$\quad \therefore H_{e_2} = \sqrt{3} \times 50 = 86.6025m$

$\quad \therefore$ 높여야 할 유효연돌고는

$\qquad 86.6025 - 50 = 36.6025m$

$\qquad\qquad$ **정답** $36.60m$

20 $\quad C_4H_{10} + 6.5O_2 \rightarrow 4CO_2 + 5H_2O$

$\qquad 1Sm^3 \quad : \qquad 4Sm^3$

1) CO_2 발생량 : $4Sm^3$

2) $G_d(Sm^3/Sm^3)$

$\quad \dfrac{CO_2}{G_d} \times 100(\%) = 11\%$

$\quad \dfrac{4(Sm^3/Sm^3)}{G_d(Sm^3/Sm^3)} \times 100(\%) = 11\%$

$\quad \therefore G_d(Sm^3/Sm^3) = 36.3636$

3) 공기비(m)

$\quad G_d(Sm^3/Sm^3) = (m - 0.21)A_o + \sum$건조생성물

$\qquad 36.3636 = (m - 0.21) \times \dfrac{6.5}{0.21} + 4$

$\quad \therefore m = 1.255$

$\qquad\qquad$ **정답** 1.26

2020년 제2회 대기환경기사

01. 송풍기 회전판 회전에 의하여 집진장치에 공급되는 세정액이 미립자로 만들어져 집진하는 원리를 가진 회전식 세정집진장치에서 직경이 12cm인 회전판이 4,400rpm으로 회전할 때 형성되는 물방울의 직경은 몇 μm인가?

02. 석탄 1kg의 원소분석 결과가 아래 표와 같을 때 다음 물음에 답하시오.

성분	C	H	O	N	S	수분	회분
%	64	5.3	8.8	0.8	0.1	9	12

(1) $G_{ow}(Sm^3/kg)$
(2) $G_{od}(Sm^3/kg)$

03. 탄소 87%, 수소 13%의 조성을 가진 액체연료 1kg을 공기비 1.1로 연소했을 때 탄소의 1%가 그을음으로 배출된다고 하면, 건조연소가스 $1Sm^3$ 중 그을음 농도(g/Sm^3)를 계산하시오.

04. 세정집진장치의 입자포집원리 3가지를 쓰시오.

05. C 86%, H 14%의 조성을 갖는 액체연료로 매시 100kg 연소시킬 때 생성되는 연소가스의 조성은 CO_2 12.5%, O_2 3.5%, N_2 84%이었다. 이때 시간당 연소용 공기의 공급량(Sm^3/hr)을 구하시오.

06. 활성탄 흡착법에서 사용되는 물리적 흡착의 특징을 5가지 쓰시오.

07. 지표면 근처의 CO_2 농도가 350ppm이고, 지구 반지름을 6,380km로 가정할 때 지표면과 150m 사이의 CO_2의 양(ton)은?

08. 먼지농도 $50g/Sm^3$의 함진가스를 정상운전조건에서 80%로 처리하는 사이클론이 있다. 이 때 처리 가스의 5%에 해당하는 외부 공기가 유입될 때 출구가스 중의 먼지농도(g/Sm^3)는? (단, 먼지통과율은 외부 공기 유입이 없는 정상운전의 2배에 해당한다.)

09. A 알루미늄 제조회사의 굴뚝 배출가스량은 $5,000Sm^3/hr$, HF 농도는 30ppm이다. 이 HF를 순환수로 세정 흡수시켜 $Ca(OH)_2$로 침전 제거시키고자 한다. 하루 10시간 운전할 때 6일간 필요한 $Ca(OH)_2$의 양(kg)은? (단, HF는 90% 흡수액에 용해되고, $Ca(OH)_2$와 100% 반응한다.)

10. 배기가스를 흡착법으로 처리할 때, 사용된 활성탄을 재생하는 방법 5가지를 쓰시오.

11. 다음은 온실효과에 관한 질문이다. 다음 질문에 답하시오.

(1) 온실효과 원리
(2) 온실효과 원인 물질(3가지)

12. 세정집진장치 중 벤투리 스크러버에서 액가스비를 크게 하는 이유를 4가지만 쓰시오.

13. 다음의 각 연소방법의 종류를 설명하시오. (단, 연소방법에 해당하는 물질을 1가지 이상 언급할 것)

(1) 증발연소
(2) 분해연소
(3) 표면연소
(4) 확산연소
(5) 내부연소

14. 직경이 0.2m, 유효높이가 8.0m인 백을 사용하는 원통형 백필터가 있다. 이 백필터는 65,000 Sm^3/hr의 배출가스를 처리할 수 있다. 겉보기 여과속도가 1.5m/min일 때, 이 백필터로 집진하기 위해 필요한 여과백의 수는? (단, 배출가스의 온도는 0℃, 압력은 1atm으로 가정한다.)

15. 흡수장치에서, 흡수제의 구비조건을 5가지 쓰시오.

16. 대기안정도를 나타내는 지표 중 리차드슨 수(Richardson's Number)의 정의와 공식을 적고, 수치에 따른 안정도를 설명하시오.

    (1) 정의

    (2) 공식

    (3) 안정도 구분

17. 원심력 집진장치에서 블로우 다운의 효과 3가지를 서술하시오.

18. 배출가스의 흐름이 층류일 때 입경 50μm 입자가 100% 침강할 때 필요한 중력 침강실의 길이는? (단, 중력 침전실의 높이 1.55m, 배출가스의 유속 2.2m/s, 입자의 종말침강속도는 15.5cm/s이다.)

19. 내경이 1m, 길이 10m인 수평 원형덕트가 있다. 10m^3/s의 유량으로 배기가스를 통풍시킬 때 송풍기의 소요동력(kW)을 구하시오. (단, 마찰손실계수 = 0.27, 가스의 비중량은 1.3 kg/m^3이고, 송풍기의 효율은 80%이다.)

20. 고용량 공기시료채취기로 비산먼지 포집 시, 포집개시 직후의 유량이 12m^3/min, 포집종료 직전의 유량이 10.8m^3/min일 때 먼지의 농도(mg/m^3)를 구하시오. (단, 포집시간은 24시간이고, 포집하여 칭량한 먼지의 중량차는 2g이다.)

해설 및 정답 →

01 회전판의 반경과 물방울 직경과의 관계식을 이용한 계산

$$D_w = \frac{200}{N\sqrt{R}}$$

$$= \frac{200}{4,400\sqrt{6cm}} = 0.01855cm$$

$$\therefore D_w = 0.01855cm \times \frac{10^4 \mu m}{1cm} = 185.567\mu m$$

N : 회전수(rpm)
R : 회전판의 반경(cm)
D_w : 물방울 직경

정답 $185.57\mu m$

02

64% C + O_2 → CO_2
5.3% H_2 + $1/2O_2$ → H_2O
0.8% N_2 → N_2
0.1% S + O_2 → SO_2
12% 회분 → 회분
9% 수분 → H_2O
8.8% O_2

(1) G_{ow}

1) A_o

$$= \frac{O_o}{0.21} = \frac{1.867 \times C + 5.6\left(H - \frac{O}{8}\right) + 0.7S}{0.21}$$

$$= \frac{1.867 \times 0.64 + 5.6\left(0.053 - \frac{0.088}{8}\right) + 0.7 \times 0.001}{0.21}$$

$$= 6.8132 Sm^3/kg$$

2) $G_{ow}(Sm^3/kg)$

$$= A_o + 5.6H + 0.7O + 0.8N + 1.244W$$

$$= 6.8132 + 5.6 \times 0.053 + 0.7 \times 0.088 + 0.8 \times 0.008 + 1.244 \times 0.09$$

$$= 7.2899 Sm^3/kg$$

(2) G_{od}

$$G_{od} = A_o - 5.6H + 0.7O + 0.8N$$

$$= 6.8132 - 5.6 \times 0.053 + 0.7 \times 0.088 + 0.8 \times 0.008$$

$$= 6.5844 Sm^3/kg$$

정답 (1) $7.29 Sm^3/kg$
(2) $6.58 Sm^3/kg$

03 1) $G_d = mA_o - 5.6H + 0.7O + 0.8N$

$$= 1.1 \times \frac{1.867 \times 0.87 + 5.6 \times 0.13}{0.21} - 5.6 \times 0.13$$

$$= 11.59351 Sm^3/kg$$

2) 연료 1kg 연소 시 발생하는 검댕량(g)

$10^3 g/kg \times 0.87 \times 0.01 = 8.7g/kg$

3) $\dfrac{\text{검댕(g)}}{\text{배기가스}(Sm^3)}$

$$= \frac{8.7\,g/kg}{11.59351\,Sm^3/kg} = 0.7504\,g/Sm^3$$

정답 $0.75 g/Sm^3$

04 세정 집진장치의 주요 포집 메커니즘

① 관성충돌 : 액적-입자 충돌에 의한 부착포집
② 확산 : 미립자 확산에 의한 액적과의 접촉포집
③ 증습에 의한 응집 : 배기가스 증습에 의한 입자간 상호응집
④ 응결 : 입자를 핵으로 한 증기의 응결에 따른 응집성 증가
⑤ 부착 : 액막의 기포에 의한 입자의 접촉부착

정답 관성충돌, 확산, 응결

05 1) m

$$m = \frac{N_2}{N_2 - 3.76(O_2 - 0.5CO)}$$

$$= \frac{84}{84 - 3.76 \times 3.5}$$

$$= 1.18577$$

2) $A_o (Sm^3/kg)$

$$= \frac{O_o}{0.21}$$

$$= \frac{1.867C + 5.6\left(H - \frac{O}{8}\right) + 0.7S}{0.21}$$

$$= \frac{1.867 \times 0.86 + 5.6 \times 0.14}{0.21}$$

$$= 11.3791$$

3) 실제공기량(Sm^3/hr)

A

$$= mA_o$$

$$= 1.18577 \times 11.3791 Sm^3/kg \times 100kg/hr$$

$$= 1,349.304 Sm^3/hr$$

정답 $1,349.30 Sm^3/hr$

06 흡착의 분류

구분	물리적 흡착	화학적 흡착
반응	· 가역반응	· 비가역반응
계	· open system	· closed system
원동력	· 분자간 인력(반데르발스 힘)	· 화학 반응
흡착열	· 낮음(2~20kJ/mol)	· 높음(20~400kJ/mol)
흡착층	· 다분자 흡착	· 단분자 흡착
온도, 압력 영향	· 온도영향이 큼 (온도↓, 압력↑ → 흡착↑) (온도↑, 압력↓ → 탈착↑)	· 온도영향 적음 (임계온도 이상에서 흡착 안 됨)
재생	· 가능	· 불가능

정답
① 반데르발스 힘으로 흡착된다.
② 가역반응이다.
③ 다분자층 흡착이다.
④ 재생이 가능하다.
⑤ 흡착열이 낮다.

07 1) CO_2 농도(ton/m^3)

$$\frac{350mL}{m^3} \left| \frac{44mg}{22.4mL} \right| \frac{1ton}{10^9 mg}$$

$$= 6.875 \times 10^{-7} ton/m^3$$

2) 150m 고도까지 대기의 부피(m^3)

150m 고도까지 대기의 부피

= 150m 고도까지 구의 부피 - 지구의 부피

$$= \frac{\pi}{6}(2 \times (6,380,000 + 150))^3$$
$$- \frac{\pi}{6}(2 \times 6,380,000)^3$$

$$= 7.67277 \times 10^{16} m^3$$

3) CO_2 양(ton)

CO_2 농도(ton/m^3) × 대기의 부피(m^3)

$$= \frac{6.875 \times 10^{-7} ton}{m^3} \left| \frac{7.67277 \times 10^{16} m^3}{} \right.$$

$$= 5.275 \times 10^{10} ton$$

정답 $5.28 \times 10^{10} ton$

08 1) 외기 누출 없을 때 통과율

통과율 = 100 − 집진율

= 100 − 80

= 20%

2) 외기 누출 시 집진율

먼지 통과율이 2배가 되었으므로,

외기 누출 시 통과율 = 20% × 2 = 40%임

∴ 집진율 = 100 − 통과율

= 100 − 40

= 60%

3) 외부 공기가 유입될 때 출구가스 중의 먼지 농도(g/Sm³)

$$\eta = \left(1 - \frac{CQ}{C_o Q_o}\right)$$

$$0.6 = \left(1 - \frac{C \times (1 + 0.05)}{50\,g/Sm^3 \times 1}\right)$$

∴ C = 19.0476 g/Sm³

정답 19.05 g/Sm³

09 $2HF + Ca(OH)_2 \rightarrow CaF_2 + 2H_2O$

$\quad\quad 2HF \;:\; Ca(OH)_2$

$2 \times 22.4\,Sm^3 \;:\; 74\,kg$

$5,000\,Sm^3/hr \times \dfrac{30}{10^6} \times 0.9 \times \dfrac{10hr}{1d} \times 6d \;:\; x(kg)$

∴ $x = 13.379\,kg$

정답 13.38 kg

10 **정답** 활성탄 재생법

① 가열공기 통과 탈착식

② 수세 탈착식

③ 수증기 탈착식

④ 감압 탈착식

⑤ 고온의 불활성 기체 주입방법

11 **정답** (1) 온실효과 원리

지구로 들어온 태양열 중 적외선 일부가 온실가스에 의해 흡수되어 지구 밖으로 나가지 못하고 순환되는 현상을 온실효과라 한다. 이 온실효과에 의해 지구의 연평균 기온이 일정하게 유지된다. 최근에는 온실가스 증가로 지구온난화가 발생하고 있다.

(2) 온실효과 원인 물질(3가지 작성)

CO_2, CH_4, N_2O, CFC-11(CCl_3F), CFC-12(CCl_2F_2), CH_3CCl_3, CCl_4, O_3, H_2O 등

12 액가스비를 증가시켜야 하는 경우

처리하기 힘든 먼지일수록 액가스비를 증가시켜야 함

① 먼지 농도가 클수록

② 먼지의 입경이 작을 때

③ 먼지 입자의 점착성이 클 때

④ 처리가스의 온도가 높을 때

⑤ 먼지 입자의 소수성이 클 때

정답 ① 먼지 농도가 클수록

② 먼지의 입경이 작을 때

③ 먼지 입자의 점착성이 클 때

④ 처리가스의 온도가 높을 때

13 연소의 형태

연소 형태	정의 및 특징
표면 연소	· 고체연료 표면에 고온을 유지시켜 표면에서 반응을 일으켜 내부로 연소가 진행되는 형태 **예** 석탄, 목탄, 코크스 등(휘발분 거의 없는 연료)

분해 연소	· 증발온도보다 분해온도가 낮은 경우에 는 가열에 의해 열분해되어 휘발하기 쉬운 성분의 표면에서 떨어져 나와 연 소하는 현상 **예** 목재, 석탄 등
증발 연소	· 휘발성이 높은 연료가 증발되어 기체가 되어 일어나는 연소 **예** 휘발유, 등유, 경유, 나프탈렌, 양 초 등
발연 연소(훈연 연소)	· 열분해로 발생된 휘발성분이 점화되지 않고 다량의 발연을 수반하여 표면반 응을 일으키면서 연소하는 형태
확산 연소	· 가연성 연료와 외부공기가 서로 확산에 의해 혼합하면서 화염을 형성하는 연소 형태 **예** LPG, 프로판 등의 기체연료
예혼합 연소	· 기체연료와 공기를 먼저 혼합한 후 점 화시키는 연소 **예** LPG, 프로판 등의 기체연료
부분 예혼합 연소	· 확산 연소와 예혼합 연소의 절충식으로 일부를 혼합하고, 나머지를 연소실 내 에서 확산시켜 연소하는 방법 **예** LPG, 프로판 등의 기체연료
자기 연소(내부 연소)	· 공기 중 산소 없이 연료 자체의 산소에 의해 일어나는 연소 **예** 니트로글리세린, 다이너마이트 등

정답 (1) 증발연소 : 휘발성이 높은 연료(휘발유,
등유, 경유, 나프탈렌, 양초 등)가 증
발되어 기체가 되어 일어나는 연소
(2) 분해연소 : 연료(목재, 석탄 등)가 증
발온도보다 분해온도가 낮은 경우에
는 가열에 의해 열분해되어 휘발하
기 쉬운 성분의 표면에서 떨어져 나
와 연소하는 현상
(3) 표면연소 : 휘발분 거의 없는 연료(석
탄, 목탄, 코크스 등) 표면에 고온을
유지시켜 표면에서 반응을 일으켜
내부로 연소가 진행되는 형태
(4) 확산연소 : 가연성 연료(LPG, 프로판
등의 기체연료)와 외부공기가 서로 확
산에 의해 혼합하면서 화염을 형성
하는 연소형태

(5) 내부연소 : 니트로글리세린, 다이너마
이트 등의 연료가 공기 중 산소 없
이 연료 자체의 산소에 의해 일어나
는 연소

14 $N = \dfrac{Q}{\pi \times D \times L \times V_f}$

$= \dfrac{65,000\,\mathrm{Sm^3/hr} \times \dfrac{1\mathrm{hr}}{60\mathrm{min}}}{\pi \times 0.2\mathrm{m} \times 8\,\mathrm{m} \times 1.5\mathrm{m/min}} = 143.681$

$\therefore$ 144개

정답 144개

15 좋은 흡수액(세정액)의 조건
① 용해도가 커야 함
② 화학적으로 안정해야 함
③ 독성이 없어야 함
④ 부식성이 없어야 함
⑤ 휘발성이 작아야 함
⑥ 점성이 작아야 함
⑦ 어는점이 낮아야 함
⑧ 가격이 저렴해야 함

정답 ① 용해도가 커야 함
② 화학적으로 안정해야 함
③ 독성이 없어야 함
④ 부식성이 없어야 함
⑤ 휘발성이 작아야 함

16 정답 (1) 정의 : 대류 난류를 기계적 난류로 전환시키는 비율

(2) 공식

$$Ri = \frac{g}{T} \frac{\triangle T/\triangle Z}{(\triangle U/\triangle Z)^2}$$

여기서, g : 중력가속도(9.8m/s^2)
T : 평균절대온도(℃ + 273)
$\triangle Z$: 고도차(m)
$\triangle U$: 풍속차(m/s)
$\triangle T$: 온도차(℃)

(3) 안정도
① Ri < -0.04 : 대류(열적 난류) 지배, 대류가 지배적이어서 바람이 약하게 되어 강한 수직운동이 일어남
② -0.04 < Ri < 0 : 대류와 기계적 난류 둘 모두 존재, 주로 기계적 난류가 지배적
③ Ri = 0 : 기계적 난류만 존재
④ 0 < Ri < 0.25 : 기계적 난류 감소
⑤ 0.25 < Ri : 수직방향 혼합 거의 없고, 대류 없음(안정), 난류가 층류로 변함

17 정답 **블로우 다운 효과**(3가지 작성)
① 유효 원심력 증대
② 집진효율 향상
③ 내 통의 폐색 방지(더스트 플러그 방지)
④ 분진의 재비산 방지

18 $L = \dfrac{V \times H \times \eta}{V_s}$

$\therefore L = \dfrac{2.2 \times 1.55 \times 1}{0.155} = 22\,\text{m}$

정답 22m

19 1) 속도

1.1) $A = \dfrac{\pi}{4}D^2 = \dfrac{\pi}{4} \times 1^2 = 0.78539\,\text{m}^2$

1.2) $V = \dfrac{Q}{A} = \dfrac{10}{0.78539} = 12.73239\,\text{m/s}$

2) 원형 덕트에서의 압력손실($\triangle P$)

$\triangle P(\text{mmH}_2\text{O})$

$= 4f \times \dfrac{L}{D} \times \dfrac{\gamma V^2}{2g}$

$= 4 \times 0.27 \times \dfrac{10}{1} \times \dfrac{1.3 \times (12.73239)^2}{2 \times 9.8}$

$= 116.1264$

3) 송풍기 소요동력

$P = \dfrac{Q \times \triangle P \times \alpha}{102 \times \eta}$

$= \dfrac{10 \times 116.1264 \times 1}{102 \times 0.8} = 14.231\,\text{kW}$

여기서, P : 소요동력(kW)
Q : 처리가스량(m^3/s)
$\triangle P$: 압력(mmH_2O)
α : 여유율(안전율)
η : 효율

정답 14.23kW

20 1) 흡인공기량

흡인공기량 $= \dfrac{Q_s + Q_e}{2}t$

$= \dfrac{(12+10.8)\text{m}^3/\text{min}}{2} \times 24\text{hr} \times \dfrac{60\text{min}}{1\text{hr}}$

$= 16,416\,\text{m}^3$

Q_s : 시료채취 개시 직후의 유량(m^3/분)
Q_e : 시료채취 종료 직전의 유량(m^3/분)
t : 시료채취시간(분)

2) 포집한 먼지의 농도(mg/m^3)

$\dfrac{2g}{16,416\text{m}^3} \left| \dfrac{1,000\text{mg}}{1g} \right. = 0.1218\,\text{mg/m}^3$

정답 $0.12\,\text{mg/m}^3$

06 2020년 제 3회 대기환경기사

01. 석탄화력발전소에서 $100m^3/min$ 배출되는 배기가스를 전기집진장치로 처리하려고 한다. 입자의 이동속도가 $10cm/s$, 집진율을 99.9%로 하려면 집진극의 면적(m^2)은?

02. 중질유 중 $C_{10}H_{20}$ 99.7%(무게기준), 0.3%(무게기준)의 질소성분이 포함되어 있다. 60%의 과잉공기를 사용하여 연소하였을 때 습배출가스 중 NO농도(ppm)를 구하시오.

03. 다음은 광화학반응에 관한 설명이다. ( ) 안에 알맞은 내용을 넣으시오.

> 자동차의 배기가스로 NO가 생성되면, NO가 산화되어 NO_2가 된다. 광화학 반응은 NO_2가 (①)되는 반응으로 시작되는데, NO_2는 자외선을 흡수해 NO와 (②)으로 분해된다. (③)은 산소(O_2)와 반응을 해 오존을 생성한다. 대기 중 HC가 존재하여 반응이 복잡해지며, PAN, 아크롤레인 등의 (④)가 생성된다. (④) 농도가 증가하면서 NO 농도는 점차 (⑤)하고, 광화학 스모그는 더욱 심해진다.

04. 선택적촉매환원법(Selective Catalyric Reduction)의 (1) 원리를 설명하고 (2) 대표적인 반응식을 3가지 쓰시오.
   (1) 선택적촉매환원법의 원리
   (2) 대표적인 반응식 3가지

05. 기체연료 C_xH_y 1mole을 이론공기량으로 완전연소시킬 경우 이론습배출가스량(mole)을 구하시오. (단, 화학반응식까지 작성하여 계산하시오.)

06. 다음은 온실효과에 관한 질문이다. 다음 질문에 답하시오.

   (1) 온실효과 원리
   (2) 온실효과 원인 물질 (3가지)

07. 석탄 연소 시 배출되는 SO_2 배출량을 2.5mg SO_2/kcal 이하로 규제하려고 한다. 석탄의 발열량이 6,000kcal/kg·coal일 때 규제 배출량 기준을 넘지 않으려면 석탄 중 황(S) 함량은 몇 % 이하이어야 하는가? (단, S 함량은 중량비, 석탄 중의 황은 연소로 모두 SO_2가 된다고 가정함)

08. 다음은 태양에너지 복사와 관련된 용어이다. 다음 용어를 설명하시오.

(1) 알베도(albedo)
(2) 비인의 변위법칙(정의에 대하여 설명하고, 공식 및 인자를 설명하시오.)

09. 매시간 4ton의 중유를 연소하는 보일러의 배연탈황에 수산화나트륨을 흡수제로 하여 부산물로서 아황산나트륨을 회수한다. 중유 중 황성분은 3.5%, 탈황률이 98%라면 필요한 수산화나트륨의 이론량(kg/h)은? (단, 중유 중 황성분은 연소 시 전량 SO_2로 전환되며, 표준상태를 기준으로 한다.)

10. A 집진장치에서 처리하는 입자의 입경범위별 중량분율(%), 부분집진율(%)이 다음과 같을 때 이 집진장치의 총합 집진율(%)을 구하시오.

[표] 입경별 중량분포

입경범위(μm)	0~5	5~10	10~15
중량분포(%)	50	30	20
부분 집진율(%)	45	80	96

11. 덕트의 반경은 15cm, 공기의 유속과 점도가 각각 2m/s, 0.2cP, 공기의 밀도가 1.2kg/m^{3}일 때 다음 물음에 답하시오.

(1) 레이놀즈 수
(2) 동점성계수(cm^2/s)

12. 텅스텐 전구의 제조공정에서 배출되는 NOx는 모두 NO_2이고, 7,000ppm 농도로 135Sm^3/hr씩 배출된다. 이 공정을 하루에 8시간 동안 가동하여 NH_3를 이용한 선택적 접촉환원법으로 처리하고자 할 때 필요한 NH_3의 양(Sm^3/day)은? (단, 산소 공존은 고려하지 않으며, 표준상태 기준)

13. 기체크로마토그래피에서 A, B 성분의 머무름시간이 각각 2분, 5분이었으며, 피크폭은 40초, 60초이었다면 이때 (1) 분리계수(d)와 (2) 분리도(R)는?

(1) 분리계수(d)

(2) 분리도(R)

14. 다음은 대기오염공정시험기준상 원자흡수분광광도법에서 사용되는 용어이다. 다음 용어의 정의를 쓰시오.

(1) 공명선(Resonance Line)

(2) 분무실(Atomizer chamber)

15. 실내에서 CO_2가 $0.9m^3/min$로 발생한다. 허용농도가 CO_2 5,000ppm일 때 필요한 환기량(m^3/hr)은? (단, 안전계수는 10)

16. 석탄 1kg의 원소분석 결과가 아래 표와 같을 때 다음 물음에 답하시오.

성분	C	H	O	N	S	수분	회분
%	64	5.3	8.8	0.8	0.1	9	12

(1) $G_{ow}(Sm^3/kg)$

(2) $G_{od}(Sm^3/kg)$

(3) $CO_{2(max)}(\%)$

17. 어떤 물질의 1차 반응에서 550초 동안 1/2이 분해되었다면 1/5로 감소할 때까지의 시간(s)은?

18. 전기집진장치에서 역전리 현상이 일어나는 것을 방지하기 위해 먼지의 겉보기 전기저항을 감소시키는 방법을 3가지 쓰시오.

19. 다음은 대기오염 공정시험기준상 환경대기 중의 먼지측정방법에 관한 설명이다. ( ) 안에 알맞은 말을 답란에 쓰시오.

20. 다음 [표]와 같은 입경분포를 가진 먼지를 함유한 배출가스를 사이클론으로 처리하려고 한다. 절단입경(d_{pcut})에 대한 부분집진효율 공식이 다음과 같을 때 총 먼지제거효율을 구하시오.

[표] 입경별 중량분포

입경(μm)	10	30	60	80
중량분포(%)	10	20	50	20

[공식]

$$\eta = \cfrac{1}{1 + \left(\cfrac{d_{p_{cut}}}{d_p}\right)^2}$$

$$d_{p_{cut}} = \sqrt{\frac{9\mu B}{2\pi N_e v (\rho_p - \rho)}}$$

여기서,

$d_{p_{cut}}$: 절단입경(μm)

d_p : 입경(μm)

B : 0.25m

μ : 1.85×10^{-2}cps

ρ : 1.2kg/m^3

ρ_p : 1.8g/cm^3

v : 8m/s

N_e : 6회

해설 및 정답 →

01

$$\eta = 1 - e^{\left(-\frac{Aw}{Q}\right)}$$

$$0.999 = 1 - e^{\left(-\frac{A \times 0.1}{100 m^3/min \times \frac{1min}{60s}}\right)}$$

$$\therefore A = 115.129 m^2$$

정답 $115.13 m^2$

02

99.7% : $C_{10}H_{20}$ + $15O_2$ → $10CO_2$ + $10H_2O$
$140kg$: $15 \times 22.4 Sm^3$

0.3% : N_2 + O_2 → $2NO$
$28kg$: $22.4 Sm^3$

1) A_0

$$A_o = \frac{O_o}{0.21}$$

$$= \frac{0.997 \times \frac{15 \times 22.4}{140} + 0.003 \times \frac{22.4}{28}}{0.21}$$

$$= 11.405714 \, Sm^3/kg$$

2) G_w

과잉공기가 60%이므로, 공기비 m = 1.6
$$G_W = (m - 0.21)A_o + \sum 모든 생성물$$
$$= (1.6 - 0.21) \times 11.405714$$
$$+ \left(0.997 \times \frac{(10+10) \times 22.4}{140} + 0.003 \times \frac{2 \times 22.4}{28}\right)$$
$$= 19.049142 \, Sm^3/kg$$

3) NO농도(ppm)

$$\frac{NO}{G_w} \times 10^6 ppm = \frac{0.003 \times \frac{2 \times 22.4}{28}}{19.049142} \times 10^6 ppm$$

$$= 251.979 ppm$$

정답 251.98ppm

03

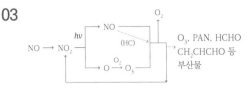

< 옥시던트의 생성 반응 >

정답 ① 환원(분해)
② 산소원자(O)
③ 산소원자(O)
④ 옥시던트
⑤ 감소

04 정답 (1) 원리 : 촉매를 이용하여 배기가스 중 존재하는 O_2와는 무관하게 NOx를 선택적으로 N_2로 환원시키는 방법

(2) 대표 반응식(3가지 작성)
$6NO + 4NH_3 \rightarrow 5N_2 + 6H_2O$
$6NO_2 + 8NH_3 \rightarrow 7N_2 + 12H_2O$
$NO + H_2 \rightarrow 0.5N_2 + H_2O$
$NO + CO \rightarrow 0.5N_2 + CO_2$
$NO + H_2S \rightarrow 0.5N_2 + H_2O + S$

05 몰수비(mol/mol)는 부피비(Sm^3/Sm^3)와 같다.

$$C_xH_y + \frac{4x+y}{4}O_2 \rightarrow xCO_2 + \frac{y}{2}H_2O$$

$$1mol : \frac{4x+y}{4}mol$$

$\therefore A_o(mol/mol)$

$$= \frac{O_o}{0.21} = \frac{4x+y}{4\times0.21} = \frac{1}{0.21}x + \frac{1}{0.84}y$$

$$G_{ow}(mol/mol) = (1-0.21)A_o + \sum \text{모든생성물}$$

$$= (1-0.21)\times\left(\frac{1}{0.21}x + \frac{1}{0.84}y\right) + \left(x + \frac{y}{2}\right)$$

$$= 3.7619x + 0.9404y + \left(x + \frac{y}{2}\right)$$

$$= 4.7619x + 1.4404y$$

정답 $4.76x + 1.44y$

06 **정답** (1) 온실효과 원리

지구로 들어온 태양열 중 적외선 일부가 온실가스에 의해 흡수되어 지구 밖으로 나가지 못하고 순환되는 현상을 온실효과라 한다. 이 온실효과에 의해 지구의 연평균 기온이 일정하게 유지된다. 최근에는 온실가스 증가로 지구온난화가 발생하고 있다.

(2) 온실효과 원인 물질(3가지 작성)
CO_2, CH_4, N_2O, CFC-11(CCl_3F), CFC-12(CCl_2F_2), CH_3CCl_3, CCl_4, O_3, H_2O 등

07 1) 규제 배출 기준 SO_2

$$\frac{2.5mg\,SO_2}{kcal} \times \frac{6,000kcal}{kg\,coal} \times \frac{1kg}{10^6mg}$$

$$= \frac{0.015kg\,SO_2}{kg\,coal}$$

$\therefore$ 석탄 1kg당 SO_2가 0.015kg 이하로 배출되어야 함

2) 석탄 중 황 함량(S)

$$S + O_2 \rightarrow SO_2$$

$$32kg \quad : \quad 64kg$$

$$S \times 1kg \quad : \quad 0.015kg$$

$$\therefore S = \frac{32\times0.015}{64} = 0.0075 = 0.75\%$$

정답 0.75%

08 **정답** (1) 알베도(albedo) : 입사에너지에 대해 반사되는 에너지의 비

(2) 비인(Vein)의 법칙 : 최대에너지 파장과 흑체 표면의 절대온도는 반비례함을 나타내는 법칙

$$\lambda = \frac{2,897}{T}$$

λ : 파장
T : 표면절대온도

09 $S + O_2 \rightarrow SO_2 + 2NaOH \rightarrow Na_2SO_3 + H_2O$

$$S : 2NaOH$$

$$32kg : 2\times40kg$$

$$\frac{3.5}{100}\times4,000kg/h\times\frac{98}{100} : NaOH(kg/h)$$

$$\therefore NaOH = \frac{3.5}{100}\times4,000kg/h\times\frac{98}{100}\times\frac{2\times40}{32}$$

$$= 343kg/h$$

정답 343kg/hr

10 집진율

$= \sum (중량분포 \times 부분 집진율)$

$= (0.5 \times 45\%) + (0.3 \times 80\%) + (0.2 \times 96\%)$

$= 65.7\%$

> **정답** 65.7%

11 (1) 레이놀즈 수

$\mu = 0.2 cp = 0.2 \times 10^{-2} g/cm \cdot s$

$= 0.2 \times 10^{-3} kg/m \cdot s$

$= 2 \times 10^{-4} kg/m \cdot s$

$\therefore R_e = \dfrac{DV\rho}{\mu} = \dfrac{0.3 \times 2 \times 1.2}{2 \times 10^{-4}} = 3,600$

(2) 동점성계수(cm^2/s)

$\nu = \dfrac{\mu}{\rho} = \dfrac{2 \times 10^{-4} kg}{m \cdot s} \times \dfrac{m^3}{1.2 kg} \times \left(\dfrac{100 cm}{1 m} \right)^2$

$= 1.6666 cm^2/s$

> **정답** (1) 3,600
> (2) $1.67 cm^2/s$

12 NO_2 제거 시 필요한 NH_3

$6NO_2 + 8NH_3 \rightarrow 7N_2 + 12H_2O$

$6 \times 22.4 Sm^3 : 8 \times 22.4 Sm^3$

$135 Sm^3/hr \times \dfrac{8hr}{1d} \times \dfrac{7000 \, Sm^3 \, NO_2}{10^6 Sm^3} : X \, Sm^3/d$

$\therefore X = 10.08 Sm^3/d$

> **정답** $10.08 Sm^3/d$

13 (1) 분리계수(d)

2분 = 120초

5분 = 300초

$d = \dfrac{t_{R2}}{t_{R1}} = \dfrac{300}{120} = 2.5$

(2) 분리도(R)

$R = \dfrac{2(t_{R2} - t_{R1})}{W_1 + W_2} = \dfrac{2(300 - 120)}{40 + 60} = 3.6$

여기서,

t_{R1} : 시료도입점으로부터 봉우리 1의 최고 점까지의 길이(머무름시간)

t_{R2} : 시료도입점으로부터 봉우리 2의 최고 점까지의 길이(머무름시간)

W_1 : 봉우리 1의 좌우 변곡점에서의 접선 이 자르는 바탕선의 길이(폭)

W_2 : 봉우리 2의 좌우 변곡점에서의 접선 이 자르는 바탕선의 길이(폭)

> **정답** (1) 2.5
> (2) 3.6

14 **정답** (1) 공명선 : 원자가 외부로부터 빛을 흡 수했다가 다시 먼저 상태로 돌아갈 때 방사하는 스펙트럼선

(2) 분무실 : 분무기와 함께 분무된 시료 용액의 미립자를 더욱 미세하게 해주 는 한편 큰 입자와 분리시키는 작용 을 갖는 장치

15

$$Q = \frac{M}{C_o - C} \times n = \frac{0.9\,\text{m}^3/\text{min} \times \dfrac{60\,\text{min}}{1\,\text{hr}}}{5{,}000 \times 10^{-6} - 0} \times 10$$

$$= 108{,}000\,\text{m}^3/\text{hr}$$

여기서, Q : 환기량(m^3/hr)

$\quad\quad\quad M$: 발생량(m^3/hr)

$\quad\quad\quad C_o$: 실내 허용 농도(m^3/m^3)

$\quad\quad\quad C$: 신선 외기 농도(m^3/m^3)

$\quad\quad\quad n$: 안전계수

정답 $108{,}000\,\text{m}^3/\text{hr}$

16

64%	C	+ O_2	→	CO_2
5.3%	H_2	+ $1/2O_2$	→	H_2O
0.8%	N_2		→	N_2
0.1%	S	+ O_2	→	SO_2
12%	회분		→	회분
9%	수분		→	H_2O
8.8%	O_2			

(1) G_{ow}

　1) A_o

$$= \frac{O_o}{0.21}$$

$$= \frac{1.867 \times C + 5.6\left(H - \dfrac{O}{8}\right) + 0.7S}{0.21}$$

$$= \frac{1.867 \times 0.64 + 5.6\left(0.053 - \dfrac{0.088}{8}\right) + 0.7 \times 0.001}{0.21}$$

$$= 6.8132\,\text{Sm}^3/\text{kg}$$

　2) $G_{ow}\,(\text{Sm}^3/\text{kg})$

$$= A_o + 5.6H + 0.7O + 0.8N + 1.244W$$

$$= 6.8132 + 5.6 \times 0.053 + 0.7 \times 0.088 + 0.8 \times 0.008 + 1.244 \times 0.09$$

$$= 7.2899\,\text{Sm}^3/\text{kg}$$

(2) G_{od}

$$G_{od} = A_o - 5.6H + 0.7O + 0.8N$$

$$= 6.8132 - 5.6 \times 0.053 + 0.7 \times 0.088 + 0.8 \times 0.008$$

$$= 6.5844\,\text{Sm}^3/\text{kg}$$

(3) $CO_{2(max)}(\%)$

$$\frac{CO_2}{G_{od}} \times 100(\%) = \frac{1.867 \times 0.64}{6.5844} \times 100\%$$

$$= 18.1471\%$$

정답 (1) $7.29\,\text{Sm}^3/\text{kg}$

　　　 (2) $6.58\,\text{Sm}^3/\text{kg}$

　　　 (3) 18.15%

17 1차 반응식 $\ln\left(\dfrac{C}{C_o}\right) = -k \cdot t$

　1) 반응속도 상수(k)

$$\ln\left(\frac{1}{2}\right) = -k \times 550\,\text{s}$$

$$\therefore k = 1.2602 \times 10^{-3}/\text{s}$$

　2) 반응물이 1/5 농도로 감소될 때까지의 시간

$$\ln\left(\frac{1}{5}\right) = -1.2602 \times 10^{-3} \times t$$

$$\therefore t = 1{,}277.060\,\text{s}$$

정답 $1{,}277.06\,\text{s}$

18

구분	$10^4 \Omega \cdot cm$ 이하일 때	$10^{11} \Omega \cdot cm$ 이상일 때
현상	· 포집 후 전자 방전이 쉽게 되어 재비산(jumping)현상 발생	· 역코로나(전하가 바뀜, 불꽃방전이 정지되고, 형광을 띤 양(+)코로나 발생) · 역전리(back corona) 발생 · 집진효율 떨어짐
심화 조건	· 유속 클 때	· 가스 점성이 클 때 · 미분탄, 카본블랙 연소 시
대책	· 함진가스 유속을 느리게 함 · 암모니아수 주입	· 물(수증기) 주입 · 무수황산, SO_3, 소다회(Na_2CO_3) 주입 · 탈진빈도를 늘리거나 타격을 강하게 함

정답 ① 수증기를 주입한다.
② 무수황산을 주입한다.
③ SO_3를 주입한다.

19 환경대기 중 먼지측정방법에서 지문 내용은 공정시험기준 개정으로 삭제된 내용입니다.

정답 ① 광투과법
② 400

20 $d_{p_{cut}} = \sqrt{\dfrac{9\mu B}{2\pi N_e v(\rho_p - \rho)}}$

v : 가스 유속
d_p : 입자 직경
ρ_p : 입자 밀도
ρ : 가스 밀도
μ : 가스 점성계수(kg/m · s)
r : 사이클론 몸통 반경
N_e : 유효회전수
B : 사이클론 유입구 폭

1) $\mu = 1.85 \times 10^{-2}$cps
$= 1.85 \times 10^{-4}$g/cm · s
$= 1.85 \times 10^{-5}$kg/m · s

2) 사이클론의 절단입경(d_{p50})

$d_{p_{cut}} = \sqrt{\dfrac{9 \times \mu \times B}{2 \times (\rho_p - \rho) \times \pi \times V \times N}}$

$= \sqrt{\dfrac{9 \times 1.85 \times 10^{-5} \text{kg/m} \cdot \text{s} \times 0.25\text{m}}{2 \times (1{,}800 - 1.2) \text{kg/m}^3 \times \pi \times 8\text{m/s} \times 6}}$
$\times \dfrac{10^6 \mu m}{1\text{m}}$

$= 8.7594 \mu m$

3) 각 입경별 부분집진효율
① $10\mu m$의 부분집진율

$\eta = \dfrac{1}{1 + \left(\dfrac{8.7594}{10}\right)^2} = 0.56584 = 56.584\%$

② $30\mu m$의 부분집진율

$\eta = \dfrac{1}{1 + \left(\dfrac{8.7594}{30}\right)^2} = 0.92144 = 92.144\%$

③ $60\mu m$의 부분집진율

$\eta = \dfrac{1}{1 + \left(\dfrac{8.7594}{60}\right)^2} = 0.97913 = 97.913\%$

④ $80\mu m$의 부분집진율

$\eta = \dfrac{1}{1 + \left(\dfrac{8.7594}{80}\right)^2} = 0.98815 = 98.815\%$

4) 총합 집진율(%)
$=$ 질량(%) × 부분집진율(%)
$= 10\% \times 0.56584 + 20\% \times 0.92144$
$+ 50\% \times 0.97913 + 20\% \times 0.98815$
$= 92.806\%$

정답 92.81%

2020년 제 4회 대기환경기사

01. C 85%, H 15%의 액체연료를 100kg/h로 연소하는 경우, 연소 배출가스의 분석결과가 CO_2 12%, O_2 4%, N_2 84%이었다면 실제연소용 공기량(Sm^3/h)은? (단, 표준상태 기준)

02. 체적이 $500m^3$인 방 안에서 1시간 동안 5명이 총 10개비의 담배를 피우고 있다. 1시간 후의 회의실 내의 폼알데하이드 농도(ppm)를 계산하시오. (단, 흡연으로 배출되는 폼알데하이드(HCHO)의 양은 1.4mg/개비, 회의실 온도는 25℃, 환기는 되지 않고, 비흡연자나 흡연자의 체내로 흡수된 폼알데하이드는 없음, 계산 결과는 소수점 셋째 자리까지 구함)

03. 고용량 공기시료채취기로 비산먼지 포집 시, 포집 개시 직후의 유량이 $0.2m^3/min$, 포집 종료 직전의 유량이 $0.18m^3/min$일 때 먼지의 농도(mg/m^3)를 구하시오. (단, 포집시간은 24시간이고, 포집하여 칭량한 먼지의 중량차는 2.2g이다.)

04. 송풍기의 크기, 유체의 밀도가 일정할 때 상사법칙을 회전수와 연관지어 다음을 설명하시오.
(1) 송풍량
(2) 동력
(3) 풍압

05. 후드의 성능 저하 원인 3가지를 쓰시오.

06. 유효회전수가 4회인 사이클론의 입구 폭이 12cm이고 입구가스의 유입속도는 15m/s이며 입자의 밀도는 $1.7g/cm^3$일 때, 함진가스에 포함되어있는 입자의 절단입경(d_{p50})의 크기(μm)를 구하시오. (단, 함진가스 온도는 350K이며, 점도는 $0.0748kg/m \cdot hr$이다.)

07. 연소과정 중 발생하는 질소산화물의 억제기술을 4가지 서술하시오.

08. 중력침강실의 제거효율이 85%, 먼지농도 155g/m³, 유량 10m³/s, 밀도가 800kg/m³, 침전된 먼지의 부피가 0.55m³일 때 청소를 실시한다면 청소시간 간격(min)은?

09. 먼지 농도가 10g/Sm³인 매연을 집진율 90%인 집진장치로 1차 처리하고 다시 2차 집진장치로 처리한 결과 배출가스 중 먼지 농도가 0.2g/Sm³이 되었다. 이때 2차 집진장치의 집진율은? (단, 직렬기준)

10. 가솔린($C_8H_{17.5}$)이 완전 연소할 때의 질량 기준 및 부피 기준의 공연비(Air Fuel Ratio)를 각각 계산하시오.

(1) 공연비(AFR, 질량 기준)
(2) 공연비(AFR, 부피 기준)

11. 가스 흡수장치 중 액분산형 흡수장치를 4가지 쓰시오.

12. 활성탄 흡착에서 물리적 흡착의 특징을 4가지 서술하시오. (단, "반데르발스(Vad der waals)의 분자간 인력으로 흡착된다"는 답에서 제외함)

13. 분산모델과 수용모델의 특징을 각각 3가지씩 서술하시오.

(1) 분산모델
(2) 수용모델

14. 굴뚝높이가 75m, 배기가스의 평균온도가 105℃일 때 자연 통풍력을 2.5배 증가시키기 위해서는 배기가스의 온도는 얼마가 되어야 하는가? (단, 대기온도는 27℃, 공기와 배출가스의 비중량은 1.3kg/Sm³, 연돌 내의 압력손실은 무시한다.)

15. 이온크로마토그래피의 측정원리와 써프렛서의 역할에 대해 설명하시오.

(1) 측정원리
(2) 써프렛서의 역할

16. 평판형 전기 집진장치의 집진판 사이의 간격이 23cm, 가스속도가 1.5m/s, 방전극과 집진극 사이의 유효전압이 50kV일 때, 직경 $0.5\mu m$ 입자를 완전히 제거하기 위한 이론적인 집진극의 길이(m)는? (단, 입자의 표류속도는 $W_e = \dfrac{1.1 \times 10^{-14} \times P \times E^2 \times d_p}{\mu}$ 식으로 구하고, 식에서 $\mu = 0.0863 kg/m \cdot hr$, P=2, E=Volt/m, $d_p = \mu m$임)

17. Venturi Scrubber의 조건이 다음과 같을 때, 노즐의 직경(mm)은?

- 목부 직경 : 0.22m
- 노즐 개수(n) : 6개
- 압력(P) : 2atm
- 액가스비 : $0.5L/m^3$
- 목부 유속(V) : 60m/s

18. 배출가스 유량 $25,000Sm^3/h$, 목부유속 85m/s, 액가스비 $1L/m^3$, 배출가스 온도 100℃일 때 목부 직경(m)을 구하시오.

19. 탄소 84%, 수소 13%, 황 3%로 구성된 중유 1kg당 $15Sm^3$의 공기로 완전연소 시켰을 경우 실제 습배출가스 중 황산화물의 농도(ppm)를 계산하시오.

20. 흡착법에서 활성탄 재생방법을 3가지 쓰시오.

해설 및 정답 →

01

1) $A_o = \dfrac{O_o}{0.21}$

$= \dfrac{1.867 \times 0.85 + 5.6 \times 0.15}{0.21}$

$= 11.5569 \, m^3/kg \times 100 kg/h$

$= 1,155.6904 \, m^3/h$

2) $m = \dfrac{N_2}{N_2 - 3.76\,O_2} = \dfrac{84}{84 - 3.76 \times 4} = 1.218$

$\therefore A = 1.218 \times 1,155.6904$

$= 1,407.7436 \, Sm^3/h$

정답 $1,407.74 \, Sm^3/h$

02 HCHO

$= \dfrac{\dfrac{1.4\,mg}{1\text{개 비}} \times \dfrac{10\text{개 비}}{hr} \times \dfrac{22.4\,SmL}{30\,mg} \times \dfrac{(273+25)\,mL}{(273+0)\,SmL}}{500\,m^3}$

$= 2.2821 \times 10^{-2} \, mL/m^3$

$= 2.2821 \times 10^{-2} \, ppm$

정답 $2.282 \times 10^{-2} \, ppm$

03

1) 흡인공기량
흡인공기량

$= \dfrac{Q_s + Q_e}{2} t$

$= \dfrac{(0.2 + 0.18)\,m^3/min}{2} \times 24hr \times \dfrac{60min}{1hr}$

$= 273.6 \, m^3$

Q_s : 시료채취 개시 직후의 유량(m^3/분)

Q_e : 시료채취 종료 직전의 유량(m^3/분)

t : 시료채취시간(분)

2) 포집한 먼지의 농도(mg/m^3)

$\dfrac{2.2g}{273.6\,m^3} \left| \dfrac{1,000mg}{1g} \right. = 8.0409 \, mg/m^3$

정답 $8.04 \, mg/m^3$

04 **정답**
(1) 송풍량은 송풍기의 회전수에 비례한다. ($Q \propto N$)

(2) 동력은 송풍기의 회전수의 3승에 비례한다.($W \propto N^3$)

(3) 풍압은 송풍기의 회전수의 2승에 비례한다.($P \propto N^2$)

05 **정답**
① 송풍기의 용량이 부족한 경우

② 후드 주변에 심한 난기류가 형성된 경우

③ 송풍관 내부에 분진이 과다하게 퇴적되어 있는 경우

06 1) $\mu = 0.0748 \text{kg/m} \cdot \text{hr} \times \dfrac{1\text{hr}}{3,600\,\text{s}}$

$\qquad = 2.0777 \times 10^{-5} \text{kg/m} \cdot \text{s}$

2) 입자 밀도

$\quad \rho_p = 1,700 \text{kg/m}^3$

3) 350K에서 함진가스의 밀도

$\quad \gamma = \dfrac{1.3\,\text{kg}}{\text{Sm}^3 \times \dfrac{350\,\text{K}}{273\,\text{K}}} = 1.014 \text{kg/m}^3$

4) 사이클론의 절단입경(d_{p50})

$\quad d_{p50}$

$\quad = \sqrt{\dfrac{9 \times \mu \times \text{b}}{2 \times (\rho_p - \rho) \times \pi \times \text{v} \times \text{N}}}$

$\quad = \sqrt{\dfrac{9 \times 2.0777 \times 10^{-5} \times 0.12}{2 \times (1,700 - 1.014) \times \pi \times 15 \times 4}} \times \dfrac{10^6 \mu\text{m}}{1\text{m}}$

$\quad = 5.918 \mu\text{m}$

정답 5.92 μm

07 **연소조절에 의한 NOx의 저감방법**

① 저온 연소
② 저산소 연소
③ 저질소 성분연료 우선 연소
④ 2단 연소
⑤ 수증기 및 물분사 방법
⑥ 배기가스 재순환
⑦ 버너 및 연소실의 구조개선

정답 ① 저온 연소
② 저산소 연소
③ 2단 연소
④ 수증기 및 물분사 방법

08 1) 제거되는 먼지량(m^3/s)

$\quad \dfrac{10\text{m}^3}{\text{s}} \times \dfrac{155\text{g}}{\text{m}^3} \times 0.85 \times \dfrac{\text{m}^3}{800\text{kg}} \times \dfrac{1\text{kg}}{1,000\text{g}}$

$\quad = 1.646875 \times 10^{-3} \text{m}^3/\text{s}$

2) 청소시간 간격

$\quad \dfrac{\text{s}}{1.646875 \times 10^{-3}\,\text{m}^3} \times \dfrac{0.55\text{m}^3}{\text{회}} \times \dfrac{1\text{min}}{60\,\text{s}}$

$\quad = 5.566 \text{min/회}$

정답 5.57min

09 1) 총 집진효율(η_T)

$\quad \eta_T = 1 - \dfrac{\text{C}}{\text{C}_o}$

$\qquad = 1 - \dfrac{0.2}{10}$

$\qquad = 0.98 = 98\%$

2) 2차 집진장치 효율(η_2)

$\quad \eta_T = 1 - (1 - \eta_1)(1 - \eta_2)$

$\quad 0.98 = 1 - (1 - 0.9)(1 - \eta_2)$

$\quad \therefore \eta_2 = 0.8 = 80\%$

정답 80%

10 $C_8H_{17.5} + 12.375O_2 \rightarrow 8CO_2 + 8.75H_2O$

(1) 공연비(AFR, 질량 기준)

$$AFR(질량비) = \frac{공기(kg)}{연료(kg)}$$

$$= \frac{12.375 \times 32/0.232}{113.5} = 15.0387$$

(2) 공연비(AFR, 부피 기준)

$$AFR(부피비) = \frac{공기(mole)}{연료(mole)}$$

$$= \frac{12.375/0.21}{1} = 58.9285$$

정답 (1) 15.04

(2) 58.93

11

분류	가압수식(액분산형)	유수식(저수식, 가스분산형)
종류	· 충전탑(packed tower) · 분무탑(spray tower) · 벤투리 스크러버 · 사이클론 스크러버 · 제트 스크러버	· 단탑 · 포종탑 · 다공판탑 · 기포탑

정답 충전탑, 분무탑, 벤투리 스크러버, 사이클론 스크러버

12 흡착의 분류

구분	물리적 흡착	화학적 흡착
반응	· 가역반응	· 비가역반응
계	· open system	· closed system
원동력	· 분자간 인력 (반데르발스 힘)	· 화학 반응
흡착열	· 낮음 (2~20kJ/mol)	· 높음 (20~400kJ/mol)
흡착층	· 다분자 흡착	· 단분자 흡착
온도, 압력 영향	· 온도영향이 큼 (온도↓, 압력↑ → 흡착↑) (온도↑, 압력↓ → 탈착↑)	· 온도영향 적음 (임계온도 이상 에서 흡착 안 됨)
재생	· 가능	· 불가능

정답 ① 가역반응이다.

② 다분자층 흡착이다.

③ 재생 가능하다.

④ 흡착 반응 엔탈피가 2~20kJ/mol이다.

13 정답 (1) 분산모델

① 미래의 대기질을 예측 가능

② 대기오염제어 정책입안에 도움

③ 2차 오염원의 확인이 가능

(2) 수용모델

① 지형이나 기상학적 정보 없이도 사용 가능

② 오염원의 조업이나 운영상태에 대한 정보 없이도 사용 가능

③ 수용체 입장에서 영향평가가 현실적

14 (1) 배기가스의 평균온도가 105℃일 때 통풍력

$$Z = 355H\left(\frac{1}{273+t_a} - \frac{1}{273+t_g}\right)$$

$$= 355 \times 75\left(\frac{1}{273+27} - \frac{1}{273+105}\right)$$

$$= 18.31349\,\text{mmH}_2\text{O}$$

(2) 자연 통풍력이 2.5배가 되기 위한 배기가스 온도

$$Z = 355H\left(\frac{1}{273+t_a} - \frac{1}{273+t_g}\right)$$

$$2.5 \times 18.31349 = 355 \times 75\left(\frac{1}{273+27} - \frac{1}{273+t_g}\right)$$

$$\therefore\ t_g = 346.672℃$$

정답 346.67℃

15 정답 (1) 측정원리 : 이동상으로는 액체, 그리고 고정상으로는 이온교환수지를 사용하여 이동상에 녹는 혼합물을 고분리능 고정상이 충전된 분리관 내로 통과시켜 시료성분의 용출상태를 전도도 검출기 또는 광학 검출기로 검출하여 그 농도를 정량하는 방법

(2) 써프렛서 : 용리액에 사용되는 전해질 성분을 제거하기 위하여 분리관 뒤에 직렬로 접속시킨 것으로써 전해질을 물 또는 저전도도의 용매로 바꿔줌으로써 전기전도도 셀에서 목적이온 성분과 전기전도도만을 고감도로 검출할 수 있게 해주는 것

16 1) W_e

$$E = \frac{V}{r} = \frac{50,000\,\text{volt}}{0.23\text{m}/2} = 434,782.6087\,\text{volt/m}$$

$$d = 0.5\mu\text{m}$$

$$\mu = 0.0863\text{kg/m} \cdot \text{hr}$$

$$W_e = \frac{1.1 \times 10^{-14}\text{P} \cdot \text{E}^2 \cdot \text{d}}{\mu}$$

$$= \frac{1.1 \times 10^{-14} \times 2 \times (434,782.6087)^2 \times 0.5}{0.0863}$$

$$= 0.02409\,\text{m/s}$$

2) L

$$\eta = \frac{Lw}{RU}\ \text{이므로,}$$

$$\therefore L = \frac{RU\eta}{w} = \frac{(0.23/2) \times 1.5}{0.02409} = 7.159\text{m}$$

정답 7.16m

17 1) 압력(P)

$$2\text{atm} \times \frac{10,332\text{mmH}_2\text{O}}{1\text{atm}} = 20,664\,\text{mmH}_2\text{O}$$

2) 노즐의 직경

목부 유속과 노즐 개수 및 수압 관계식

$$n\left(\frac{d}{D_t}\right)^2 = \frac{v_t L}{100\sqrt{P}}$$

$$6\left(\frac{d}{0.22}\right)^2 = \frac{60 \times 0.5}{100\sqrt{20,664}}$$

$$\therefore d = 4.103 \times 10^{-3}\text{m} = 4.103\text{mm}$$

n : 노즐 수
d : 노즐 직경
D_t : 목부 직경
P : 수압(mmH$_2$O)
v_t : 목부 유속(m/s)
L : 액가스비(L/m^3)

정답 4.10mm

18 1) 온도 100℃ 일 때 배출가스 유량(Q)

Q

$$= \frac{25,000 Sm^3}{hr} \times \frac{273 + 100 ℃}{273 + 0 ℃} \times \frac{1hr}{3,600 s}$$

$$= 9.48819 \, m^3/s$$

2) 목부 직경

$$Q = AV = \frac{\pi}{4} D^2 \times V$$

$$9.48819 = \frac{\pi}{4} D^2 \times 85$$

$$\therefore \ D = 0.3769 m$$

정답 0.38m

19 1) $A_o \, (Sm^3/kg)$

$$= \frac{O_o}{0.21}$$

$$= \frac{1.867C + 5.6\left(H - \frac{O}{8}\right) + 0.7S}{0.21}$$

$$= \frac{1.867 \times 0.84 + 5.6 \times 0.13 + 0.7 \times 0.03}{0.21}$$

$$= 11.03466$$

2) 공기비(m)

$$m = \frac{A}{A_0} = \frac{15}{11.03466} = 1.3593$$

3) $G_w \, (Sm^3/kg)$

$$= mA_o + 5.6H + 0.7O + 0.8N + 1.244W$$

$$= 1.3593 \times 11.03466 + 5.6 \times 0.13$$

$$= 15.728 \, Sm^3/kg$$

4) $SO_2 \, (ppm)$

$$= \frac{SO_2}{G_w} \times 10^6 \, ppm = \frac{0.7S}{G_w} \times 10^6 \, ppm$$

$$= \frac{0.7 \times 0.03}{15.728} \times 10^6 \, ppm = 1,335.198 \, ppm$$

정답 1,335.20ppm

20 활성탄 재생법
① 가열공기 통과 탈착식
② 수세 탈착식
③ 수증기 탈착식
④ 감압 탈착식
⑤ 고온의 불활성 기체 주입방법

정답 ① 가열공기 통과 탈착식
② 수세 탈착식
③ 수증기 탈착식

01. 평판형 전기 집진장치에서 집진성능을 향상시키기 위한 조건 6가지를 서술하시오.

02. 먼지농도가 2,000mg/Sm^3, 집진효율이 50%, 70%, 80%인 3개의 집진장치를 직렬로 연결할 때 이 장치를 통해 배출되는 먼지의 농도(mg/Sm^3)를 구하시오.

03. 배출가스 시료채취 시 채취관을 보온 및 가열해야 하는 이유를 3가지 쓰시오.

04. 다음 특정 오염물질 중 오존파괴 지수가 큰 것부터 작은 것 순으로 나열하시오.

> ① CH_2BrCl ② $C_2F_4Br_2$ ③ $C_2F_3Cl_3$
> ④ CF_3Br ⑤ CF_2BrCl

05. 유해가스와 물이 일정한 온도에서 평형상태에 있다. 기상의 유해가스의 분압이 38mmHg일 때 수중 가스의 농도가 2.5kmol/m^{3}이다. 이 경우 헨리 정수(atm·m^3/kmol)는?

06. 다음은 기체크로마토그래피에 관한 질문이다. 다음 물음에 답하시오.

(1) 분리계수(d)를 구하는 공식을 쓰고 설명하시오.
(2) 분리도(R)를 구하는 공식을 쓰고 설명하시오.

07. 폭굉과 가스의 연소에 관한 다음 질문에 답하시오.

(1) 폭굉 유도거리(DID)를 설명하시오.

(2) 폭굉 유도거리가 짧아지는 요건을 3가지 서술하시오.

(3) 아래의 조성을 가진 혼합기체의 하한 연소범위(%)는?

성분	조성(%)	하한연소범위(%)
메탄	80	5.0
에탄	14	3.0
프로판	4	2.1
부탄	2	1.5

08. 기체의 용해도에 따른 유해가스 흡수법에 대한 다음 물음에 답하시오.

(1) 액분산형 흡수장치의 종류 3가지를 적으시오.

(2) 충전탑에서 사용하는 다음 용어들을 설명하시오.

① Hold - up   ② Loading   ③ Flooding

09. 해륙풍, 산곡풍, 경도풍에 관하여 각각 서술하시오. (단, 정의, 발생원인, 낮과 밤의 특성 비교가 들어가도록 작성할 것)

(1) 해륙풍

(2) 산곡풍

(3) 경도풍

10. 프로판(C_3H_8)과 에탄(C_2H_6)의 혼합가스 $1Sm^3$를 완전 연소시킨 결과 배기가스 중 이산화탄소(CO_2)의 생성량이 $2.6Sm^3$이었다. 이 혼합가스의 mol비(C_3H_8/C_2H_6)는 얼마인가?

11. 세정 집진장치에서 관성충돌계수(관성충돌효과)를 크게 하기 위한 조건을 6가지 서술하시오.

12. 높이 1.5m, 폭 1.5m인 중력식 집진장치의 침강실에 바닥을 포함하며 10개의 평행판을 설치하였다. 이 침강실에 점도가 $\mu = 1.75 \times 10^{-5} kg/m \cdot s$인 먼지 가스를 $10m^3/s$ 유량으로 유입시킬 때 밀도가 $2,000kg/m^3$이고, 입경이 $50\mu m$인 먼지 입자를 완전히 처리하는 데 필요한 침강실의 길이는? (단, 침강실의 흐름은 층류)

13. 질량 조성으로 C : 85%, H : 14%, S : 1%인 중유를 공기비 1.2로 5kg/hr로 연소시킨 경우 실제 건조배기가스 중 SO_2는 몇 ppm(용량비)이 되는가? (단, 중유 중의 황은 모두 SO_2가 되는 것으로 가정한다.)

14. 대도시지역에서 열섬효과로 인한 온도차는 맑은 날 밤에 극심하게 나타나는데 이 열섬효과에 영향을 주는 대표적인 인자(Factor) 3가지만 쓰시오. (단, 유사한 인자를 여러 가지 기재한 경우 1가지로 간주함)

15. 공기 3mol과 HCl 5mol의 비율로 혼합된 200kmol/hr의 기체를 흡수탑 아래로 주입하고 탑 상부에서는 16,200kg/hr의 순수한 물을 흘려 HCl을 흡수한다. 탑 밑으로 나오는 수용액은 물 8mol당 1mol의 HCl 비율로 함유된다고 한다면, 탑 상부로 배출되는 기체는 공기 1mol당 HCl 몇 mol이 포함되는가? (단, 탑 내 물의 증발손실은 없다고 본다.)

16. 전기집진장치에서 집진실의 전기적 구획(Electrical sectionalization)을 하는 이유를 설명하시오.

17. 초산제조공정에서 발생되는 NO_2 농도를 측정한 결과 150ppm이었고, 시간당 배기가스량은 1,500Nm³이다. 이 과정에서 배출되는 NO_2를 CH_4를 이용한 비선택적 환원방법으로 NO로 환원시킨 후 다시 $FeSO_4$를 이용하여 착염생성 흡수법으로 흡수제거 하고자 한다. 이때 필요한 황산제1철의 양(kg/h)은? (단, Fe : 56, O : 16, S : 32의 원자량을 갖는다.)

18. 고체연료와 비교하여 액체연료의 특징 3가지를 쓰시오.

19. 전기집진장치의 2차 전류가 현저히 떨어질 때의 대책을 쓰시오.

20. 직경이 50cm인 관에서 유체의 흐름속도가 4m/s로 유체가 흐르고 있다. 이 유체의 점도가 1.5Centipoise라고 할 때 이 유체의 레이놀즈 수를 계산하고, 유체의 흐름을 평가하시오. (단, 유체의 밀도는 1.3kg/m³이며, 흐름 평가는 2,100을 기준으로 한다.)
(1) 레이놀즈 수
(2) 흐름 판별

해설 및 정답 →

01 평판형 집진판 집진효율 향상 조건

① 처리가스 속도 느리게 함

② 전원은 유효전압과 방전기류가 충분히 공급되어야 함

③ 시동 시에는 애자, 애관 등의 표면을 깨끗이 닦아 고압회로의 절연저항이 100Ω 이상이 되도록 함

④ 집진극은 열부식에 의한 기계적 강도, 재비산 방지, 털어낼 때의 충격효과에 유의함

⑤ 체류시간을 길게 함

⑥ 방전극을 가늘고 길게 함

⑦ 처리가스량을 적게 함

⑧ 전기비저항을 $10^4 \sim 10^{11}\Omega \cdot cm$로 유지함

⑨ 함진가스 중 먼지의 농도가 높을 경우 전압을 높여야 함

⑩ 습식으로 변경함

> **정답** ① 처리가스 속도 느리게 함
> ② 습식으로 변경함
> ③ 전기비저항을 $10^4 \sim 10^{11}\Omega \cdot cm$로 유지함
> ④ 처리가스량을 적게 함
> ⑤ 방전극을 가늘고 길게 함
> ⑥ 체류시간을 길게 함

02 $C = C_0 (1-\eta_1)(1-\eta_2)(1-\eta_3)$

$= 2,000(1-0.5)(1-0.7)(1-0.8)$

$= 60\,mg/Sm^3$

> **정답** $60\,mg/Sm^3$

03 **정답** ① 배출가스 중의 수분 또는 이슬점이 높은 기체성분이 응축해서 채취관이 부식될 염려가 있는 경우

② 여과재가 막힐 염려가 있는 경우

③ 분석물질이 응축수에 용해되어 오차가 생길 염려가 있는 경우

채취관을 보온 및 가열하여 위의 3가지 경우를 미리 방지한다.

04 ① CH_2BrCl HCFC

② $C_2F_4Br_2$ 할론2402

③ $C_2F_3Cl_3$ CFC

④ CF_3Br 할론1301

⑤ CF_2BrCl 할론1211

오존층파괴지수(ODP)

할론1301 > 할론2402 > 할론1211 > 사염화탄소 > CFC11 > CFC12 > HCFC 순서이므로,

$\therefore$ $CF_3Br > C_2F_4Br_2 > CF_2BrCl > C_2F_3Cl_3 > CH_2BrCl$

> **정답** ④, ②, ⑤, ③, ①

05 헨리의 법칙 $P = HC$ 이므로,

$\therefore$ $H = \dfrac{P}{C} = \dfrac{38\,mmHg}{2.5\,kmol/m^3} \times \dfrac{1\,atm}{760\,mmHg}$

$= 0.02\,atm \cdot m^3/kmol$

> **정답** $0.02\,atm \cdot m^3/kmol$

06 **정답**

(1) 분리계수(d) $= \dfrac{t_{R2}}{t_{R1}}$

(2) 분리도(R) $= \dfrac{2(t_{R2} - t_{R1})}{W_1 + W_2}$

여기서,

t_{R1} : 시료도입점으로부터 봉우리 1의 최고점까지의 길이(머무름시간)

t_{R2} : 시료도입점으로부터 봉우리 2의 최고점까지의 길이(머무름시간)

W_1 : 봉우리 1의 좌우 변곡점에서의 접선이 자르는 바탕선의 길이(폭)

W_2 : 봉우리 2의 좌우 변곡점에서의 접선이 자르는 바탕선의 길이(폭)

07 (1) 폭굉 유도거리(DID)

관 중에 폭굉 가스가 존재할 때 최초의 완만한 연소가 격렬한 폭굉으로 발전할 때까지의 거리

(2) 폭굉 유도거리가 짧아지는 요건

① 관 속에 방해물이 있거나 관내경이 작을수록

② 압력이 높을수록

③ 점화원의 에너지가 강할수록

④ 정상의 연소속도가 큰 혼합가스일수록

→ 폭굉거리 짧아짐

(3) 르 샤틀리에의 폭발범위

$$L(\%) = \cfrac{100}{\cfrac{V_1}{L_1} + \cfrac{V_2}{L_2} + \cdots + \cfrac{V_n}{L_n}}$$

$$= \cfrac{100}{\cfrac{80}{5.0} + \cfrac{14}{3.0} + \cfrac{4}{2.1} + \cfrac{2}{1.5}} = 4.1832\%$$

∴ 4.18%

정답 (1) 관 중에 폭굉 가스가 존재할 때 최초의 완만한 연소가 격렬한 폭굉으로 발전할 때까지의 거리

(2) ① 관 속에 방해물이 있거나 관내경이 작을수록 짧아짐

② 압력이 높을수록 짧아짐

③ 점화원의 에너지가 강할수록 짧아짐

(3) 4.18%

08 (1) 액분산형 흡수장치의 종류

① 충전탑

② 분무탑

③ 벤투리 스크러버

④ 사이클론 스크러버

⑤ 제트 스크러버

(2) ① 홀드업(hold-up) : 충전층 내 액보유량

② 부하(loading) : 유속 증가 시 액의 hold-up이 현저히 증가하는 현상

③ 범람(flooding) : 부하점을 초과하여 유속 증가 시 가스가 액중으로 분산·범람하는 현상

정답 (1) 액분산형 흡수장치의 종류

① 충전탑

② 분무탑

③ 벤투리 스크러버

(2) ① 충전층 내 액보유량

② 유속 증가 시 액의 hold-up이 현저히 증가하는 현상

③ 부하점을 초과하여 유속 증가 시 가스가 액중으로 분산·범람하는 현상

09 [정답] (1) 해륙풍 : 해륙풍은 육지와 바다의 비열 차이로 발생한다. 낮에 비열이 작은 육지가 햇빛에 가열되어 육지 공기가 상승하고 저기압이 되어 바다에서 육지로 바람이 불어오는데, 이것이 해풍이다. 밤에는 바다가 육지보다 덜 식어 바다 공기가 육지보다 고온이 되므로, 바다 공기가 저기압이 되어 육지에서 바다로 바람이 불어오는데, 이것이 육풍이다.

(2) 산곡풍 : 산곡풍은 산 정상과 골짜기의 일광 차이로 발생한다. 낮에는 산의 비탈면, 정상 부근이 햇빛에 더 쉽게 가열되어 골짜기에서 산 비탈면을 따라 상승하는 바람, 곡풍이 불어온다. 반대로 밤에는 산 정상이 더 빨리 냉각되어 산 비탈면을 따라 하강하는 바람이 부는데 이것이 산풍이다.

(3) 경도풍 : 마찰 영향이 무시되는 상층에서 부는 공중풍으로, 기압경도력과 전향력, 원심력이 평형을 이룰 때 부는 수평 바람

10 프로판의 부피를 x, 에탄의 부피를 y라고 하면,

x Sm^3 : $C_3H_8 + 5O_2 \rightarrow 3CO_2 + 4H_2O$

y Sm^3 : $C_2H_6 + 3.5O_2 \rightarrow 2CO_2 + 3H_2O$

1) 혼합기체 부피가 $1Sm^3$이므로,

x + y = 1 ·················· 식①

2) CO_2 생성량은 $2.6Sm^3$이므로,

3x + 2y = 2.6 ············· 식②

식①, ②를 연립방정식으로 풀면,

x = $0.6Sm^3$, y = $0.4Sm^3$

몰수비는 부피비와 같으므로,

$$\therefore \frac{프로판}{에탄} = \frac{0.6}{0.4} = 1.5$$

[정답] 1.5

11 관성충돌계수가 증가하는 조건
① 먼지의 밀도가 커야 함
② 먼지의 입경이 커야 함
③ 액적의 직경이 작아야 함
④ 처리가스와 액적의 상대속도가 커야 함
⑤ 처리가스 점도가 작아야 함
⑥ 처리가스 온도가 낮아야 함
⑦ 커닝험 보정계수가 커야 함
⑧ 분리계수가 커야 함
→ 먼지는 크고, 무거울수록, 액적은 직경이 작을수록, 비표면적이 클수록 관성충돌계수 증가함

[정답] ① 먼지의 밀도가 커야 함
② 먼지의 입경이 커야 함
③ 액적의 직경이 작아야 함
④ 처리가스와 액적의 상대속도가 커야 함
⑤ 처리가스 점도가 작아야 함
⑥ 커닝험 보정계수가 커야 함

12 1) 침강 속도

$$V_g = \frac{(\rho_p - \rho_a) \times d^2 \times g}{18 \times \mu}$$

$$= \frac{(2,000 - 1.3) \times (50 \times 10^{-6})^2 \times 9.8}{18 \times 1.75 \times 10^{-5}}$$

$$= 0.155454 \, \text{m/s}$$

2) 침강실 길이

$$\eta = \frac{V_g}{Q/A} = \frac{V_g}{Q/BLn}$$

$$1 = \frac{0.155454}{10/1.5 \times L \times 10}$$

$$\therefore L = 4.288 \, \text{m}$$

정답 4.29m

13 1) $A_o = \dfrac{O_o}{0.21}$

$$= \frac{1.867C + 5.6\left(H - \dfrac{O}{8}\right) + 0.7S}{0.21}$$

$$= \frac{1.867 \times 0.85 + 5.6 \times 0.14 + 0.7 \times 0.01}{0.21}$$

$$= 11.32357 \, \text{Sm}^3/\text{kg}$$

2) $G_d (\text{Sm}^3/\text{kg})$

$$= mA_o - 5.6H + 0.7O + 0.8N$$

$$= 1.2 \times 11.32357 - 5.6 \times 0.14 + 0.7 \times 0.01$$

$$= 12.8112 \, \text{Sm}^3/\text{kg}$$

3) $SO_2(\text{ppm}) = \dfrac{SO_2}{G_d} \times 10^6 = \dfrac{0.7S}{G_d} \times 10^6$

$$= \frac{0.7 \times 0.01}{12.8112} \times 10^6 = 546.393 \, \text{ppm}$$

정답 546.39ppm

14 정답 열섬효과의 원인

① 인공열

② 바람길의 유무

③ 건물의 반사율

15 1) 혼합기체 중 HCl(kmol/hr)

$$\frac{200 \, \text{kmol}}{\text{hr}} \times \frac{5}{(3+5)} = 125 \, \text{kmol/hr}$$

2) 혼합기체 중 공기(kmol/hr)

$$\frac{200 \, \text{kmol}}{\text{hr}} \times \frac{3}{(3+5)} = 75 \, \text{kmol/hr}$$

3) 탑 밑으로 나오는 수용액의 HCl(kmol/hr)

$$\frac{16,200 \, \text{kg H}_2\text{O}}{\text{hr}} \times \frac{1 \, \text{mol}}{18 \, \text{kg H}_2\text{O}} \times \frac{1 \, \text{mol HCl}}{8 \, \text{mol H}_2\text{O}}$$

$$= 112.5 \, \text{kmol/hr}$$

4) 탑 상부로 배출되는 HCl(kmol/hr)

125 - 112.5 = 12.5kmol/hr

5) 탑 상부로 배출되는 기체는 공기 1mol당 HCl mol

$$\frac{12.5 \, \text{kmol HCl/hr}}{75 \, \text{kmol 공기/hr}} = 0.1666 \, \text{mol/mol}$$

정답 0.17mol

16 전기집진기의 전기적 구획을 하는 이유(폭 방향으로의 구획 분리하는 이유)

먼지농도, 가스흐름, 가스온도 등의 편차를 없애 집진율을 높이기 위해 먼지의 전기비저항은 가스온도에 의존하므로, 가스온도의 편차는 집진기의 위치에 따라 전기적 특성을 변화시키게 된다. 집진기의 가스 흐름에 편차가 있으면 가스유속과 먼지농도가 변화하여 먼지의 전기적 특성을 변화시키게 된다. 따라서, 많은 구획으로 나눌수록 각 구획은 설계된 집진효율을 발휘할 수 있게 되고, 집진율이 높아진다.

정답 먼지농도, 가스흐름, 가스온도 등의 편차를 없애 집진율을 높이기 위해

17

$$4NO_2 + CH_4 \rightarrow CO_2 + 2H_2O + 4NO$$

$$4NO + 4FeSO_4 \rightarrow 4FeNOSO_4$$

$$4NO_2 : 4FeNOSO_4$$

$$4 \times 22.4 Sm^3 : 4 \times 152 kg$$

$$\frac{150}{10^6} \times 1,500 Sm^3/h : \quad X(kg/h)$$

$$\therefore X = 1.526 \ kg/h$$

정답 1.53kg/h

18 연료의 비교

구분	고체 연료	액체 연료	기체 연료
탄소수	12 이상	5~12	1~4
종류	석탄, 코크스, 목재 등	석유 (휘발유, 중유, 경유, 등유 등)	LPG, LNG
연소효율	작음	중간	큼
필요 공기량 (필요 산소량)	많이 소요	중간	적게 소요
발열량	적음	중간	큼
매연 발생	많음	중간	적음
저장 및 운반	쉬움	중간	어려움
폭발의 위험	적음	중간	큼
특징	· 초기형 · SO_x의 주 발생연료	· 중기형, 초기 선진 국형 · NO_x의 주 발생 연료 · 우리나라의 주 에너지원	· 후기형, 선진국형 · 온실가스 주 발생 연료

정답 ① 고체연료보다 연소효율이 높다.
② 고체연료보다 발열량이 높다.
③ 고체연료보다 매연 발생량이 적다.

19 **정답** ① 입구분진농도를 적절하게 조절한다.
② 스파크 횟수를 늘린다.
③ 조습용 스프레이 수량을 늘린다.

20 1) $\mu = 1.5cP = 1.5 \times 10^{-2} g/cm \cdot s$
$= 1.5 \times 10^{-3} kg/m \cdot s$

2) $R_e = \dfrac{DV\rho}{\mu} = \dfrac{0.5 \times 4 \times 1.3}{1.5 \times 10^{-3}}$

$= 1,733.33$

$R_e < 2,100$ 이므로, 흐름은 층류임

참고 흐름의 판별

종류	레이놀즈 수(R_e)	흐름의 특성
층류	$R_e < 2,100$	· 규칙적, 일정한 흐름 · 흐름을 예측할 수 있음
천이 영역	2,100 ~ 4,000	· 층류와 난류의 중간
난류	$4,000 < R_e$	· 불규칙적인 흐름 · 흐름을 예측하기 어려움

정답 (1) $R_e = 1,733$

(2) 흐름 판별
$R_e < 2,100$ 이므로, 흐름은 층류임

2021년 제 1회 대기환경기사

01. 다음은 산성비에 관한 설명이다. 빈칸에 알맞은 말을 쓰시오.

> 산성비는 pH(①) 이하인 강우를 말한다. 정상적인 공기 중 산성을 일으키는 (②)
> 가스의 농도가 약 350ppm 존재하며 대기 중의 수분 등에 용해되면 약산성이 된다.
> pH 값이 (③) 강한 산성을 나타낸다.

02. 원심력 집진장치에서 블로우 다운의 정의를 쓰고, 효과 3가지만 서술하시오.

03. 대기모델링 중 상자모델 이론의 가정을 4가지 서술하시오.

04. 후드 선정 시 발생원 근처의 공간으로 먼지가 비산되는 범위가 있어서 이 범위 내의 먼지를
전부 흡인할 수 있는 크기, 방향, 형식 등이 반드시 고려되어야 한다. 이와 같이 배출원에서
발생하는 오염물질을 후드에 흡인할 때 고려하여야 할 사항 5가지를 쓰시오.

05. 흡수장치 중 충전탑에서 흡수제의 조건을 3가지 쓰시오.

06. 대기공정시험방법 중 배출가스 중 가스상 물질 시험 방법을 각각 2가지씩 쓰시오.

    (1) 암모니아
    (2) 염화수소
    (3) 황산화물

07. 직경이 0.2m, 유효높이가 8.0m인 백을 사용하는 원통형 백필터가 있다. 이 백필터는
65,000Sm³/hr의 배출가스를 처리할 수 있다. 겉보기 여과속도가 1.5m/min일 때, 이 백필터
로 집진하기 위해 필요한 여과백의 수는? (단, 배출가스의 온도는 0℃, 압력은 1atm으로
가정한다.)

08. 유효굴뚝높이가 60m인 굴뚝으로부터 SO_2가 9,000g/min의 질량속도로 배출되고 있다. 굴뚝높이에서 풍속은 4m/s, 풍하거리 1,000m에서 대기안정 조건에 따른 편차 σ_y는 110m, σ_z는 65m이었다. 가우시안모델에서 지표반사를 고려할 때, 이 굴뚝으로부터 풍하거리 1,000m의 연기중심선상의 지표농도($\mu g/m^3$)는?

09. 평판형 전기집진장치에서 입구 먼지농도가 $12g/Sm^3$, 출구 먼지농도가 $0.1g/Sm^3$이었다. 출구 먼지농도를 $0.05g/Sm^3$으로 하기 위해서는 집진극의 면적을 약 몇 % 넓게 하면 되는가? (단, 다른 조건은 무시한다.)

10. 탄소 85%, 수소 15%로 구성된 경유(1kg)를 공기과잉계수 1.1로 연소했을 때, 탄소 1%가 검댕(그을음)으로 된다. 건조 배기가스 중 검댕의 농도(g/Sm^3)는?

11. 다음의 조성을 가지는 석탄 1kg을 $15.3Sm^3$의 공기를 사용하여 완전연소 시킬 때 다음을 구하시오.

C : 80%,	O : 10%,	H : 7%,	S : 3%,

(1) 공기비
(2) 과잉공기량(Sm^3/kg)
(3) 과잉공기율(%)

12. $250m^3$ 되는 방에서 문을 닫고 흡연을 하면서 회의하였더니 실내 폼알데하이드(HCHO) 농도가 0.5ppm이 되어 회의를 더이상 진행할 수 없었다. 일단 회의를 중단하고 공기청정기로 폼알데하이드 농도를 0.01ppm으로 낮추려고 한다면, 회의는 몇 분 뒤부터 다시 시작할 수 있는가? (단, 공기청정기 유량은 $25m^3/min$이고 효율은 100%이고, 외부로부터 외기 유입은 없다. 회의 전 폼알데하이드 농도는 0이다.)

13. 기상총괄이동단위높이(HOG)가 1m인 충전탑을 이용하여 배출가스 중의 HF를 NaOH 수용액으로 흡수제거하려 한다. 제거율이 95%일 때, 기상총괄이동단위수(NOG)와 충전탑의 높이(m)는 얼마인가?
(1) 기상총괄이동단위수(NOG)
(2) 충전탑의 높이(m)

14. 집진효율 70%인 원심력 집진장치에 $200m^3/s$ 처리가스가 유입된다. 처리가스 유량을 $100m^3/s$ 으로 줄였을 때 원심력 집진장치의 집진효율(%)은? (단, 처리가스 유량 감소를 제외한 모든 운전조건은 동일하다.)

15. 배출가스 중 입자상물질의 농도를 측정하기 위해 흡습관법, 경사마노미터, 피토관, 건식가스 미터로 아래 표의 결과를 얻었다. 다음 물음에 답하시오. (단, 정답은 소수점 첫째 자리까지 구한다.)

> · 시료채취 흡입가스량 : 20L
> · 흡습수분 질량 : 2g
> · 채취된 먼지량 : 2.4mg
> · 배출가스 밀도 : $1.3kg/m^3$
> · 건식가스미터의 게이지압 : $13.6mmH_2O$
> · 건식가스미터의 흡입가스온도 : 17℃
> · 17℃에서 포화수증기압 : 14.53mmHg
> · 측정 시 대기압 : 762mmHg
> · 피토관 계수 : 1.1
> · 피토관에 의한 동압측정치 : $6mmH_2O$

(1) 배출가스 중 수분농도(%)
(2) 배출가스 유속(m/s)
(3) 배출가스 중 먼지농도(mg/Sm^3)

16. 굴뚝 배출가스량은 $1,000Sm^3/h$, 이 배출가스 중 HF 농도는 $500mL/Sm^3$이다. 이 배출 가스를 $20m^3$의 물로 세정할 때 5시간 후 순환수인 폐수의 pH는? (단, HF는 100% 전리 되며, HF 이외의 영향은 무시한다.)

17. 황 함량이 4%인 벙커 C유 100kL/d를 사용하는 보일러에 황 함량이 1.5%인 벙커 C유를 40% 섞어 사용하면 SO_2 배출량은 몇 % 감소하는가? (단, 벙커 C유의 비중 0.95, 벙커 C유 의 황은 모두 SO_2로 전환된다.)

18. 흡수탑에서 CO_2와 NH_3 및 공기의 혼합가스가 흡수처리된다. 처리 후 흡수탑 출구 중 NH_3(%)는 얼마인가? (단, CO_2와 공기량은 처리전후가 동일하다.)

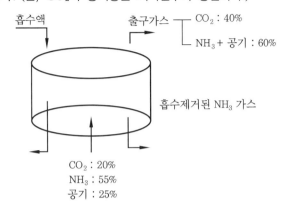

흡수액

출구가스 ─┬ CO_2 : 40%
　　　　　└ NH_3 + 공기 : 60%

흡수제거된 NH_3 가스

CO_2 : 20%
NH_3 : 55%
공기 : 25%

19. 20,000m³/h의 공기로 흡수탑을 정화시키려고 한다. 공기유입속도는 2.5m/s일 때, 흡수탑의 직경(m)은?

20. 대기 중 오존 생성 전구물질별 기여도를 알아보기 위하여 4~9월 사이 NO_2, TVOC(총휘발성유기화합물), O_3 농도를 측정하여 다음 결과를 얻었다. $NO_2(x_1)$와 $O_3(y)$, $TVOC(x_2)$와 $O_3(y)$의 1차 선형회귀식($y = ax+b$)을 최소자승법으로 각각 구하고 다음 물음에 답하시오. (단, a, b는 소수점 둘째자리까지 구함)

단위 : ppm	$NO_2(x_1)$	$TVOC(x_2)$	$O_3(y)$
4월	0.033	0.012	0.064
5월	0.038	0.024	0.072
6월	0.042	0.028	0.106
7월	0.040	0.028	0.102
8월	0.036	0.030	0.080
9월	0.032	0.018	0.068

(1) O_3에 대한 NO_2의 1차 선형회귀식
(2) O_3에 대한 TVOC의 1차 선형회귀식
(3) O_3와 NO_2의 상관계수(R)
(4) O_3와 TVOC의 상관계수(R)
(5) NO_2와 TVOC 중 상관성이 더 높은 물질은?

해설 및 정답 →

01 정답 ① 5.6
② CO_2
③ 낮을수록

02 정답 (1) 블로우 다운(Blow down) 정의 : 사이클론 하부 분진박스(dust box)에서 처리가스량의 5~10%에 상당하는 함진가스를 흡인하는 것

(2) 블로우 다운 효과(3가지 작성)
① 유효 원심력 증대
② 집진효율 향상
③ 내 통의 폐색 방지(더스트 플러그 방지)
④ 분진의 재비산 방지

03 정답 ① 면 배출원
② 배출된 대기오염물질은 방출과 동시에 전 지역에 균등하게 혼합됨
③ 바람의 방향과 속도 일정
④ 배출오염물질은 다른 물질로 전환되지 않으며, 1차 반응만 함

04 정답 **후드의 흡입 향상 조건**
① 후드를 발생원에 가깝게 설치한다.
② 후드의 개구면적을 작게 한다.
③ 충분한 포착속도를 유지한다.
④ 에어커튼을 사용한다.
⑤ 배풍기 여유율을 30%로 유지한다.

05 정답 **좋은 흡수액(세정액)의 조건(3가지 작성)**
① 용해도가 커야 함
② 화학적으로 안정해야 함
③ 독성이 없어야 함
④ 부식성이 없어야 함
⑤ 휘발성이 작아야 함
⑥ 점성이 작아야 함
⑦ 어는점이 낮아야 함
⑧ 가격이 저렴해야 함

06 [개정] 아래와 같이 공정시험법이 개정됨

무기물질	시험방법
암모니아	· 자외선/가시선분광법 - 인도페놀법
염화수소	· 이온크로마토그래피 · 싸이오사이안산제이수은 자외선/가시선분광법
황산화물	· 자동측정법 · 침전적정법 - 아르세나조 Ⅲ법

정답 공정시험법 개정에 따라 해설과 같이 변경되었음

07 $N = \dfrac{Q}{\pi \times D \times L \times V_f}$

$= \dfrac{65,000\,\mathrm{Sm^3/hr} \times \dfrac{1hr}{60min}}{\pi \times 0.2m \times 8m \times 1.5m/min} = 143.681$

∴ 144개

정답 144개

08 가우시안 공식 – 연기 중심선상 오염물질 지표 농도
$C(x, 0, 0, H_e)$

$= \dfrac{Q}{\pi U \sigma_y \sigma_z} \exp\left[-\dfrac{1}{2}\left(\dfrac{H_e}{\sigma_z}\right)^2\right]$

$= \dfrac{\dfrac{9,000g}{min} \times \dfrac{1min}{60s} \times \dfrac{10^6 \mu g}{1g}}{\pi \times 4m/s \times 110m \times 65m} \exp\left[-\dfrac{1}{2}\left(\dfrac{60}{65}\right)^2\right]$

$= 1,090.311 \mu g/m^3$

정답 $1,090.31 \mu g/m^3$

09

처음 효율 $= 1 - \dfrac{0.1}{12} = 0.9916$

나중 효율 $= 1 - \dfrac{0.05}{12} = 0.9958$

$\eta = 1 - e^{\left(\frac{-Aw}{Q}\right)}$

$\therefore A = -\dfrac{Q}{w}\ln(1-\eta)$

$\therefore \dfrac{A_{나중효율}}{A_{처음효율}} = \dfrac{-\dfrac{Q}{w}\ln(1-0.9958)}{-\dfrac{Q}{w}\ln(1-0.9916)} = 1.14478$

그러므로, 14.48% 더 크게 하면 된다.

정답 14.48%

10 1) $G_d = (m-0.21)A_o + 건조생성물(CO_2)$

$= (m-0.21)A_o + \left(\dfrac{22.4}{12} \times 0.85 \times 0.99\right)$

$= (1.1 - 0.21)$

$\times \dfrac{\dfrac{22.4}{12} \times 0.85 + \dfrac{11.2}{12} \times 0.15}{0.21}$

$+ \left(\dfrac{22.4}{12} \times 0.85 \times 0.99\right)$

$= 11.8552 Sm^3/kg$

(탄소의 1%는 검댕이 되므로,
나머지 99%만 건조생성물 CO_2가 된다.)

2) 연료 1kg 연소 시 발생하는 검댕량(g)
$10^3 g \times 0.85 \times 0.01 = 8.5 g$

3) $\dfrac{검댕(g)}{배기가스(Sm^3)} = \dfrac{8.5g}{11.8552Sm^3} = 0.7169 g/Sm^3$

정답 $0.72 g/Sm^3$

11

(1) 80% C + O_2 → CO_2

7% H_2 + $1/2O_2$ → H_2O

3% S + O_2 → SO_2

10% O_2

1.1) $A_o = \dfrac{O_o}{0.21}$

$= \dfrac{1.867 \times 0.8 + 5.6\left(0.07 - \dfrac{0.1}{8}\right) + 0.7 \times 0.03}{0.21}$

$= 8.7457 Sm^3/kg$

1.2) $m = \dfrac{A}{A_0} = \dfrac{15.3}{8.7457} = 1.74943$

(2) 과잉공기량 $= A - A_0$

$= 15.3 - 8.7457 = 6.5543 Sm^3/kg$

(3) 과잉공기율 $= \dfrac{A - A_0}{A_0}$

$= m - 1 = 1.74943 - 1$

$= 0.74943 = 74.943\%$

정답 (1) 공기비(m) : 1.75
(2) 과잉공기량 : $6.55 Sm^3/kg$
(3) 과잉공기율(%) : 74.94%

12 $\ln\dfrac{C}{C_o} = -\dfrac{Q}{V}t$

$\ln\dfrac{0.01}{0.5} = -\dfrac{25m^3/min}{250m^3} \times t$

$\therefore t = 39.120 min$

정답 39.12min

13 (1) $NOG = \ln\left(\dfrac{1}{1-\eta}\right) = \ln\left(\dfrac{1}{1-0.95}\right) = 2.995$

(2) $h = HOG \times NOG = 1m \times 2.995 = 2.995m$

정답 (1) 3.00
(2) 3.00m

14 원심력 집진장치-운전조건 변화 시 집진효율

다른 조건은 일정하고 처리가스량(Q)만 변할 때

$$\frac{100(\%) - \eta_1}{100(\%) - \eta_2} = \left(\frac{Q_2}{Q_1}\right)^{0.5}$$

η_1 : 처음 집진율

η_2 : 나중 집진율

Q_1 : 처음 처리가스량

Q_2 : 나중 처리가스량

$$\frac{100(\%) - 70}{100(\%) - \eta_2} = \left(\frac{100}{200}\right)^{0.5}$$

$$\therefore \eta_2 = 57.573\%$$

정답 57.57%

15 (1) 배출가스 중의 수분량 측정(포화수증기압이 주어졌을 때)

$$X_w = \frac{수분량}{건조가스량 + 수분량} \times 100$$

$$X_w = \frac{\frac{22.4}{18}m_a}{V_m \times \frac{273}{273 + \theta_m} \times \frac{P_a + P_m}{760} + \frac{22.4}{18}m_a} \times 100\%$$

$$= \frac{\frac{22.4L}{18g} \times 2g}{20L \times \frac{273}{273 + 17} \times \frac{762 + 13.6 \times \frac{760}{10,332}}{760} + \frac{22.4L}{18g} \times 2g}$$

$$\times 100\% = 11.63\%$$

(2) 유속 측정방법

$$V = C\sqrt{\frac{2gh}{\gamma}} = 1.1 \times \sqrt{\frac{2 \times 9.8 \times 6}{1.3}}$$

$$= 10.462 \text{ m/s}$$

(3) 먼지농도

$$= \frac{먼지량 mg}{건가스량 Sm^3}$$

$$= \frac{2.4mg}{20L \times \frac{273}{273 + 17} \times \frac{760}{762 + 13.6 \times \frac{760}{10,332}} \times \frac{1Sm^3}{1,000L}}$$

$$= 127.97 mg/Sm^3$$

정답 (1) 11.6%

(2) 10.5m/s

(3) 128.0mg/Sm³

16 1) 순환수 중 HF의 해리로 발생하는 수소이온 [H⁺]의 몰농도(mol/L)

$$[H^+] = \frac{흡수되는\ HF의양(mol)}{순환수의\ 양(L)}$$

$$= \frac{\frac{1,000Sm^3}{h} \times \frac{500mL}{1Sm^3} \times 5hr \times \frac{1mol}{22.4 \times 10^3 mL}}{20m^3 \times \frac{1,000L}{1m^3}}$$

$$= 5.5803 \times 10^{-3} M$$

2) $pH = -\log[H^+]$

$$= -\log(5.5803 \times 10^{-3}) = 2.253$$

정답 2.25

17 감소하는 S(%) = 감소하는 SO₂(%)

감소하는 황(%) = $\left(1 - \frac{나중\ 황}{처음\ 황}\right) \times 100$

$$= \left(1 - \frac{100kL(0.04 \times 0.6 + 0.15 \times 0.4)}{100kL \times 0.04}\right) \times 100$$

$$= 25\%$$

정답 25%

18 1) 흡수탑 출구 배출가스량

처리 전후 CO₂는 같으므로, 처리 전 혼합가스량을 100m³로 가정하면,

100×0.2 = 배출가스(X) × 0.4

∴ X = 50m³

2) 배출가스 중 NH₃(%)

처리 전후 공기량은 같으므로,

100×0.25 = 50×공기비율(Y)

∴ Y = 0.5 = 50%

∴ 배출가스 중 NH₃(%) = 60 - 50 = 10

정답 10%

19 $A = \dfrac{Q}{v} = \dfrac{20,000m^3}{h} \times \dfrac{s}{2.5m} \times \dfrac{1hr}{3,600\,s}$

$$= 2.2222m^2$$

$$A = \frac{\pi}{4}D^2 = 2.2222m^2$$

$$\therefore D = 1.682m$$

정답 1.68m

20 (1)

단위 : ppm	NO$_2$ (X$_1$)	O$_3$ (Y)	X^2	Y^2	XY
4월	0.033	0.064	1.089×10^{-3}	4.096×10^{-3}	2.112×10^{-3}
5월	0.038	0.072	1.444×10^{-3}	5.184×10^{-3}	2.736×10^{-3}
6월	0.042	0.106	1.764×10^{-3}	1.1236×10^{-3}	4.452×10^{-3}
7월	0.040	0.102	1.600×10^{-3}	1.0404×10^{-2}	4.080×10^{-3}
8월	0.036	0.080	1.296×10^{-3}	6.400×10^{-3}	2.880×10^{-3}
9월	0.032	0.068	1.024×10^{-3}	4.624×10^{-3}	2.176×10^{-3}
합계(Σ)	0.221	0.492	0.008217	0.041944	0.018436

$$a = \frac{n\Sigma XY - \Sigma X \Sigma Y}{n\Sigma X^2 - (\Sigma X)^2}$$

$$= \frac{6 \times 0.018436 - 0.221 \times 0.492}{6 \times 0.008217 - (0.221)^2} = 4.0867$$

$$b = \frac{\Sigma X^2 \Sigma Y - \Sigma X \Sigma XY}{n\Sigma X^2 - (\Sigma X)^2}$$

$$= \frac{0.008217 \times 0.492 - 0.221 \times 0.018436}{6 \times 0.008217 - (0.221)^2}$$

$$= -0.06853$$

$$\therefore \ y = 4.09x - 0.07$$

(2)

단위 : ppm	TVOC (X$_2$)	O$_3$ (Y)	X^2	Y^2	XY
4월	0.012	0.064	1.440×10^{-4}	4.096×10^{-3}	7.680×10^{-4}
5월	0.024	0.072	5.760×10^{-4}	5.184×10^{-3}	1.728×10^{-3}
6월	0.028	0.106	7.840×10^{-4}	1.124×10^{-2}	2.968×10^{-3}
7월	0.028	0.102	7.840×10^{-4}	1.040×10^{-2}	2.856×10^{-3}
8월	0.030	0.080	9.000×10^{-4}	6.400×10^{-3}	2.400×10^{-3}
9월	0.018	0.068	3.240×10^{-4}	4.624×10^{-3}	1.224×10^{-3}
합계(Σ)	0.14	0.492	0.003512	0.041944	0.011944

$$a = \frac{n\Sigma XY - \Sigma X \Sigma Y}{n\Sigma X^2 - (\Sigma X)^2}$$

$$= \frac{6 \times 0.011944 - 0.14 \times 0.492}{6 \times 0.003512 - (0.14)^2} = 1.8913$$

$$b = \frac{\Sigma X^2 \Sigma Y - \Sigma X \Sigma XY}{n\Sigma X^2 - (\Sigma X)^2}$$

$$= \frac{0.003512 \times 0.492 - 0.14 \times 0.011944}{6 \times 0.003512 - (0.14)^2}$$

$$= 0.03787$$

$$\therefore \ y = 1.89x + 0.04$$

(3)

$$R = \frac{n\Sigma XY - \Sigma X \Sigma Y}{\sqrt{[n\Sigma X^2 - (\Sigma X)^2][n\Sigma Y^2 - (\Sigma Y)^2]}}$$

$$= \frac{6 \times 0.018436 - 0.221 \times 0.492}{\sqrt{[6 \times 0.008217 - (0.221)^2][6 \times 0.041944 - (0.492)^2]}}$$

$$= 0.895$$

$$\therefore \ R = 0.90$$

(4)

$$R = \frac{n\Sigma XY - \Sigma X \Sigma Y}{\sqrt{[n\Sigma X^2 - (\Sigma X)^2][n\Sigma Y^2 - (\Sigma Y)^2]}}$$

$$= \frac{6 \times 0.011944 - 0.14 \times 0.492}{\sqrt{[6 \times 0.003512 - (0.14)^2][6 \times 0.041944 - (0.492)^2]}}$$

$$= 0.740$$

$$\therefore \ R = 0.74$$

(5)

상관계수값이 1에 가까울수록 더 상관성이 높다.
따라서, NO$_2$의 상관성이 더 높다.

정답 (1) y = 4.09x - 0.07
(2) y = 1.89x + 0.04
(3) R = 0.90
(4) R = 0.74
(5) NO$_2$

01. 어느 공장의 배출가스량은 $1,000m^3/hr$, 먼지농도가 $10g/m^3$이다. 중력집진장치의 조건과 입경분포가 아래와 같을 때 다음 물음에 답하시오.

[중력집진장치]
- 높이 1m
- 가스유속 10cm/s
- 입자의 밀도 $200kg/m^3$
- 길이 0.6m
- 배기가스 점도 $8.5 \times 10^{-6} kg/m \cdot s$
- 가스의 밀도 $0.06kg/m^3$

입경분포(μm)	30	50	70	90	100
질량분율(%)	5	25	40	20	10

(1) 먼지의 전체집진효율
(2) 하루 10시간 30일 가동할 때 포집되는 먼지량(kg)

02. 자동차연료로 $C_1H_{1.85}$를 사용하고 있다. 이 연료의 AFR(무게기준)을 계산하시오. (단, 공기 질량은 28.84)

03. 25℃에서 H_2 4g, Cl_2 6g인 혼합기체 15L일 때, 이 혼합기체의 압력(mmHg)을 계산하시오. (단, 결과값은 소수점 첫째 자리에서 반올림함)

04. 다이옥신류 제어를 위한 소각 후 기술(Post Incineration Technology)을 3가지만 적고 간단히 설명하시오. (예 "생물학적 분해법 : 토양 중 리그닌을 분해하는 백색부후균 및 세균 등을 이용하여 다이옥신을 생물학적으로 분해시킨다." 등으로 작성함, 예시는 정답에서 제외함)

05. 사이클론에서 블로우 다운 효과를 설명하시오.

06. 유효굴뚝높이를 증가시키는 방법 중에서, 실제 굴뚝높이를 증가시키지 않고 유효굴뚝높이를 증가시키는 방법을 3가지 쓰시오.

07. 직경이 1.2m인 굴뚝 배출가스 유속을 피토관으로 측정한 결과가 다음과 같을 때 배출가스량(m^3/min)은?

> · 동압 : 15mmH$_2$O
> · 배출가스 온도 : 120℃
> · 표준상태 배출가스 밀도 : 1.29kg/m^3(0℃, 1기압)
> · 피토관 계수 : 0.85

08. 스토크 직경과 공기역학적 직경을 비교하여 각각 설명하시오.

(1) 스토크 직경
(2) 공기역학적 직경

09. 요소를 이용하여 NO를 포함하는 가스 50,000m^3/h를 선택적 접촉환원법으로 환원시킬 때 NO 600ppm을 150ppm으로 줄이기 위해 필요한 요소의 양(kg/hr)은? (단, 요소의 질량백분율 20W%, 반응온도 150℃, 요소 분자량 60, 요소 1mol당 NO 2mol이 반응함)

10. 전기집진장치의 집진성능에 먼지입자의 비저항은 매우 중요한 영향을 미친다. 비저항과 관련된 다음 현상의 방지대책을 각각 2가지씩 서술하시오.

(1) 비저항이 $10^4 \Omega \cdot$ cm 이하일 때
(2) 비저항이 $10^{11} \Omega \cdot$ cm 이상일 때

11. 습식 석회세정법으로 배기가스 중 아황산가스를 처리한 후 10ton/d의 석고(CaSO$_4 \cdot$ 2H$_2$O)를 회수하였다. 배기가스량이 200,000Sm^3/hr, 탈황률 98%일 때 배기가스 중 아황산가스의 농도(ppm)를 계산하시오.

12. C 85%, H 14%, S 1%로 조성된 중유 5kg을 공기비 1.2로 완전연소 시 소비되는 공기량 (Sm^3)을 구하시오.

13. H_2S가 0.3% 포함된 메탄 $1Sm^3$을 공기비 1.05로 연소했을 때 건조 배기가스 중의 SO_2 농도(ppm)는? (단, H_2S의 황은 연소로 전량 SO_2로 전환된다.)

14. 유효 굴뚝높이 100m인 굴뚝으로부터 배출가스가 $30,000m^3/hr$, SO_2 1,000ppm 배출되고 있다. 다음 물음에 답하시오. (단, sutton의 식 적용, 풍속 6m/s, 수평 및 수직 확산계수는 0.07, 안정도계수(n)는 0.25)

(1) 배출되는 SO_2의 지상 최대의 농도(ppm)

(2) 배출되는 SO_2의 지상 최대의 농도를 나타내는 지점(m)

15. 대기의 기상관측자료가 아래 표와 같을 때, 다음 물음에 답하시오.

고도	풍속	온도
3m	3.9m/s	14.9℃
2m	3.3m/s	15.6℃

(1) 리차드슨 수를 계산하시오.

(2) 자유대류와 강제대류 중 어느 것이 우세한지, 대기상태를 판단하시오.

16. 세정집진장치에서 유입농도 $2g/m^3$, 유입유량 $1,000m^3/hr$, 효율 70%, 세정액량 $2m^3$일 때 세정액이 10g/L가 되면 방출한다고 한다. 방류간격(hr)은?

17. 1기압, 68℉, 덕트의 직경은 50mm, 공기의 동점도가 $1.5 \times 10^{-5} m^2/s$일 때, 덕트의 유속 (m/s)은? (단, Re는 3×10^4이다.)

18. 사이클론에서 다른 조건은 동일할 때, 가스 유입속도와 입구폭을 각각 2배로 증가시키면 50% 효율로 집진되는 입자의 직경, 즉 Lapple의 절단입경(d_{p50})은 처음의 몇 배가 되는가? (단, 반드시 Lapple 방정식을 작성하여 계산하시오.)

19. 기상의 오염물질 A를 제거하는 흡수장치에서 다음의 자료를 확보하였다. 기액 경계면에서 오염물질 A의 농도($kmol/m^3$)를 구하시오.

> · 헨리상수 $H = 2.0 kmol/m^2 \cdot atm$
> · 총괄기상물질계수 $K_G = 3.2 kmol/m^2 \cdot atm \cdot h$
> · 총괄액상물질계수 $K_L = 0.7 m/h$
> · 기상 A성분 분압 $P_A = 114 mmHg$
> · 액상 A성분 분압 $C_A = 0.1 kmol/m^3$

20. 유량 $50,000 m^3/h$, SO_2 1,000ppm인 배출가스 유량을 측정하려고 한다. 측정부에서 분석부까지 거리가 100m, 측정공 관경이 10mm일 때 펌프로 측정한 배출가스의 유량(L/min)은? (단, 펌프로 최대 5분 연속측정가능하고, 배출가스온도 150℃, 펌프온도 150℃로 가동)

해설 및 정답 →

01 (1)

1.1) 입경별 침강속도

① 30μm의 침강속도

$$v_p = \frac{d_p^2(\rho_p - \rho_g)g}{18\mu_g}$$

$$= \frac{(30 \times 10^{-6})^2 \times (200 - 0.06) \times 9.8}{18 \times 8.5 \times 10^{-6}}$$

$$= 0.0115259\,\text{m/s}$$

② 50μm의 침강속도

$$v_p = \frac{d_p^2(\rho_p - \rho_g)g}{18\mu_g}$$

$$= \frac{(50 \times 10^{-6})^2 \times (200 - 0.06) \times 9.8}{18 \times 8.5 \times 10^{-6}}$$

$$= 0.0320165\,\text{m/s}$$

③ 70μm의 침강속도

$$v_p = \frac{d_p^2(\rho_p - \rho_g)g}{18\mu_g}$$

$$= \frac{(70 \times 10^{-6})^2 \times (200 - 0.06) \times 9.8}{18 \times 8.5 \times 10^{-6}}$$

$$= 0.0627524\,\text{m/s}$$

④ 90μm의 침강속도

$$v_p = \frac{d_p^2(\rho_p - \rho_g)g}{18\mu_g}$$

$$= \frac{(90 \times 10^{-6})^2 \times (200 - 0.06) \times 9.8}{18 \times 8.5 \times 10^{-6}}$$

$$= 0.1037335\,\text{m/s}$$

⑤ 100μm의 침강속도

$$v_p = \frac{d_p^2(\rho_p - \rho_g)g}{18\mu_g}$$

$$= \frac{(30 \times 10^{-6})^2 \times (200 - 0.06) \times 9.8}{18 \times 8.5 \times 10^{-6}}$$

$$= 0.1280661\,\text{m/s}$$

1.2) 입경별 부분집진율(침강효율)

① 30μm의 침강속도

$$\eta = \frac{V_s L}{VH}$$

$$= \frac{0.0115259 \times 0.6}{0.1 \times 1} \times 100\% = 6.9155\%$$

② 50μm의 침강속도

$$\eta = \frac{V_s L}{VH}$$

$$= \frac{0.0320165 \times 0.6}{0.1 \times 1} \times 100\% = 19.2099\%$$

③ 70μm의 침강속도

$$\eta = \frac{V_s L}{VH}$$

$$= \frac{0.0627524 \times 0.6}{0.1 \times 1} \times 100\% = 37.6514\%$$

④ 90μm의 침강속도

$$\eta = \frac{V_s L}{VH}$$

$$= \frac{0.1037335 \times 0.6}{0.1 \times 1} \times 100\% = 62.2401\%$$

⑤ 100μm의 침강속도

$$\eta = \frac{V_s L}{VH}$$

$$= \frac{0.1280661 \times 0.6}{0.1 \times 1} \times 100\% = 76.8396\%$$

입경 분포 (μm)	30	50	70	90	100
침강 속도(m/s)	0.0115259	0.0320165	0.0627524	0.1037335	0.1280661
부분 집진율	6.9155	19.2099	37.6514	62.2401	76.8396

1.3) 전체집진율

$$전체집진율(\%) = \frac{\sum(질량분율 \times 부분집진율(\%))}{\sum 질량분율}$$

$$= \frac{\begin{array}{c}(5 \times 6.9155 + 25 \times 19.2099 + 40 \times 37.6514 \\ + 20 \times 62.2401 + 10 \times 768396)\end{array}}{(5 + 25 + 40 + 20 + 10)}$$

$$= 40.340\%$$

(2) 제거되는 분진량

$$\frac{1,000\mathrm{m}^3}{\mathrm{hr}} \times \frac{10\mathrm{g}}{\mathrm{m}^3} \times 0.4034 \times \frac{1\mathrm{kg}}{1,000\mathrm{g}} \times \frac{10\mathrm{hr}}{1\mathrm{d}} \times 30\mathrm{d}$$

$$= 1,210.2\,\mathrm{kg}$$

> **정답** (1) 40.34%
> (2) 1,210.2kg

02 연소반응식

$$\mathrm{C_mH_n} + \left(\mathrm{m} + \frac{\mathrm{n}}{4}\right)\mathrm{O_2} \rightarrow \mathrm{mCO_2} + \frac{\mathrm{n}}{2}\mathrm{H_2O}$$

$$\mathrm{C_1H_{1.85}} + 1.4625\mathrm{O_2} \rightarrow \mathrm{CO_2} + 0.92\mathrm{H_2O}$$

공기 중 산소의 질량비

$$\mathrm{AFR}(질량비) = \frac{공기\,(\mathrm{kg})}{연료\,(\mathrm{kg})}$$

$$= \frac{1.4625 \times 32/0.232}{13.85} = 14.564$$

> **정답** 14.56

03

1) 수소의 mol $= 4\mathrm{g} \times \dfrac{1\mathrm{mol}}{2\mathrm{g}} = 2\mathrm{mol}$

2) 염소의 mol $= 6\mathrm{g} \times \dfrac{1\mathrm{mol}}{71\mathrm{g}} = \dfrac{6}{71}\mathrm{mol}$

3) 혼합기체의 압력

$$\mathrm{P} = \frac{\mathrm{nRT}}{\mathrm{V}}$$

$$= \frac{\left(2 + \dfrac{6}{71}\right) \times 0.082 \times (273 + 25)}{15}$$

$$= 3.3958\mathrm{atm} \times \frac{760\mathrm{mmHg}}{1\mathrm{atm}}$$

$$= 2,580.80\,\mathrm{mmHg}$$

> **정답** 2,581mmHg

04

공법	특징
촉매분해법	· V_2O_5, TiO_2 등 금속산화물 또는 귀금속 촉매를 이용하여 다이옥신을 분해 제거
광분해법	· 자외선을 배기가스에 조사하여 다이옥신을 분해 제거
열분해법	· 산소가 희박한 환원성 분위기에서 탈염소화, 수소첨가반응을 통해 다이옥신을 분해
고온열분해법	· 배기가스 온도를 850℃ 이상으로 유지하여 다이옥신을 열분해하여 제거
초임계유체분해법	· 초임계유체의 극대 용해도를 이용하여 다이옥신 흡수제거
오존산화법	· 용액 중 오존을 주입하여 다이옥신을 산화분해하여 제거
생물학적분해법	· 토양 중 리그닌을 분해하는 백색부후균 및 세균 등을 이용하여 다이옥신을 생물학적으로 분해

> **정답** ① 촉매분해법 : V_2O_5, TiO_2 등 금속산화물 또는 귀금속 촉매를 이용하여 다이옥신을 분해 제거
> ② 광분해법 : 자외선을 배기가스에 조사하여 다이옥신을 분해 제거
> ③ 열분해법 : 산소가 희박한 환원성 분위기에서 탈염소화, 수소첨가반응을 통해 다이옥신을 분해

05 블로우 다운 효과

① 유효원심력 증대
② 집진효율 향상
③ 내 통의 폐색 방지(더스트 플러그 방지)
④ 분진의 재비산 방지

> **정답** 블로우 다운(Blow down)은 사이클론 하부 분진박스(dust box)에서 처리가스량의 5~10%에 상당하는 함진가스를 흡인하는 것이다. 블로우 다운으로, 유효 원심력이 증대하고, 집진효율이 향상되며, 분진 재비산을 방지하는 효과를 가진다.

06 정답 **유효굴뚝높이 증가 방법**

① 배출가스의 토출속도를 높인다.

② 배출가스 유량을 증가시킨다.

③ 배출가스의 온도를 높인다.

07 1) 120℃에서 배출가스 비중량

$$\gamma = \gamma_o \times \frac{273}{273 + \theta_s} \times \frac{(P_a + P_s)}{10,332}$$

$$\gamma = 1.29 \times \frac{273}{273 + 120} \times \frac{10,332 + 15}{10,332}$$

$$= 0.8974 \text{kg/m}^3$$

여기서,

γ : 굴뚝 내의 배출가스 밀도(kg/m³)

γ_o : 온도 0℃, 기압 760mmHg로 환산한 습한 배출가스 밀도(kg/Sm³)

P_a : 측정용 위치에서의 대기압(mmHg)

P_s : 각 측정점에서 배출가스 정압의 평균치(mmH₂O)

θ_s : 각 측정점에서 배출가스 온도의 평균치(℃)

2) 유속

$$V = C\sqrt{\frac{2gh}{\gamma}} = 0.85 \times \sqrt{\frac{2 \times 9.8 \times 15}{0.8974}}$$

$$= 15.385 \text{m/s}$$

3) 배출가스량(유량)

$$Q = AV = \frac{\pi}{4}D^2 V$$

$$= \frac{\pi}{4} \times (1.2\text{m})^2 \times 15.385\text{m/s} \times \frac{60\text{s}}{1\text{min}}$$

$$= 1,044.0 \text{m}^3/\text{min}$$

정답 1,044m³/min

08 정답 (1) 스토크 직경 : 원래의 분진과 밀도와 침강속도가 동일한 구형입자의 직경

(2) 공기역학적 직경 : 원래의 분진과 침강속도는 같고 밀도가 1g/cm³인 구형입자의 직경

09 $$2NO + (NH_3)_2CO + \frac{1}{2}O_2 \rightarrow 2N_2 + 2H_2O + CO_2$$

$$2NO : (NH_3)_2CO$$

$$2 \times 22.4\text{Sm}^3 : 60\text{kg}$$

$$\frac{50,000\text{Sm}^3}{\text{hr}} \times \frac{(600-150)}{10^6} \times \frac{273+0}{273+150} : x\text{kg/hr} \times \frac{20}{100}$$

$$\therefore x = 97.240 \text{kg/hr}$$

정답 97.24kg/hr

10 정답 (1) 비저항이 $10^4 \Omega \cdot \text{cm}$ 이하일 때

① 함진가스 유속을 느리게 함

② 암모니아수 주입

(2) 비저항이 $10^{11} \Omega \cdot \text{cm}$ 이상일 때

① 물(수증기) 주입

② 무수황산, SO_3, 소다회 주입

11 $$SO_2 : CaSO_4 \cdot 2H_2O$$

$$22.4\text{Sm}^3 : 172\text{kg}$$

$$200,000\text{Sm}^3/\text{hr} \times \frac{x}{10^6} \times 0.98 \times \frac{24\text{hr}}{\text{d}} : 10 \times 10^3 \text{kg}$$

$$\therefore x = 276.854 \text{ppm}$$

정답 276.85ppm

12 1) 이론공기량

$$A_o = \frac{O_o}{0.21}$$

$$= \frac{1.867C + 5.6\left(H - \frac{O}{8}\right) + 0.7S}{0.21}$$

$$= \frac{1.867 \times 0.85 + 5.6 \times 0.14 + 0.7 \times 0.01}{0.21}$$

$$= 11.32357 \text{Sm}^3/\text{kg}$$

2) 실제공기량

$$A = mA_o = 1.2 \times 11.32357$$

$$= 13.5882 \text{Sm}^3/\text{kg}$$

3) 중유 5kg의 실제공기량

$$13.5882\text{Sm}^3/\text{kg} \times 5\text{kg} = 67.9414\text{Sm}^3$$

정답 67.94Sm³

13 99.7% : $CH_4 + 2O_2 \;\rightarrow\; CO_2 + 2H_2O$
0.3% : $H_2S + 1.5O_2 \;\rightarrow\; SO_2 + H_2O$

1) $A_o(Sm^3/Sm^3) = \dfrac{O_o}{0.21}$

$= \dfrac{0.997 \times 2 + 0.003 \times 1.5}{0.21}$

$= 9.51666\,Sm^3/Sm^3$

2) $G_d(Sm^3/Sm^3) = (m - 0.21)A_o + \sum$건조생성물
$= (1.05 - 0.21) \times 9.51666$
$\quad + (0.997 \times 1 + 0.003 \times 1)$
$= 8.994$

3) $SO_2 = \dfrac{SO_2}{G_d} \times 10^6\,ppm$

$= \dfrac{0.003 \times 1}{8.994} \times 10^6\,ppm = 333.555\,ppm$

정답 333.56ppm

14
(1) $C_{\max} = \dfrac{2 \cdot QC}{\pi \cdot e \cdot U \cdot (H_e)^2} \times \left(\dfrac{\sigma_z}{\sigma_y}\right)$

$= \dfrac{2 \times 30{,}000\,m^3/hr \times 1{,}000\,ppm}{\pi \times e \times 6\,m/s \times (100\,m)^2}$

$\times \left(\dfrac{0.07}{0.07}\right) \times \dfrac{1\,hr}{3{,}600\,s}$

$= 0.032527\,ppm$

(2) $X_{\max} = \left(\dfrac{H_e}{\sigma_z}\right)^{\frac{2}{2-n}}$

$= \left(\dfrac{100}{0.07}\right)^{\frac{2}{2-0.25}} = 4{,}032.758\,m$

정답 (1) 0.03ppm 또는 3.25×10^{-2}ppm
(2) 4,032.76m

15 (1) 리차드슨 수의 공식

$Ri = \dfrac{g}{T} \dfrac{\triangle T/\triangle Z}{(\triangle U/\triangle Z)^2}$

$= \dfrac{9.8}{273 + \left(\dfrac{14.9 + 15.6}{2}\right)} \dfrac{\dfrac{14.9 - 15.6}{3 - 2}}{\left(\dfrac{3.9 - 3.3}{3 - 2}\right)^2}$

$= -0.0661$

(2) Ri < -0.04이므로,
자유대류가 지배적인 대기불안정상태이다.

정리) 리차드슨 수와 대기의 안정

① Ri < -0.04 : 대류(열적 난류) 지배,
대류가 지배적이어서 바람이 약하게
되어 강한 수직운동이 일어남

② -0.04 < Ri < 0 : 대류와 기계적 난류
모두 존재, 주로 기계적 난류가 지배적

③ Ri = 0 : 기계적 난류만 존재

④ 0 < Ri < 0.25 : 기계적 난류 감소

⑤ 0.25 < Ri : 수직방향 혼합 거의 없고,
대류 없음(안정), 난류가 층류로 변함

정답 (1) -0.0661
(2) Ri < -0.04이므로, 자유대류가
지배적인 대기불안정상태이다.

16 1) 시간당 세정액 발생량(g/L·hr)

$\dfrac{2g \times 0.7}{m^3} \times \dfrac{1{,}000\,m^3}{hr} \times \dfrac{1}{2\,m^3} \times \dfrac{1\,m^3}{1{,}000\,L} = 0.7\,g/L{\cdot}hr$

2) 방류간격

$\dfrac{10g/L}{0.7g/L{\cdot}hr} = 14.285\,hr$

정답 14.29hr

17 레이놀즈 수

$$R_e = \frac{DV}{\nu}$$

$$3 \times 10^4 = \frac{0.05V}{1.5 \times 10^{-5}}$$

$$\therefore V = 9\text{m/s}$$

정답 9m/s

18 라플방정식

$$d_{p50} = \sqrt{\frac{9\mu B}{2\pi N_e v(\rho_p - \rho)}}$$

$$d_{p50} \propto \sqrt{\frac{B}{v}} \text{ 이므로,}$$

$$\frac{d_{p50}'}{d_{p50}} = \frac{\sqrt{\dfrac{2B}{2v}}}{\sqrt{\dfrac{B}{v}}} = 1$$

$$\therefore 1\text{배}$$

정답 처음 절단입경의 1배가 됨

19

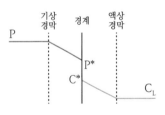

<그림> 이중경막론

평형상태라면,

기상전달속도 = 액상전달속도이다.

$$N_A = K_G A(P_G - P^*) = K_L A(C^* - C_L)$$

N_A : 물질이동속도(kmol/h)

K_G : 기상 총괄물질이동계수(kmol/m²·h·atm)

K_L : 액상 총괄물질이동계수(m/h)

P_G : 기상 오염물질 분압(atm)

P^* : 기액경계면에서 기상 오염물질 분압(atm)

C^* : 기액경계면에서 액상 오염물질 농도(kmol/m³)

C_L : 액상 오염물질 농도(kmol/m³)

A : 기액 접촉면적(m²)

$P^* = HC_L$

1) P*(헨리의 법칙)

문제에 주어진 헨리상수 단위를 맞추면,

$$C_L = HP^*$$

$$\therefore P^* = \frac{C_L}{H}$$

$$= \frac{0.1\text{kmol}}{\text{m}^3} \times \frac{\text{m}^3 \cdot \text{atm}}{2\text{kmol}} = 0.05\,\text{atm}$$

2) C*

$$K_G A(P_G - P^*) = K_L A(C^* - C_L)$$

$$\frac{3.2\,\text{kmol}}{\text{m}^2 \cdot \text{atm} \cdot \text{h}} \times (\frac{114}{760} - 0.05)\text{atm} = \frac{0.7\text{m}}{\text{h}} \times \frac{(C^* - 0.1)\text{kmol}}{\text{m}^3}$$

$$\therefore C^* = 0.5571\text{kmol/m}^3$$

정답 0.56kmol/m³

20 1) 펌프 유속

$$V = \frac{100\text{m}}{5\text{min}} = 20\text{m/min}$$

2) 배출가스 유량

$$Q = AV = \frac{\pi}{4}D^2 V$$

$$= \frac{\pi}{4}(0.01\text{m})^2 \times \frac{20\text{m}}{\text{min}} \times \frac{1{,}000\text{L}}{1\text{m}^3}$$

$$= 1.5707\,\text{L/min}$$

정답 1.57L/min

11 2021년 제4회 대기환경기사

01. CH_4 $0.5Sm^3$, C_3H_8 $0.5Sm^3$인 혼합기체를 연소시킬 때, 다음 조건에서 혼합기체의 이론 연소온도($℃$)는? (단, 연료의 공급온도는 $15℃$, CO_2, $H_2O(g)$, N_2의 평균정압 몰비열 (상온~$2,100℃$)은 각각 13.1, 10.5, 8.0kcal/kmol·$℃$이고, CH_4, C_3H_8의 저위발열량은 각각 8,750, 22,350kcal/Sm^3)

02. 충전탑에 사용되는 다음 용어를 설명하시오.
    (1) Hold-up
    (2) Loading
    (3) Flooding

03. 옥탄(C_8H_{18})을 완전연소시킬 때의 AFR(Air Fuel Ratio)은? (단, 무게비 기준으로 한다.)

04. 석회석 세정법을 사용하면 스케일(Scale)이 발생할 수 있다. 스케일 생성을 방지할 수 있는 대책을 3가지 서술하시오.

05. 탄소 85%, 수소 15%로 구성된 경유(1kg)를 공기과잉계수 1.1로 연소했을 때, 탄소 1%가 검댕(그을음)으로 된다. 건조 배기가스 중 검댕의 농도(ppm)는? (단, 그을음의 밀도는 2g/mL이다.)

06. C : 87%, H : 10%, S: 3%인 중유의 CO_{2max}(%)는?

07. 가로 1.2m, 세로 2.0m, 높이 1.5m인 연소실에서 저위발열량 10,000kcal/kg의 중유를 1시간에 100kg 연소시키고 있다. 이때 연소실 열발생률(kcal/m^3·h)은?

08. 외부로 비산 배출되는 먼지를 고용량공기시료채취법으로 측정한 조건이 다음과 같을 때 비산먼지의 농도(mg/Sm^3)는?

> · 대조위치의 먼지농도 : $0.12mg/Sm^3$
> · 채취먼지량이 가장 많은 위치의 먼지농도 : $6.83mg/Sm^3$
> · 전 시료채취 기간 중 주 풍향이 90° 이상 변했으며, 풍속이 0.5m/s 미만 또는 10m/s 이상되는 시간이 전 채취시간의 50% 미만이었다.

09. 배출가스의 흐름이 층류일 때 입경 $20\mu m$ 입자가 100% 침강하는 데 필요한 중력 침강실의 높이는? (단, Stokes 법칙을 적용하며, 중력 침전실의 길이 8m, 배출가스의 유속 2m/s, 입경 $40\mu m$ 입자의 종말침강속도는 1.5m/s이다. 기타 조건은 모두 동일하다.)

10. 공기 중에서 직경 $20\mu m$의 구형 매연입자가 스토크스 법칙을 만족하며 침강할 때, 다음 질문에 답하시오. (단, 매연입자의 밀도는 $2,000kg/m^3$, 공기의 밀도는 $1.3kg/m^3$, 공기의 점도는 $1.5 \times 10^{-5}kg/m \cdot s$, 커닝험 보정계수는 1.0)

(1) 종말침강속도(m/s)

(2) 입자에 작용하는 항력(유효숫자 개수 3개로 작성하시오.)

11. 사이클론 운전조건이 다음과 같을 때 집진효율의 일반적인 변화를 증가, 감소, 불변 중 한 가지만 써넣으시오.

(1) 입구유속이 (한계 내에서) 증가할수록 효율은 (　　　)한다.

(2) Blow down 효과는 효율을 (　　　)시킨다.

(3) 먼지의 밀도가 증가할수록 효율은 (　　　)한다.

(4) 입구의 크기가 작아지면 효율은 (　　　)한다.

(5) 원통직경이 클수록 효율은 (　　　)한다.

12. 공기수송 원형 덕트의 직경을 2배로 하면 압력손실은 몇 배가 되는가? (단, 직경을 제외한 나머지 변수는 모두 일정하다.)

13. 등가비가 1에서 1.1로 되었을 때 배출가스 중 CO, NOx가 증가, 감소하는지 쓰고 그 이유를 설명하시오.

14. Venturi Scrubber의 다음 조건들을 이용하여 노즐 직경(mm)을 계산하시오.

> - 액가스비 : $0.5L/m^3$
> - 목부 직경 : 0.2m
> - 노즐 개수 : 6개
> - 수압 : $20,000mmH_2O$
> - 목부의 가스속도 : 60m/s

15. 처리가스량 $1,500m^3/hr$, 압력손실이 $750mmH_2O$, 가동시간이 하루 12시간인 집진장치의 연간 동력비는 2,000만원이다. 동일한 집진장치를 처리가스량 $5,000m^3/hr$, 압력손실 30mmHg로 운전할 때 연간 동력비를 계산하시오. (단, 집진장치의 가동시간 및 효율 등 다른 조건은 모두 동일함)

16. 다음의 기체연료를 연소시켰을 때 소요된 공기량이 $10.2Sm^3/Sm^3$이었다면, 공기비(m)는? (단, N_2는 모두 NO가 된다고 가정한다.)

성분 가스	CH_4	CO_2	O_2	N_2
조성(%)	95	3	1	1

17. NO의 농도가 1,000ppm인 가스를 $5,000Sm^3/hr$ 배출하는 업소에서 선택적접촉환원법으로 제거하고자 한다. 당량비 반응으로 촉매층에서 NO는 80%가 처리된다. 암모니아의 필요량(mol/hr)을 구하시오.

18. 0.05M NaOH 15mL로 SO_2를 완전히 제거했을 때, 이론적인 SO_2 부피(mL)를 구하시오. (단, 배출가스 온도 70℃, 압력 760mmHg)

19. 휘발유 자동차의 배출가스를 감소하기 위해 적용되는 삼원촉매 장치에서 사용되는 (1) 촉매와 (2) 삼원촉매장치로 제거하는 오염물질을 각각 3가지씩 쓰시오.

20. Freundlich 등온흡착식과 Langmuir 등온흡착식을 쓰고 각 변수의 의미를 설명하시오.

(1) Freundlich 등온흡착식
(2) Langmuir 등온흡착식

해설 및 정답 →

01 1) 혼합가스의 $G \times C_P$

메탄 $CH_4 + 2O_2 \rightarrow CO_2 + 2H_2O$

프로판 $C_3H_8 + 5O_2 \rightarrow 3CO_2 + 4H_2O$

$G \times C_P$

$= (13.1 \times 1CO_2 + 10.5 \times 2H_2O + 8 \times 2 \times 3.76N_2) \times 0.5$

$+ (13.1 \times 3CO_2 + 10.5 \times 4H_2O + 8 \times 5 \times 3.76N_2) \times 0.5$

$= 162.98 kcal/kmol \cdot ℃$

2) 혼합가스의 발열량(H_L)

$H_L = 8,750 \times 0.5 + 22,350 \times 0.5$

$= 15,550 kcal/Sm^3$

3) 이론연소온도

$t_o = \dfrac{H_L}{G \times C_p} + t$

$= \dfrac{15,550 kcal/Sm^3}{162.98 kcal/kmol \cdot ℃ \times \dfrac{1kmol}{22.4Sm^3}} + 15℃$

$= 2,152.194℃$

정답 2,152.19℃

02 정답 (1) 홀드업(hold-up) : 충전층 내 액보유량

(2) 부하(loading) : 유속 증가 시 액의 hold-up이 현저히 증가하는 현상

(3) 범람(flooding) : 부하점을 초과하여 유속 증가 시 가스가 액중으로 분산·범람하는 현상

03 $C_8H_{18} + 12.5O_2 \rightarrow 8CO_2 + 9H_2O$

$AFR = \dfrac{공기(kg)}{연료(kg)} = \dfrac{산소(kg)/0.232}{연료(kg)}$

$= \dfrac{12.5 \times 32/0.232}{114} = 15.12$

정답 15.12

04 정답 스케일링 방지대책(3가지 작성)

① 부생된 석고를 반송하고 흡수액 중 석고 농도를 5% 이상 높게 하여 결정화 촉진

② 순환액 pH 변동 줄임

③ 흡수액량을 다량 주입하여 탑 내 결착 방지

④ 가능한 탑 내 내장물 최소화

05 1) G_d

$= (m - 0.21)A_o + 건조생성물(CO_2)$

$= (m - 0.21)A_o + \left(\dfrac{22.4}{12} \times 0.85 \times 0.99 \right)$

$= (1.1 - 0.21) \times \dfrac{\dfrac{22.4}{12} \times 0.85 + \dfrac{11.2}{12} \times 0.15}{0.21}$

$+ \left(\dfrac{22.4}{12} \times 0.85 \times 0.99 \right)$

$= 11.8552 Sm^3/kg$

(탄소의 1%는 검댕이 되므로, 나머지 99%만 건조생성물 CO_2가 된다.)

2) 연료 1kg 연소 시 발생하는 검댕량(g)

$10^3 g \times 0.85 \times 0.01 = 8.5g$

3) 건조 배기가스 중 검댕의 농도(ppm)

$\dfrac{검댕(g)}{배기가스(Sm^3)} = \dfrac{8.5g}{11.8552Sm^3}$

$= 0.7169 g/Sm^3$

$\dfrac{0.7169g}{Sm^3} \times \dfrac{mL}{2g} = 0.358 ppm$

정답 0.36ppm

06 1) G_{od}

1.1) $A_o(Sm^3/kg)$

$$= \frac{O_o}{0.21}$$

$$= \frac{1.867C + 5.6\left(H - \dfrac{O}{8}\right) + 0.7S}{0.21}$$

$$= \frac{1.867 \times 0.87 + 5.6 \times 0.1 + 0.7 \times 0.03}{0.21}$$

$$= 10.5013$$

1.2) G_{od}

$$G_{od} = A_o - 5.6H + 0.7O + 0.8N$$

$$= 10.5013 - 5.6 \times 0.1$$

$$= 9.9413$$

2) $CO_{2(max)}(\%)$

$$= \frac{CO_2}{G_{od}} \times 100\% = \frac{1.867 \times 0.87}{9.9413} \times 100\%$$

$$= 16.338\%$$

정답 16.34%

07 열발생률$(kcal/m^3 \cdot h)$

$$= \frac{연료소비량 \times 저발열량}{연소실체적}$$

$$= \frac{100kg/h \times 10,000kcal/kg}{1.2m \times 2m \times 1.5m}$$

$$= 277,777.7778 \ kcal/m^3 \cdot h$$

정답 277,777.78kcal/m³·h

08 비산먼지 농도의 계산

$$C = (C_H - C_B) \times W_D \times W_S$$

$$= (6.83 - 0.12) \times 1.5 \times 1.0$$

$$= 10.065mg/Sm^3$$

C_H : 채취먼지량이 가장 많은 위치에서의 먼지농도(mg/Sm^3)

C_B : 대조위치에서의 먼지농도(mg/Sm^3)

W_D, W_S : 풍향, 풍속 측정결과로부터 구한 보정계수

단, 대조위치를 선정할 수 없는 경우에는 C_B는 $0.15mg/Sm^3$로 한다.

정리) 보정계수

1) 풍향에 대한 보정

풍향변화범위	보정계수
전 시료채취 기간 중 주 풍향이 90° 이상 변할 때	1.5
전 시료채취 기간 중 주 풍향이 45°~90° 변할 때	1.2
전 시료채취 기간 중 풍향이 변동이 없을 때(45° 미만)	1.0

2) 풍속에 대한 보정

풍속범위	보정계수
풍속이 0.5m/s 미만 또는 10m/s 이상 되는 시간이 전 채취시간의 50% 미만일 때	1.0
풍속이 0.5m/s 미만 또는 10m/s 이상 되는 시간이 전 채취시간의 50% 이상일 때	1.2

정답 10.07mg/Sm³

09 1) 입경 20μm 입자의 침강속도

스토크식에서, $V_g \propto d^2$ 이므로,

$$V_{g,20} = \left(\frac{d_{20}}{d_{40}}\right)^2 V_{g,40}$$

$$= \left(\frac{20}{40}\right)^2 \times 1.5 = 0.375\,\text{m/s}$$

2) 입경 20μm 입자가 100% 침강하는 데
필요한 중력 침강실의 높이

$$\eta = \frac{V_g \times L}{V \times H}$$

$$\therefore\ H = \frac{V_g L}{V\eta} = \frac{0.375 \times 8}{2 \times 1} = 1.5\,\text{m}$$

정답 1.5m

10 (1) V_g

$$= \frac{(\rho_p - \rho) \times d^2 \times g}{18\mu} \times C_f$$

$$= \frac{(2{,}000 - 1.3)\text{kg/m}^3 \times (20\mu\text{m} \times 10^{-6}\text{m}/\mu\text{m})^2 \times 9.8\text{m/s}^2}{18 \times 1.5 \times 10^{-5}\text{kg/m·s}} \times 1$$

$$= 2.9018 \times 10^{-2}\,\text{m/s}$$

(2) 항력

$$= 3\pi\mu d V_r$$

$$= 3\pi \times (1.5 \times 10^{-5})\text{kg/m·s}$$
$$\times (20 \times 10^{-6})\text{m} \times (2.90 \times 10^{-2})\text{m/s}$$

$$= 8.204 \times 10^{-11}\,\text{kg·m/s}^2$$

정답 (1) 2.90×10^{-2}m/s

(2) 8.20×10^{-11}kg · m/s^2

11 **정답** (1) 증가 (2) 증가

(3) 증가 (4) 증가

(5) 감소

12

$$\Delta P = 4f\frac{L}{D} \times \frac{\gamma v^2}{2g} = 4f\frac{L}{D} \times \frac{\gamma\left(\dfrac{Q}{A}\right)^2}{2g}$$

$$= 4f\frac{L}{D} \times \frac{\gamma\left(\dfrac{Q}{\dfrac{\pi}{4}D^2}\right)^2}{2g} = \frac{32}{g\pi^2}\gamma\,f\frac{LQ^2}{D^5}$$

$\Delta P \propto \dfrac{1}{D^5}$ 이므로, $\dfrac{\Delta P'}{\Delta P} = \left(\dfrac{d}{2d}\right)^5 = \dfrac{1}{32}$

정리) 원형 덕트의 압력손실

$$\Delta P = F \times P_v = 4f\frac{L}{D} \times \frac{\gamma v^2}{2g}$$

F : 상수
P_v : 속도압(mmH$_2$O)
f : 마찰손실계수
L : 관의 길이(m)
D : 관의 직경(m)
γ : 유체 비중(kgf/m^3)
v : 유속(m/s)
(4f를 λ로 나타내기도 함)

정답 $\dfrac{1}{32}$ 배

13 정리) 등가비와 연소상태

공기비	m < 1	m = 1	1 < m
등가비	$1 < \phi$	$\phi = 1$	$\phi < 1$
특징	· 공기 부족 · 연료 과잉 · 불완전 연소 · 매연, CO, HC 발생량 증가 · 폭발 위험	· 완전연소 · CO_2 발생량 최대	· 과잉 공기 · 산소 과대 · SO_x, NO_x 발생량 증가 · 연소온도 감소 · 열손실 커짐 · 저온부식 발생 · 탄소함유물질(CH_4, CO, C 등) 농도 감소 · 방지시설의 용량이 커지고 에너지 손실 증가 · 희석효과가 높아져 연소 생성물의 농도 감소

정답 (1)

- CO (증가)
- 증가 혹은 감소 이유 :

  $1 < \phi$이므로, 불완전연소(연료과잉, 공기부족) 상태이므로 CO는 증가한다.

(2)

- NOx (감소)
- 증가 혹은 감소 이유 :

  $1 < \phi$이므로, 불완전연소(연료과잉, 공기부족) 상태이므로 NOx는 감소한다.

14 목부 유속과 노즐 개수 및 수압 관계식

$$n \left(\frac{d}{D_t} \right)^2 = \frac{v_t L}{100 \sqrt{P}}$$

$$6 \left(\frac{d}{0.2} \right)^2 = \frac{60 \times 0.5}{100 \sqrt{20,000}}$$

$$\therefore d = 0.0037606 m = 3.7606 mm$$

n	:	노즐 수
d	:	노즐 직경
D_t	:	목부 직경
P	:	수압(mmH₂O)
v_t	:	목부 유속(m/s)
L	:	액가스비(L/m³)

정답 3.76mm

15 소요 동력식

$$P = \frac{Q \times \triangle P \times \alpha}{102 \times \eta}$$

여기서,
- P : 소요 동력(kW)
- Q : 처리가스량(m^3/s)
- $\triangle P$: 압력(mmH₂O)
- α : 여유율(안전율)
- η : 효율

동력(P) $\propto$ Q△P 이고,
동력 $\propto$ 동력비 이므로,
동력비 $\propto$ Q△P 임

동력비	Q△P
2,000만원	1,500×750
x(만원)	$5,000 \times 30 mmHg \times \frac{10,332 mmH_2O}{760 mmHg}$

$$\therefore x = 3,625.263$$

정답 3,625.26만원

16 1) 이론공기량(Sm^3/Sm^3)

95% $CH_4 + 2O_2$ → $CO_2 + 2H_2O$
3% CO_2 → CO_2
1% N_2 $+ O_2$ → $2NO$
1% O_2

$$A_o = \frac{O_o}{0.21} = \frac{0.95 \times 2 + 0.01 \times 1 - 0.01}{0.21}$$
$$= 9.04761 Sm^3/Sm^3$$

2) 공기비

$$m = \frac{A}{A_0} = \frac{10.2}{9.04761} = 1.127$$

정답 1.13

17 NO 제거 시 필요한 NH_3

$6NO + 4NH_3 \rightarrow 5N_2 + 6H_2O$

$6NO : 4NH_3$
$6 \times 22.4 \, Sm^3 : 4 \, kmol$

$$5,000 \, Sm^3/hr \times \frac{1,000}{10^6} \times 0.8 : x \, (kmol/hr)$$

$$\therefore x = \frac{0.119047 kmol}{hr} \times \frac{1,000 mol}{1 kmol}$$

$$= 119.047 \, mol/hr$$

정답 119.05mol/hr

18 1) 배출가스 온도 70℃에서 1mol의 부피
(기체 부피 온도 보정)

$$22.4L \times \frac{273 + 70}{273 + 0} = 28.1435L$$

2) SO_2 부피(mL)

$SO_2 + 2NaOH \rightarrow Na_2SO_3 + H_2O$

$SO_2 : 2NaOH$

$28.1435 \, L : 2 \, mol$

$$x(L) : \frac{0.05 mol}{L} \times 0.015L$$

$$\therefore x = 0.0105538L = 10.5538mL$$

정답 10.55mL

19 **정답** (1) 촉매 : 백금(Pt), 팔라듐(Pd), 로듐(Rh)

(2) 삼원촉매장치로 제거하는 오염물질 :
HC, CO, NOx

20 **정답** (1) Freundlich 등온흡착식

$$\frac{X}{M} = K \cdot C^{1/n}$$

X : 흡착된 피흡착물의 농도
M : 주입된 흡착제의 농도
C : 피흡착물의 평형농도
K, n : 경험상수

(2) Langmuir 등온흡착식

$$\frac{X}{M} = \frac{abC}{1 + bC}$$

X : 흡착된 피흡착물의 농도
M : 주입된 흡착제의 농도
C : 피흡착물의 평형농도
a, b : 경험상수

12 2022년 제 1회 대기환경기사

01. 배출가스 중 먼지농도가 75,000ppm인 먼지를 처리하고자 제진효율이 80%인 세정집진장치 3개를 직렬로 연결하여 처리할 때 오염물질의 출구농도(ppm)는?

02. 프로판(C_3H_8)이 완전연소할 때의 연소반응식과 질량 기준 및 부피 기준의 공연비(Air Fuel Ratio)를 각각 계산하시오. (단, 공기는 질소 79%, 산소 21%라고 가정한다.)
  (1) 프로판(C_3H_8)의 완전연소 반응식(단, 질소 포함)
  (2) 공연비(AFR, 질량 기준)
  (3) 공연비(AFR, 부피 기준)

03. 황분이 중량비로 2.5%인 중유를 매시간 2.0kL 사용하는 연소로에서 배출되는 황산화물의 배출량(m^3/hr)은? (단, 배기가스 온도는 600℃, 중유의 비중은 0.9이며, 황분은 전량 SO_2로 배출된다.)

04. 공기를 사용하여 propane(C_3H_8)을 완전연소시킬 때 건조 연소가스 중의 CO_{2max}(%)는?

05. 직경 22cm, 유효높이 2.5m인 백필터를 사용하여 배기가스 6m^3/s를 여과집진하고자 한다. 이 여과집진장치의 겉보기 여과속도는 1.5cm/s이고, 백필터의 먼지부하가 360g/m^2일 때 백필터 개수를 구하시오. (단, 효율 100%, 입구유량과 출구유량은 같음)

06. NO 500ppm, NO_2 5ppm을 함유하는 배기가스를 10,000Sm^3/hr 배출하는 업소에서 접촉환원법으로 제거하고자 한다. 다음 물음에 답하시오. (단, 접촉환원법의 환원제는 CO임)
  (1) 이론적 CO 필요량(m^3/hr)
  (2) 이론적 N_2 발생량(kg/hr)

07. 기상 총괄이동단위높이(HOG)가 0.6m인 충전탑을 이용하여 NaOH 수용액으로 흡수제거하여 배출가스 중의 HF 200ppm이 4ppm으로 감소되었다. 이때, 충전탑의 높이(m)는 얼마인가?

08. 10개의 bag을 사용한 여과집진장치에서 입구 먼지농도가 $10g/Sm^3$, 집진율이 98%였다. 가동 중 1개의 bag에 구멍이 열려 전체 처리가스량의 1/5이 그대로 통과하였다면 출구의 먼지농도(g/Sm^3)는? (단, 나머지 bag의 집진율 변화는 없음)

09. 몸통 직경이 1m인 표준 원심력 집진장치로 유량 $2m^3/s$의 함진가스를 처리한다. 처리 입자 밀도는 $1.8g/cm^3$일 때 다음 물음에 답하시오. (단, 가스의 온도는 300K, 압력은 1atm, 가스의 점도는 $1.85 \times 10^{-5} kg/m \cdot s$, 가스의 밀도는 무시함)

표준 원심력 집진장치의 설계인자

· Diameter of Body(D_o) : 1m
· Height of Entrance(H) : $D_o/2$
· Width of Entrance(W) : $D_o/4$

(1) 집진장치에 유입되는 가스 유속(m/s)을 계산하시오.
(2) 유효회전수가 5회일 때, 집진율이 50%인 먼지의 입경(μm)을 구하시오.

10. 염소농도가 250ppm인 배기가스 75,000Sm^3/hr을 NaOH 용액으로 세정 처리하여 염소를 100% 제거할 때, 이론적으로 발생하는 NaOCl 양(kg/hr)은? (단, $Cl_2 + 2NaOH \rightarrow$ $NaCl + NaOCl + H_2O$ 반응만 발생하고, 다른 반응은 없음)

11. 평판형 전기집진장치의 처리가스 유량 $150m^3/min$, 입구 먼지농도가 $6g/Sm^3$인 가스를 제거율 99%로 처리하려면, 입자의 이동속도(m/min)는? (단, 집진판 규격은 높이 10m, 길이 10m이며, 집진판수는 2개임)

12. 메탄의 고발열량이 9,500$kcal/Sm^3$이라면 저발열량($kcal/Sm^3$)은? (단, 물의 증발잠열은 480$kcal/Sm^3$이다.)

13. 광화학스모그의 원인을 대표적인 원인 물질과 기후 조건을 포함하여 설명하시오.

14. 광화학반응과 관련된 오염물질 중 탄화수소(HC), 일산화질소(NO), 이산화질소(NO_2), 오존(O_3)의 하루 중 6시~16시 사이 농도 변화를 그래프로 나타내시오.

15. 연소공정에서 발생하는 질소산화물(NO_x)의 3가지 생성기전에 대해 설명하시오.

16. 평판형 집진판을 이용한 전기집진장치로 먼지를 제거하고자 한다. 집진효율을 향상시키기 위한 조건 4가지를 서술하시오.

17. 배출가스 내의 NO_x 제거방법 중 접촉환원법에서 사용하는 환원제 3가지를 쓰시오. (예 : CO, 예시는 정답에서 제외함)

18. 흡수법에서 흡수액의 구비조건을 3가지 쓰시오.

19. 실내공기오염물질 중 석면에 대한 다음 물음에 답하시오.

(1) 황석면, 백석면, 청석면을 독성이 강한 순서대로 나열하시오.
(   ) > (   ) > (   )

(2) 석면에 노출되었을 때 인체에 나타나는 증상 2가지를 쓰시오.

20. 환경대기 중의 미세먼지(PM-10) 자동측정법 – 베타선법의 측정원리를 서술하시오.

해설 및 정답 →

01 $C = C_o(1-\eta_1)(1-\eta_2)(1-\eta_3)$

$\quad = 75,000(1-0.8)(1-0.8)(1-0.8)$

$\quad = 600\text{ppm}$

정답 600ppm

02 (1) 공기 중 질소는 79%, 산소는 21%이므로,

질소는 산소의 $\dfrac{79}{21} = 3.76$ 배이다. 따라서, 반

응식은 아래와 같다.

$C_3H_8 + 5O_2 + 5 \times 3.76N_2$

$\qquad \rightarrow 3CO_2 + 4H_2O + 5 \times 3.76N_2$

(2) 공연비(AFR, 질량 기준)

$\text{AFR(질량비)} = \dfrac{\text{공기}(\text{kg})}{\text{연료}(\text{kg})}$

$\qquad = \dfrac{5 \times 32/0.232}{44}$

$\qquad = 15.6739$

(3) 공연비(AFR, 부피 기준)

$\text{AFR(부피비)} = \dfrac{\text{공기}(\text{mole})}{\text{연료}(\text{mole})}$

$\qquad = \dfrac{5/0.21}{1} = 23.809$

정답 (1) $C_3H_8 + 5O_2 + 5 \times 3.76N_2 \rightarrow$

$\qquad 3CO_2 + 4H_2O + 5 \times 3.76N_2$

(2) 15.67

(3) 23.81

03 $\quad S \quad + \quad O_2 \quad \rightarrow \quad SO_2$

$\quad 32\text{kg} \qquad\qquad : \quad 22.4\text{Sm}^3 \times \dfrac{273+600}{273}$

$\dfrac{2.5}{100} \times \dfrac{0.9\text{kg}}{\text{L}} \times \dfrac{2\text{m}^3}{\text{hr}} \times \dfrac{1,000\text{L}}{1\text{m}^3} : \text{X}(\text{m}^3/\text{hr})$

$\therefore \ \text{X} = 100.730\text{m}^3/\text{hr}$

정답 $100.73\text{m}^3/\text{hr}$

04 $C_3H_8 + 5O_2 \rightarrow 3CO_2 + 4H_2O$

1) $G_{od} = (1-0.21)A_o + \sum\text{건조가스량}$

$\qquad = (1-0.21) \times \dfrac{5}{0.21} + 3$

$\qquad = 21.8\text{Sm}^3/\text{Sm}^3$

2) $CO_{2max}(\%) = \dfrac{CO_2(\text{부피})}{G_{od}(\text{부피})} \times 100$

$\qquad = \dfrac{3}{21.8} \times 100$

$\qquad = 13.76\%$

정답 13.76%

05 백필터의 수

$N = \dfrac{Q}{\pi \times D \times L \times V_f}$

$\quad = \dfrac{6\text{m}^3/\text{s}}{\pi \times 0.22\text{m} \times 2.5\text{m} \times 0.015\text{m/s}}$

$\quad = 231.498$

정답 232개

06 (1) 이론적 CO 필요량(m^3/hr)

    1.1) NO 제거 시 이론적 CO 필요량(m^3/hr)

$$2NO + 2CO \rightarrow N_2 + 2CO_2$$

$$2NO : 2CO$$
$$2 \times 22.4\,Sm^3 : 2 \times 22.4\,Sm^3$$

$$\frac{10,000\,Sm^3}{hr} \times \frac{500\,m^3}{10^6\,m^3} : x\,(Sm^3/hr)$$

$$\therefore x = 5\,Sm^3/hr$$

    1.2) NO_2 제거 시 이론적 CO 필요량(m^3/hr)

$$2NO_2 + 4CO \rightarrow N_2 + 4CO_2$$

$$2NO_2 : 4CO$$
$$2 \times 22.4\,Sm^3 : 4 \times 22.4\,Sm^3$$

$$\frac{10,000\,Sm^3}{hr} \times \frac{5\,m^3}{10^6\,m^3} : y\,(Sm^3/hr)$$

$$\therefore y = 0.1\,Sm^3/hr$$

$$x + y = 5 + 0.1 = 5.1\,Sm^3/hr$$

(2) 이론적 N_2 발생량(kg/hr)

    2.1) NO 제거 시 N_2 발생량(kg/hr)

$$2NO + 2CO \rightarrow N_2 + 2CO_2$$

$$2NO : N_2$$
$$2 \times 22.4\,Sm^3 : 1 \times 28\,kg$$

$$\frac{10,000\,Sm^3}{hr} \times \frac{500\,m^3}{10^6\,m^3} : x\,(kg/hr)$$

$$\therefore x = 3.125\,kg/hr$$

    2.2) NO_2 제거시 N_2 발생량(kg/hr)

$$2NO_2 + 4CO \rightarrow N_2 + 4CO_2$$

$$2NO_2 : N_2$$
$$2 \times 22.4\,Sm^3 : 1 \times 28\,kg$$

$$\frac{10,000\,Sm^3}{hr} \times \frac{5\,m^3}{10^6\,m^3} : y\,(kg/hr)$$

$$\therefore y = 0.03125\,kg/hr$$

$$x + y = 3.125 + 0.03125 = 3.15625\,kg/hr$$

정답 (1) $5.1Sm^3$/hr

       (2) 3.16kg/hr

07 1) 제거율

$$\eta = \frac{C_0 - C}{C_0} = \frac{200 - 4}{200} = 0.98$$

2) 충전탑 높이

$$h = HOG \times NOG = 0.6m \times \ln\left(\frac{1}{1 - 0.98}\right)$$

$$= 2.3472m$$

정답 2.35m

08 1) 구멍난 백의 출구 먼지농도

    처리가스량의 1/5이 그대로 통과하였으므로,

$$\frac{10g/Sm^3}{5} = 2g/Sm^3$$

2) 나머지 9개 백의 출구 먼지농도

$$C = C_0(1 - \eta)$$

$$= \frac{4}{5} \times 10g/Sm^3(1 - 0.98)$$

$$= 0.16g/Sm^3$$

3) 전체 출구 먼지농도

$$2 + 0.16 = 2.16g/Sm^3$$

정답 $2.16g/Sm^3$

09 (1) $V = \dfrac{Q}{A} = \dfrac{2m^3/s}{0.5m \times 0.25m} = 16m/s$

(2) 사이클론의 절단입경(d_{p50})

$$d_{p50} = \sqrt{\frac{9 \times \mu \times b}{2 \times (\rho_p - \rho) \times \pi \times V \times N}}$$

$$= \sqrt{\frac{9 \times 1.85 \times 10^{-5} kg/m \cdot s \times 0.25m}{2 \times (1,800 - 0)kg/m^3 \times \pi \times 16m/s \times 5}}$$

$$\times \frac{10^6 \mu m}{1m}$$

$$= 6.782 \mu m$$

정답 (1) 16m/s

       (2) $6.78\mu m$

10 NaOCl 발생량

$$Cl_2 + 2NaOH \rightarrow NaCl + NaOCl + H_2O$$

$$Cl_2 : NaOCl$$

$$22.4Sm^3 : 74.5kg$$

$$75,000Sm^3/hr \times \frac{250\,m^3}{10^6\,m^3} : x\,(kg/hr)$$

$$\therefore x = 62.360kg/hr$$

정답 62.36kg/hr

11 1) 평판형 전기집진장치의 집진매수

집진판 개수를 N이라 하면, 양면이므로 2N 이고, 그 중 2개의 외부집진판을 각각 집진 면이 1개이므로,

집진매수 = 2N - 2 = 2 × 2 - 2 = 2

2) 충전입자 이동속도(w)

$$\eta = 1 - e^{\frac{-Aw}{Q}}$$

$$0.99 = 1 - e^{\frac{-(10 \times 10 \times 2)m^2 \times w(m/min)}{150m^3/min}}$$

$$\therefore w = 3.453m/min$$

정답 3.45m/min

12 저위발열량(kcal/Sm³) 계산

$$CH_4 + 2O_2 \rightarrow CO_2 + 2H_2O$$

$$H_l = H_h - 480 \cdot \sum H_2O$$

$$= 9,500 - 480 \times 2 = 8,540kcal/Sm^3$$

정답 8,540kcal/Sm³

13 ① 광화학스모그의 원인(3대 요소) : 질소산화 물(NOx), 탄화수소, 빛

② 광화학스모그가 잘 발생하는 기후 조건 : 한 낮, 일사량이 크고, 대기가 안정할 때, 무풍, 맑은 날에 잘 발생

정답 광화학스모그는 자동차 배기가스에서 발생 하는 질소산화물(NOx)과 탄화수소가 한낮 에 빛과 반응하여(광화학 반응) 발생하는 현상으로 일사량이 크고 대기가 안정하며, 맑은 날, 무풍 상태일 때 잘 발생한다.

14 하루 중 광화학반응에 의한 오염물질의 변화

$$NO \rightarrow HC,\ NO_2 \rightarrow 알데하이드 \rightarrow O_3 \rightarrow 옥시던트$$

정답 하루 중 광화학반응의 생성물질의 농도 변화 그래프

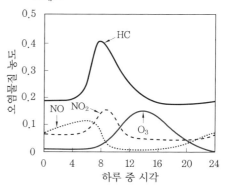

15 **정답** (1) Fuel NOx : 연료 자체가 함유하고 있 는 질소 성분의 연소로 발생하는 질소 산화물

(2) Thermal NOx : 연료의 연소로 인한 고온분위기에서 연소공기의 분해과정 시 발생하는 질소산화물

(3) Prompt NOx : 불꽃 내부에서 일어 나는 반응으로 빠르게 생성하는 질소 산화물

16 정답 **평판형 집진판 집진효율 향상 조건**(4가지 작성)

① 처리가스 속도 느리게 함
② 전원은 유효전압과 방전기류가 충분히 공급되어야 함
③ 시동 시에는 애자, 애관 등의 표면을 깨끗이 닦아 고압회로의 절연저항이 100 $M\Omega$ 이상이 되도록 함
④ 집진극은 열부식에 의한 기계적 강도, 재비산 방지, 털어낼 때의 충격효과에 유의함
⑤ 체류시간을 길게 함
⑥ 방전극을 가늘고 길게 함
⑦ 처리가스량을 적게 함
⑧ 전기비저항을 $10^4 \sim 10^{11}\,\Omega \cdot cm$로 유지함
⑨ 함진가스 중 먼지의 농도가 높을 경우 전압을 높여야 함
⑩ 습식으로 변경함

17 · 선택적 촉매환원법 환원제 : NH_3, $CO(NH_2)_2$, H_2S, H_2
· 비선택적 촉매환원법 환원제 : CH_4, H_2, H_2S, CO

정답 NH_3, $CO(NH_2)_2$, H_2S

18 정답 **좋은 흡수액(세정액)의 조건**(4가지 작성)

① 용해도가 커야 함
② 화학적으로 안정해야 함
③ 독성이 없어야 함
④ 부식성이 없어야 함
⑤ 휘발성이 작아야 함
⑥ 점성이 작아야 함
⑦ 어는점이 낮아야 함
⑧ 가격이 저렴해야 함

19 정답 (1) (청석면) > (황석면) > (백석면)
(2) 석면폐증, 폐암, 악성 중피종
(2가지 작성)

20 정답 이 측정방법은 베타선을 방출하는 베타선원으로부터 조사된 베타선이 필터 위에 채취된 먼지를 통과할 때 흡수되는 베타선의 세기를 비교 측정하여 대기 중 미세먼지의 질량농도를 측정하는 방법이다.

2022년 제 2회 대기환경기사

01. 먼지의 농도를 측정하기 위해 공기를 0.3m/s의 속도로 6시간 동안 여과지에 여과시킨 결과 여과지의 빛 전달률이 깨끗한 여과지의 75%로 감소했다. (1) 1,000m당 Coh 값을 구하고 (2) 아래 표를 보고, 이때 대기오염도를 판별하시오.

Coh/1,000m	대기오염도
0~3.2	약함(light)
3.3~6.5	보통(moderate)
6.6~9.8	심함(strong)
9.9~13.1	아주 심함(very strong)
13.2~16.4	극심함(extremely strong)

02. SO_2 가스와 물이 20℃에서 평형상태에 있다. SO_2 가스의 분압이 기상에서 57mmHg일 때 수중 SO_2 가스의 농도가 3mL/L이면, 헨리상수(L · atm/g)는? (단, 전압은 1atm이다.)

03. 어떤 공장의 먼지배출량은 $3.25g/m^3$이고, 배출허용기준은 $0.10g/m^3$이다. 배출허용기준을 준수하여 집진장치를 설계하고자 할 때 다음 물음에 답하시오.

(1) 한 대의 집진장치를 설치할 때 집진장치의 효율은 최소 몇 % 이상은 되어야 하는가?

(2) 효율이 동일한 집진장치 두 대로 직렬 연결할 때, 한 대의 집진장치의 효율은 최소 몇 % 이상은 되어야 하는가?

(3) 2차 집진장치의 집진율이 75%였다면, 1차 집진장치의 집진율은 최소 몇 % 이상은 되어야 하는가?

04. 어떤 1차 반응에서 초기농도가 1mol, 180분 후에 농도가 0.1mol로 감소하였다. 99% 반응하여 농도가 0.01mol로 감소되는 데 걸리는 시간(min)을 계산하시오.

05. 면적 $1.5m^2$인 여과집진장치로 먼지농도가 $1.5g/m^3$인 배기가스가 $100m^3/min$으로 통과하고 있다. 먼지가 모두 여과포에서 제거되었으며, 집진된 먼지층의 밀도가 $1g/cm^3$라면 6시간 후 여과된 먼지층의 두께(mm)는?

06. 아세트산 $10Sm^3$을 완전 연소시킬 경우, 발생되는 이론건조연소가스량(Sm^3)은?

07. 유효굴뚝높이가 60m인 굴뚝으로부터 SO_2가 50g/s의 질량속도로 배출되고 있다. 지상 5.5m에서 풍속은 5m/s, 풍하거리 500m에서 대기안정 조건에 따른 편차 σ_y는 37m, σ_z는 18m이었다. 가우시안 모델에서 지표반사를 고려할 때, 이 굴뚝으로부터 풍하거리 500m의 중심선상의 지표농도($\mu g/m^3$)는? (단, Deacon식과 가우시안 모델을 기준으로 하며, 풍속지수 p는 0.25이다.)

08. 다음 조건에서의 메탄의 이론연소온도는? (단, 메탄, 공기는 18℃에서 공급되며, CO_2, $H_2O(g)$, N_2의 평균정압 몰비열(상온~2,100℃)은 각각 13.1, 10.5, 8.0kcal/kmol · ℃이고, 메탄의 저위발열량은 8,600kcal/Sm^3이다.)

09. 중유를 100ton/d로 연소시키는 보일러에서 중유 1ton당 SO_2 20kg이 생성된다. 이 중 80%(V/V)는 SO_3로 전환되고, SO_3 중 90%(V/V)는 공기 중 수증기와 반응하여 H_2SO_4가 생성된다. 이때 생성되는 H_2SO_4의 양(kg/d)은? (단, 다른 반응에 의한 SO_2, SO_3, H_2SO_4의 생성과 소멸은 무시함)

10. C : 87%, H : 11%, S : 2%인 중유의 CO_{2max}(%)는?

11. 배출가스의 흐름이 층류일 때 입경 $25\mu m$, 비중 1.3인 입자가 70% 침강하는 데 필요한 중력 침강실의 높이(cm)는? (단, 표준상태이고, Stokes 법칙을 적용하며, 중력 침전실의 폭과 길이가 각각 1m, 3m, 배출가스의 유속 1m/s, 가스의 점도는 1.8×10^{-5}kg/m · s, 공기의 밀도는 1.3kg/m^3이다.)

12. 매시간 10ton의 중유를 연소하는 보일러의 배연탈황에 물을 흡수제로 하여 부산물로서 황산(H_2SO_4)을 회수한다. 중유 중 황성분은 3%, 탈황률이 90%라면 회수되는 황산(H_2SO_4)의 이론량(kg/h)은? (단, 중유 중 황성분은 연소 시 전량 SO_2로 전환되며, 표준상태를 기준으로 한다.)

13. 가우시안 모델의 가정조건을 5가지 쓰시오.

14. 대도시지역에서 열섬효과로 인한 온도차는 맑은 날 밤에 극심하게 나타나는데 이 열섬효과에 영향을 주는 원인을 4가지만 쓰시오. (단, 유사한 원인을 여러 가지 기재한 경우 1가지로 간주함)

15. 다음 흡착에 관한 질문에 답하시오.

    (1) 흡착제가 갖추어야 할 조건(2가지)
    (2) 보전력(Retentivity)의 정의
    (3) 파과점(Break point)의 정의

16. 원심력 집진장치(사이클론)의 집진율을 향상시키는 조건을 4가지 쓰시오.

17. 악취 제거법을 5가지 쓰시오.

18. 다음은 환경정책 기본법령상 환경기준에 관한 문제이다. 빈칸에 알맞은 수치를 쓰시오. (단, 부분점수 없음)

항목	측정 기간	환경기준
아황산가스(SO_2)	1시간 평균치	(①)ppm 이하
일산화탄소(CO)	8시간 평균치	(②)ppm 이하
이산화질소(NO_2)	24시간 평균치	(③)ppm 이하
오존(O_3)	1시간 평균치	(④)ppm 이하
납(Pb)	연간 평균치	(⑤)$\mu g/m^3$ 이하
벤젠	연간 평균치	(⑥)$\mu g/m^3$ 이하

19. CO, CO_2, CH_4로 구성된 혼합기체 시료를 기체크로마토그래피로 분석하여 다음의 결과를 얻었다. 각 물질의 그래프 곡선면적은 시료를 구성하는 각 성분기체의 몰수와 비례한다. 이 때, 혼합기체 시료 중의 몰분율과 질량분율을 각각 구하시오.

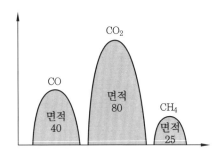

	CO	CO_2	CH_4
(1) 성분 기체의 몰분율(%)	①	②	③
(2) 성분 기체의 질량분율(%)	④	⑤	⑥

20. 잔류성유기오염물질(Persistent Organic Pollutants, POPs)의 특징을 4가지 쓰시오.

해설 및 정답 →

01

$$\text{Coh}_{1,000} = \frac{\log\left(\frac{1}{0.75}\right) \times 100}{0.3 \times 6 \times 3,600} \times 1,000\text{m}$$

$$= 1.928$$

정답 (1) 1.93

(2) 약함

02

헨리의 법칙 P = HC 이므로,

$$\therefore H = \frac{P}{C} = \frac{57\text{mmHg} \times \dfrac{1\text{atm}}{760\text{mmHg}}}{\dfrac{3\text{mLSO}_2}{L} \times \dfrac{64\text{g}}{22.4\text{mL} \times \dfrac{273+20}{273}}}$$

$$= 9.391 \times 10^{-3}\text{L} \cdot \text{atm/g}$$

정답 $9.39 \times 10^{-3}\text{L} \cdot \text{atm/g}$

03

(1) $\eta_T = 1 - \dfrac{C}{C_o} = 1 - \dfrac{0.10}{3.25}$

$$= 0.96923 = 96.923\%$$

(2) $\eta_T = 1 - (1-\eta_1)(1-\eta_2)$

$$0.9692 = 1 - (1-\eta_1)^2$$

$$\therefore \eta_1 = 0.82450 = 82.45\%$$

(3) $\eta_T = 1 - (1-\eta_1)(1-\eta_2)$

$$0.9692 = 1 - (1-\eta_1)(1-0.75)$$

$$\therefore \eta_1 = 0.8768 = 87.68\%$$

정답 (1) 96.92%

(2) 82.45%

(3) 87.68%

04 1차 반응식

$$\ln\left(\frac{C}{C_o}\right) = -k \cdot t$$

1) 반응속도 상수(k)

$$\ln\left(\frac{0.1}{1}\right) = -k \times 180\text{min}$$

$$\therefore k = 0.01279/\text{min}$$

2) 반응물이 0.01mol로 감소될 때까지의 시간

$$\ln\left(\frac{0.01}{1}\right) = -0.01279 \times t$$

$$\therefore t = 360\text{min}$$

정답 360min

05

1) 속도

$$V = \frac{Q}{A} = \frac{100\text{m}^3/\text{min}}{1.5\text{m}^2} = 66.6667\text{m/min}$$

2) 먼지층의 두께(mm)

$$\frac{L_d}{\rho} = \frac{C_i \times V_f \times t \times \eta}{\rho}$$

$$= \frac{\dfrac{1.5\text{g}}{\text{m}^3} \times \dfrac{66.6667\text{m}}{\text{min}} \times 6\text{hr} \times \dfrac{60\text{min}}{1\text{hr}} \times 1}{\dfrac{1\text{g}}{\text{cm}^3} \times \dfrac{(100\text{cm})^3}{1\text{m}^3}}$$

$$\times \frac{1,000\text{mm}}{1\text{m}} = 36\text{mm}$$

정답 36mm

06 $CH_3COOH + 2O_2 \rightarrow 2CO_2 + 2H_2O$

$$A_o(Sm^3/Sm^3) = \frac{2}{0.21}$$

$$\begin{aligned} G_{od}(Sm^3/Sm^3) &= (1-0.21)A_o + CO_2 \\ &= (1-0.21) \times \frac{2}{0.21} + 2 \\ &= 9.5238 \end{aligned}$$

$$\begin{aligned} G_{od}(Sm^3) &= 9.5238Sm^3/Sm^3 \times 10Sm^3 \\ &= 95.238Sm^3 \end{aligned}$$

정답 $95.24Sm^3$

07 1) 유효굴뚝높이에서의 풍속(U)

| 데콘식 - 고도 |

$$\begin{aligned} U &= U_o \times \left(\frac{Z}{Z_o}\right)^p \\ &= 5 \times \left(\frac{60}{5.5}\right)^{0.25} = 9.0869m/s \end{aligned}$$

2) 연기 중심선상 오염물질 지표 농도

$$C(x, 0, 0, H_e)$$

$$\begin{aligned} &= \frac{Q}{\pi U \sigma_y \sigma_z} \exp\left[-\frac{1}{2}\left(\frac{H_e}{\sigma_z}\right)^2\right] \\ &= \frac{50 \times 10^6 \mu g/s}{\pi \times 9.0869m/s \times 37m \times 18m} \exp\left[-\frac{1}{2}\left(\frac{60}{18}\right)^2\right] \\ &= 10.1667 \mu g/m^3 \end{aligned}$$

정답 $10.17 \mu g/m^3$

08 $CH_4 + 2O_2 + 2 \times 3.76N_2 \rightarrow CO_2 + 2H_2O + 2 \times 3.76N_2$

1) 메탄의 평균정압비열

$$13.1 \times 1\,CO_2 + 10.5 \times 2\,H_2O + 8 \times 2 \times 3.76\,N_2$$

$$= 94.26kcal/kmol \cdot ℃$$

2) 이론연소온도

$$t_o = \frac{H_L}{G \times C_p} + t$$

$$= \frac{8,600kcal/Sm^3}{94.26kcal/kmol \cdot ℃ \times \dfrac{1kmol}{22.4Sm^3}} + 18℃$$

$$= 2,061.708℃$$

정답 $2,061.71℃$

09 $SO_2 + \frac{1}{2}O_2 \rightarrow SO_3$

$$SO_3 + \frac{1}{2}O_2 + H_2O \rightarrow H_2SO_4$$

$$\frac{100t}{d} \times \frac{20kg\,SO_2}{1t} \times \frac{22.4m^3}{64kg\,SO_2}$$

$$\times \frac{80m^3\,SO_3}{100m^3\,SO_2} \times \frac{90m^3\,H_2SO_4}{100m^3\,SO_3} \times \frac{98kg\,H_2SO_4}{22.4m^3}$$

$$= 2,205kg\,H_2SO_4/d$$

정답 $2,205kg/d$

10 1) G_{od}

1.1) $A_o(Sm^3/kg) = \dfrac{O_o}{0.21}$

$$= \frac{1.867C + 5.6\left(H - \dfrac{O}{8}\right) + 0.7S}{0.21}$$

$$= \frac{1.867 \times 0.87 + 5.6 \times 0.11 + 0.7 \times 0.02}{0.21}$$

$$= 10.7347$$

1.2) G_{od}

$$G_{od} = A_o - 5.6H + 0.7O + 0.8N$$

$$= 10.7347 - 5.6 \times 0.11$$

$$= 10.1187$$

2) $CO_{2max}(\%)$

$$\frac{CO_2}{G_{od}} \times 100(\%) = \frac{1.867 \times 0.87}{10.1187} \times 100\%$$

$$= 16.052\%$$

정답 16.05%

11 1) 입경 $25\mu m$인 입자의 침강속도

$$V_g = \frac{(\rho_p - \rho) \times d^2 \times g}{18\mu}$$

$$= \frac{(1,300 - 1.3)kg/m^3 \times (25\mu m \times 10^{-6}m/\mu m)^2 \times 9.8m/s^2}{18 \times 1.8 \times 10^{-5}kg/m \cdot s}$$

$$= 0.024551 \, m/s$$

2) 입경 $25\mu m$ 입자가 70% 침강하는 데 필요한 중력 침강실의 높이

$$\eta = \frac{V_g \times L}{V \times H}$$

$$\therefore H = \frac{V_g L}{V\eta} = \frac{0.024551 \times 3}{1 \times 0.7}$$

$$= 0.105218m = 10.521cm$$

정답 10.52cm

12 $S + O_2 \rightarrow SO_2 + \frac{1}{2}O_2 + H_2O \rightarrow H_2SO_4$

$$S : H_2SO_4$$

$$32kg : 98kg$$

$$\frac{3}{100} \times \frac{10,000kg}{h} \times \frac{90}{100} : x(kg/h)$$

$$\therefore x = 826.875 \, kg/h$$

정답 826.88kg/h

13 **정답** **가우시안 모델의 가정조건**(5가지 작성)
① 연기의 확산은 정상상태이다.
② x축 확산은 이류이동이 지배적이다.
③ 연기 내 대기반응은 무시한다.
④ 풍하방향으로의 확산은 무시한다.
⑤ 풍하 측의 대기안정도와 확산 계수는 변하지 않는다.
⑥ 고도변화에 따른 풍속변화는 무시한다(풍속 일정).
⑦ 배출된 오염물질은 흘러가는 동안 없어지거나 다른 물질로 바뀌지 않는다.
⑧ 오염분포의 표준편차는 약 10분간의 대표치이다.

14 **정답** **열섬효과의 원인**
① 인공열(연료 및 에너지 사용)
② 바람길의 유무
③ 건물의 반사율
④ 기상조건(하늘이 맑고 바람이 약할 때 잘 발생)

15 **정답** (1) 흡착제의 조건(2가지 작성)
① 단위질량당 표면적이 큰 것
② 어느 정도의 강도 및 경도를 지녀야 함
③ 흡착효율이 높아야 함
④ 가스 흐름에 대한 압력손실이 작아야 함
⑤ 재생과 회수가 쉬워야 함

(2) 보전력(Retentivity) : 일반적으로 흡착질로 포화된 활성탄을 주어진 온도와 압력 조건하에서 순수한 공기를 통과시킬 때 활성탄으로부터 탈착되지 않고 잔류하는 흡착질의 양

(3) 파과점(Break point) : 흡착영역이 이
동하여 흡착층 전체가 포화되는 지점
이다. 파과점에 도달하면, 처리효율이
급격히 떨어지므로, 파과점에 도달하
기 전에 재생을 해주어야 한다.

16 정답 **원심력 집진장치의 집진율 향상 조건**(4가지
작성)
① 배기관경을 작게 함
② 함진가스 입구 유속을 증가시킴
③ 고농도의 먼지 투입
④ 멀티사이클론 방식을 사용함
⑤ 블로우 다운 효과를 적용함
⑥ 고농도일 때는 병렬 연결하여 사용하
고, 응집성이 강한 먼지인 경우는 직
렬 연결함(단수 3단 한계)

17 정답 **악취 제거법**(5가지 작성)
① 수세법
② 흡착법
③ 냉각법(응축법)
④ 환기법
⑤ 화학적 산화법(오존산화법, 염소산화법)
⑥ 약액세정법(산·알칼리 세정법)
⑦ 산화법(연소산화법, 촉매산화법)
⑧ 은폐법(Masking법)

18 정답 ① 0.15
② 9
③ 0.06
④ 0.1
⑤ 0.5
⑥ 5

19 (1) 성분기체의 몰분율(%)

$$\text{몰분율(부피분율)} = \frac{\text{기체의 몰수}}{\sum \text{성분 기체의 몰수}}$$

$$= \frac{n_i}{\sum n_i}$$

① $x_{CO} = \dfrac{40}{40+80+25} = 0.27586$
$= 27.586\%$

② $x_{CO_2} = \dfrac{80}{40+80+25} = 0.55172$
$= 55.172\%$

③ $x_{CH_4} = \dfrac{25}{40+80+25} = 0.17241$
$= 17.241\%$

(2) 성분 기체의 질량분율(%)

$$\text{질량분율} = \frac{\text{기체의(몰수} \times \text{분자량)}}{\sum \text{성분 기체의(몰수} \times \text{분자량)}}$$

$$= \frac{n_i M_i}{\sum n_i M_i}$$

④ $m_{CO} = \dfrac{40 \times 28}{40 \times 28 + 80 \times 44 + 25 \times 16}$
$= 0.22222 = 22.222\%$

⑤ $m_{CO_2} = \dfrac{80 \times 44}{40 \times 28 + 80 \times 44 + 25 \times 16}$
$= 0.69841 = 69.841\%$

⑥ $m_{CH_4} = \dfrac{25 \times 16}{40 \times 28 + 80 \times 44 + 25 \times 16}$
$= 0.07936 = 7.936\%$

정답 ① 27.59 %
② 55.17 %
③ 17.24 %
④ 22.22 %
⑤ 69.84 %
⑥ 7.94 %

20 정답 독성, 잔류성, 생물축적성, 장거리 이동성

2022년 제 4회 대기환경기사

01. 수분 39%, 회분 8%인 고체연료에서 수분과 회분을 모두 제거하였더니 고정탄소 54%, 휘발분 46%가 되었다. 수분과 회분을 제거하기 전 고체연료 중 (1) 휘발분(%)과 (2) 고정탄소(%)를 계산하시오.

02. 프로판 $1.0Sm^3$를 6%의 과잉공기로 완전연소시킬 때 발생되는 이론습연소가스량(Sm^3) 중 산소(O_2) 농도(%)는?

03. 황화수소(H_2S)와 물이 20℃에서 평형상태에 있다. 황화수소의 헨리상수가 $0.0483 \times 10^4 atm \cdot m^3/kmol$, 기상에서 몰분율이 0.05일 때 수중 황화수소 가스의 농도(mg/L)는? (단, 전압은 1atm이다.)

04. 집진율이 80%인 전기집진장치에서, 유량이 2배로 증가할 경우 출구 먼지농도는 몇 배로 증가되는가? (단, 다른 조건은 변하지 않는다.)

05. 오존 농도를 측정하여 아래 표를 얻었다. 오존의 기하평균농도(mg/m^3)를 구하시오.

측정 no.	1	2	3	4	5	6	7	8	9
오존 농도(ppb)	5	7	18	24	32	50	65	72	75

06. 유효굴뚝높이가 60m, 굴뚝높이에서 풍속이 6m/s인 굴뚝으로부터 풍하거리 500m의 연기 중심선상의 지표농도가 $66\mu g/m^3$이다. y축으로 50m 떨어진 지점의 지상농도가 $23\mu g/m^3$일 때, 대기안정 조건에 따른 편차 σ_y(m)를 구하시오. (단, 가우시안 공식을 따름)

07. 높이 5m, 길이 10m, 침강실 내 가스유속은 1.4m/s인 중력집진장치를 이용하여 밀도가 1g/cm³인 먼지를 처리하고 있다. 이 집진장치가 포집할 수 있는 최소입자의 크기(d_{min}, μm)는? (단, 온도는 25℃, 점성계수는 2.0×10^{-4}g/cm·s, 공기의 밀도는 1.3kg/m³이며 흐름은 층류이다.)

08. 알루미늄 제조공장에서 빙정석(Na_3AlF_6)을 원료로 알루미늄(Al) 200kg/d을 생산하면서 플루오린화수소(HF)를 포함한 가스 1,500m³/min(50℃, 760mmHg)를 배출한다. 이론적으로 몇 %를 제거해야 배출허용기준을 만족시킬 수 있는가? (단, Al 원자량 27, F 원자량 19이고, HF의 배출허용기준은 표준상태 불소(F) 기준으로 10ppm, 기타 조건은 동일하다.)

09. 먼지의 입경 $d_p(\mu$m)를 Rosin-Rammler 분포에 의해 체상분율 $R(\%) = 100e^{\left(-\beta \cdot d_p^n\right)}$으로 나타낸다. 이 먼지에서 입경이 15$\mu$m인 입자의 R(%)는 얼마인가? (단, $\beta = 0.058$, n = 1)

10. 굴뚝 배출가스량은 500Sm³/h, 이 배출가스 중 HCl 농도는 800mL/Sm³이다. 이 배출가스를 5m³의 물로 세정할 때 8시간 후 순환수인 폐수의 pH는? (단, 세정효율은 85%이고, HCl는 100% 전리되며, HCl 이외의 영향은 무시한다.)

11. NO_2 50ppm을 함유하는 배기가스 500Sm³/h를 CO를 환원제로 하여 선택적 접촉환원법으로 배연탈질할 때 요구되는 CO 양(m³/h)은? (단, 산소 공존은 고려하지 않으며, 표준상태 기준)

12. 다음은 태양에너지 복사와 관련된 용어이다. 다음 용어를 설명하시오.

(1) 흑체
(2) 스테판볼츠만 법칙(공식 포함하여 작성할 것)
(3) 키르히호프(Kirchhoff) 법칙

13. 광화학 반응에 의한 2차오염물질에 대한 다음 물음에 답하시오.

(1) 2차 오염물질 5가지를 쓰시오.
(2) 다음 중 괄호에서 알맞은 설명을 고르시오.

> 광화학스모그 현상은 ① (무풍/바람이 많은 날), ② (여름/겨울), ③ (낮/밤)에 더 활발하게 진행된다.

14. 원심력 집진장치에서 처리가스 온도가 증가하면 (1) 집진효율은 증가/감소하는지 쓰고, (2) 그 효율이 증가/감소하는 이유를 쓰시오.

15. 이온크로마토그래피의 측정원리를 서술하고, 장치구성을 순서대로 나열하시오.

(1) 측정원리
(2) 장치구성 순서(송액펌프, 분리관, 용리액조, 시료주입장치, 기록계, 검출기, 써프렛서)

16. 다음은 환경정책 기본법령상 대기환경기준이다. ( ) 안에 알맞은 수치를 각각 쓰시오.

항목	측정 기간	환경기준
NO_2	연간 평균치	(①)ppm 이하
	24시간 평균치	(②)ppm 이하
	1시간 평균치	(③)ppm 이하
O_3	8시간 평균치	(④)ppm 이하
	1시간 평균치	(⑤)ppm 이하
CO	8시간 평균치	(⑥)ppm 이하

17. 대기안정도를 나타내는 지표 중 리차드슨 수(Richardson's Number)의 정의와 공식을 적고, 수치에 따른 안정도를 설명하시오.

(1) 정의
(2) 공식
(3) 안정도 구분(중립, 불안정, 안정)

18. 흡수법의 흡수장치에 관한 다음 물음에 답사히오.

(1) 용해도가 큰 가스에 적용하는 흡수장치 종류(3가지)

(2) 용해도가 작은 가스에 적용하는 흡수장치 종류(3가지)

19. 탄수소비(C/H)에 관한 다음 물음에 답하시오.

(1) 휘발유, 경유, 중유, 등유 중 탄수소비(C/H)가 큰 순서대로 연료를 나열하시오.

(2) 탄수소비(C/H)가 클수록 이론공연비는 (증가/감소)한다.

(3) 탄수소비(C/H)가 클수록 휘도는 (증가/감소)한다.

(4) 탄수소비(C/H)가 클수록 방사율은 (증가/감소)한다.

20. 커닝험 보정계수에 관한 다음 질문에 답하시오.

(1) 커닝험 보정계수에 관하여 설명하시오.

(2) 다음 중 괄호에서 알맞은 설명을 고르시오.

> 커닝험 보정계수는 먼지의 입경이 작을수록 ① (크다./작다.)
>
> 가스 압력이 낮을수록 ② (크다./작다.)
>
> 가스 온도가 낮을수록 ③ (크다./작다.)

해설 및 정답 →

01 고체연료 = 고정탄소 + 휘발분 + 수분 + 회분

100 = (고정탄소 + 휘발분) + 39 + 8

∴ 제거 전 고체연료 중 (고정탄소 + 휘발분)은 53%이다.

수분과 회분을 모두 제거했을 때, 고정탄소 54%, 휘발분 46%이므로,

고정탄소 : 휘발분 성분비 = 54 : 46이다.

따라서,

(1) 제거 전 휘발분(%) = $\dfrac{46}{54+46} \times 53 = 24.38\%$

(2) 제거 전 고정탄소(%) = $\dfrac{54}{54+46} \times 53 = 28.62\%$

정답 (1) 24.38%

(2) 28.62%

02 1) 습연소가스량(G_w, Sm^3/Sm^3)

과잉공기 6%이므로, m = 1.06

연소반응식 : $C_3H_8 + 5O_2 \rightarrow 3CO_2 + 4H_2O$

$G_w(Sm^3/Sm^3)$
$= (m-0.21)A_o + \sum$ 모든 생성물
$= (1.06-0.21) \times \dfrac{5}{0.21} + (3+4)$
$= 27.2380 Sm^3/Sm^3$

2) $\dfrac{O_2}{G_w}$

$\dfrac{O_2}{G_w} = \dfrac{\text{과잉산소량}}{G_w} = \dfrac{(1.06-1) \times 5}{27.2380}$

$= 0.01101 = 1.101\%$

정답 1.10%

03 헨리의 법칙 P = HC 이므로,

∴ $C = \dfrac{P}{H} = \dfrac{x_i P_t}{H}$

$= \dfrac{0.05 \times 1atm}{0.0483 \times 10^4 atm \cdot m^3/kmol} \times \dfrac{1m^3}{1,000L}$

$\times \dfrac{34kg H_2S}{1kmol} \times \dfrac{10^6 mg}{1kg} = 3.519 mg/L$

정답 3.52mg/L

04 1) 유량을 2배 증가시켰을 때 집진율(η_2)

전기집진장치의 집진효율공식 $\eta = 1 - e^{\left(-\frac{Aw}{Q}\right)}$

을 유량에 관해 정리하면, 다음과 같다.

$Q = -Aw \times \dfrac{1}{\ln(1-\eta)}$

$\dfrac{2Q}{Q} = \dfrac{-Aw \times \dfrac{1}{\ln(1-\eta_2)}}{-Aw \times \dfrac{1}{\ln(1-0.8)}}$

∴ $\eta_2 = 0.5527$

2) $\dfrac{C_2}{C_1} = \dfrac{C_0(1-\eta_2)}{C_0(1-\eta_1)} = \dfrac{(1-0.5527)}{(1-0.8)} = 2.236$ 배

정답 2.24배

05 기하평균농도 공식

$C_{기하평균} = (C_1 \times C_2 \times \cdots \times C_n)^{\frac{1}{n}}$

$= (5 \times 7 \times 18 \times 24 \times 32 \times 50 \times 65 \times 72 \times 75)^{\frac{1}{9}}$

$= 27.3245 ppb$

∴ $\dfrac{27.3245 \times 10^{-9} m^3}{1m^3} \times \dfrac{48kg}{22.4m^3} \times \dfrac{10^6 mg}{1kg}$

$= 0.05855 mg/m^3$

정답 0.06 또는 $5.86 \times 10^{-2} mg/m^3$

06 1) 연기 중심선상 오염물질 지표농도

$$C(x, 0, 0, H_e) = \frac{Q}{\pi U \sigma_y \sigma_z} \exp\left[-\frac{1}{2}\left(\frac{H_e}{\sigma_z}\right)^2\right]$$

$$66\mu g/m^3 = \frac{Q}{\pi U \sigma_y \sigma_z} \exp\left[-\frac{1}{2}\left(\frac{60}{\sigma_z}\right)^2\right] \cdots \text{식①}$$

2) y축으로 50m 떨어진 지점의 지상농도

$$C(x, y, 0 : H_e) = \frac{Q}{\pi \sigma_y \sigma_z U} \exp\left[-\frac{1}{2}\left(\frac{y}{\sigma_y}\right)^2\right]$$

$$\cdot \exp\left[-\frac{1}{2}\left(\frac{H_e}{\sigma_z}\right)^2\right]$$

$$23\mu g/m^3 = \frac{Q}{\pi \sigma_y \sigma_z U} \exp\left[-\frac{1}{2}\left(\frac{50}{\sigma_y}\right)^2\right]$$

$$\cdot \exp\left[-\frac{1}{2}\left(\frac{60}{\sigma_z}\right)^2\right] \cdots\cdots\cdots\cdots \text{식②}$$

식②에 식①을 대입하면,

$$23 = 66 \times \exp\left[-\frac{1}{2}\left(\frac{50}{\sigma_y}\right)^2\right]$$

$$\therefore \ \sigma_y = 34.435m$$

정답 34.44m

07 $Q = (HB)V = (LB)V_g$

$$V_g = \frac{Q}{LB} = \frac{HBV}{LB} = \frac{HV}{L}$$

$$V_g = \frac{d^2(\rho_p - \rho_a)g}{18\mu} = \frac{HV}{L} \ \text{이므로},$$

$$\therefore \ d = \sqrt{\frac{HV}{L} \cdot \frac{18\mu}{(\rho_p - \rho_a)g}}$$

$$= \sqrt{\frac{5 \times 1.4 \times 18 \times 0.2 \times 10^{-4}}{10 \times (1,000 - 1.3) \times 9.8}}$$

$$= 1.60461 \times 10^{-4}m \times \frac{10^6 \mu m}{1m}$$

$$= 160.461\mu m$$

$\rho_p = 1g/cm^3 = 1,000kg/m^3$
$\mu = 2.0 \times 10^{-4}g/cm \cdot s = 0.2 \times 10^{-4}kg/m \cdot s$

정답 160.46μm

08 1) 배출가스 중 불소(F) 배출량

$$\frac{200kg\,Al}{d} \times \frac{6 \times 19F}{27Al} = 844.4444\,kg\,F/d$$

2) 배출가스 중 불소(F) 농도

$$\frac{\dfrac{844.4444\,kg\,F}{d} \times \dfrac{22.4Sm^3}{19kgF} \times \dfrac{10^6mL}{1Sm^3}}{\dfrac{1,500m^3 \times \dfrac{273+0}{273+50}}{min} \times \dfrac{1,440min}{1d}}$$

$$= 545.3202\,ppm$$

2) 제거율

$$\eta = 1 - \frac{C}{C_o} = 1 - \frac{10ppm}{545.3202ppm}$$

$$= 0.98166 = 98.166\%$$

정답 98.17%

09 $$R(\%) = 100e^{(-\beta \cdot d_p^n)}$$

$$= 100 \times e^{(-0.058 \times 15^1)}$$

$$= 41.895$$

정답 41.90%

10 1) 순환수 중 HF의 해리로 발생하는 수소이온[H⁺]의 몰농도(mol/L)

$$[H^+] = \frac{\text{흡수되는 HF의 양(mol)}}{\text{순환수의 양(L)}}$$

$$= \frac{\dfrac{500\,Sm^3}{h} \times \dfrac{800mL}{1Sm^3} \times 0.85 \times 8hr \times \dfrac{1mol}{22.4 \times 10^3mL}}{5m^3 \times \dfrac{1,000L}{1m^3}}$$

$$= 0.0242857\,M$$

2) pH

$$pH = -\log[H^+]$$

$$= -\log(0.0242857)$$

$$= 1.614$$

정답 1.61

11

$$NO_2 + 2CO \rightarrow 0.5N_2 + 2CO_2$$

$$NO_2 : 2CO$$

$$22.4Sm^3 : 2 \times 22.4Sm^3$$

$$500\,Sm^3/h \times \frac{50}{10^6} : y\,(Sm^3/h)$$

$$\therefore y = 0.05\,Sm^3/h$$

정답 $0.05m^3/h$

12 정답 (1) 흑체 : 반사와 투과가 없어, 들어오는 복사량을 모두 흡수하는 이상적인 물체
(2) 스테판볼츠만 법칙 : 흑체에서 방출되는 복사량은 표면온도의 4승에 비례함

$$E = \sigma T^4$$

E : 복사량(방사량)
T : 절대온도
σ : 상수

(3) 키르히호프(Kirchhoff) 법칙 : 열적평형일 때(물체와 주위온도가 같을 때) 물체의 흡수율과 총복사력의 비는 매질의 종류와 상관없이 일정하고, 이 값은 온도에만 의존함

13 정답 (1) 2차 오염물질(5가지 작성)
오존(O_3), PAN, PPN, PBzN, H_2O_2, NOCl, 아크롤레인, 케톤

(2) ① 무풍
② 여름
③ 낮

14 정답 (1) 감소
(2) 가스 온도가 증가하면 가스 점도가 높아지므로, 집진효율이 감소한다.

15 정답 (1) 측정원리
이동상으로는 액체, 그리고 고정상으로는 이온교환수지를 사용하여 이동상에 녹는 혼합물을 고분리능 고정상이 충전된 분리관 내로 통과시켜 시료성분의 용출상태를 전도도 검출기 또는 광학 검출기로 검출하여 그 농도를 정량하는 방법

(2) 장치구성 순서
용리액조 - 송액펌프 - 시료주입장치 - 분리관 - 써프렛서 - 검출기 - 기록계

16 정답 ① 0.03
② 0.06
③ 0.1
④ 0.06
⑤ 0.1
⑥ 25

17 정답 (1) 정의 : 대류 난류를 기계적 난류로 전환시키는 비율

(2) 공식

$$Ri = \frac{g}{T}\frac{\triangle T/\triangle Z}{(\triangle U/\triangle Z)^2}$$

여기서, g : 중력가속도($9.8m/s^2$)
T : 평균절대온도(℃+273)
$\triangle Z$: 고도차(m)
$\triangle U$: 풍속차(m/s)
$\triangle T$: 온도차(℃)

(3) 안정도
① Ri < 0 : 불안정
② Ri = 0 : 중립
③ 0 < Ri : 안정

18

분류	가압수식 (액분산형)	유수식 (저수식, 가스분산형)
적용	용해도 큰 가스에 적용	용해도 작은 가스에 적용
종류	· 충전탑(packed tower) · 분무탑(spray tower) · 벤투리 스크러버 · 사이클론 스크러버 · 제트 스크러버	· 단탑 · 포종탑 · 다공판탑 · 기포탑

정답 (1) 벤투리 스크러버, 사이클론 스크러버, 제트 스크러버

(2) 단탑, 포종탑, 다공판탑

19 탄수소비(C/H)

· 탄수소비(C/H) 클수록, 휘도 증가, 방사율 증가, 매연 증가, 이론공연비 감소

· 중질 연료일수록 탄수소비(C/H) 증가
(중유 > 경유 > 등유 > 휘발유)

정답 (1) 중유 > 경유 > 등유 > 휘발유
(2) 감소
(3) 증가
(4) 증가

20 정답 (1) 커닝험 보정계수
입자가 미세한 경우 기체분자가 입자에 충돌할 때 입자표면에서 미끄러지는 현상이 일어나게 된다. 이러한 미끄러짐(Slip)현상 때문에 실제입자에서 작용하는 항력이 작아지게 되는데 그에 대한 보정계수를 커닝험 보정계수라고 하며 항상 1보다 크게 된다.

(2) ① 크다. ② 크다. ③ 작다.

MEMO

기출

대기환경 산업기사

2019년 제1회 대기환경산업기사

01. 복사역전과 침강역전에 대하여 서술하시오.

(1) 복사역전
(2) 침강역전

02. 탄소 1kg 연소 시 이론적으로 30,000kcal의 열이 발생하고, 수소 1kg 연소 시 이론적으로 34,100kcal의 열이 발생된다면, 프로판 1kg 연소 시 이론적으로 발생되는 열량(kcal/kg)은?

03. 연소 시 발생하는 장해현상 중 저온부식의 (1) 발생 원인과 (2) 방지 대책(3가지)을 서술하시오.

(1) 발생 원인
(2) 방지 대책

04. Henry 법칙이 적용되는 가스로서 공기 중 유해가스의 분압이 $258.4mmH_2O$일 때, 수중 유해가스의 농도는 $2.0kmol/m^3$이었다. 같은 조건에서 가스분압이 38mmHg가 되면 수중 유해가스의 농도는?

05. 연소공정에서 발생하는 질소산화물(NOx)의 2가지 생성기전에 대해 설명하시오.

(1) Fuel NOx
(2) Thermal NOx

06. 인공통풍(강제통풍) 방식 3가지를 작성하고 설명하시오.

07. 스토크 직경과 공기역학적 직경을 비교하여 각각 설명하시오.

    (1) 스토크 직경
    (2) 공기역학적 직경

08. 먼지 입자의 입경분포율을 나타내는 Rosin - Rammler 식의 공식을 쓰고, 각각의 인자를 설명하시오.

09. 세정집진장치 중 가압수식에서 집진율을 향상시킬 수 있는 방법을 5가지 쓰시오.

10. Bag filter에서 먼지부하가 $360g/m^2$일 때마다 부착먼지를 간헐적으로 탈락시키고자 한다. 유입가스 중의 먼지농도가 $10g/m^3$이고, 겉보기 여과속도가 1cm/s일 때 부착먼지의 탈락시간 간격(s)은?

11. 전기집진장치에서 전기비저항이 $10^4 \Omega \cdot cm$ 이하일 때 발생하는 현상과 그 처리대책을 서술하시오.

12. 기체크로마토그래피에서 사용하는 검출기를 4가지만 쓰시오.

해설 및 정답 →

01 정답 (1) 복사역전

· 일몰 후 지표면이 냉각되면서 지표면의 온도는 저온, 고도가 높은 대기는 고온이 되면서 형성되는 기온역전이다.
· 밤에서 새벽까지 단기간 형성된다.
· 일출 직전에 하늘이 맑고 바람이 적을 때 가장 강하게 형성된다.

(2) 침강역전

고기압이 장기간 머물면, 기층이 서서히 침강하면서 단열 압축되므로, 온도가 증가하여 상층은 고온, 하층은 저온이 되는 침강성 역전이 발생한다.

02 1) 프로판 중에 포함된 탄소의 열량

$$\frac{30,000\text{kcal}}{\text{kg C}} \times \frac{3 \times 12\text{kg C}}{44\text{kg C}_3\text{H}_8} = \frac{24,545.4545\text{kcal}}{\text{kg C}_3\text{H}_8}$$

2) 프로판 중에 포함된 수소의 열량

$$\frac{34,100\text{kcal}}{\text{kg H}} \times \frac{8 \times 1\text{kg H}}{44\text{kg C}_3\text{H}_8} = \frac{6,200\text{kcal}}{\text{kg C}_3\text{H}_8}$$

3) 프로판의 발열량

= (24,545.4545 + 6,200)kcal/kg
= 30,745.4545kcal/kg

정답 30,745.45kcal/kg

03 저온부식

(1) 발생 원인

150℃ 이하로 온도가 낮아지면, 수증기가 응축되어 이슬(물)이 되면서 주변의 산성가스들과 만나 산성염(황산, 염산, 질산 등)이 발생하게 됨

(2) 방지 대책

① 연소가스 온도를 산노점(이슬점) 이상으로 유지

② 과잉공기를 줄여서 연소함
③ 예열공기를 사용하여 에어퍼지를 함
④ 보온시공을 함
⑤ 연료를 전처리하여 유황분을 제거함
⑥ 내산성이 있는 금속재료의 선정
⑦ 장치표면을 내식재료로 피복함

정답 (1) 발생 원인

150℃ 이하로 온도가 낮아지면, 수증기가 응축되어 이슬(물)이 되면서 주변의 산성가스들과 만나 산성염이 발생하게 된다.

(2) 방지 대책

① 연소가스 온도를 산노점(이슬점) 이상으로 유지
② 과잉공기를 줄여서 연소함
③ 예열공기를 사용하여 에어퍼지를 함

04 38mmHg를 mmH₂O로 바꾸면

$$38\text{mmHg} \times \frac{10,332\text{mmH}_2\text{O}}{760\text{mmHg}} = 516.6\text{mmH}_2\text{O}$$

헨리의 법칙 P = HC 이므로
∴ P ∝ C

258.4mmH₂O : 2kmol/m³
516.6mmH₂O : x kmol/m³

$$\therefore x = \frac{516.6\text{mmH}_2\text{O}}{258.4\text{mmH}_2\text{O}} \times 2\text{kmol/m}^3$$

$$= 3.998\text{kmol/m}^3$$

정답 4.00kmol/m³

05 정답 (1) Fuel NOx : 연료 자체가 함유하고 있는 질소 성분의 연소로 발생하는 질소산화물

(2) Thermal NOx : 연료의 연소로 인한 고온분위기에서 연소공기의 분해과정 시 발생하는 질소산화물

06 정답 (1) 가압통풍(압입통풍) : 노내 가압통풍기를 설치하여 공기를 연소로 안으로 압입하는 방식

(2) 흡인통풍 : 굴뚝 내에 송풍기를 설치하여 연소가스를 흡인하는 방식

(3) 평형통풍 : 압입통풍과 흡인통풍을 모두 이용하는 방식으로, 연소실 앞과 굴뚝하부에 각각 송풍기를 설치하여 대기압 이상의 공기를 압입송풍기로 노내에 압입하고, 흡인송풍기로 대기압보다 약간 높은 압력으로 노 내압을 유지시키는 통풍방식

07 정답 (1) 스토크 직경 : 원래의 분진과 밀도와 침강속도가 동일한 구형입자의 직경

(2) 공기역학적 직경 : 원래의 분진과 침강속도는 같고 밀도가 1g/cm^3인 구형입자의 직경

08 정답 $R = 100e^{-\beta d_p^n}$

R : 체상분율,
임의 입경 d_p보다 큰 입자가 차지하는 비율(%)

β : 입도특성계수,
입도특성계수가 클수록 입경이 미세한 먼지로 됨

d_p : 입자의 직경(μm)

n : 입경지수,
입경지수가 클수록 입경 분포 간격이 좁은 입자로 구성됨

09 정답 **가압수식의 집진율 증대 방법**
① 스크러버(충전탑, 분무탑 제외)는 가스속도가 클수록 집진율이 증가한다.
② 충전탑과 분무탑은 가스속도가 작을수록 집진율이 증가한다.
③ 분무 압력을 키워 수적의 입경이 작을수록 집진율이 증가한다.
④ 액가스비가 클수록 집진율이 증가한다.
⑤ 체류시간이 길수록 집진율이 증가한다.

10 $L_d(\text{g/m}^2) = C_i \times V_f \times \eta \times t$

$$\therefore t = \frac{L_d}{C_i \times V_f \times \eta}$$

$$= \frac{360\text{g/m}^2}{10\text{g/m}^3 \times 0.01\text{m/s} \times 1}$$

$$= 3,600\text{s}$$

정답 3,600 s

11

구분	$10^4 \Omega \cdot \text{cm}$ 이하일 때	$10^{11} \Omega \cdot \text{cm}$ 이상일 때
현상	· 포집 후 전자 방전이 쉽게 되어 재비산(jumping) 현상 발생	· 역코로나(전하가 바뀜, 불꽃방전이 정지되고, 형광을 띤 양(+)코로나 발생) · 역전리(back corona) 발생 · 집진효율 떨어짐
심화조건	· 유속 클 때	· 가스 점성이 클 때 · 미분탄, 카본블랙 연소 시
대책	· 함진가스 유속을 느리게 함 · 암모니아수 주입	· 물(수증기) 주입 · 무수황산, SO_3, 소다회(Na_2CO_3) 주입 · 탈진빈도를 늘리거나 타격을 강하게 함

정답 (1) 현상 : 포집 후 전자 방전이 쉽게 되어 재비산(jumping) 현상 발생

(2) 처리대책
① 함진가스 유속을 느리게 함
② 암모니아수 주입

12 기체크로마토그래피 검출기

① 열전도도 검출기
(thermal conductivity detector, TCD)

② 불꽃이온화 검출기
(flame ionization detector, FID)

③ 전자 포획 검출기
(electron capture detector, ECD)

④ 질소인 검출기
(nitrogen phosphorous detector, NPD)

⑤ 불꽃 광도 검출기
(flame photometric detector, FPD)

⑥ 광이온화 검출기
(photo ionization detector, PID)

⑦ 펄스 방전 검출기
(pulsed discharge detector, PDD)

⑧ 원자 방출 검출기
(atomic emission detector, AED)

⑨ 전해질 전도도 검출기
(electrolytic conductivity detector,
ELCD)

⑩ 질량 분석 검출기
(mass spectrometric detector, MSD)

정답 TCD, FID, ECD, NPD

01. 다음 현상의 원인과 방지대책에 관해 서술하시오.

(1) Down Wash
(2) Down Draft

02. 복사역전과 침강역전의 발생원인과 대표적인 사건(1가지)을 각각 작성하시오.

(1) 복사역전
(2) 침강역전

03. 배출가스의 조성에서 $CO_{2(max)}$: 20%, CO_2 : 13%, CO : 3%일 때, $O_2(\%)$는 얼마 인가?

04. 황 성분이 1.8%, 저위발열량이 10,000kcal/kg인 중유를 공기과잉계수 1.1로 연소 시 습 연소가스 중의 SO_2 농도(ppm)는? (단, Rosin식 적용, S은 전량 SO_2로 전환됨)

05. A 공장에서 CO 1,200ppm이 누출되었다. 이를 송풍기를 이용해 환기하고자 한다. 환기 로 CO 농도를 10ppm으로 저하시키는 데 소요되는 시간(min)을 계산하시오. (단, 반응속 도상수 k = 0.4/min)

06. Venturi scrubber에서 목부의 직경 0.2m, 목부의 수압 2기압, 가스속도 90m/s, 노즐의 직경 0.4cm이다. 노즐의 개수를 6개로 할 경우 $4.0m^3/s$의 함진가스를 처리하기 위해 요 구되는 물의 양(L/s)을 계산하시오.

07. 물리적 흡착의 특징을 화학적 흡착의 특징과 5가지 비교하여 서술하시오.

08. 메탄과 염소가 반응해 사염화에틸렌(C_2Cl_4)과 염화수소를 생성한다. 메탄 $1.5Sm^3$당 발생되는 염화수소의 이론량(Sm^3)은?

09. 80%의 효율을 갖는 사이클론이 있다. 이 사이클론의 입구 유속을 2배로 증가시키면 사이클론의 효율은 얼마가 되는지 계산하시오. (단, $\dfrac{100-\eta_1}{100-\eta_2} = \left(\dfrac{Q_2}{Q_1}\right)^{0.5}$)

10. 원심력 집진장치에서 블로우 다운의 정의와 효과 3가지를 서술하시오.

11. 전기집진장치의 집진성능에 먼지입자의 비저항은 매우 중요한 영향을 미친다. 비저항과 관련된 다음 현상의 방지대책을 각각 2가지씩 서술하시오.
   (1) 비저항이 $10^4\,\Omega \cdot cm$ 이하일 때
   (2) 비저항이 $10^{11}\,\Omega \cdot cm$ 이상일 때

12. 다음은 공정시험기준에서 사용되는 용어이다. 각 용어의 정의를 서술하시오.
   (1) 밀봉용기
   (2) 방울수
   (3) 즉시

해설 및 정답 →

01 정답 (1) Down Wash
  ① 원인 : 바람의 풍속이 배출가스의 토출속도보다 클 때, 배출가스가 바람에 휩쓸려 내려가 굴뚝 풍하 측을 오염시키는 현상
  ② 방지대책 : 배출가스의 유속을 풍속의 2배 이상으로 증가시킨다.

(2) Down Draft
  ① 원인 : 굴뚝높이가 장애물(건물, 산 등)보다 낮을 경우, 바람이 불면 장애물 뒤에 공동현상이 발생해 대기오염물질 농도가 건물 주위에서 높게 나타나는 현상
  ② 방지대책 : 굴뚝높이를 건물높이의 2.5배 이상 높인다.

02 정답 (1) 복사역전
  1) 원인 :
    ① 일몰 후 지표면이 냉각되면서 지표면의 온도는 저온, 고도가 높은 대기는 고온이 되면서 기온역전 발생한다.
    ② 밤에서 새벽까지 단기간 형성
    ③ 일출 직전에 하늘이 맑고 바람이 적을 때 가장 강하게 형성
  2) 대표적 사건 : 런던 스모그

(2) 침강역전
  1) 원인 :
    고기압이 장기간 머물면, 기층이 서서히 침강하면서 단열 압축되므로, 온도가 증가하여 상층은 고온, 하층은 저온이 되는 침강성 역전이 발생함
  2) 대표적 사건 : LA 스모그

03 배기가스 조성을 이용한 $CO_{2(max)}$(%) 계산

$$CO_{2(max)} = \frac{21(CO_2 + CO)}{21 - O_2 + 0.395CO}$$

$$20 = \frac{21(13 + 3)}{21 - O_2 + (0.395 \times 3)}$$

$$\therefore O_2 = 5.385\%$$

정답 5.39%

04 발열량을 이용한 간이식(Rosin식)
  1) 액체연료 이론공기량(A_o)

$$A_o = 0.85 \times \frac{H_l}{1,000} + 2$$

$$= 0.85 \times \frac{10,000}{1,000} + 2$$

$$= 10.5 Sm^3/kg$$

  2) 액체연료 이론연소가스량(G_o)

$$G_o = 1.11 \times \frac{저위발열량(H_l)}{1,000}$$

$$= 1.11 \times \frac{10,000}{1,000}$$

$$= 11.1 Sm^3/kg$$

  3) $G_{실제} = G_o + (m-1)A_o$
    $= 11.1 + (1.1-1) \times 10.5$
    $= 12.15 Sm^3/kg$

  4) $\dfrac{SO_2}{G_{실제}} = \dfrac{0.7 \times \dfrac{1.8}{100}}{12.15} \times 10^6 ppm$

$$= 1,037.037 ppm$$

정답 1,037.04ppm

05 1차 반응식

$$\ln\left(\frac{C}{C_o}\right) = -k \cdot t$$

$$\ln\left(\frac{10}{1,200}\right) = -0.4 \times t$$

$$\therefore \ t = 11.9687\text{min}$$

정답 11.97min

06 1) 목부 수압

1기압 = 10,332mmH₂O이므로,

$$2\,\text{atm} \times \frac{10,332\text{mmH}_2\text{O}}{1\text{atm}} = 20,664\text{mmH}_2\text{O}$$

2) 벤투리 스크러버의 물 소비량

목부 유속과 노즐 개수 및 수압 관계식

$$n\left(\frac{d}{D_t}\right)^2 = \frac{v_t L}{100\sqrt{P}}$$

$$6\left(\frac{0.004}{0.2}\right)^2 = \frac{90 \times L}{100\sqrt{20,664}}$$

$$\therefore \ L = 0.3833\text{L/m}^3$$

$$\therefore \ 물의\ 양 = 0.3833\text{L/m}^3 \times 4\text{m}^3/\text{s}$$

$$= 1.5333\text{L/s}$$

정답 1.53L/s

07 정답 ① 화학적 흡착은 비가역반응이고 물리적 흡착은 가역반응이다.
② 화학적 흡착은 단분자층 흡착이지만 물리적 흡착은 다분자층 흡착이다.
③ 화학적 흡착은 재생이 안 되지만 물리적 흡착은 재생이 가능하다
④ 화학적 흡착은 흡착열이 높지만 물리적 흡착은 흡착열이 낮다.
⑤ 화학적 흡착은 화학반응으로 발생하지만 물리적 흡착은 반데르발스 인력으로 발생한다.

08 $\underline{2\text{CH}_4} + 6\text{Cl}_2 \rightarrow \text{C}_2\text{Cl}_4 + \underline{8\text{HCl}}$
 2Sm³ : 8Sm³
 1.5Sm³ : X Sm³

$$\therefore \ X = 6\text{Sm}^3$$

정답 6Sm³

09 Q = AV이므로, Q ∝ V임

따라서 유속이 2배 증가하면, 유량도 2배 증가함

$$\frac{100-80}{100-\eta_2} = \left(\frac{2}{1}\right)^{0.5}$$

$$\therefore \ \eta_2 = 85.857\%$$

정답 85.86%

10 정답 (1) 블로우 다운(Blow down) 정의 : 사이클론 하부 분진박스(dust box)에서 처리가스량의 5~10%에 상당하는 함진가스를 흡인하는 것
(2) 블로우 다운 효과(3가지 작성)
① 유효 원심력 증대
② 집진효율 향상
③ 내 통의 폐색 방지(더스트 플러그 방지)
④ 분진의 재비산 방지

11 정답 (1) 비저항이 10⁴Ω·cm 이하일 때
① 함진가스 유속을 느리게 함
② 암모니아수 주입
(2) 비저항이 10¹¹Ω·cm 이상일 때
① 물(수증기) 주입
② 무수황산, SO₃, 소다회 주입

12 정답 (1) 밀봉용기 : 물질을 취급 또는 보관하는 동안 기체 또는 미생물이 침입하지 않도록 내용물을 보호하는 용기
(2) 방울수 : 20℃에서 정제수 20방울 떨어뜨릴 때 그 부피가 약 1mL 되는 것
(3) 즉시 : 30초 이내에 표시된 조작을 하는 것

2019년 제 4회 대기환경산업기사

01. 비중 1.84, 농도 96%(w/w)인 농황산의 몰농도(M)와 규정농도(N)를 각각 구하시오.

(1) 몰농도(M)
(2) 규정농도(N)

02. 유효굴뚝높이 66m인 굴뚝으로부터 SO_2가 50g/s의 속도로 배출되고 있다. 지상 5.5m에서 풍속은 5m/s, 풍하거리 500m에서 대기안정 조건에 따른 편차 σ_y는 37m, σ_z는 18m이었다. 가우시안모델에서 지표반사를 고려할 때, 이 굴뚝으로부터 풍하거리 500m 떨어진 지점에서 중심선상의 지표농도($\mu g/m^3$)는? (단, Deacon식과 가우시안모델을 기준으로 하며, 풍속지수 p는 0.25)

03. 분산모델의 특징 6가지를 서술하시오.

04. 중유에 첨가하는 첨가제 3가지를 서술하시오.

05. C_3H_8 60%, C_4H_{10} 40%로 혼합된 가스 $1Sm^3$를 공기비 1.25로 연소할 때 발생하는 건조 가스량을 계산하시오.

06. 연소과정 중 발생하는 질소산화물의 억제기술을 4가지 서술하시오.

07. 다음 물음에 답하시오.

(1) 먼지의 간접측정법 3가지를 서술하시오.

(2) 로진 - 레믈러(Rosin - Rammler) 공식에서 먼지 입경지수(n)이 증가할 때 입경분포는 어떻게 변하는가? (단, 입경분포를 이용해 답하시오.)

(3) 로진 - 레믈러(Rosin-Rammler) 공식에서 입도특성계수(β)가 증가할 때 입경분포는 어떻게 변하는가? (단, 입경분포를 이용해 답하시오.)

08. 사이클론에서 다른 조건은 동일할 때, 가스 유입속도를 16배로 증가시키면 50% 효율로 집진되는 입자의 직경, 즉 Lapple의 절단입경(dp_{50})은 처음에 비해 어떻게 변화되겠는가? (단, 반드시 Lapple 방정식을 작성하여 계산하시오.)

09. 원심력 집진장치에서 블로우 다운에 대해 설명하고 그 효과 3가지만 서술하시오.

(1) 블로우 다운(Blow down)
(2) 블로우 다운 효과(3가지)

10. 세정 집진장치의 단점 6가지를 서술하시오.

11. 전자포획형검출기(ECD)의 검출원리를 서술하시오.

해설 및 정답 →

01

(1) 몰농도(M)

H_2SO_4 1mol = 98g

$$M \; 농도 \; = \; \frac{용질 \; mol}{용액 \; L}$$

$$= \frac{96g \times \dfrac{1mol}{98g}}{100g \times \dfrac{1mL}{1.84g} \times \dfrac{1L}{1,000mL}}$$

$$= \; 18.0244M$$

(2) 규정농도(N)

황산은 2가산이므로,

H_2SO_4 1mol = 2eq

$\therefore \; \dfrac{1mol}{L} = \dfrac{2eq}{L}$ 이고, 1M = 2N이다.

$$\therefore \; 18.0244M \times \frac{2N}{1M} = 36.0489N$$

정답 (1) 18.02M
(2) 36.05N

02

1) 유효굴뚝높이에서의 풍속(U)

Deacon식

$$U = U_o \times \left(\frac{Z}{Z_o}\right)^p$$

$$= 5 \times \left(\frac{66}{5.5}\right)^{0.25} = 9.3060 m/s$$

2) 연기 중심선상 오염물질 지표 농도

$$C(x, 0, 0, H_e)$$

$$= \frac{Q}{\pi U \sigma_y \sigma_z} \exp\left[-\frac{1}{2}\left(\frac{H_e}{\sigma_z}\right)^2\right]$$

$$= \frac{50 \times 10^6 \mu g/s}{\pi \times 9.3060 m/s \times 37m \times 18m} \exp\left[-\frac{1}{2}\left(\frac{66}{18}\right)^2\right]$$

$$= 3.0914 \mu g/m^3$$

정답 $3.09 \mu g/m^3$

03

분산모델 : 기상학적 원리에서 영향을 예측하는 모델

분산모델의 특징

① 미래의 대기질을 예측 가능
② 대기오염제어 정책입안에 도움
③ 2차 오염원의 확인이 가능
④ 점, 선, 면 오염원의 영향 평가 가능
⑤ 기상의 불확실성, 오염원 미확인 같은 경우에는 문제점 야기
⑥ 특정오염원의 영향을 평가할 수 있는 잠재력이 있음
⑦ 오염물의 단기간 분석 시 문제 야기
⑧ 지형 및 오염원의 조업조건에 영향
⑨ 새로운 오염원이 지역 내에 들어서면 매번 재평가
⑩ 기상과 관련하여 대기 중의 무작위적인 특성을 적절하게 묘사할 수 없기 때문에 결과에 대한 불확실성이 크게 작용함

정답 ① 미래의 대기질을 예측 가능
② 대기오염제어 정책입안에 도움
③ 2차 오염원의 확인이 가능
④ 점, 선, 면 오염원의 영향 평가 가능
⑤ 새로운 오염원이 지역 내에 들어서면 매번 재평가해야 함
⑥ 지형 및 오염원의 조업조건에 영향

04

중유 첨가제(목적에 따른 분류)

· 연소 촉진제
· 슬러지 분산제
· 수분 분리제
· 고온 부식 방지제
· 저온 부식 방지제
· 유동점 강하제

정답 ① 연소 촉진제
② 슬러지 분산제
③ 수분 분리제

05
$$60\% \ : \ C_3H_8 \ + \ 5O_2 \ \rightarrow \ 3CO_2 \ + \ 4H_2O$$
$$40\% \ : \ C_4H_{10} \ + \ 6.5O_2 \ \rightarrow \ 4CO_2 \ + \ 5H_2O$$

1) $A_o = \dfrac{O_o}{0.21} = \dfrac{5 \times 0.6 + 6.5 \times 0.4}{0.21} = 26.6666$

2) G_d
$$= (m - 0.21)A_o + \sum \text{건조 생성물}$$
$$= (1.25 - 0.21) \times 26.6666 + (3 \times 0.6 + 4 \times 0.4)$$
$$= 31.1333 \ \text{Sm}^3/\text{Sm}^3$$

3) $G_d(\text{Sm}^3) = 31.1333 \ \text{Sm}^3/\text{Sm}^3 \times 1 \ \text{Sm}^3$
$$= 31.1333 \ \text{Sm}^3$$

정답 31.13Sm^3

06 연소조절에 의한 NOx의 저감방법
① 저온 연소
② 저산소 연소
③ 저질소 성분연료 우선 연소
④ 2단 연소
⑤ 수증기 및 물분사 방법
⑥ 배기가스 재순환
⑦ 버너 및 연소실의 구조개선

정답 ① 저온 연소
② 저산소 연소
③ 2단 연소
④ 수증기 및 물분사 방법

07 (1) 입경분포 측정방법

직접측정법	현미경법, 표준 체거름법(표준 체측정법)
간접측정법	관성충돌법, 액상침강법, 광산란법, 공기투과법

(2), (3)

$$R(\%) = 100e^{-\beta d_p^n}$$

R(wt%)	:	체상분율
β	:	입도특성계수
n	:	입경지수
d_p	:	기준 입경

① 입도특성계수(β)가 클수록 입경이 미세한 먼지로 됨
② 입경지수 n이 클수록 입경 분포 간격이 좁은 입자로 구성

정답 (1) 관성충돌법, 액상침강법, 광산란법, 공기투과법(3가지 작성)

(2) Rosin-Rammler 체상분율 공식
$R(\%) = 100e^{-\beta d_p^n}$, 백분율(%) 수치를 소수 수치로 바꾸면, 다음 식과 같다.
$$R = e^{-\beta d_p^n}$$

이 식의 양변에 ln을 취하면,
$$\ln R = -\beta d_p^n \quad \cdots\cdots\cdots\cdots \text{식①}$$

식①에서, $\ln R$은 상수이므로,
새로운 상수 R'로 하면,
$$R' = -\beta d_p^n \text{이 된다.} \quad \cdots\cdots\cdots \text{식②}$$

식②에 양변에 log를 취하면,
$$\log R' = n\log d_p - \log\beta \text{가 된다.}$$
x축을 $\log d_p$, y축을 $\log R'$으로 하는 1차함수 그래프(y=ax+b)로 나타내면 아래 그래프와 같다.

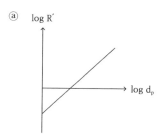
ⓐ

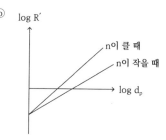
ⓑ

그래프에서 입경지수 n은 기울기이므로, n이 증가하면, 그래프의 기울기가 증가한다.

따라서, 입경지수 n이 증가하면, 입도분포간격이 좁아진다.

(3) 그래프에서 입도특성계수(β)는 y절편이므로, β 값이 증가하면, 그래프가 아래로 내려간다. (평행이동한다.)

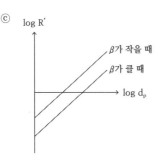

따라서, β 값이 증가하면, 그래프에서 $\log R'$ 값이 작아지고, 체상분율 R(%)이 작아지므로 체하분율이 증가한다.

따라서, 입도특성계수(β)가 클수록 입경이 더 작은 먼지로 구성된다.

08 라플방정식

$$d_{p50} = \sqrt{\frac{9\mu B}{2\pi N_e v(\rho_p - \rho)}}$$

$d_{p50} \propto \sqrt{\dfrac{1}{v}}$ 이므로,

$$d_{p50}' = \sqrt{\frac{1}{16}}\, d_{p50} = 0.25\, d_{p50}$$

∴ 0.25배

[정답] 처음 절단입경의 0.25배가 됨

09 [정답] (1) 블로우 다운(Blow down) : 사이클론 하부 분진박스(dust box)에서 처리가스량의 5~10%에 상당하는 함진가스를 흡인하는 것

(2) 블로우 다운 효과(3가지 작성)
① 유효 원심력 증대
② 집진효율 향상
③ 내 통의 폐색 방지(더스트 플러그 방지)
④ 분진의 재비산 방지

10 세정집진장치의 장단점

장점	• 입자상 및 가스상 물질 동시 제거 가능 • 유해가스 제거 가능 • 고온가스 처리 가능 • 구조가 간단함 • 설치면적 작음 • 먼지의 재비산이 없음 • 처리효율이 먼지의 영향을 적게 받음 • 인화성, 가열성, 폭발성 입자를 처리 가능 • 부식성 가스 중화 가능

단점	• 동력비 큼
	• 먼지의 성질에 따라 효과가 다름
	  - 소수성 먼지 : 집진효과 적음
	  - 친수성 먼지 : 폐색 가능
	• 물 사용량이 많음
	  - 급수설비, 폐수처리시설 설치 필요
	  - 수질오염 발생
	• 배출 시 가스 재가열 필요
	• 동절기 관의 동결 위험
	• 장치부식 발생
	• 압력강하와 동력으로 습한 부위와 건조한 부위 사이에 고형질이 생성될 수 있음
	• 포집된 먼지는 오염될 수 있음
	• 부산물 회수 곤란
	• 폐색장해 가능
	• 폐슬러지의 처리비용이 비쌈

정답 ① 동력비 큼
② 급수설비, 폐수처리시설 설치 필요
③ 수질오염이 발생함
④ 물 사용량이 많음
⑤ 장치부식이 발생할 수 있음
⑥ 가스를 배출할 때 재가열이 필요하다.

11

정답 전자포획검출기(electron capture detector, ECD)는 방사성 물질인 Ni-63 혹은 삼중수소로부터 방출되는 β선이 운반 기체를 전리하여 이로 인해 전자포획검출기 셀(cell)에 전자구름이 생성되어 일정 전류가 흐르게 된다. 이러한 전자포획검출기 셀에 전자친화력이 큰 화합물이 들어오면 셀에 있던 전자가 포획되어 이로 인해 전류가 감소하는 것을 이용하는 방법으로 유기할로겐화합물, 니트로화합물 및 유기금속화합물 등 전자친화력이 큰 원소가 포함된 화합물을 수 ppt의 매우 낮은 농도까지 선택적으로 검출할 수 있다.

04 2020년 제 1회 대기환경산업기사

01. 송풍기가 공기를 $290m^3/min$로 이동시키고 400rpm으로 회전할 때 정압이 $76mmH_2O$이다. 회전수를 500rpm으로 증가시켰을 때 다음을 계산하시오.
  (1) 유량(m^3/min)
  (2) 정압(mmH_2O)

02. 흡착제가 갖추어야 할 조건을 4가지 쓰시오.

03. 충전탑에서 유지관리 시 나타나는 문제인 편류현상(channeling)을 설명하고 그 방지대책(3가지)을 서술하시오.

04. 후드 선정 시 발생원 근처의 공간으로 먼지가 비산되는 범위가 있어서 이 범위 내의 먼지를 전부 흡인할 수 있는 크기, 방향, 형식 등이 반드시 고려되어야 한다. 이와 같이 배출원에서 발생하는 오염물질을 후드에 흡인할 때 고려하여야 할 사항 5가지를 쓰시오.

05. 여과집진장치에 사용되는 여과재(Filter)의 조건을 4가지 쓰시오.

06. 연소조절에 의한 질소산화물 억제방법을 4가지 쓰시오.

07. 세류현상(Down Wash)의 원인과 방지대책에 대하여 설명하시오.

08. 원심력 집진장치에서 블로우 다운의 정의와 효과 3가지를 서술하시오.

09. 대기오염공정시험기준에서 산소측정방법 중 자동측정기에 의한 자기식과 전기화학식 방법에 대하여 설명하시오.

10. 흡착법에서 (1) 흡착제의 종류 3가지와 (2) 사용된 활성탄을 재생하는 방법 3가지를 쓰시오.

(1) 흡착제의 종류(3가지)

(2) 사용된 활성탄을 재생하는 방법(3가지)

11. 흡수탑 1개의 효율이 90%이다. 이 흡수탑 3개를 각각 직렬로 연결하였을 때 유입가스 중의 염소 가스농도가 7,000ppm이라면 유출가스 중의 염소가스농도(ppm)는 얼마인가?

12. 세정집진장치의 입자포집원리 4가지를 쓰시오.

13. 다음은 환경정책기본법령상 대기환경기준이다. ( ) 안에 알맞은 수치를 각각 쓰시오.

(1) 초미세먼지(PM-2.5)의 연간 평균치 : (①)$\mu g/m^3$ 이하

(2) 초미세먼지(PM-2.5)의 24시간 평균치 : (②)$\mu g/m^3$ 이하

14. 액체연료의 연소방식 중 유압분무식 버너와 Gun Type 버너의 특징을 각각 3가지씩 서술하시오.

15. 여과 집진장치에서 전체 처리가스량 $4.72 \times 10^6 cm^3/s$, 공기여재비(A/C Ratio) = $4cm^3/cm^2 \cdot s$로 처리하기 위하여 직경 0.203m, 높이 3.66m 규격의 필터 백(filter bag)을 사용하고 있다. 이때 집진장치에 필요한 필터 백의 개수는?

16. 기상 총괄이동단위높이(HOG)가 0.5m인 충전탑을 이용하여 배출가스 중 산성성분을 수산화칼슘 수용액에 향류로 접촉흡수시켰다. 제거율을 99%로 하기 위한 충전탑의 높이는? (단, 흡수액 중 산성성분의 평형분압은 0으로 가정한다.)

17. 배기가스에 포함되어 있는 질소산화물을 제거하기 위하여 선택적 촉매환원법을 채택하였다. 선택적 촉매환원법의 (1) 원리를 서술하고, (2) 사용되는 환원제 2가지와 (3) 사용되는 촉매 2가지를 서술하시오.

(1) 선택적 촉매환원법 원리

(2) 환원제의 종류(2가지)

(3) 촉매의 종류(2가지)

18. 항력계수에 대하여 설명하시오.

19. C 84%, H 13%, S 3%의 중유를 공기비 1.3로 완전 연소할 때 건조배출가스 중 SO_2의 부피비(%)는?

20. 스토크 직경과 공기역학적 직경을 비교하여 각각 설명하시오.

(1) 스토크 직경

(2) 공기역학적 직경

해설 및 정답 →

해설 및 정답

01 (1) 유량

Q ∝ N 이므로

$$Q_2 = Q_1\left(\frac{N_2}{N_1}\right) = 290 \times \left(\frac{500}{400}\right)$$

$$= 362.5 \, \text{m}^3/\text{min}$$

(2) 정압

P ∝ N^2 이므로

$$P_2 = P_1\left(\frac{N_2}{N_1}\right)^2 = 76 \times \left(\frac{500}{400}\right)^2$$

$$= 118.75 \, \text{mmH}_2\text{O}$$

정답 (1) 362.5m³/min
(2) 118.75mmH₂O

02 흡착제의 조건
① 단위질량당 표면적이 큰 것
② 어느 정도의 강도 및 경도를 지녀야 함
③ 흡착효율이 높아야 함
④ 가스 흐름에 대한 압력손실이 작아야 함
⑤ 재생과 회수가 쉬워야 함

정답 ① 단위질량당 표면적이 큰 것
② 어느 정도의 강도 및 경도를 지녀야 함
③ 흡착효율이 높아야 함
④ 가스 흐름에 대한 압력손실이 작아야 함

03 편류(Channelling)

현상	· 액 분배가 잘 되지 않아 한 쪽으로만 액이 지나가는 현상
원인	· 충전물의 입도가 다를 경우 · 충전밀도가 작을 경우 발생
대책	· 탑의 직경(D)과 충전물 직경(d)비 : D/d = 8~10 으로 설계 · 입도가 고른 충전물로 충전함 · 높은 공극률과 낮은 저항의 충전재를 사용함

정답 (1) 편류현상 : 액 분배가 잘 되지 않아 한쪽으로만 액이 지나가는 현상
(2) 방지대책
① 탑의 직경(D)과 충전물 직경(d)비를 8~10 으로 설계한다.
② 입도가 고른 충전물로 충전한다.
③ 높은 공극률과 낮은 저항의 충전재를 사용한다.

04 후드의 흡입 향상 조건
① 후드를 발생원에 가깝게 설치
② 후드의 개구면적을 작게 함
③ 충분한 포착속도를 유지
④ 기류흐름 및 장애물 영향 고려(에어커튼 사용)
⑤ 배풍기 여유율을 30%로 유지함

정답 ① 후드를 발생원에 가깝게 설치한다.
② 후드의 개구면적을 작게 한다.
③ 충분한 포착속도를 유지한다.
④ 에어커튼을 사용한다.
⑤ 배풍기 여유율을 30%로 유지한다.

05 여과재의 구비 조건
① 탈진에 대한 충분한 기계적 강도를 가질 것
② 처리가스의 성상에 따라 내열성이 있을 것
③ 내산성, 내알칼리성이 있을 것
④ 흡습성이 작을 것
⑤ 압력손실이 낮을 것

정답 ① 탈진에 대한 충분한 기계적 강도를 가질 것
② 처리가스의 성상에 따라 내열성이 있을 것
③ 내산성, 내알칼리성이 있을 것
④ 흡습성이 작을 것

06 연소조절에 의한 NOx의 저감방법
① 저온 연소
② 저산소 연소
③ 저질소 성분연료 우선 연소
④ 2단 연소
⑤ 수증기 및 물분사 방법
⑥ 배기가스 재순환
⑦ 버너 및 연소실의 구조개선

정답 ① 저온 연소
② 저산소 연소
③ 저질소 성분연료 우선 연소
④ 2단 연소

07 **정답** (1) 원인 : 바람의 풍속이 배출가스의 토출 속도보다 클 때, 배출가스가 바람에 휩쓸려 내려가 굴뚝 풍하 측을 오염시키는 현상

(2) 방지대책 : 배출가스의 유속을 풍속의 2배 이상으로 증가시킨다.

08 **정답** (1) 블로우 다운(Blow down) 정의 : 사이클론 하부 분진박스(dust box)에서 처리가스량의 5~10%에 상당하는 함진가스를 흡인하는 것

(2) 블로우 다운 효과(3가지 작성)
① 유효 원심력 증대
② 집진효율 향상
③ 내 통의 폐색 방지(더스트 플러그 방지)
④ 분진의 재비산 방지

09 **정답** (1) 자기식 : 상자성체인 산소분자가 자계 내에서 자기화될 때 생기는 흡인력을 이용하여, 산소농도를 연속적으로 구하는 것으로 자기풍 방식과 자기력 방식이 있다.

(2) 전기화학식 : 산소의 전기화학적 산화 환원반응을 이용하여 산소농도를 연속적으로 측정하는 것으로 질코니아 방식과 전극방식이 있다.

10 흡착제의 종류
① 활성탄
② 실리카겔
③ 활성 알루미나
④ 합성 제올라이트
⑤ 마그네시아
⑥ 보크사이트

활성탄 재생법
① 가열공기 통과 탈착식
② 수세 탈착식
③ 수증기 탈착식
④ 감압 탈착식
⑤ 고온의 불활성 기체 주입방법

정답 (1) 흡착제 종류
① 활성탄
② 실리카겔
③ 활성 알루미나

(2) 활성탄 재생법
① 가열공기 통과 탈착식
② 수세 탈착식
③ 수증기 탈착식

11 출구 농도(C)
$$C = C_0(1-\eta_1)(1-\eta_2)(1-\eta_3)$$
$$= 7,000\text{ppm} \times (1-0.9)(1-0.9)(1-0.9)$$
$$= 7\,\text{ppm}$$

정답 7ppm

12 세정집진장치의 주요 포집 메커니즘

① 관성충돌 : 액적-입자 충돌에 의한 부착포집

② 확산 : 미립자 확산에 의한 액적과의 접촉포집

③ 증습에 의한 응집 : 배기가스 증습에 의한 입자간 상호응집

④ 응결 : 입자를 핵으로 한 증기의 응결에 따른 응집성 증가

⑤ 부착 : 액막의 기포에 의한 입자의 접촉부착

정답 관성충돌, 확산, 응결, 부착

13 환경정책기본법상 대기환경기준 <개정 2019. 7. 2.>

측정 시간	연간	24시간	8시간	1시간
SO_2 (ppm)	0.02	0.05	-	0.15
NO_2 (ppm)	0.03	0.06	-	0.10
O_3 (ppm)	-	-	0.06	0.10
CO (ppm)	-	-	9	25
PM_{10} ($\mu g/m^3$)	50	100	-	-
$PM_{2.5}$ ($\mu g/m^3$)	15	35	-	-
납(Pb) ($\mu g/m^3$)	0.5	-	-	-
벤젠 ($\mu g/m^3$)	5	-	-	-

정답 ① 15 ② 35

14 (1) 유압분무식 버너

① 유체에 직접 압력을 가하여 노즐을 통해 분사

② 구조가 간단함

③ 유지보수 쉬움

④ 대용량 버너에 사용

⑤ 점도 높은 연료에 부적합

⑥ 부하변동에 대응 어려움

(2) Gun Type 버너

① 분무압 7kg/cm² 이상

② 유압식과 공기분무식을 합한 것

③ 연소가 양호함

정답 (1) 유압분무식 버너

① 구조가 간단하다.

② 유지보수가 쉽다.

③ 대용량 버너에 사용한다.

(2) Gun Type 버너

① 분무압이 7kg/cm² 이상이다.

② 유압식과 공기분무식을 합한 것이다.

③ 연소가 양호하다.

15
$$N = \frac{Q}{\pi \times D \times L \times V_f}$$

$$= \frac{4.72 \times 10^6 cm^3/s}{\pi \times 20.3cm \times 366cm \times 4cm/s}$$

$$= 50.55$$

$$\therefore 51개$$

정답 51개

16
$$h = HOG \times NOG$$

$$= 0.5m \times \ln\left(\frac{1}{1-0.99}\right)$$

$$= 2.302m$$

정답 2.30m

17 정답 (1) 선택적 촉매환원법 : 배기가스 중 존재하는 O_2와는 무관하게 NOx를 선택적으로 N_2, H_2O로 접촉환원시키는 방법

(2) 환원제 : NH_3, $CO(NH_2)_2$, H_2S
    (2가지 작성)

(3) 촉매 : TiO_2, V_2O_5

18 정답 항력계수 : 물체가 유체 내를 움직일 때 이 움직임에 저항하는 힘을 항력이라 하는데, 이 항력의 크기를 나타내는 계수를 항력계수라 한다.

19 1) $A_o\,(Sm^3/kg)$

$$= \frac{O_o}{0.21}$$

$$= \frac{1.867C + 5.6\left(H - \dfrac{O}{8}\right) + 0.7S}{0.21}$$

$$= \frac{1.867 \times 0.84 + 5.6 \times 0.13 + 0.7 \times 0.03}{0.21}$$

$$= 11.03466$$

2) $G_d = mA_o - 5.6H + 0.7O + 0.8N$

$$= 1.3 \times 11.03466 - 5.6 \times 0.13$$

$$= 13.61705\,Sm^3/kg$$

3) $SO_2\,(ppm) = \dfrac{SO_2}{G_d} \times 100 = \dfrac{0.7S}{G_d} \times 100$

$$= \frac{0.7 \times 0.03}{13.61705} \times 100 = 0.1542\,\%$$

정답 0.15%

20 정답 (1) 스토크 직경 : 원래의 분진과 밀도와 침강속도가 동일한 구형입자의 직경

(2) 공기역학적 직경 : 원래의 분진과 침강속도는 같고 밀도가 $1g/cm^3$인 구형입자의 직경

01. 연소조절에 의한 질소산화물 억제방법 3가지를 쓰시오.

02. 공중역전의 종류를 3가지 쓰고 설명하시오.

03. 배기가스를 흡착법으로 흡착할 때, 사용된 활성탄을 재생하는 방법을 3가지 쓰시오.

04. 흡착법에서 사용되는 용어 중 파과점(Break - point)에 대하여 설명하시오.

05. 굴뚝높이가 75m, 배기가스의 평균온도가 105℃일 때 자연 통풍력을 2배 증가시키기 위해서는 배기가스의 온도는 얼마가 되어야 하는가? (단, 대기온도는 27℃, 공기와 배출가스의 비중량은 $1.3kg/Sm^3$, 연돌 내의 압력손실은 무시한다.)

06. 여과집진장치는 탈진방식에 따라 간헐식과 연속식으로 구분된다. 그 중 간헐식의 장점 및 단점을 각각 2가지씩 서술하시오.
   (1) 장점
   (2) 단점

07. 여과집진장치의 집진원리를 3가지 쓰시오.

08. 전기집진장치에서 먼지에 작용하는 집진력을 3가지 쓰시오.

09. 평판형 전기집진장치에서 입자의 이동속도가 4cm/s, 방전극과 집진극 사이의 거리가 8cm, 배출가스의 유속이 2m/s인 경우 층류영역에서 집진율이 100%가 되는 집진극의 길이(m)는?

10. 전기집진장치에서 입구 먼지농도가 $16g/Sm^3$, 출구 먼지농도가 $0.1g/Sm^3$이었다. 출구 먼지농도를 $0.03g/Sm^3$으로 하기 위해서는 집진극의 면적을 약 몇 % 넓게 하면 되는가? (단, 다른 조건은 무시한다.)

11. 광화학 반응에 의한 2차 오염물질 3가지를 쓰시오.

12. 연료의 조성이 C : 85.8%, H : 11%, S : 3%, 회분 : 0.2%로 구성되어 있는 액체연료가 있다. 공기비 1.3으로 연소하는 경우, 발생하는 건조가스 중의 먼지의 농도(mg/Sm^3)는 얼마인가? (단, 회분 중 70%가 먼지이다.)

13. 중력집진장치의 길이 8m, 높이 2.2m이며, 침강실의 가스유속은 1.2m/s이다. 배기가스와 입자의 밀도가 각각 $1.2kg/m^3$, $1.5g/cm^3$일 때 먼지를 완전히 제거할 수 있는 최소입경(m)을 구하시오. (단, 배기가스는 층류 기준이며, 배기가스 점도는 $2.0 \times 10^{-4} g/cm \cdot s$이다.)

14. 원심력집진장치에 관해 다음 물음에 답하시오.
  (1) cut size diameter를 설명하시오.
  (2) 입구 폭을 3배, 가스 유입속도를 2배 증가시킬 경우 cut size diameter는 처음보다 몇 배 증가하는가?

15. 유입계수 0.82, 속도압 $20mmH_2O$일 때, 후드의 압력손실(mmH_2O)은?

16. 직렬로 연결된 어느 집진장치에서 멀티사이클론의 효율이 80%, 여과집진장치의 효율이 99.9%이었다면, 이 집진장치의 총 효율은 얼마인가? (단, 집진장치는 멀티사이클론과 여과집진장치가 직렬로 연결되어 있다.)

17. 처리가스량 $36,000\,m^3/hr$ 배출원에서 집진장치를 포함한 송풍기까지의 압력손실을 200 mmH_2O라 할 때 송풍기의 소요동력(kW)을 구하시오. (단, 송풍기 효율 0.65, 여유율은 1.2, $1kW=102kgf\cdot m/s$이다.)

18. 송풍기 입구정압이 $40mmH_2O$, 출구정압이 $4mmH_2O$이고, 송풍기 입구에서의 처리가스 유속이 $15m/s$이다. 이때 유효정압은 몇 mmH_2O인가? (단, 공기밀도는 $1.2kg/m^3$)

19. A 집진장치의 입구 먼지농도가 $3g/m^3$, 입구 유입가스량이 $20m^3$, 출구 먼지농도가 $0.5g/m^3$, 출구 배출가스량이 $20m^3$일 때 이 집진율(%)은?

20. 다음은 대기오염물질 공정시험기준상 환경대기 중 알데하이드류 - 고성능액체크로마토그래피에 관한 설명이다. ( ) 안에 알맞은 말을 넣으시오.

> 배출가스 중 폼알데하이드 및 알데하이드류 - 고성능액체크로마토그래피는 배출가스 중의 알데하이드류를 흡수액 2,4-다이나이트로페닐하이드라진(DNPH, dinitrophenyl hydrazine)과 반응하여 하이드라존 유도체를 형성하여 (①) 용매로 추출하여 고성능 액체크로마토그래프에 의해 자외선 검출기로 분석한다. 이때, 하이드라존은 UV 영역, 특히 (②)nm에서 최대 흡광도를 나타낸다.

해설 및 정답 →

01 연소조절에 의한 NOx의 저감방법

① 저온 연소

② 저산소 연소

③ 저질소 성분연료 우선 연소

④ 2단 연소

⑤ 수증기 및 물분사 방법

⑥ 배기가스 재순환

⑦ 버너 및 연소실의 구조개선

> **정답** ① 저온 연소
> ② 저산소 연소
> ③ 2단 연소

02 기온역전의 분류

분류		정의 및 특징
공중 역전	침강성 역전	· 정체성 고기압 기층이 서서히 침강하면서 단열 압축되면 온도가 증가하여 발생 · 고기압, 장기간 → 고도하강 → 단열압축 → 온도 증가 · LA 스모그
	해풍형 역전	· 바다에서 차가운 바람이 더워진 육지로 바람이 불 때 발생 · 해풍(낮)이 불기 시작하면 바다의 서늘한 공기와 육지의 더워진 공기 사이에서 전선면이 생성(해풍형 전선)
	난류형 역전	· 난류 발생으로 대기가 혼합되면서 기온분포는 건조단열체감율에 가까워지고 이 혼합층 상단에 역전층이 발생 · 난류가 일어날 때에는 대기오염은 적어짐
	전선형 역전	· 따뜻한 공기(온난 기단)가 찬 공기(한랭 기단) 위를 타고 상승하는 전이층에서 발생
지표 역전	복사성 (방사성) 역전	· 밤에서 새벽까지 단기간 형성 · 밤에 지표면 열 냉각되어 기온역전 발생 · 일출 직전에 하늘이 맑고 바람이 적을 때 가장 강하게 형성

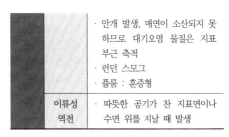

	· 안개 발생, 매연이 소산되지 못하므로 대기오염 물질은 지표 부근 축적 · 런던 스모그 · 플룸 : 훈증형
이류성 역전	· 따뜻한 공기가 찬 지표면이나 수면 위를 지날 때 발생

> **정답** ① 침강성 역전 : 정체성 고기압 기층이 서서히 침강하면서 단열 압축되면 온도가 증가하여 발생하는 역전
> ② 해풍형 역전 : 해풍(낮)이 불기 시작하면 바다의 서늘한 공기와 육지의 더워진 공기 사이에서 발생하는 역전
> ③ 난류형 역전 : 난류 발생으로 대기가 혼합되면서 기온분포는 건조단열체감율에 가까워지고 이 혼합층 상단에 발생하는 역전

03 활성탄 재생법

① 가열공기 통과 탈착식

② 수세 탈착식

③ 수증기 탈착식

④ 감압 탈착식

⑤ 고온의 불활성 기체 주입방법

> **정답** ① 가열공기 통과 탈착식
> ② 수세 탈착식
> ③ 수증기 탈착식

04 **정답** 파과점(break point)은 흡착영역이 이동하여 흡착층 전체가 포화되는 지점이다.

파과점에 도달하면, 처리효율이 급격히 떨어지므로, 파과점에 도달하기 전에 재생을 해주어야 한다.

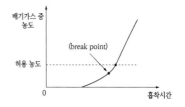

05 1) 배기가스의 평균온도가 $105\,^\circ$C일 때 통풍력

$$Z = 355\mathrm{H}\left(\frac{1}{273+t_a} - \frac{1}{273+t_g}\right)$$

$$= 355 \times 75\left(\frac{1}{273+27} - \frac{1}{273+105}\right)$$

$$= 18.31349\,\mathrm{mmH_2O}$$

2) 자연 통풍력이 2배가 되기 위한 배기가스 온도

$$Z = 355\mathrm{H}\left(\frac{1}{273+t_a} - \frac{1}{273+t_g}\right)$$

$$2 \times 18.31349$$

$$= 355 \times 75\left(\frac{1}{273+27} - \frac{1}{273+t_g}\right)$$

$$\therefore t_g = 237.810\,^\circ\text{C}$$

정답 237.81°C

06 청소방법(탈진방식)에 따른 분류

분류	간헐식	연속식
장점	· 분진 재비산이 적음 · 집진율 높음 · 여과포 수명이 긺	· 고농도, 대량 가스 처리에 적합 · 압력손실 거의 일정함
단점	· 저농도 소량가스에 적합 · 압력손실이 일정하지 않음 · 점착성·조대 먼지의 경우 여과포 손상 가능	· 분진 재비산이 많음 · 집진율 낮음 · 여과포 수명 짧음

정답 (1) 장점

① 연속식보다 집진율이 높다.

② 연속식보다 여과포 수명이 길다.

(2) 단점

① 압력손실이 일정하지 않다.

② 점착성 먼지의 경우 여과포가 손상될 수 있다.

07 여과집진장치의 집진원리

① 관성충돌

② 중력

③ 확산

④ 직접 차단

⑤ 정전기적 인력

정답 관성충돌, 중력, 확산

08 전기집진장치의 주요 메커니즘

① 하전에 의한 쿨롱력

② 전계경도에 의한 힘

③ 입자 간에 작용하는 흡인력

④ 전기풍에 의한 힘

정답 ① 하전에 의한 쿨롱력

② 전계경도에 의한 힘

③ 입자 간에 작용하는 흡인력

09 전기집진기의 이론적 길이(L)

$$L = \frac{RU\eta}{w} = \frac{0.08 \times 2 \times 1}{0.04} = 4\,\mathrm{m}$$

정답 4m

10 처음 효율 $= 1 - \dfrac{0.1}{16} = 0.9938$

나중 효율 $= 1 - \dfrac{0.03}{16} = 0.9981$

$$\eta = 1 - e^{\left(\frac{-Aw}{Q}\right)}$$

$$\therefore A = -\frac{Q}{w}\ln(1-\eta)$$

$$\therefore \frac{A_{\text{나중 효율}}}{A_{\text{처음 효율}}} = \frac{-\dfrac{Q}{w}\ln(1-0.9981)}{-\dfrac{Q}{w}\ln(1-0.9938)} = 1.2327$$

그러므로, 23.27% 더 크게 하면 된다.

정답 23.27%

11 **2차 대기오염물질**

1차 대기오염물질이 반응하여(산화반응이나 광화학반응) 생성된 대기오염물질 **예** O_3, PAN, H_2O_2, NOCl, CH_2CHCHO(아크롤레인), 케톤 등

정답 O_3, PAN, H_2O_2

12 1) $G_d = mA_o - 5.6H + 0.7O + 0.8N$

$= 1.3 \times \dfrac{1.867 \times 0.858 + 5.6 \times 0.11 + 0.7 \times 0.03}{0.21}$

$\qquad - 5.6 \times 0.11$

$= 13.24377 \, Sm^3/kg$

2) 연료 연소 시 발생하는 먼지의 농도(mg/kg)

$10^6 mg/kg \times 0.002 \times 0.7$

$= 1,400 \, mg/kg$

3) $\dfrac{검댕(g)}{배기가스(Sm^3)}$

$= \dfrac{1,400 \, mg/kg}{13.24377 \, Sm^3/kg} = 105.710 \, mg/Sm^3$

정답 $105.71 mg/Sm^3$

13 1) 집진율 100%(완전 제거 시)일 때 침강속도

$\eta = \dfrac{V_g \times L}{V \times H}$

$1 = \dfrac{V_g \times 8}{1.2 \times 2.2}$

$\therefore V_g = 0.33 \, m/s$

2) 분진 완전 제거 시 최소입경

분진가스의 점도 : $2.0 \times 10^{-4} g/cm \cdot s$

$= 2.0 \times 10^{-5} kg/m \cdot s$

$V_g = \dfrac{d^2(\rho_p - \rho_a)g}{18\mu}$ 이므로,

$0.33 = \dfrac{d^2(1,500 - 1.2) \times 9.8}{18 \times (2.0 \times 10^{-5})}$

$\therefore d = 8.9933 \times 10^{-5} m \times \dfrac{10^6 \mu m}{1m} = 89.933 \mu m$

정답 $89.93 \mu m$

14 (1) 절단입경(d_{p50}) : 집진 효율이 50%일 때의 입경

(2) $d_{p50} = \sqrt{\dfrac{9\mu B}{2\pi N_e v(\rho_p - \rho)}}$ 이므로

$d_{p50} \propto \sqrt{\dfrac{B}{v}}$ 임

$\therefore d_{p50}{}' = \sqrt{\dfrac{3}{2}} \, d_{p50} = 1.224 \, d_{p50}$

$\therefore 1.224$배

정답 (1) 집진 효율이 50%일 때의 입경
(2) 1.22배

15 1) $F = \dfrac{1 - C_e^2}{C_e^2} = \dfrac{1 - 0.82^2}{0.82^2} = 0.48720$

2) $\triangle P = F \times \dfrac{\gamma V^2}{2g}$

$= 0.48720 \times 20 = 9.744 \, mmH_2O$

정답 $9.74 mmH_2O$

16 $\eta_T = 1 - (1 - \eta_1)(1 - \eta_2)$

$= 1 - (1 - 0.8)(1 - 0.999)$

$= 0.9998 = 99.98\%$

정답 99.98%

17 송풍기 소요동력

$$P = \frac{Q \times \triangle P \times \alpha}{102 \times \eta}$$

$$= \frac{\left(\dfrac{36{,}000\,\text{m}^3}{\text{hr}} \times \dfrac{1\text{hr}}{3{,}600\,\text{s}}\right) \times 200 \times 1.2}{102 \times 0.65}$$

$$= 36.199\ \text{kW}$$

여기서, P : 소요동력(kW)

Q : 처리가스량(m^3/s)

$\triangle$P : 압력(mmH_2O)

α : 여유율(안전율)

η : 효율

정답 36.20kW

18 송풍기 유효정압

= 입구정압 + 출구정압 − 입구속도압

$$\text{Ps}_\text{f} = \text{Ps}_\text{i} + \text{Ps}_\text{o} - \text{Pv}_\text{i}$$

$$= \text{Ps}_\text{i} + \text{Ps}_\text{o} - \frac{\gamma V^2}{2g}$$

$$= 40 + 4 - \left[\frac{1.2\text{kg}}{\text{m}^3} \times \left(\frac{15\text{m}}{\text{s}} \right)^2 \times \frac{\text{s}^2}{2 \times 9.8\text{m}} \right]$$

$$= 30.2244\ \text{mmH}_2\text{O}$$

정답 30.22 mmH₂O

19 $$\eta_\text{T} = 1 - \frac{\text{C}}{\text{C}_\text{o}} = 1 - \frac{0.5}{3}$$

$$= 0.83333 = 83.333\%$$

정답 83.33%

20 배출가스 중 폼알데하이드 및 알데하이드류 – 고성능액체크로마토그래피는 배출가스 중의 알데하이드류를 흡수액 2,4-다이나이트로페닐하이드라진(DNPH, dinitrophenyl hydrazine)과 반응하여 하이드라존 유도체를 형성하여 아세토나이트릴(acetonitrile) 용매로 추출하여 고성능액체크로마토그래프에 의해 자외선 검출기로 분석한다. 이때, 하이드라존은 UV영역, 특히 350~380nm에서 최대 흡광도를 나타낸다.

정답 ① 아세토나이트릴
② 350~380

01. 등가비(ϕ)에 대하여 다음 물음에 답하시오.

(1) 등가비를 공기비와 연결하여 서술하시오.

(2) (㉠), (㉡) 안에 "증가" 또는 "감소"를 넣어 빈칸을 완성하시오.

> 등가비가 1에서 1 이하로 낮아지면 배출가스의 중의 CO는 (㉠) 되고 NO는 (㉡) 된다.

02. 중력집진장치의 장단점을 각각 2가지씩 서술하시오.

(1) 장점

(2) 단점

03. 세정집진장치에 관한 다음 물음에 답하시오.

(1) 세정집진장치의 입자 포집메커니즘 4가지를 서술하시오.

(2) 다공판(plate)탑의 장점 및 단점을 각각 3가지씩 서술하시오.

04. 전기집진장치에서 먼지에 작용하는 집진 원리(집진력)를 3가지 쓰시오.

05. 중유연소 가열로의 배기가스를 분석한 결과 중량비로 $N_2 = 80\%$, $CO_2 = 12\%$, $O_2 = 8\%$의 결과를 얻었다. 공기비는? (단, 연료 중에는 질소가 함유되지 않는 것으로 한다.)

06. 전기집진장치의 장점을 4가지 서술하시오.

07. 원통형 전기집진장치의 반경이 5cm, 길이 1m, 입구 먼지농도 $8g/Sm^3$, 출구 먼지농도 $0.05g/Sm^3$이고 가스의 수평유속이 2m/s일 때 충전 입자의 이동속도는? (단, Deutsch 효율식 적용)

08. 여과집진장치에서 Blinding Effect에 대하여 설명하시오.

09. 배출가스 중 HF 농도가 100ppm이다. 배출허용기준이 $5mg/Sm^3$일 때, 최소한 몇 %를 제거해야 배출허용기준을 만족시킬 수 있는가? (단, HF의 분자량은 20이고, 표준상태 기준이며, 기타 조건은 동일하다.)

10. 벤투리스크러버의 목부 직경 0.25m, 수압 20,000mmH₂O, 목부 유속 90m/s, 노즐의 직경 0.4cm이다. 노즐의 개수를 6개로 할 경우 $2m^3/s$ 가스 처리 시 요구되는 물의 양(L/s)을 구하시오.

11. 유효굴뚝높이 200m인 연돌에서 배출되는 가스량은 $20m^3/s$, SO_2 농도는 1,750ppm이다. $k_y = 0.07$, $k_z = 0.09$인 중립 대기조건에서의 SO_2의 최대 지표농도(ppb)는? (단, 풍속은 30m/s이다.)

12. 흡착제가 갖추어야 할 구비조건을 3가지 쓰시오.

13. 다음은 비분산적외선분광분석법에서 사용되는 용어의 설명이다. ( ) 안에 알맞은 말을 넣으시오.

> · (①)는 시료가스 중에 포함되어 있는 간섭 성분가스의 흡수·파장역의 적외선을 흡수·제거하기 위하여 사용하며, 가스필터와 고체필터가 있는데 이것은 단독 또는 적절히 조합하여 사용
> · 응답시간(response time) : 제로 조정용 가스를 도입하여 안정된 후 유로를 스팬가스로 바꾸어 기준 유량으로 분석기에 도입하여 그 농도를 눈금 범위 내의 어느 일정한 값으로부터 다른 일정한 값으로 갑자기 변화시켰을 때 스텝(step)응답에 대한 소비시간이 (②) 이내이어야 한다. 또 이때 최종 지시 값에 대한 90%의 응답을 나타내는 시간은 (③) 이내이어야 한다.

14. 대기안정도를 나타내는 지표 중 리차드슨 수(Richardson's Number)의 공식을 쓰고 각 항목에 대하여 설명하시오.

15. 연소냉각에 의한 NOx의 저감방법을 3가지 쓰시오.

16. 연소의 형태를 3가지만 쓰고 각 의미를 설명하시오.

17. 황성분 3%인 중유를 5ton/hr로 연소시키는 보일러에서 생성되는 SO_2를 탄산칼슘($CaCO_3$)으로 흡수제거할 때 필요한 탄산칼슘의 양(kg/hr)은? (단, 표준상태 기준, 황성분은 전량 SO_2으로 전환되고, 탈황률은 100%임)

18. 층류 영역의 배출가스 중에서, 밀도가 $1.5g/cm^3$인 구형 입자의 직경이 $2.1\mu m$라고 한다. 이 입자와 동일한 침강속도를 갖는 공기역학적 직경(μm)을 계산하시오.

19. 건조단열체감율과 온위에 대하여 설명하시오.

　(1) 건조단열체감율
　(2) 온위

20. 직경이 500mm인 A 굴뚝의 측정공에서 피토관으로 가스의 압력을 측정해 보니 동압이 $10mmH_2O$이었다. 이 가스의 유량(m^3/hr)은? (단, 사용한 피토관의 계수(C)는 0.98이며, 가스의 단위체적당 질량은 $1.2kg/m^3$로 한다.)

해설 및 정답 →

01 등가비

(ϕ : Equivalent Ratio) : 공기비의 역수($\frac{1}{m}$)

공기비	m < 1	m = 1	1 < m
등가비	1 < ϕ	ϕ = 1	ϕ < 1
AFR	작아짐		커짐
특징	· 공기 부족 · 연료 과잉 · 불완전 연소 · 매연, CO, HC 발생량 증가 · 폭발 위험	· 완전 연소 · CO_2 발생량 최대	· 과잉 공기 · 산소 과대 · SOx, NOx 발생량 증가 · 연소온도 감소 · 열손실 커짐 · 저온부식 발생 · 탄소함유 물질(CH_4, CO, C 등) 농도 감소 · 방지시설의 용량이 커지고 에너지 손실 증가 · 희석효과가 높아져 연소 생성물의 농도 감소

정답 (1) 등가비는 공기비의 역수이다.

$$\phi = \frac{\left(\dfrac{\text{실제 연료량}}{\text{산화제}}\right)\text{의 비}}{\left(\dfrac{\text{완전연소 연료량}}{\text{산화제}}\right)\text{의 비}} = \frac{1}{m}$$

(2) ㉠ : 감소, ㉡ : 증가

02 중력집진장치의 장단점

장점	단점
· 구조가 간단하고 설치 비용이 적음 · 압력손실이 적음 · 먼지부하가 높은 가스 처리 용이 · 고온가스 처리 용이	· 미세먼지 포집 어려움 · 집진효율이 낮음 · 먼지부하 및 유량변동에 적응성이 낮음 · 시설의 규모가 큼

정답 (1) 장점

① 구조가 간단

② 설치비용이 적음

(2) 단점

① 미세먼지 포집 어려움

② 집진효율이 낮음

03 **정답** (1) 관성충돌, 확산, 증습에 의한 응집, 응결, 부착(4가지 작성)

(2) 1) 장점

① 액가스비 작음

② 처리용량이 큰 시설에 적합

③ 판수 증가 시 고농도 가스도 일시 처리 가능

2) 단점

① 충전탑보다 구조 복잡

② 부하 변동에 대응이 어려움

③ 충전탑보다 압력손실 큼

04 전기집진장치의 주요 메커니즘(집진 원리)

① 하전에 의한 쿨롱력

② 전계경도에 의한 힘

③ 입자 간에 작용하는 흡인력

④ 전기풍에 의한 힘

정답 ① 하전에 의한 쿨롱력

② 전계경도에 의한 힘

③ 입자 간에 작용하는 흡인력

05

$$\text{공기비}(m) = \frac{N_2}{N_2 - 3.76(O_2 - 0.5CO)}$$

$$= \frac{80}{80 - 3.76 \times 8}$$

$$= 1.6025$$

정답 1.60

06 전기집진장치의 장단점

장점	단점
· 집진효율이 매우 높음	· 설치비용 큼
· 미세입자 집진효율 높음	· 가스상 물질 제어 안 됨
· 낮은 압력손실	· 운전조건 변동에 적용성
· 대량가스 처리 가능	낮음
· 운전비 적음	· 넓은 설치면적 필요
· 온도 범위 넓음	· 비저항 큰 분진 제거
· 배출가스의 온도강하가	곤란
적음	· 분진부하가 대단히 높으
· 고온가스 처리 가능	면 전처리 시설이 요구
· 연속운전 가능	· 근무자의 안전성 유의

정답 ① 집진효율이 매우 좋다.
② 대량가스 처리가 가능하다.
③ 운전비가 적다.
④ 고온가스 처리가 가능하다.

07 원통형 전기집진장치의 집진효율 공식

$$\eta = 1 - e^{-\frac{2Lw}{RU}}$$

L : 집진판 길이(m)
w : 겉보기 속도(m/s)
R : 반경(m)
U : 처리가스속도(m/s)
Q : 처리가스량(m^3/s)

1) 처리효율

$$\eta = 1 - \frac{C}{C_o} = 1 - \frac{0.05}{8}$$

$$= 0.99375$$

2) 충전입자 이동속도(w)

$$\eta = 1 - e^{-\frac{2Lw}{RU}}$$

$$0.99375 = 1 - e^{-\frac{2 \times 1 \times w}{0.05 \times 2}}$$

$$\therefore w = 0.253\text{m/s}$$

정답 0.25m/s

08 정답 눈막힘 현상(Blinding Effect)
처리가스 중의 수분이나 점착성 먼지가
여과막에 끼여 여과막의 압력손실이 증가
되는 현상

09 1) 배출허용기준농도

$$\frac{5\text{mg}}{\text{Sm}^3} \times \frac{22.4\text{mL}}{20\text{mg}} = 5.6\text{ppm}$$

2) 제거율

$$\eta = 1 - \frac{C}{C_o} = 1 - \frac{5.6\text{ppm}}{100\text{ppm}} = 0.944 = 94.4\%$$

정답 94.4%

10 벤투리 스크러버의 물 소비량
목부 유속과 노즐 개수 및 수압 관계식

$$n\left(\frac{d}{D_t}\right)^2 = \frac{v_t L}{100\sqrt{P}}$$

$$6\left(\frac{0.004}{0.25}\right)^2 = \frac{90 \times L}{100\sqrt{20,000}}$$

$$\therefore L = 0.241359 \text{L/m}^3$$

$$\therefore \text{물의 양}$$

$$= 0.241359\,\text{L/m}^3 \times 2\text{m}^3/\text{s} = 0.4827\,\text{L/s}$$

n : 노즐 수
d : 노즐 직경
D_t : 목부 직경
P : 수압(mmH$_2$O)
v_t : 목부 유속(m/s)
L : 액가스비(L/m^3)

정답 0.48L/s

11

$$C_{max} = \frac{2 \cdot QC}{\pi \cdot e \cdot U \cdot (H_e)^2} \times \left(\frac{\sigma_z}{\sigma_y}\right)$$

$$= \frac{2 \times 20m^3/s \times 1,750ppm}{\pi \times e \times 30m/s \times (200m)^2} \times \left(\frac{0.09}{0.07}\right)$$

$$= 8.7824 \times 10^{-3}ppm \times \frac{10^3ppb}{1ppm}$$

$$= 8.7824ppb$$

정답 8.78ppb

12 흡착제의 조건

① 단위질량당 표면적이 큰 것

② 어느 정도의 강도 및 경도를 지녀야 함

③ 흡착효율이 높아야 함

④ 가스 흐름에 대한 압력손실이 작아야 함

⑤ 재생과 회수가 쉬워야 함

정답 ① 단위질량당 표면적이 큰 것

② 어느 정도의 강도 및 경도를 지녀야 함

③ 흡착효율이 높아야 함

13 정답 ① 광학필터

② 1초

③ 40초

14 정답 리차드슨 수의 공식

$$Ri = \frac{g}{T} \frac{\triangle T/\triangle Z}{(\triangle U/\triangle Z)^2}$$

여기서, g : 중력가속도($9.8m/s^2$)

T : 평균절대온도(℃ + 273)

△Z : 고도차(m)

△U : 풍속차(m/s)

△T : 온도차(℃)

15 정답 **연소냉각에 의한 NOx의 저감방법**

① 저온 연소

② 수증기 및 물분사 방법

③ 배기가스 재순환

16 ① 표면 연소 : 고체연료 표면에 고온을 유지시켜 표면에서 반응을 일으켜 내부로 연소가 진행되는 형태

② 분해 연소 : 증발온도보다 분해온도가 낮은 경우에는 가열에 의해 열분해되어 휘발하기 쉬운 성분의 표면에서 떨어져 나와 연소하는 현상

③ 증발 연소 : 휘발성이 높은 연료가 증발되어 기체가 되어 일어나는 연소

④ 발연 연소(훈연 연소) : 열분해로 발생된 휘발성분이 점화되지 않고 다량의 발연을 수반하여 표면반응을 일으키면서 연소하는 형태

⑤ 확산 연소 : 가연성 연료와 외부공기가 서로 확산에 의해 혼합하면서 화염을 형성하는 연소형태

⑥ 예혼합 연소 : 기체 연료와 공기를 먼저 혼합한 후 점화시키는 연소

⑦ 자기 연소(내부 연소) : 공기 중 산소 없이 연료 자체의 산소에 의해 일어나는 연소

정답 ① 표면 연소 : 고체연료 표면에 고온을 유지시켜 표면에서 반응을 일으켜 내부로 연소가 진행되는 형태

② 분해 연소 : 증발온도보다 분해온도가 낮은 경우에는 가열에 의해 열분해되어 휘발하기 쉬운 성분의 표면에서 떨어져 나와 연소하는 현상

③ 증발 연소 : 휘발성이 높은 연료가 증발되어 기체가 되어 일어나는 연소

17 $S + O_2 \rightarrow SO_2 + CaCO_3 + 1/2O_2 \rightarrow CaSO_4 + CO_2$

S : $CaCO_3$

32kg : 100kg

$\frac{3}{100} \times 5,000kg/hr$: x kg/hr

$\therefore$ x = 468.75kg/hr

정답 468.75kg/hr

18 1) 입자 밀도

스토크 직경(실제 입자)의 입자 밀도

= $1.5\,\text{g/cm}^3$

공기역학적 직경의 입자 밀도

= $1\,\text{g/cm}^3$

2) 먼지 입자의 침강속도

스토크 직경의 침강속도 :

$$V_s = \frac{(1,500 - 1.3) \times (2.1 \times 10^{-6})^2 \times g}{18\mu}$$

공기역학적 직경의 침강속도 :

$$V_a = \frac{(1,000 - 1.3) \times d_a^2 \times g}{18\mu}$$

스토크 직경의 침강속도

= 공기역학적 직경의 침강속도 이므로,

$$\frac{(1,500 - 1.3) \times (2.1 \times 10^{-6})^2 \times g}{18\mu}$$

$$= \frac{(1,000 - 1.3) \times d_a^2 \times g}{18\mu}$$

$$\therefore d_a = \sqrt{\frac{(1,500 - 1.3)}{(1,000 - 1.3)}} \times (2.1 \times 10^{-6})$$

$$= 2.5725 \times 10^{-6}\,\text{m} \times \frac{10^6\,\mu\text{m}}{1\text{m}}$$

$$= 2.5725\,\mu\text{m}$$

정답 $2.57\,\mu\text{m}$

19 **정답** (1) 건조단열체감율(r_d)

건조 공기에서 고도가 상승할 때 온도가 하강하는 정도로, 고도가 100m 상승할 때마다 기온은 1℃씩 하강한다.

(2) 온위

어떤 고도의 건조 공기덩어리를 1,000 hPa의 기압고도로 단열적으로 이동시켰을 때 갖는 온도를 온위라 한다.

20 1) 유속(V)

$$V = C\sqrt{\frac{2gh}{\gamma}} = 0.98 \times \sqrt{\frac{2 \times 9.8 \times 10}{1.2}}$$

$$= 12.5245\,\text{m/s}$$

2) 유량(Q)

$$Q = AV$$

$$= \frac{\pi(0.5\text{m})^2}{4} \times 12.5245\,\text{m/s} \times \frac{3,600\,\text{s}}{1\text{hr}}$$

$$= 8,853.110\,\text{m}^3/\text{hr}$$

여기서,

V	:	유속(m/s)
C	:	피토관 계수
h	:	피토관에 의한 동압 측정치(mmH_2O)
g	:	중력가속도($9.81\,\text{m/s}^2$)
γ	:	굴뚝 내의 배출가스 밀도(kg/m^3)

정답 $8,853.11\,\text{m}^3/\text{hr}$

01. 0.3μm인 물방울(Water drop)에 포함된 물분자의 개수를 계산하시오.

02. 가스상 오염물질의 시료채취 시 채취관을 보온 및 가열해야 하는 이유를 3가지 쓰시오.

03. 굴뚝에서의 유효굴뚝높이를 증가시키는 방법을 3가지 쓰시오.

04. 세정집진장치에서 관성충돌계수(관성충돌효과)를 크게 하기 위한 조건을 6가지 서술하시오.

05. 악취 제거법을 5가지 쓰시오.

06. 악취 제거를 위한 Bio-Filter 법의 원리 및 장단점을 각각 1가지씩 쓰시오.

　(1) Bio-Filter 법의 원리
　(2) 장점(1가지)
　(3) 단점(1가지)

07. 흡수장치 중 충전탑에서 사용하는 충전제의 구비조건 4가지를 쓰시오.

08. 목(throat)부의 속도가 50m/s인 Venturi Scrubber를 사용하여 100m³/min의 함진가스를 처리할 때, 60L/min의 세정수를 공급할 경우 이 부분의 압력손실(mmH₂O)은? (단, 가스밀도는 1.2kg/m³이고, 압력손실 $\triangle P = (0.5 + L) \times \dfrac{\gamma V^2}{2g}$ 이다.)

09. 연소조절에 의한 질소산화물 억제방법을 4가지 쓰시오.

10. 비산먼지의 농도를 구하기 위해 측정한 조건 및 결과가 다음과 같을 때 비산먼지의 농도 (mg/Sm^3)는?

> <측정조건 및 결과>
> · 채취먼지량이 가장 많은 위치에서의 먼지농도(mg/Sm^3) : 4.9
> · 전 시료채취 기간 중 주 풍량이 90° 이상 변한다.
> · 풍속이 0.5m/s 미만 또는 10m/s 이상되는 시간이 전 채취시간의 50% 이상이다.

11. 전기집진장치의 장해현상 중 재비산의 원인을 2가지 쓰시오.

12. 석탄의 공업분석 결과, 수분 0.5%, 휘발분 10%일 때의 연료비를 계산하시오.

13. 사이클론에서 처리가스량에 대하여 외부로부터 외기가 10% 누입이 될 때의 집진율이 78%이었다면 외기의 누입이 없을 때 집진율은 얼마인가? (단, 이때 먼지통과율은 누입되지 않은 경우의 2.5배에 해당한다.)

14. 용적 $100m^3$의 밀폐된 실내에서 황함량 0.01%인 등유 1kg을 완전연소시킬 때 실내의 평균 SO_2농도(ppm)는? (단, 표준상태를 기준으로 하고, 황은 전량 SO_2로 전환된다.)

15. $1,000Sm^3/hr$의 배출가스를 방출하는 연소로에서 건식석회주입법(CaO 이용)으로 SO_2를 처리하고자 한다. 이때 배출가스의 SO_2 농도가 500ppm, SO_2의 제거율은 70%일 때, 생성하는 $CaSO_4(kg/hr)$의 양은?

16. 3개의 집진장치를 직렬로 연결하여 배출가스 중의 먼지를 제거하고자 한다. 입구 가스량은 $1,200Sm^3/min$, 입구 농도는 $4g/Sm^3$이고, 첫 번째, 두 번째, 세 번째 집진장치의 집진효율이 각각 50%라면, 출구 먼지 농도는 몇 kg/hr인가?

17. 황산화물 처리법은 크게 석회석법, 알칼리법, 산화환원법 등으로 구분할 수 있는데, 이 중 알칼리법에서의 장점을 2가지만 쓰시오.

18. 연소과정 중 일산화탄소(CO) 생성을 억제하기 위한 조건(3T)을 쓰시오.

19. 배출가스 중 입자포집을 위한 집진장치의 종류와 포집 원리를 각각 3가지 쓰시오.

20. 사이클론과 전기집진장치를 순서대로 직렬로 연결한 어느 집진장치에서 포집되는 먼지량이 각각 300kg/h, 195kg/h이고, 최종 배출구로부터 유출되는 먼지량이 5kg/h이면 이 집진장치의 총집진효율(%)은? (단, 기타조건은 동일하며, 처리과정 중 소실되는 먼지는 없다.)

해설 및 정답 →

01 1) $0.3\mu m$ 물방울의 질량(m)

$m = \rho V$

$= \rho \times \left(\dfrac{\pi}{6}d^3\right)$

$= \dfrac{1g}{cm^3} \times \dfrac{\pi}{6}(0.3 \times 10^{-4}\,cm)^3$

$= 1.4137 \times 10^{-14}\,g$

2) 물분자 개수

물분자(H_2O) 1mol $= 18g$

$= 6.02 \times 10^{23}$개이므로,

$1.4137 \times 10^{-14}g \times \dfrac{6.02 \times 10^{23}\,개}{18g}$

$= 4.728 \times 10^8\,개$

정답 4.73×10^8개

02 **정답** ① 배출가스 중의 수분 또는 이슬점이 높은 기체성분이 응축해서 채취관이 부식될 염려가 있는 경우

② 여과재가 막힐 염려가 있는 경우

③ 분석물질이 응축수에 용해되어 오차가 생길 염려가 있는 경우

채취관을 보온 및 가열해 위의 3가지 경우를 미리 방지한다.

03 **정답** **유효굴뚝높이 증가 방법**

① 배출가스의 토출속도를 높인다.

② 배출가스 유량을 증가시킨다.

③ 배출가스의 온도를 높인다.

04 **관성충돌계수가 증가하는 조건**

① 먼지의 밀도가 커야 함

② 먼지의 입경이 커야 함

③ 액적의 직경이 작아야 함

④ 처리가스와 액적의 상대속도가 커야 함

⑤ 처리가스 점도가 작아야 함

⑥ 처리가스 온도가 낮아야 함

⑦ 커닝험 보정계수가 커야 함

⑧ 분리계수가 커야 함

→ 먼지는 크고, 무거울수록, 액적은 직경이 작을수록, 비표면적이 클수록 관성충돌계수 증가함

정답 ① 먼지의 밀도가 커야 함

② 액적의 직경이 작아야 함

③ 처리가스 점도가 작아야 함

④ 먼지의 입경이 커야 함

⑤ 처리가스와 액적의 상대속도가 커야 함

⑥ 커닝험 보정계수가 커야 함

05 **악취 처리방법**

물리적 처리 방법	· 수세법 · 흡착법 · 냉각법(응축법) · 환기법(ventilation)
화학적 처리 방법	· 화학적 산화법 : 오존산화법, 염소산화법 · 약액세정법 : 산·알칼리 세정법 · 산화법 : 연소산화법, 촉매산화법 · 은폐법(Masking법)

정답 ① 수세법

② 냉각법

③ 화학적 산화법

④ 은폐법

⑤ 환기법

06 정답 (1) Bio-Filter 법의 원리

효소나 미생물을 이용하여 여러 가지 오염물질이나 악취물질을 제거하는 필터이다. 담체에 미생물을 고정화시켜 악취를 제거한다.

(2) 장점(1가지)
- 독성물질이나 중금속이 미생물과 반응하여 흡착 제거된다.
- 휘발성유기화합물(VOC)이나 악취 제거 효율이 높다.

(3) 단점(1가지)
- 부유물질이 있으면, 생물막이 막힐 수 있다.
- 소요 부지면적이 넓다.

07 좋은 충전물의 조건
① 충전밀도가 커야 함
② Hold-up이 작아야 함
③ 공극율이 커야 함
④ 비표면적이 커야 함
⑤ 압력손실이 작아야 함
⑥ 내열성, 내식성이 커야 함
⑦ 충분한 강도를 지녀야 함
⑧ 화학적으로 불활성이어야 함

정답 ① 충전밀도가 커야 함
② Hold-up이 작아야 함
③ 공극율이 커야 함
④ 비표면적이 커야 함

08 벤투리 스크러버의 압력강하식

$$L = \frac{\text{세정수량}}{\text{가스유량}} = \frac{60\text{L/min}}{100\text{m}^3/\text{min}} = 0.6\text{L/m}^3$$

$$\gamma = 1.2\text{kg/m}^3$$

$$\triangle P = (0.5+L)\frac{\gamma V^2}{2g}$$
$$= (0.5+0.6) \times \frac{1.2 \times 50^2}{2 \times 9.8}$$
$$= 168.367\text{mmH}_2\text{O}$$

정답 168.37mmH$_2$O

09 연소조절에 의한 NOx의 저감방법
① 저온 연소
② 저산소 연소
③ 저질소 성분연료 우선 연소
④ 2단 연소
⑤ 수증기 및 물분사 방법
⑥ 배기가스 재순환
⑦ 버너 및 연소실의 구조개선

정답 ① 저온 연소
② 저산소 연소
③ 저질소 성분연료 우선 연소
④ 2단 연소

10 비산먼지 농도의 계산

비산먼지 농도

$C = (C_H - C_B) \times W_D \times W_S$

$= (4.9 - 0.15) \times 1.5 \times 1.2$

$= 8.55 \text{mg/Sm}^3$

C_H : 채취먼지량이 가장 많은 위치에서의
먼지농도(mg/Sm^3)

C_B : 대조위치에서의 먼지농도(mg/Sm^3)

W_D, W_S : 풍향, 풍속 측정결과로부터 구한 보정계수

단, 대조위치를 선정할 수 없는 경우에는 C_B는 0.15mg/m^3로 한다.

보정계수

풍향(W_D)에 대한 보정

풍향변화범위	보정계수
전 시료채취 기간 중 주 풍향이 90° 이상 변할 때	1.5
전 시료채취 기간 중 주 풍향이 45°~90° 변할 때	1.2
전 시료채취 기간 중 풍향이 변동이 없을 때(45° 미만)	1.0

풍속에 대한 보정(W_S)

풍속범위	보정계수
풍속이 0.5m/s 미만 또는 10m/s 이상 되는 시간이 전 채취시간의 50% 미만일 때	1.0
풍속이 0.5m/s 미만 또는 10m/s 이상 되는 시간이 전 채취시간의 50% 이상일 때	1.2

정답 8.55mg/Sm^3

11 전기집진장치 – 재비산현상이 발생할 때

1) 원인

① 먼지 비저항이 너무 낮을 경우($10^4 \Omega \cdot m$ 이하일 때) 발생함

② 입구유속이 클 때 발생함

2) 대책

① 처리가스 속도를 낮춘다.

② 배출가스 중에 NH_3를 주입한다.

정답 ① 먼지 비저항이 너무 낮을 경우 ($10^4 \Omega \cdot m$ 이하일 때) 발생한다.

② 입구유속이 클 때 발생한다.

12

고정탄소 $= 100 - (\text{수분} + \text{휘발분} + \text{회분})$

$= 100 - (0.5 + 10)$

$= 89.5\%$

연료비 $= \dfrac{\text{고정탄소}}{\text{휘발분}} = \dfrac{89.5}{10} = 8.95$

정답 8.95

13

1) 외기 누출 시 통과율

나중 집진율은 78%이므로,

나중 통과율은 22%임

먼지 통과율이 2.5배가 되었으므로,

외기 누입이 없을 때 나중 통과율

$= \dfrac{22\%}{2.5} = 8.8\%$임

2) 외기 누출 없을 때 집진율

처음 집진율 $= 100 - \text{처음 통과율}$

$= 100 - 8.8$

$= 91.2\%$

정답 91.2%

14

$$S + O_2 \quad \rightarrow \quad SO_2$$

$$32kg \quad : \quad 22.4Sm^3$$

$$1kg \times \frac{0.01}{100} \quad : \quad X\,Sm^3$$

$$\therefore X = 1kg \times \frac{0.01}{100} \times \frac{22.4Sm^3\,SO_2}{32kg\,S}$$

$$= 7 \times 10^{-5}\,Sm^3$$

$$\therefore SO_2 = \frac{7 \times 10^{-5}\,Sm^3}{100m^3} \times 10^6 = 0.7\,ppm$$

정답 0.7ppm

15

$$SO_2 + CaO + 1/2O_2 \rightarrow CaSO_4$$

$$SO_2 : CaSO_4$$

$$22.4Sm^3 : 136kg$$

$$\frac{500}{10^6} \times 1{,}000Sm^3/hr \times 0.7 : x\,(kg/hr)$$

따라서, $x = 2.125kg/hr$

정답 2.13kg/hr

16 1) 출구 농도(C)

$$C = C_o(1-\eta_1)(1-\eta_2)(1-\eta_3)$$

$$= 4(1-0.5)(1-0.5)(1-0.5)$$

$$= 0.5g/m^3$$

2) 출구 먼지농도(kg/hr)

$$0.5g/m^3 \times \frac{1{,}200Sm^3}{min} \times \frac{1kg}{1{,}000g} \times \frac{60min}{1hr}$$

$$= 36\,kg/hr$$

정답 36kg/hr

17 **정답** ① 반응물이 용해되므로, 찌꺼기나 퇴적
물이 발생하지 않는다.
② SO_2와 알칼리용액의 반응성이 높아,
SOx 제거율이 높다.

18 완전 연소의 조건(3T)

① Temperature(온도) : 착화점 이상의 온도
② Time(시간) : 완전 연소가 되기에 충분한 시간
③ Turbulence(혼합) : 연료와 공기(산소)가 충분
히 혼합되어야 함

정답 ① 착화점 이상의 온도이어야 한다.
② 완전 연소가 되기에 체류시간이 충분
히 길어야 한다.
③ 연료와 공기가 충분히 혼합되어야 한다.

19

집진장치의 종류	집진 원리(포집 원리)
중력 집진장치	중력
관성력 집진장치	관성력, 중력
원심력 집진장치	원심력, 중력
세정 집진장치	관성충돌, 확산, 증습에 의한 응집, 응결, 부착
여과 집진장치	관성충돌, 확산, 직접 차단, 정전기적 인력, 중력
전기 집진장치	하전에 의한 쿨롱력, 전계경도에 의한 힘, 입자 간에 작용하는 흡인력, 전기 풍에 의한 힘

정답 ① 중력 집진장치 : 중력
② 관성력 집진장치 : 관성력, 중력
③ 원심력 집진장치 : 원심력, 중력

20 1) 유입량(C_0Q_0)

유입량 = 제거량 + 유출량
$$= (300+195)+5$$
$$= 500kg/h$$

2) 제거율(η)

$$\eta = \left(1 - \frac{CQ}{C_oQ_o}\right) \times 100(\%)$$

$$= \left(1 - \frac{5}{500}\right) \times 100$$

$$= 99\%$$

정답 99%

2020년 제 5회 대기환경산업기사

01. 황성분 1.5%인 중유를 18.5ton/hr로 연소시키는 보일러에서 생성되는 SO_2를 탄산칼슘($CaCO_3$)으로 흡수제거할 때 필요한 탄산칼슘의 양(ton/hr)은? (단, 표준상태 기준, 황성분은 전량 SO_2으로 전환되고, 탈황률은 100%임)

02. 매연을 1차 처리하고, 다시 집진율 85%인 집진장치로 2차 처리한다. 2차 집진장치로 처리한 결과 배출가스 전체 집진율이 95%가 되었다. 이때 1차 집진장치의 집진율은? (단, 직렬 기준)

03. 광화학 반응에 의한 Oxidant인 2차 오염물질 4가지를 쓰시오.

04. 배출가스 중 유입농도가 $12g/Sm^3$이고 배출허용기준이 $0.5g/Sm^3$이다. 이 배출허용기준을 준수하려면 집진장치의 효율은 몇 %가 되어야 하는가?

05. 전기집진장치의 전기비저항이 $10^{11}\Omega \cdot m$ 이상으로 높을 경우의 대책을 3가지 쓰시오.

06. 7개의 수평판(바닥포함)이 설치된 중력집진시설이 다음 표의 조건과 같을 때, 입자의 침강 속도(m/s)를 계산하시오.

> [조건]
> · 침강실의 폭과 높이는 각각 2m, 1.4m
> · 배출가스의 유량 $1m^3/s$
> · 가스의 점도 $0.067kg/m \cdot hr$
> · 가스의 밀도 $1.2kg/m^3$
> · 구형 입자의 밀도 $1.1g/cm^3$
> · 먼지 직경 $10\mu m$

[유체 흐름에 따른 침강속도식]

층류	천이류	난류
$V_s = \dfrac{d_p^2(\rho_p - \rho_s)g}{18\mu}$	$V_s = \dfrac{0.2\rho_\rho^{\frac{2}{3}}g^{\frac{2}{3}}d}{\rho_s^{\frac{1}{3}}\mu^{\frac{1}{3}}}$	$V_s = 1.74\left(gd\dfrac{\rho_\rho}{\rho_s}\right)^{\frac{1}{2}}$

07. 표준상태에서 염화수소 함량이 0.1%(V/V%)인 배출가스 $10,000m^3/hr$를 수산화칼슘($Ca(OH)_2$) 액으로 처리하고자 한다. 염화수소가 100% 제거된다고 할 때, 시간당 필요한 수산화칼슘의 이론적인 양(kg/hr)은?

08. 환경대기 중 먼지 측정을 고용량공기시료채취기(High Volume Air Sampler)로 하고자 할 때 채취 여과지의 조건을 3가지 쓰시오.

09. 여과집진장치에서 사용하는 탈진방식 3가지를 쓰시오.

10. 유량이 500Sm³/hr, 가스농도가 11.2g/Sm³인 함진가스 내의 입자분포의 크기는 다음 표와 같다. 아래 물음에 답하시오.

입경범위(m)	평균입경(mm)	부분집진율(%)
0~10	5	18
10~20	15	32
20~30	25	24
30~50	40	16
50 이상	65	10

(1) 집진장치의 총괄효율을 구하시오.

(2) 배출구에서 대기로 비산되는 분진량(kg/hr)을 구하시오.

11. 원심력 집진장치에서 아래 곡선은 Blow-up과 Blow-down 현상 곡선을 나타낸다. Blow-up 현상과 비교하여 보면, Blow-down 현상에서는 유효원심력을 증대시킬 수 있다. 이때 기대되는 효과 2가지를 쓰시오.

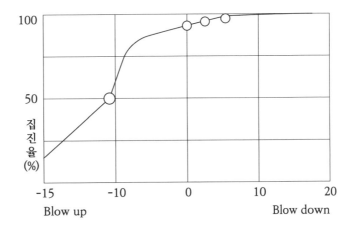

12. 어느 도시 지역이 대기오염으로 인하여 시골 지역보다 태양의 복사열량이 10% 감소한다고 한다. 도시 지역의 지상온도가 255K일 때, 시골 지역의 지상 온도는 얼마가 되겠는가? (단, 스테판 볼츠만의 법칙을 이용한다.)

13. 연소조절에 의한 질소산화물 발생 억제방법을 3가지 쓰시오.

14. 99% 집진효율을 갖는 전기집진장치(ESP)로 가스의 유효표류속도가 5.0cm/s인 오염공기 3,000m³/min를 처리하고자 한다. 이때 필요한 총 집진판 면적(m²)은? (단, Deutsch 식으로 구한다.)

15. 굴뚝 배출가스에서 발생하는 착지농도를 감소시킬 수 있는 방안을 3가지 쓰시오.

16. 흡착법에서 사용하는 흡착제의 종류를 5가지 쓰시오.

17. 충전탑에서 사용하는 충전제의 구비조건 5가지를 쓰시오.

18. 한 송풍기가 1,000rpm으로 회전하고 있다. 이때의 동력이 0.5kW라고 한다면 회전수가 1,200rpm으로 증가했을 때의 동력(kW)은 얼마인가?

19. A 알루미늄 제조회사의 굴뚝 배출가스량은 1,000Sm³/hr, HF 농도는 900ppm이다. 이 HF를 순환수로 세정 흡수시켜 Ca(OH)₂로 침전 제거시키고자 한다. 하루 11시간 운전할 때 하루 동안 필요한 Ca(OH)₂의 양(kg)은? (단, HF는 100% 흡수액에 용해되고, Ca(OH)₂와 100% 반응한다.)

20. A 공장의 전기집진장치의 원통형 집진극 직경이 12cm이고, 길이는 1.5m이다. 유속을 1.5m/s로 하고 먼지 입자가 집진극을 향하여 이동하는 속도가 10cm/s라면 집진효율(%)은 얼마인가? (단, Deutsch에 의한 효율공식은 $\eta = 1 - \exp\left(-\dfrac{2LV}{RU}\right)$이다.)

해설 및 정답 →

해설 및 정답

01 $S + O_2 \rightarrow SO_2 + CaCO_3 + 1/2O_2 \rightarrow CaSO_4 + CO_2$

$$S : CaCO_3$$

$$32kg : 100kg$$

$$\frac{1.5}{100} \times 18.5t/hr : x\,(t/hr)$$

$$\therefore x = 0.867t/hr$$

정답 0.87ton/hr

02 $\eta_T = 1 - (1 - \eta_1)(1 - \eta_2)$

$$0.95 = 1 - (1 - \eta_1)(1 - 0.85)$$

$$\therefore \eta_1 = 0.66666 = 66.666\%$$

정답 66.67%

03 2차 대기오염물질

1차 대기오염물질이 반응하여(산화반응이나 광화학반응) 생성된 대기오염물질

예 O_3, PAN, PBN, PPN, H_2O_2, NOCl, CH_2CHCHO(아크롤레인), 케톤 등

정답 ① O_3, ② PAN, ③ PBN, ④ H_2O_2

04 $\eta_T = 1 - \dfrac{C}{C_o} = 1 - \dfrac{0.5}{12} = 0.95833 = 95.833\%$

정답 95.83%

05 정답 **전기비저항이 높을 경우 대책**

① 수증기를 주입한다.

② 무수황산을 주입한다.

③ 탈진 빈도를 늘리거나 타격을 강하게 한다.

06 1) R_e로 흐름 판별

$$R_e = \frac{DV\rho_s}{\mu} = \frac{0.36363 \times 0.3571 \times 1.2}{1.8611 \times 10^{-5}}$$

$$= 8,373.71$$

① $D = \dfrac{2ab}{a+b} = \dfrac{2 \times 2 \times 0.2}{2 + 0.2} = 0.36363m$

폭(a) : 2m,

1단의 높이(b) $= \dfrac{1.4m}{7} = 0.2m$

② $V = \dfrac{Q}{A} = \dfrac{1m^3/s}{2m \times 1.4m} = 0.3571m/s$

③ $\mu = 0.067kg/m \cdot hr \times \dfrac{1hr}{3,600\,s}$

$$= 1.8611 \times 10^{-5}kg/m \cdot s$$

④ $\rho_s = 1.2kg/m^3$

$\therefore R_e > 4,000$ 이므로, 흐름은 난류임

2) 난류의 입자 침강속도

$$V_s = 1.74\left(gd\frac{\rho_\rho}{\rho_s}\right)^{\frac{1}{2}}$$

$$= 1.74\left(9.8 \times 10 \times 10^{-6} \times \frac{1,100}{1.2}\right)^{\frac{1}{2}}$$

$$= 0.5215m/s$$

① $\rho_\rho = 1.1g/cm^3 = 1,100kg/m^3$

정답 0.52m/s

07 $2HCl + Ca(OH)_2 \rightarrow CaCl_2 + 2H_2O$

$$2HCl : Ca(OH)_2$$

$$2 \times 22.4Sm^3 : 74kg$$

$$\frac{0.1}{100} \times 10,000m^3/hr : Ca(OH)_2\,(kg/hr)$$

$$\therefore Ca(OH)_2 = 16.517\,kg/hr$$

정답 16.52kg/hr

08 「환경대기 중 먼지 측정방법 - 고용량공기시료채취기법」 채취용 여과지

① 0.3μm되는 입자를 99% 이상 채취할 수 있어야 한다.

② 압력손실이 작아야 한다.

③ 흡수성이 작아야 한다.

④ 가스상 물질의 흡착이 적은 것이어야 한다.

⑤ 분석에 방해되는 물질을 함유하지 않은 것이어야 한다.

> **정답** ① 0.3μm되는 입자를 99% 이상 채취할 수 있어야 한다.
> ② 압력손실이 작아야 한다.
> ③ 흡수성이 작아야 한다.

09 청소방법(탈진방식)에 따른 분류

분류	간헐식	연속식
정의	· 운전과 청소를 따로 진행하는 방식	· 운전과 청소를 동시에 진행하는 방식
종류	· 중앙 진동형, 상하 진동형 · 역기류형 · 역세형 · 역세 진동형	· pulse jet · reverse jet · 음파 제트 (sonic jet)

> **정답** ① 역기류형
> ② 역세형
> ③ 역세 진동형

10 (1) 총괄효율

총괄효율(%)

$$= \frac{\Sigma(평균입경 \times 부분집진율(\%))}{\Sigma 평균입경}$$

$$= \frac{(5\times18 + 15\times32 + 25\times24 + 40\times16 + 65\times10)}{(5 + 15 + 25 + 40 + 65)}$$

$$= 16.4\%$$

(2) 배출 분진량(kg/hr)

배출 분진량 = 유입 분진량 × (1-집진율)

$$= \frac{500Sm^3}{hr} \times \frac{11.2g}{Sm^3} \times \frac{1kg}{1,000g} \times (1 - 0.164)$$

$$= 4.681\,kg/hr$$

> **정답** (1) 16.4%
> (2) 4.68kg/hr

11 **정답** 블로우 다운 효과(2가지 작성)

① 유효 원심력 증대

② 집진효율 향상

③ 내 통의 폐색 방지(더스트 플러그 방지)

④ 분진의 재비산 방지

12 $E = \sigma \times T^4$ 이므로,

도시지역 에너지(E_1) = 시골지역 에너지(E_2) × 0.9

$\sigma \times 255^4 = \sigma \times T^4 \times 0.9$

$$\therefore \ T = \sqrt[4]{\frac{255^4}{0.9}} = 261.805K$$

> **정답** 261.81K

13 연소조절에 의한 NOx의 저감방법

① 저온 연소

② 저산소 연소

③ 저질소 성분연료 우선 연소

④ 2단 연소

⑤ 수증기 및 물분사 방법

⑥ 배기가스 재순환

⑦ 버너 및 연소실의 구조개선

> **정답** ① 저온 연소
> ② 저산소 연소
> ③ 2단 연소

14

$$\eta = 1 - e^{\frac{-Aw}{Q}}$$

$$0.99 = 1 - e^{\frac{-A \times 0.05}{\left(\frac{3,000m^3}{min} \times \frac{1min}{60s}\right)}}$$

$$\therefore A = 4605.170m^2$$

정답 $4605.17m^2$

15 정답 **착지농도 감소 방법**
① 굴뚝 높이를 높인다.
② 배기가스의 배출속도를 높인다.
③ 배출가스 온도를 증가시킨다.

16 **흡착제의 종류**
① 활성탄   ② 실리카겔
③ 활성 알루미나   ④ 합성 제올라이트
⑤ 마그네시아   ⑥ 보크사이트

정답 ① 활성탄
② 실리카겔
③ 활성 알루미나
④ 합성 제올라이트
⑤ 마그네시아

17 **좋은 충전물의 조건**
① 충전밀도가 커야 함
② Hold-up이 작아야 함
③ 공극율이 커야 함
④ 비표면적이 커야 함
⑤ 압력손실이 작아야 함
⑥ 내열성, 내식성이 커야 함
⑦ 충분한 강도를 지녀야 함
⑧ 화학적으로 불활성이어야 함

정답 ① 충전밀도가 커야 함
② Hold-up이 작아야 함
③ 공극율이 커야 함
④ 비표면적이 커야 함
⑤ 압력손실이 작아야 함

18 동력(W)

$W \propto N^3$ 이므로

$$W_2 = W_1 \left(\frac{N_2}{N_1}\right)^3 = 0.5kW \times \left(\frac{1,200}{1,000}\right)^3$$

$$= 0.864kW$$

정답 0.86kW

19

$$2HF + Ca(OH)_2 \rightarrow CaF_2 + 2H_2O$$

$$2HF \quad : \quad Ca(OH)_2$$

$$2 \times 22.4Sm^3 \quad : \quad 74\,kg$$

$$1,000Sm^3/hr \times \frac{900}{10^6} \times \frac{11hr}{1d} \quad : \quad x[kg/d]$$

$$\therefore x = 16.352\,kg$$

정답 16.35kg

20 **원통형 집진장치의 집진효율**

$$\eta = 1 - e^{\left(-\frac{2Lw}{RU}\right)}$$

$$= 1 - e^{\left(-\frac{2 \times 1.5m \times 0.1m/s}{0.06m \times 1.5m/s}\right)}$$

$$= 0.96432$$

$$= 96.432\%$$

L : 집진판 길이(m)
w : 겉보기 속도(m/s)
R : 반경(m)
U : 처리가스속도(m/s)
Q : 처리가스량(m^3/s)

정답 96.43%

01. 먼지의 비표면적이 3배가 될 때 입자의 직경은 몇 배가 되는가?

02. 옥탄(Octane)에 대한 다음 물음에 답하시오.

(1) 옥탄(Octane)의 완전연소 반응식(단, 질소 포함)
(2) 옥탄(Octane)을 완전연소 시킬 때 무게에 의한 공기연료비(AFR)

03. 충전탑에서 사용되는 다음의 용어를 각각 설명하시오.

(1) Hold - up
(2) Loading
(3) Flooding

04. 굴뚝의 현재 유효고가 40m일 때, 최대 지표농도를 1/2로 감소시키기 위해서는 유효고도를 몇 m로 증가시켜야 하는가? (단, Sutton식을 적용하고, 기타조건은 동일하다고 가정)

05. 스토크 직경과 공기역학적 직경을 비교하여 각각 설명하시오.

(1) 스토크 직경
(2) 공기역학적 직경

06. 질소산화물에 관한 설명이다. 각 물음에 대하여 답하시오.

    (1) Thermal NOx

    (2) Fuel NOx

    (3) 연소조건을 개선하여 NOx를 저감하는 방법(3가지)

07. 후드의 흡입 향상 조건을 5가지 쓰시오.

08. 배출가스의 흐름이 층류일 때 입경 $50\mu m$ 입자가 100% 침강할 때 필요한 중력 침강실의 길이는? (단, 중력 침전실의 높이 10m, 배출가스의 유속 1.5m/s, 입자의 종말침강속도는 20cm/s이다.)

09. 기상 총괄이동단위높이(HOG)가 0.5m인 충전탑을 이용하여 배출가스 중 HF를 NaOH수용액에 흡수 제거하려 한다. 제거율을 99%로 하기 위한 충전탑의 높이는?

10. 연소가능한 물질이 반응기를 통해서 99.9%까지 연소되기 위한 반응시간(s)을 1차반응속도식으로 구하시오. (단, k = 0.015/s)

11. 배출가스 중의 먼지를 원통여지 포집기로 1시간 포집하여 얻은 측정결과이다. 표준상태에서의 먼지 농도(mg/Sm^3)는?

> ・먼지포집 전의 원통여지 무게 : 5.4023g
> ・먼지포집 후의 원통여지 무게 : 5.4148g
> ・습식가스미터에서 읽은 흡인가스량 : 60L/hr(70℃, 1atm)

12. 전기집진장치의 먼지 제거효율을 90%에서 99.9%로 증가시키고자 할 때, 집진극의 면적은 길이방향으로 몇 배 증가하여야 하는가? (단, 나머지 조건은 일정하다고 가정함)

13. 탄소 85%, 수소 13%, 황 2.0% 들어 있는 중유 1kg을 공기비 1.3으로 연소시켰을 때, 표준상태에서 건조 배출가스 중의 SO_2 농도(ppm)는? (단, 중유 중의 S성분은 모두 SO_2로 되며, 결과값은 소수점 첫째자리까지 구한다.)

14. 관성력 집진장치의 장단점을 각각 2가지씩 서술하시오.

15. 층류의 흐름인 공기 중에 입경이 $30\mu m$, 밀도가 $200kg/m^3$인 구형입자가 자유낙하하고 있다. 이때 구형입자의 종말속도(m/s)는? (단, 공기 밀도는 $1.28kg/m^3$, 공기 점도는 8.5×10^{-6} kg/m·s이며, 소수점 셋째자리까지 구한다.)

16. 다음은 기체크로마토그래피에 관한 질문이다. 다음 물음에 답하시오.

(1) 분리계수(d)를 구하는 공식을 쓰고 설명하시오

(2) 분리도(R)를 구하는 공식을 쓰고 설명하시오.

17. 원심력 집진장치를 사용하는 사업장에서 집진효율을 높이고자 Blow down을 채택하려고 한다. 이 방법은 어떤 것이며 이 방법을 채택할 때 나타날 효과를 3가지만 쓰시오.

(1) 블로우 다운(Blow down)

(2) 블로우 다운 효과

18. 등가비에 대하여 다음 물음에 답하시오.

(1) 등가비의 정의를 등가비 공식을 이용해 서술하시오.

(2) 등가비가 다음과 같을 때 연소관계를 설명하시오.

① $\phi = 1$

② $\phi < 1$

③ $\phi > 1$

19. SO_2 300ppm인 배기가스가 100,000Sm^3/hr로 배출되고 있다. 이 배출가스를 소석회로 세정하여 탈황하고 $CaSO_4 \cdot 2H_2O$로 회수하였다. 탈황률이 96%일 때 회수되는 $CaSO_4 \cdot 2H_2O$ 이론량(kg/hr)은?

20. 송풍기가 공기를 280m^3/min로 이동시키고 400rpm으로 회전할 때 정압이 72mmH_2O, 동력이 5.5HP이다. 회전수를 550rpm으로 증가시켰을 때 다음을 계산하시오.

(1) 유량(m^3/min)

(2) 정압(mmH_2O)

(3) 동력(HP)

해설 및 정답 →

01 비표면적 $S_m = \dfrac{6}{\rho d_p}$ 에서, 비표면적은 입자의 직경에 반비례하므로, 비표면적이 3배가 될 때 입자의 직경은 1/3배가 된다.

정답 1/3배 또는 0.33배

02 (1) $C_8H_{18} + 12.5O_2 + 12.5 \times 3.76N_2$
$\rightarrow 8CO_2 + 9H_2O + 12.5 \times 3.76N_2$

(2) AFR(무게비)

$= \dfrac{공기(kg)}{연료(kg)} = \dfrac{12.5 \times 32/0.232}{114} = 15.124$

정답 (1) $C_8H_{18} + 12.5O_2 + 47N_2$
$\rightarrow 8CO_2 + 9H_2O + 47N_2$
(2) 15.12

03 **정답** (1) 충전층 내 액보유량

(2) 유속 증가 시 액의 hold-up이 현저히 증가하는 현상

(3) 부하점을 초과하여 유속 증가 시 가스가 액중으로 분산·범람하는 현상

04 $C_{max} = \dfrac{2 \cdot QC}{\pi \cdot e \cdot U \cdot (H_e)^2} \times \left(\dfrac{\sigma_z}{\sigma_y}\right)$ 에서,

$C_{max} \propto \dfrac{1}{H_e^2}$ 이므로,

$\dfrac{C_2}{C_1} = \dfrac{(H_{e_1})^2}{(H_{e_2})^2}$

$\dfrac{1}{2} = \left(\dfrac{40}{H_{e_2}}\right)^2$

$\therefore H_{e_2} = 56.568m$

정답 56.57m

05 **정답** (1) 스토크 직경 : 원래의 분진과 밀도와 침강속도가 동일한 구형입자의 직경

(2) 공기역학적 직경 : 원래의 분진과 침강속도는 같고 밀도가 $1g/cm^3$인 구형입자의 직경

06 **정답** (1) Thermal NOx : 연료의 연소로 인한 고온분위기에서 연소공기의 분해과정 시 발생하는 질소산화물

(2) Fuel NOx : 연료 자체가 함유하고 있는 질소 성분의 연소로 발생하는 질소산화물

(3) 연소조절에 의한 NOx의 저감방법(3가지 작성)
① 저온 연소 : NOx는 고온(250~300℃)에서 발생하므로, 예열온도 조절로 저온 연소를 하면 NOx 발생을 줄일 수 있음
② 저산소 연소
③ 저질소 성분연료 우선 연소
④ 2단 연소
⑤ 수증기 및 물분사 방법
⑥ 배기가스 재순환
⑦ 버너 및 연소실의 구조개선

07 **정답** **후드의 흡입 향상 조건**
① 후드를 발생원에 가깝게 설치
② 후드의 개구면적을 작게 함
③ 충분한 포착속도를 유지
④ 기류흐름 및 장애물 영향 고려(에어커튼 사용)
⑤ 배풍기 여유율을 30%로 유지함

08 $L = \dfrac{V \times H \times \eta}{V_s}$

$\therefore L = \dfrac{1.5 \times 10}{0.2} = 75m$

정답 75m

09 $h = HOG \times NOG$

$$= 0.5m \times \ln\left(\frac{1}{1-0.99}\right)$$

$$= 2.302m$$

정답 2.30m

10 1차 반응식

$$\ln\frac{C}{C_0} = -kt$$

$$\ln\frac{0.1}{100} = -0.015 \times t$$

$$\therefore t = 460.517s$$

정답 460.52s

11 배출가스 중 먼지농도(mg/Sm^3)

$$C_s = \frac{(5.4148-5.4023)g}{\frac{60L}{hr} \times 1hr \times \frac{273}{273+70}} \times \frac{1,000mg}{1g} \times \frac{1,000L}{1m^3}$$

$$= 261.752\,mg/Sm^3$$

정답 261.75mg/Sm³

12 $\eta = 1-e^{\left(-\frac{Aw}{Q}\right)}$

$$\therefore A = -\frac{Q}{w}\ln(1-\eta)$$이므로,

$$\frac{A_{99.9}}{A_{90}} = \frac{-\frac{Q}{w}\ln(1-0.999)}{-\frac{Q}{w}\ln(1-0.9)} = 3배$$

정답 3배 증가시켜야 한다.

13 1) $A_o = \frac{O_o}{0.21}$

$$= \frac{1.867C + 5.6\left(H-\frac{O}{8}\right) + 0.7S}{0.21}$$

$$= \frac{1.867 \times 0.85 + 5.6 \times 0.13 + 0.7 \times 0.02}{0.21}$$

$$= 11.0902Sm^3/kg$$

2) $G_d = mA_o - 5.6H + 0.7O + 0.8N$

$$= 1.3 \times 11.0902 - 5.6 \times 0.13$$

$$= 13.6893Sm^3/kg$$

3) $SO_2 = \frac{SO_2}{G_d} \times 10^6 = \frac{0.7S}{G_d} \times 10^6$

$$= \frac{0.7 \times 0.02}{13.6893} \times 10^6 = 1,022.695ppm$$

정답 1,022.70ppm

14 관성력 집진장치의 장단점

장점	단점
· 구조가 간단	· 미세입자 포집이 곤란
· 취급이 용이	· 효율이 낮음
· 운전비, 유지비 저렴	· 방해판 전환각도 큼
· 고온가스 처리 가능	

정답 (1) 장점

　　① 구조가 간단

　　② 취급이 용이

　(2) 단점

　　① 미세입자 포집이 곤란

　　② 효율이 낮음

15 $V_g = \frac{(\rho_p - \rho)d^2 g}{18\mu}$

$$= \frac{(200-1.28) \times (30 \times 10^{-6})^2 \times 9.8}{18 \times 8.5 \times 10^{-6}}$$

$$= 1.1455 \times 10^{-2}m/s$$

정답 1.146×10^{-2}m/s

16 정답

(1) 분리계수(d) $= \dfrac{t_{R2}}{t_{R1}}$

(2) 분리도(R) $= \dfrac{2(t_{R2} - t_{R1})}{W_1 + W_2}$

여기서,

t_{R1} : 시료도입점으로부터 봉우리 1의 최고점까지의 길이

t_{R2} : 시료도입점으로부터 봉우리 2의 최고점까지의 길이

W_1 : 봉우리 1의 좌우 변곡점에서의 접선이 자르는 바탕선의 길이

W_2 : 봉우리 2의 좌우 변곡점에서의 접선이 자르는 바탕선의 길이

17 정답

(1) 블로우 다운(Blow down) 정의 : 사이클론 하부 분진박스(dust box)에서 처리가스량의 5~10%에 상당하는 함진가스를 흡인하는 것

(2) 블로우 다운 효과(3가지 작성)
① 유효 원심력 증대
② 집진효율 향상
③ 내 통의 폐색 방지(더스트 플러그 방지)
④ 분진의 재비산 방지

18 정답

(1) $\phi = \dfrac{\left(\dfrac{\text{실제연료량}}{\text{산화제}}\right)\text{의 비}}{\left(\dfrac{\text{완전연소 연료량}}{\text{산화제}}\right)\text{의 비}}$

$= \dfrac{\left(\dfrac{F}{A}\right)_a}{\left(\dfrac{F}{A}\right)_s} = \dfrac{1}{m}$

F : 연료의 질량

A : 공기의 질량, 산화제의 질량

(2) ① $\phi = 1$일 때 : 완전연소
② $\phi < 1$일 때 : 과잉공기상태로 SOx, NOx 발생량이 증가하고 CO는 감소함
③ $\phi > 1$일 때 : 연료과잉, 불완전 연소 상태로 HC, CO가 많이 발생함

19 $2SO_2 + 2CaCO_3 + O_2 + 4H_2O$

$\rightarrow 2CaSO_4 \cdot 2H_2O + 2CO_2$

SO_2 : $CaSO_4 \cdot 2H_2O$

$22.4Sm^3$: $172kg$

$\dfrac{300}{10^6} \times 100,000Sm^3/hr \times 0.96$: $x(kg/hr)$

따라서, $x = 221.142kg/hr$

정답 221.14kg/hr

20 (1) 유량

$Q \propto N$ 이므로

$Q_2 = Q_1\left(\dfrac{N_2}{N_1}\right) = 280 \times \left(\dfrac{550}{400}\right) = 385m^3/min$

(2) 정압

$P \propto N^2$ 이므로

$P_2 = P_1\left(\dfrac{N_2}{N_1}\right)^2 = 72 \times \left(\dfrac{550}{400}\right)^2$

$= 136.125mmH_2O$

(3) 동력

$W \propto N^3$ 이므로

$W_2 = W_1\left(\dfrac{N_2}{N_1}\right)^3 = 5.5 \times \left(\dfrac{550}{400}\right)^3$

$= 14.2978HP$

정답 (1) $385m^3/min$
(2) $136.13mmH_2O$
(3) $14.30HP$

10 2021년 제 2회 대기환경산업기사

01. 배출구로부터 배출된 오염물질이 확산·희석되는 과정으로부터 유효굴뚝높이(H_e)와 지표상의 최대도달농도(C_{max})와의 관계에 있어서, 일반적으로 H_e가 25m에서 75m로 증가되었다면 C_{max} 값은 몇 배가 되는가?

02. 황산화물과 질소산화물의 제거에 대한 다음 물음에 답하시오.

(1) 중유의 탈황방법 3가지
(2) 연소조절에 의한 질소산화물 제어방법 3가지

03. 전기로에 설치된 백필터의 입구 및 출구 가스량과 먼지농도가 다음과 같을 때 먼지의 통과율은?

	입구	출구
배출가스량(m^3/hr)	12,500	18,600
먼지농도(g/m^3)	14.52	1.05

04. 전기집진장치의 전기저항이 $10^{11}\Omega \cdot cm$ 이상일 때 나타나는 현상에 대한 설명이다. (   ) 안에 알맞은 내용을 넣으시오.

분진의 겉보기 고유저항의 값이 $10^{11}\Omega \cdot cm$ 이상이면, 분진을 대전시키기도 어려울 뿐만 아니라 일단 대전된 분진 또한 탈진 시 집진극에서 쉽게 제거되지 않는다. 분진이 집진극에 쌓이면 분진층은 절연체 역할을 하므로 전기적으로 (①) 전하가 되고, 분진층의 내부는 중성, 집진극은 (②) 극이 된다.

05. Bag filter에서 먼지부하가 $360g/m^2$일 때마다 부착먼지를 간헐적으로 탈락시키고자 한다. 유입가스 중의 먼지농도가 $10g/m^3$이고, 겉보기 여과속도가 $1cm/s$일 때 부착먼지의 탈락 시간 간격(hr)은? (단, 집진율은 100%라고 가정한다.)

06. 직렬로 연결된 집진장치의 효율이 각각 0%, 95%, 99%일 때 총집진효율(%)은?

07. Venturi Scrubber의 다음 조건들을 이용하여 노즐 직경(mm)을 계산하시오

> · 액가스비 : $0.5L/m^3$
> · 수압 : $20,000mmH_2O$
> · 목부 직경 : $0.2m$
> · 목부의 가스 속도 : $60m/s$
> · 노즐 개수 : 6개

08. 유입구 폭이 $11cm$, 유효회전수가 5인 사이클론에 아래 상태와 같은 함진가스를 처리하고자 할 때, 이 함진가스에 포함된 입자의 절단입경(μm)은? (단, 함진가스 온도는 350K, 함진가스 밀도는 무시함)

> · 함진가스의 유입속도 : $10m/s$
> · 함진가스의 점도 : $0.0748kg/m \cdot hr$
> · 먼지입자의 밀도 : $1.6g/cm^3$

09. 환경대기 중 가스상물질의 시료채취방법을 5가지 쓰시오. (단, 대기오염공정시험기준에 표시된 내용을 기준으로 함)

10. 저위발열량이 $7,000kcal/Sm^3$인 기체 연료를 15℃의 공기로 연소할 때, 이론연소가스량 $10Sm^3/Sm^3$이고, 연료가스의 평균정압비열은 $0.35kcal/Sm^3 \cdot ℃$이다. 이때, 이론연소온도는? (단, 기타 조건은 고려하지 않음)

11. 탄소 1kg 연소 시 이론적으로 30,000kcal의 열이 발생하고, 수소 1kg 연소 시 이론적으로 34,100kcal의 열이 발생된다면, 프로판(프로페인) 1kg 연소 시 이론적으로 발생되는 열량은?

12. 어떤 송풍기의 정압이 180mmH₂O, 송풍량이 200m³/min이 되도록 이동시킬 때 필요한 동력이 8HP, 송풍기 회전수가 400rpm이었다. 이 송풍기 회전수를 800rpm으로 증가시켰을 때 다음을 계산하시오.

(1) 송풍량(m³/min)
(2) 정압(mmH₂O)
(3) 동력(HP)

13. 탄소 75%, 수소 25% 조성을 가진 액체연료 5kg을 100kg 공기로 완전연소 시 공기비는? (소수점 둘째 자리까지 구함)

14. 다이옥신 제거방법 중 촉매분해법에서 사용되는 촉매제의 종류를 3가지 쓰시오.

15. 다음은 흡수법에서 사용되는 충전탑과 단탑의 차이점을 설명한 것이다. ( ) 안에 충전탑 또는 단탑 중 알맞은 내용을 작성하시오.

처리해야 할 가스량이 같을 때 (①)이 압력손실이 작다.
흡수액에 부유물이 포함되어 있는 경우 (②)을 사용하는 것이 더 좋다.
온도 변화가 큰 경우에는 (③)이 더 좋다.
용해열을 제거하여야 할 경우 냉각 오일을 설치하기 쉬운 (④)이 더 좋다.

16. 사이클론에서 사용되는 Blow down의 정의와 효과 3가지를 쓰시오.

(1) 블로우 다운(Blow down)
(2) 블로우 다운 효과

17. 1기압, 25℃에서의 $SO_2(g)$의 농도가 $450\mu g/m^3$라면 몇 ppm인가?

18. 황 함유량이 2.5%인 경유 10ton을 사용하는 보일러에서, 발생되는 황산화물을 $CaCO_3$로 처리하여 $CaSO_4 \cdot 2H_2O$로 회수하려고 한다. 이때 회수되는 $CaSO_4 \cdot 2H_2O$의 양(kg)은? (단, 탈황률은 100%이고 전량 $CaSO_4 \cdot 2H_2O$로 회수된다.)

19. 배출가스 중 불화수소의 농도가 38ppm이다. 제거율이 98.5%일 때 해당 시설이 배출허용기준에 적합한지 판단하시오. (단, 해당 시설의 불화수소 배출허용기준은 $2mg/m^3$이다.)

20. 평판형 전기 집진장치에서 입자의 이동속도가 5cm/s, 방전극과 집진극 사이의 거리가 15cm, 배출가스의 유속이 0.67m/s인 경우 층류영역에서 집진율이 100%가 되는 집진극의 길이(m)는?

해설 및 정답 →

해설 및 정답

01
$$C_{max} = \frac{2 \cdot Q \cdot C}{\pi \cdot e \cdot U \cdot (H_e)^2} \times \left(\frac{\sigma_z}{\sigma_y}\right) \text{에서,}$$

$$C_{max} \propto \frac{1}{H_e^2} \text{이므로,}$$

$$\frac{C_2}{C_1} = \frac{(H_{e_1})^2}{(H_{e_2})^2} = \left(\frac{25}{75}\right)^2 = \frac{1}{9}$$

정답 $\frac{1}{9}$ 배 또는 0.11배

02 (1) 황산화물 방지기술

분류	정의	공법 종류
전처리 (중유 탈황)	연료 중 탈황	· 접촉 수소화 탈황 · 금속산화물에 의한 흡착 탈황 · 미생물에 의한 생화학적 탈황 · 방사선 화학에 의한 탈황
후처리 (배연 탈황)	배기가스 중 SOx 제거	· 흡수법 · 흡착법 · 산화법 · 전자선 조사법

(2) 연소조절에 의한 NOx의 저감방법
① 저온 연소 : NOx는 고온(250~300℃)에서 발생하므로, 예열온도 조절로 저온 연소를 하면 NOx 발생을 줄일 수 있음
② 저산소 연소
③ 저질소 성분연료 우선 연소
④ 2단 연소
⑤ 수증기 및 물분사 방법
⑥ 배기가스 재순환
⑦ 버너 및 연소실의 구조개선

정답 (1) 중유 탈황방법
① 접촉 수소화 탈황
② 금속산화물에 의한 흡착 탈황
③ 미생물에 의한 생화학적 탈황

(2) 연소조절에 의한 NOx의 저감방법
① 저온 연소
② 저산소 연소
③ 저질소 성분연료 우선 연소

03
$$P = \frac{CQ}{C_o Q_o} \times 100(\%)$$

$$= \frac{1.05 \times 18,600}{14.52 \times 12,500} \times 100\%$$

$$= 10.760\%$$

정답 10.76%

04 정답 ① 음(-)
② 양(+)

05
$$L_d(g/m^2) = C_i \times V_f \times \eta \times t$$

$$\therefore t = \frac{L_d}{C_i \times V_f \times \eta}$$

$$= \frac{360 g/m^2}{10 g/m^3 \times 0.01 m/s \times 1} \times \frac{1 hr}{3,600 s}$$

$$= 1 hr$$

정답 1hr

06
$$\eta_T = 1 - (1-\eta_1)(1-\eta_2)(1-\eta_3)$$

$$= 1 - (1-0)(1-0.95)(1-0.99)$$

$$= 0.9995 = 99.95\%$$

정답 99.95%

07 목부 유속과 노즐 개수 및 수압 관계식
$$n\left(\frac{d}{D_t}\right)^2 = \frac{v_t L}{100\sqrt{P}}$$

$$6\left(\frac{d}{0.2}\right)^2 = \frac{60 \times 0.5}{100\sqrt{20,000}}$$

$$\therefore d = 0.0037606 m = 3.7606 mm$$

n : 노즐 수   P : 수압(mmH₂O)
d : 노즐 직경 v_t : 목부 유속(m/s)
D_t : 목부 직경   L : 액가스비(L/m³)

정답 3.76mm

08 사이클론의 절단입경(d_{p50})

$$d_{p50} = \sqrt{\frac{9 \times \mu \times b}{2 \times (\rho_p - \rho) \times \pi \times V \times N}}$$

$$= \sqrt{\frac{9 \times \left(0.0748 \mathrm{kg/m \cdot hr} \times \dfrac{1\mathrm{hr}}{3,600\,\mathrm{s}}\right) \times 0.11\mathrm{m}}{2 \times 1,600 \mathrm{kg/m^3} \times \pi \times 10\mathrm{m/s} \times 5}}$$

$$\times \frac{10^6 \mu m}{1\mathrm{m}} = 6.397 \mu m$$

정답 $6.40 \mu m$

09 정답 ① 직접채취법
② 용기채취법
③ 용매채취법
④ 고체흡착법
⑤ 저온응축법

10
연소온도 $= \dfrac{H_l}{GC_p} + t_s$

$= \dfrac{7,000}{10 \times 0.35} + 15$

$= 2,015\,℃$

정답 $2,015\,℃$

11 1) 프로판(C_3H_8) 중에 포함된 탄소의 열량

$$\frac{30,000\mathrm{kcal}}{\mathrm{kg\,C}} \times \frac{3 \times 12\mathrm{kg\,C}}{44\mathrm{kg\,C_3H_8}} = \frac{24,545.4545\mathrm{kcal}}{\mathrm{kg\,C_3H_8}}$$

2) 프로판(C_3H_8) 중에 포함된 수소의 열량

$$\frac{34,100\mathrm{kcal}}{\mathrm{kg\,H}} \times \frac{8 \times 1\mathrm{kg\,H}}{44\mathrm{kg\,C_3H_8}} = \frac{6,200\mathrm{kcal}}{\mathrm{kg\,C_3H_8}}$$

3) 프로판(C_3H_8)의 발열량
$= (24,545.4545 + 6,200)\mathrm{kcal/kg} \times 1\mathrm{kg}$
$= 30,745.454\mathrm{kcal}$

정답 $30,745.45\mathrm{kcal}$

12 (1) 송풍량

$Q \propto N$ 이므로

$$Q_2 = Q_1 \left(\frac{N_2}{N_1}\right) = 200 \times \left(\frac{800}{400}\right) = 400\mathrm{m^3/min}$$

(2) 정압

$P \propto N^2$ 이므로

$$P_2 = P_1 \left(\frac{N_2}{N_1}\right)^2 = 180 \times \left(\frac{800}{400}\right)^2 = 720\mathrm{mmH_2O}$$

(3) 동력

$W \propto N^3$ 이므로

$$W_2 = W_1 \left(\frac{N_2}{N_1}\right)^3 = 8 \times \left(\frac{800}{400}\right)^3 = 64\mathrm{HP}$$

정답 (1) $400\mathrm{m^3/min}$
(2) $720\mathrm{mmH_2O}$
(3) $64\mathrm{HP}$

13 1) 이론산소량
주어진 값이 연료 질량, 공기 질량이므로, 이론
산소량(kg/kg)을 구한다.

$$O_o \,(\mathrm{kg/kg}) = \frac{32}{12}C + \frac{16}{2}\left(H - \frac{O}{8}\right) + \frac{32}{32}S$$

$$= \frac{32}{12} \times 0.75 + 8 \times 0.25$$

$$= 4$$

2) 이론공기량

$$A_o \,(\mathrm{kg/kg}) = \frac{O_o}{0.232} = \frac{4}{0.232} = 17.2413$$

3) 공기비

$$m = \frac{A\,(\mathrm{kg/kg})}{A_o\,(\mathrm{kg/kg})} = \frac{\dfrac{100}{5}}{17.2413} = 1.16$$

정답 1.16

14 정답 백금(Pt), 팔라듐(Pd), 오산화바나듐(V_2O_5), 이산화티타늄(TiO_2)

(3가지 작성)

15 ① 압력손실 : 충전탑(액분산형) < 단탑(가스분산형)
② 부유물이 있으면 충전탑은 막힐 수 있으므로 단탑을 사용하는 것이 더 좋다.
③ 충전탑에서는 온도 변화가 크면 충전제가 손상될 수 있다.
④ 냉각 오일 때문에 충전탑이 막힐 수 있으므로 단탑을 사용하는 것이 더 좋다.

정답 ① 충전탑
② 단탑
③ 단탑
④ 단탑

16 정답 (1) 블로우 다운(Blow down) 정의 : 사이클론 하부 분진박스(dust box)에서 처리가스량의 5~10%에 상당하는 함진가스를 흡인하는 것

(2) 블로우 다운 효과(3가지 작성)
① 유효 원심력 증대
② 집진효율 향상
③ 내 통의 폐색 방지(더스트 플러그 방지)
④ 분진의 재비산 방지

17

$$\frac{450\mu g}{m^3} \times \frac{22.4 SmL \times \frac{273+25}{273}}{64mg} \times \frac{1mg}{10^3 \mu g}$$

$= 0.1719\,ppm$

정답 0.17ppm

18 반응식

$2S + 2O_2 \rightarrow 2SO_2$

$2SO_2 + 2CaCO_3 + O_2 + 4H_2O$
$\rightarrow 2CaSO_4 \cdot 2H_2O + 2CO_2$

$$S \;:\; CaSO_4 \cdot 2H_2O$$

$$32kg \;:\; 172kg$$

$$\frac{2.5}{100} \times 10,000kg \;:\; x\,(kg)$$

따라서, $x = 1,343.75kg$

정답 1,343.75kg

19 1) 배출허용기준농도

$$\frac{2mg}{Sm^3} \times \frac{22.4mL}{20mg\,HF} = 2.24ppm$$

2) 배출농도(C)

$$C = C_o(1-\eta) = 38ppm(1-0.985) = 0.57ppm$$

배출농도가 배출허용기준보다 낮으므로, 해당시설은 적합하다.

정답 배출농도가 배출허용기준보다 낮으므로, 해당시설은 적합하다.

20 전기 집진기의 이론적 길이(L)

$$L = \frac{RU}{w} = \frac{0.15 \times 0.67}{0.05} = 2.01m$$

정답 2.01m

2021년 제4회 대기환경산업기사

01. 원심력 집진장치에서 블로우 다운의 정의와 효과 3가지를 서술하시오.

   (1) 블로우 다운(Blow down) 정의

   (2) 블로우 다운 효과(3가지)

02. 세류현상(Down Wash)과 역류현상(Down Draft)의 원인과 방지대책에 대하여 설명하시오.

   (1) 세류현상(Down Wash)

   (2) 역류현상(Down Draft)

03. 대기안정도를 판별하는 기준 4가지를 쓰시오.

04. 그림과 같이 평행하게 설치된 높이 4m, 폭 5m인 두 집진극 사이의 중간에 방전극이 위치하고 있다. 이 집진장치로 처리가스 유량이 1.0m³/s로 통과될 때, 집진효율이 96%가 되려면 충전입자의 이동속도(m/s)는? (단, Deutsch 효율식 적용)

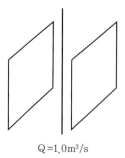

Q = 1.0m³/s

05. 실제굴뚝높이 20m, 굴뚝의 반지름 0.75m, 굴뚝 배출가스 속도 15m/s, 굴뚝 주변의 풍속이 3m/s일 때 유효굴뚝높이는 얼마인가? (단, $\triangle H = 1.5 \times (V_s/U) \times D$을 이용)

06. 2.5%의 황을 함유하는 중유를 매시 2.0kL 연소할 때 생기는 황산화물(SO_2)의 이론량 (Sm^3/hr)은? (단, 중유의 비중은 0.9, 배기가스 온도는 600℃이다.)

07. 프로판 50%, 부탄 50%로 구성된 LPG $1Sm^3$을 공기비 1.2로 완전연소시켰을 때의 건연소가스량(Sm^3)은?

08. 아산화질소(N_2O)가 대기에 미치는 영향을 각각 쓰시오.

(1) 대류권에서 아산화질소(N_2O)의 영향
(2) 성층권에서 아산화질소(N_2O)의 영향

09. 80%의 효율을 갖는 사이클론이 있다. 이 사이클론의 입구 유속을 2배로 증가시키면 사이클론의 효율은 얼마가 되는지 계산하시오. (단, $\dfrac{100-\eta_1}{100-\eta_2} = \left(\dfrac{Q_2}{Q_1}\right)^{0.5}$)

10. 석탄 연소 후 배출가스 성분 분석 결과 $CO_2 = 13\%$, $CO = 3\%$, $(CO_2)_{max} = 20\%$이면 배출가스 중 $O_2(\%)$는 얼마인가?

11. 직경 30cm, 유효높이 10m인 백필터를 사용하여 먼지농도 $10g/m^3$인 배기가스 $20m^3/s$를 여과집진하고자 한다. 이 여과집진장치의 겉보기 여과속도는 2cm/s이고, 백필터의 먼지부하가 $360g/m^2$일 때 백필터 개수를 구하시오. (단, 효율 100 %, 입구유량과 출구유량은 같음)

12. 어떤 송풍기의 정압이 $80mmH_2O$, 송풍량이 $200m^3/min$, 회전수가 300rpm일 때 필요한 동력이 3kW이다. 이 송풍기의 회전수를 500rpm으로 증가시켰을 때 다음을 계산하시오.

(1) 유량(m^3/min)
(2) 정압(mmH_2O)
(3) 소요동력(kW)

13. 염소농도가 0.4%인 가스가 15,000m³/hr로 배출되고 있다. 염소를 $Ca(OH)_2$로 제거하고자 한다면 필요한 $Ca(OH)_2$의 양(kg/h)은?

14. 대기안정도에 따른 연기형태 중 부채형, 훈증형, 환상형에 대하여 안정도 판별과 관련하여 설명하시오.

    (1) 부채형(Fanning)

    (2) 훈증형(Fumigation)

    (3) 환상형(Looping)

15. 다음은 공정시험기준에서 사용되는 용어이다. 각각의 정의를 쓰시오.

    (1) 밀봉용기

    (2) 방울수

    (3) 즉시

16. 세정집진장치의 장단점을 각각 3가지 쓰시오.

17. 여과집진장치의 단점을 4가지 서술하시오.

18. 전기집진장치에서 발생하는 장해현상 중 재비산현상(Jumping)이 발생하는 원인과 대책을 각각 2가지씩 서술하시오.

19. 흡수법으로 사불화규소(SiF_4)를 처리할 때, 중화조와 세정탑에서 H_2SiF_6와 $NaOH$이 반응하여 발생하는 고체 부산물의 화학식을 쓰시오.

20. 기상 총괄이동단위높이(HOG)가 0.5m인 충전탑을 이용하여 배출가스 중의 HF를 NaOH 수용액으로 흡수제거하려 할 때, 제거율을 95%로 하기 위한 충전탑의 높이는?

해설 및 정답 →

01 정답 (1) 블로우 다운(Blow down) 정의 : 사이클론 하부 분진박스(dust box)에서 처리가스량의 5~10%에 상당하는 함진가스를 흡인하는 것

(2) 블로우 다운 효과(3가지 작성)
① 유효 원심력 증대
② 집진효율 향상
③ 내 통의 폐색 방지(더스트 플러그 방지)
④ 분진의 재비산 방지

02 정답 (1) 세류현상(Down Wash)
① 원인 : 바람의 풍속이 배출가스의 토출속도보다 클 때, 배출가스가 바람에 휩쓸려 내려가 굴뚝 풍하 측을 오염시키는 현상
② 방지대책 : 배출가스의 유속을 풍속의 2배 이상으로 증가시킨다.

(2) 역류현상(Down Draft)
① 원인 : 굴뚝 높이가 장애물(건물, 산 등)보다 낮을 경우, 바람이 불면 장애물 뒤에 공동현상이 발생해 대기오염물질 농도가 건물 주위에서 높게 나타나는 현상
② 방지대책 : 굴뚝 높이를 장애물 높이의 2.5배 이상 높인다.

03 정답 ① 환경감율과 건조기온감율 비교
② 온위경사
③ 리차드슨 수(Ri)
④ 파스킬 수

04 충전입자 이동속도(w)

$$\eta = 1 - e^{\frac{-Aw}{Q}}$$

$$0.96 = 1 - e^{\frac{-(4 \times 5 \times 2)w}{1.0}}$$

$$\therefore w = 0.0804 \text{m/s}$$

정답 0.08m/s

05 유효굴뚝높이(H_e)
= 실제굴뚝높이(H_s) + 유효상승고($\triangle H$)

$$H_e = 20\text{m} + 1.5 \times \left(\frac{15\text{m/s} \times 1.5\text{m}}{3\text{m/s}} \right) = 31.25\text{m}$$

정답 31.25m

06

$$S + O_2 \rightarrow SO_2$$

$$32\text{kg} : 22.4\text{Sm}^3$$

$$\frac{2,000\text{L중유}}{\text{hr}} \times \frac{0.9\text{kg}}{1\text{L}} \times \frac{2.5}{100} : X(\text{Sm}^3/\text{hr})$$

$$\therefore X = 31.5\text{Sm}^3/\text{hr}$$

정답 31.5Sm³/hr

07 실제 건연소가스량 계산(Sm³/Sm³)

$0.5\text{Sm}^3 : C_3H_8 + 5O_2 \rightarrow 3CO_2 + 4H_2O$
$0.5\text{Sm}^3 : C_4H_{10} + 6.5O_2 \rightarrow 4CO_2 + 5H_2O$

$$G_d(\text{Sm}^3/\text{Sm}^3) = (m - 0.21)A_o + \sum \text{건조생성물}$$

$$= (1.2 - 0.21) \times \frac{(5 \times 0.5 + 6.5 \times 0.5)}{0.21}$$

$$+ (3 \times 0.5 + 4 \times 0.5)$$

$$= 30.607\text{Sm}^3/\text{Sm}^3$$

$$\therefore 30.607\text{Sm}^3/\text{Sm}^3 \times 1\text{Sm}^3 = 30.607\text{Sm}^3$$

정답 30.61Sm³

08 정답 (1) 대류권에서 아산화질소(N_2O)의 영향 :
온실가스

(2) 성층권에서 아산화질소(N_2O)의 영향 :
오존층 파괴물질

09 $Q = AV$이므로, $Q \propto V$임
따라서 유속이 2배 증가하면, 유량도 2배 증가함

$$\frac{100-80}{100-\eta_2} = \left(\frac{2}{1}\right)^{0.5}$$

$$\therefore \eta_2 = 85.857\%$$

정답 85.86%

10 $(CO_2)_{max} = \frac{21(CO_2 + CO)}{21 - O_2 + 0.395CO}$

$$20 = \frac{21 \times (13+3)}{21 - O_2 + 0.395 \times 3}$$

$$\therefore O_2 = 5.385\%$$

정답 5.39%

11 백필터의 수

$$N = \frac{Q}{\pi \times D \times L \times V_f}$$

$$= \frac{20m^3/s}{\pi \times 0.3m \times 10m \times 0.02m/s}$$

$$= 106.10$$

$$\therefore 107개$$

정답 107개

12 (1) 유량

$Q \propto N$이므로

$$Q_2 = Q_1\left(\frac{N_2}{N_1}\right) = 200 \times \left(\frac{500}{300}\right)$$

$$= 333.333m^3/min$$

(2) 정압

$P \propto N^2$이므로

$$P_2 = P_1\left(\frac{N_2}{N_1}\right)^2 = 80 \times \left(\frac{500}{300}\right)^2$$

$$= 222.222mmH_2O$$

(3) 동력

$W \propto N^3$이므로

$$W_2 = W_1\left(\frac{N_2}{N_1}\right)^3 = 3 \times \left(\frac{500}{300}\right)^3 = 13.888kW$$

정답 (1) $333.33m^3/min$
(2) $222.22mmH_2O$
(3) $13.89kW$

13 $Cl_2 + Ca(OH)_2 \rightarrow CaOCl_2 + H_2O$

$$Cl_2 : Ca(OH)_2$$

$$22.4Sm^3 : 74kg$$

$$\frac{0.4}{100} \times 15,000m^3/h : Ca(OH)_2\,(kg/h)$$

$$\therefore Ca(OH)_2 = 198.214kg/h$$

정답 198.21kg/h

14 정답 (1) 부채형(Fanning) : 대기가 안정할 때
발생

(2) 훈증형(Fumigation) : 대기상태가 상
층은 안정, 하층은 불안정할 때 발생

(3) 환상형(Looping) : 대기가 불안정할 때
발생

15 정답 (1) 밀봉용기 : "밀봉용기"라 함은 물질을 취급 또는 보관하는 동안에 기체 또는 미생물이 침입하지 않도록 내용물을 보호하는 용기를 뜻한다.

(2) 방울수 : "방울수"라 함은 20℃에서 정제수 20방울을 떨어뜨릴 때 그 부피가 약 1mL 되는 것을 뜻한다.

(3) 즉시 : 시험조작 중 "즉시"란 30초 이내에 표시된 조작을 하는 것을 뜻한다.

16 세정집진장치의 장단점

장점	· 입자상 및 가스상 물질 동시 제거 가능 · 유해가스 제거 가능 · 고온가스 처리 가능 · 구조가 간단함 · 설치면적 작음 · 먼지의 재비산이 없음 · 처리효율이 먼지의 영향을 적게 받음 · 인화성, 가열성, 폭발성 입자를 처리 가능 · 부식성 가스 중화 가능
단점	· 동력비 큼 · 먼지의 성질에 따라 효과가 다름 　- 소수성 먼지 : 집진효과 적음 　- 친수성 먼지 : 폐색 가능 · 물 사용량이 많음 　- 급수설비, 폐수처리시설 설치 필요 　- 수질오염 발생 · 배출 시 가스 재가열 필요 · 동절기 관의 동결 위험 · 장치부식 발생 · 압력강하와 동력으로 습한 부위와 건조한 부위 사이에 고형질이 생성될 수 있음 · 포집된 먼지는 오염될 수 있음 · 부산물 회수 곤란 · 폐색장해 가능 · 폐슬러지의 처리비용이 비쌈

정답 (1) 장점
　① 입자상 및 가스상 물질 동시 제거 가능
　② 고온가스 처리 가능
　③ 먼지의 재비산이 없음

(2) 단점
　① 동력비 큼
　② 급수설비, 폐수처리시설 설치 필요
　③ 물 사용량이 많음

17 여과집진장치의 단점
① 설치공간 큼
② 유지비 큼
③ 습하면 눈막힘 현상으로 여과포 막힘
④ 고온가스처리 어려움
⑤ 가스의 온도에 따라 여과재 선택에 제한을 받음
⑥ 여과포 손상 쉬움
⑦ 수분·여과속도 적응성 낮음
⑧ 폭발 위험성

정답 ① 설치공간 큼
　② 유지비 큼
　③ 습하면 눈막힘 현상으로 여과포 막힘
　④ 고온가스처리 어려움

18 정답 (1) 발생 원인
　① 먼지 비저항이 너무 낮을 경우
　　($10^4\Omega \cdot cm$ 이하일 때)
　② 입구유속이 클 때
(2) 방지대책
　① 처리가스 속도를 낮춘다.
　② 배출가스 중에 NH_3를 주입한다.

19 반응식 : $H_2SiF_6 + 8NaOH$
　　　　$\rightarrow 6NaF + Na_2SiO_3 + 5H_2O$

정답 Na_2SiO_3(규산나트륨)

20 $h = HOG \times NOG = 0.5m \times \ln\left(\dfrac{1}{1-0.95}\right)$
　　$= 1.497m$

정답 1.50m

01. SO_2 농도가 150ppm인 배기가스 300Sm³/min을 30%(W/W) NaOH 용액으로 세정 처리하고자 한다. 이때 이론적으로 필요한 30%(W/W) NaOH 양(kg/d)은? (단, 하루 운전시간은 8시간임)

02. 2%의 황을 함유하는 중유를 6,000kg/hr로 10분간 연소할 때 발생하는 황산화물(SO_2)의 이론량(Sm³)은? (단, 배기가스 온도는 0℃이다.)

03. 충전탑을 이용하여 배출가스 중의 112ppm HF를 흡수제거한 후 HF 농도가 5mg/Sm³이 될 때, 충전탑의 기상총괄이동단위수(NOG)는? (단, HF 분자량은 20임)

04. NO 100ppm을 함유하는 배기가스 500,000Sm³/hr를 암모니아 선택적 무촉매환원법으로 배연탈질할 때 요구되는 암모니아의 양(kg/hr)은? (단, 표준상태 기준이고, 반드시 화학반응식을 기재하여 풀이할 것)

05. 배출가스 중 염소의 농도가 150ppm이다. 배출허용기준이 20mg/Sm³일 때, 배출허용기준을 만족시키기 위해서 제거해야 할 염소 부피(L)는? (단, 표준상태 기준이며, 배출가스 부피는 100m³임)

06. 배출가스 중 먼지농도가 2,500mg/Sm³인 먼지를 처리하고자 집진효율이 70%인 원심력 집진장치, 95%인 여과집진장치를 직렬로 연결하였을 때 이 집진장치의 총효율(%)은?

07. 저위발열량이 10,000kcal/Sm³인 기체 연료를 20℃의 공기로 연소할 때, 이론연소가스량 12Sm³/Sm³이고, 연료가스의 평균정압비열은 0.36kcal/Sm³·℃이다. 이때, 이론연소온도 (℃)는? (단, 기타 조건은 고려하지 않음)

08. 상온(25℃)에서 밀도가 $2,000kg/m^3$, 입경 $10\mu m$인 구형 입자가 높이 1m 정지대기 중에서 침강하여 지면에 도달하는 데 걸리는 시간(s)은 약 얼마인가? (단, 상온에서 공기 점도는 $1.8\times10^{-5}kg/m \cdot s$, 공기 분자량은 28.95, Stokes 영역이다.)

09. 원추하부 반지름이 30cm인 cyclone에서 가스접선 속도가 12m/s이면 분리계수는?

10. 다음의 조성을 갖는 기체 연료 $1Sm^3$의 이론공기량(Sm^3)을 구하시오.

성분 가스	C_3H_8	CO_2	N_2
조성비(%)	90%	5%	5%

11. 굴뚝의 통풍력을 증가시키는 방법을 3가지 쓰시오.

12. 세정집진장치 중 벤투리 스크러버에서 액가스비를 크게 하는 이유를 3가지만 쓰시오.

13. 전기집진장치에서 전기비저항이 $10^4\Omega\cdot cm$ 이하일 때 발생하는 현상과 그 처리대책을 2가지를 서술하시오.
(1) 현상
(2) 처리대책(2가지)

14. 배출가스 내의 NO_x 제거방법 중 선택적 접촉환원법에서 사용하는 환원제 3가지를 쓰시오.

15. 등가비에 대하여 다음 물음에 답하시오.
(1) 등가비의 정의를 등가비 공식을 이용해 서술하시오.
(2) 등가비가 다음과 같을 때 연소관계를 설명하시오.
① $\phi = 1$
② $\phi > 1$
③ $\phi < 1$

16. 세류현상(Down Wash)과 역류현상(Down Draft)의 원인과 방지대책에 대하여 설명하시오.

    (1) 세류현상(Down Wash)

    (2) 역류현상(Down Draft)

17. 중유의 탈황방법을 4가지 쓰시오.

18. 연소과정 중 발생하는 질소산화물의 억제기술을 4가지 서술하시오.

19. 연소 시 발생하는 장해현상 중 저온부식의 (1) 발생원인과 (2) 방지대책(3가지)을 서술하시오.

20. 자외선/가시선 분광법에서 흡광도 측정의 간섭의 종류 3가지를 쓰시오.

해설 및 정답 →

01 $SO_2 + 2NaOH \rightarrow NaSO_3 + H_2O$

$$SO_2 : 2NaOH$$

$$22.4Sm^3 : 2 \times 40kg$$

$$\frac{150 \times 10^{-6} Sm^3}{Sm^3} \times \frac{300Sm^3}{min} \times \frac{8hr}{1d} \times \frac{60min}{1hr} : \frac{30}{100} \times x\,(kg/d)$$

$$\therefore x = 257.142$$

정답 257.14 kg/d

02 $$S + O_2 \rightarrow SO_2$$

$$32kg : 22.4Sm^3$$

$$\frac{6,000kg}{hr} \times \frac{2}{100} \times 10min \times \frac{1hr}{60min} : x\,(Sm^3)$$

$$\therefore x = 14Sm^3$$

정답 14Sm³

03 1) 흡수제거 후 HF 농도(ppm)

$$\frac{5mg}{Sm^3} \times \frac{22.4mL}{20mg} = 5.6\,ppm$$

2) HF 제거율(η)

$$\eta = 1 - \frac{C}{C_0} = 1 - \frac{5.6}{112} = 0.95$$

3) NOG

$$NOG = \ln\left(\frac{1}{1-\eta}\right) = \ln\left(\frac{1}{1-0.95}\right) = 2.995$$

정답 3.00

04 NO 제거 시 필요한 $NH_3(x)$

선택적 무촉매환원법 반응식

$$4NO + 4NH_3 + O_2 \rightarrow 4N_2 + 6H_2O$$

$$4NO : 4NH_3$$

$$4 \times 22.4Sm^3 : 4 \times 17kg$$

$$500,000\,Sm^3/hr \times \frac{100}{10^6} : x\,(kg/hr)$$

$$\therefore x = 37.946\,kg/hr$$

정답 37.95kg/hr

05 1) 나중농도(배출허용기준)

$$C = \frac{20mg}{Sm^3} \times \frac{22.4mL}{71mg} = 6.3098\,ppm$$

2) 제거농도 $= C_0 - C$
$$= 150 - 6.3098$$
$$= 143.6901\,ppm$$

3) 제거해야 할 염소 부피(L)

$$\frac{143.6901mL}{Sm^3} \times 100Sm^3 \times \frac{1L}{1,000mL}$$

$$= 14.369\,L$$

정답 14.37L

06 총집진율
$$\eta_T = 1 - (1-\eta_1)(1-\eta_2)$$
$$= 1 - (1-0.7)(1-0.95)$$
$$= 0.985 = 98.5\%$$

정답 98.5%

07 이론연소온도 $= \dfrac{H_l}{GC_p} + t_s$

$= \dfrac{10,000}{12 \times 0.36} + 20$

$= 2,334.814℃$

정답 2,334.81℃

08 1) 상온(25℃)의 공기 밀도

$\dfrac{28.95\,\text{kg}}{22.4\,\text{Sm}^3 \times \dfrac{273+25}{273+0}} = 1.18398\,\text{kg/m}^3$

2) 침강속도

$V_g = \dfrac{(\rho_p - \rho) \times d^2 \times g}{18\mu}$

$= \dfrac{(2,000 - 1.18398)\text{kg/m}^3 \times (10 \times 10^{-6}\text{m})^2 \times 9.8\text{m/s}^2}{18 \times 1.8 \times 10^{-5}\text{kg/m} \cdot \text{s}}$

$= 6.0458 \times 10^{-3}\,\text{m/s}$

3) 지면 도달에 걸리는 시간

$\text{시간} = \dfrac{\text{거리}}{\text{속도}} = \dfrac{1\text{m}}{6.0458 \times 10^{-3}\text{m/s}}$

$= 165.404\,\text{s}$

정답 165.40s

09 분리계수(S) $= \dfrac{V^2}{Rg} = \dfrac{12^2}{0.3 \times 9.8} = 48.979$

정답 48.98

10 이론공기량(Sm^3/Sm^3) - 혼합가스

0.90 C_3H_8 + $5O_2$ → $3CO_2$ + $4H_2O$
0.05 CO_2 → CO_2
0.05 N_2 → N_2

$A_o = \dfrac{O_o}{0.21} = \dfrac{(0.90 \times 5)}{0.21} = 21.4285\,\text{Sm}^3/\text{Sm}^3$

$\therefore 21.4285\text{Sm}^3/\text{Sm}^3 \times 1\text{Sm}^3 = 21.4285\text{Sm}^3$

정답 21.43Sm^3

11 **정답** **굴뚝의 통풍력을 증가시키는 방법**(3가지 작성)
① 굴뚝높이가 높을수록 통풍력이 증가함
② 배출가스의 온도가 높을수록 통풍력이 증가함
③ 굴뚝 내의 굴곡이 없을수록 통풍력이 증가함
④ 외기유입이 없을수록 통풍력이 증가함
⑤ 굴뚝 배출유량이 클수록 통풍력이 증가함

12 **정답** **액가스비를 증가시켜야 하는 경우**(3가지 작성)
① 먼지 농도가 클수록
② 먼지의 입경이 작을 때
③ 먼지 입자의 점착성이 클 때
④ 처리가스의 온도가 높을 때
⑤ 먼지 입자의 소수성이 클 때

13 **정답** (1) 현상
포집 후 전자 방전이 쉽게 되어 재비산(jumping) 현상 발생

(2) 처리대책
① 함진가스 유속을 느리게 함
② 암모니아수 주입

14 **정답** NH_3, $CO(NH_2)_2$, H_2S, H_2
(3가지 작성)

15 정답
(1) $\phi = \dfrac{\left(\dfrac{\text{실제연료량}}{\text{산화제}}\right)\text{의 비}}{\left(\dfrac{\text{완전연소 연료량}}{\text{산화제}}\right)\text{의 비}}$

$= \dfrac{\left(\dfrac{\text{F}}{\text{A}}\right)_a}{\left(\dfrac{\text{F}}{\text{A}}\right)_s} = \dfrac{1}{\text{m}}$

F : 연료의 질량
A : 공기의 질량, 산화제의 질량

(2) ① $\phi = 1$일 때 : 완전연소
② $\phi > 1$일 때 : 연료과잉, 불완전 연소 상태로 HC, CO가 많이 발생함
③ $\phi < 1$일 때 : 과잉공기상태로 SOx, NOx 발생량이 증가하고 CO는 감소함

16 정답
(1) 세류현상(Down Wash)
① 원인 : 바람의 풍속이 배출가스의 토출속도보다 클 때, 배출가스가 바람에 휩쓸려 내려가 굴뚝 풍하 측을 오염시키는 현상
② 방지대책 : 배출가스의 유속을 풍속의 2배 이상으로 증가시킨다.

(2) 역류현상(Down Draft)
① 원인 : 굴뚝 높이가 장애물(건물, 산 등)보다 낮을 경우, 바람이 불면 장애물 뒤에 공동현상이 발생해 대기오염물질 농도가 건물 주위에서 높게 나타나는 현상
② 방지대책 : 굴뚝 높이를 장애물 높이의 2.5배 이상 높인다.

17 정답
① 접촉 수소화 탈황
② 금속산화물에 의한 흡착 탈황
③ 미생물에 의한 생화학적 탈황
④ 방사선 화학에 의한 탈황

18 정답 연소조절에 의한 NOx의 저감방법(4가지 작성)
① 저온 연소
② 저산소 연소
③ 저질소 성분연료 우선 연소
④ 2단 연소
⑤ 수증기 및 물분사 방법
⑥ 배기가스 재순환
⑦ 버너 및 연소실의 구조개선

19 정답 저온부식
(1) 발생원인
150℃ 이하로 온도가 낮아지면, 수증기가 응축되어 이슬(물)이 되면서 주변의 산성가스들과 만나 산성염(황산, 염산, 질산 등)이 발생하게 됨

(2) 방지대책(3가지 작성)
① 연소가스 온도를 산노점(이슬점) 이상으로 유지
② 과잉공기를 줄여서 연소함
③ 예열공기를 사용하여 에어퍼지를 함
④ 보온시공을 함
⑤ 연료를 전처리하여 유황분을 제거함
⑥ 내산성이 있는 금속재료의 선정
⑦ 장치표면을 내식재료로 피복함

20 정답 물리적 간섭, 화학적 간섭, 분광학적 간섭

01. 어떤 1차 반응에서 반감기가 1,000초이었다. 반응물이 1/150 농도로 감소할 때까지는 얼마의 시간(min)이 걸리겠는가?

02. 356℉, 1기압 조건에서 공기 밀도(kg/m^3)는? (단, 표준상태 공기 밀도는 $1.295kg/m^3$)

03. 배출가스 평균온도가 320℃인 자연통풍 열설비시설이 있다. 통풍력을 50mmH₂O으로 유지하기 위한 연돌의 높이는? (단, 대기온도는 20℃, 공기와 배출가스의 비중량은 $1.3kg/Sm^3$, 연돌 내의 압력손실은 무시한다.)

04. 부피 $200m^3$의 밀폐된 실내에서 프로판 $1m^3$을 완전연소시킬 때 실내의 O₂ 농도(%)는? (단, 표준상태를 기준으로 하고, 실내의 산소 농도는 공기 중 산소 농도와 같다. 기타 조건은 무시한다.)

05. 유효굴뚝높이 200m인 연돌에서 배출되는 가스량은 $40,000m^3/hr$, SO₂의 농도가 1,000ppm일 때 Sutton식에 의한 최대지표농도는? (단, $K_y = K_z = 0.05$, 평균풍속은 5m/s이다.)

06. 메탄과 염소가 반응하면 사염화탄소(테트라클로로메탄, CCl_4)가 생성되고 부산물로 염화수소(HCl)가 발생한다. 메탄 $1Sm^3$당 부생되는 염화수소(HCl)의 이론량(kg)은? (반드시, 반응식을 작성하여 풀 것)

07. CO를 연소할 때 발생하는 건연소가스 중 CO_2(%)은? (단, m = 1.25)

08. C 85%, H 15%의 조성을 갖는 액체 연료로 매시 100kg 연소시킬 때 생성되는 연소가스의 조성은 CO_2 12.5%, O_2 3.5%, N_2 84%이었다. 이때 시간당 연소용 공기의 공급량(Sm^3/hr)을 구하시오.

09. Venturi Scrubber의 조건이 다음과 같을 때, 물음에 답하시오.

> · 목부 직경 : 0.2m
> · 노즐 개수(n) : 6개
> · 압력(P) : 2atm
> · 액가스비 : $0.4L/m^3$
> · 목부 유속(V) : 50m/s

(1) 노즐의 직경(mm)
(2) $2.5m^3/s$의 함진가스를 처리하기 위해 요구되는 물의 양(L/s)

10. 반경 0.2m인 cyclone에서 가스접선 속도가 20m/s이면 분리계수는?

11. 후드 압력손실이 $150mmH_2O$, 가스 속도 10m/s, 가스 밀도 $2.5kg/m^3$일 때, 후드의 유입계수를 계산하시오.

12. 유해가스를 흡수액에 흡수시켜 제거하려고 한다. 직경 1m, 길이 10m인 용기에 흡수액이 매시간당 1mm씩 채워질 때 흡수액량(kg/d)은? (단, 유해가스 밀도는 $1.3t/m^3$, 흡수 운전 시간은 하루 8hr)

13. 평판형 전기집진장치의 처리가스 유량 150m³/min, 입구 먼지농도가 10g/Sm³일 때, 출구 먼지농도를 20mg/Sm³이 되게 하려면, 충전 입자의 이동속도(cm/s)는? (단, 집진판 규격은 높이 4m, 길이 5m이며, 집진판수는 25개임)

14. 유체의 흐름 특성을 나타내는 무차원수인 크누센 수(Knudsen Number)에 대하여 다음 물음에 답하시오.

(1) 크누센 수(K_n)의 공식을 쓰시오.

(2) 연속흐름(continuum flow), 미끄러짐 흐름(slip flow), 전환흐름(transition flow), 자유분자흐름(free-molecule flow) 중 크누센 수의 크기로 구분하여 빈칸에 알맞은 답을 넣으시오.

크누센 수	흐름의 분류
$K_n < 0.001$	① ( )
$0.001 < K_n < 0.1$	② ( )
$0.1 < K_n < 10$	③ ( )
$10 < K_n$	④ ( )

15. 다음은 여과집진장치에서 사용하는 여과포의 종류이다. 물음에 답하시오.

─────────── [보기] ───────────
· 유리섬유
· 목면
· 나일론

(1) 보기의 여과포를 내열온도가 작은 것부터 순서대로 나열하시오.

(   ) < (   ) < (   )

(2) 보기의 여과포 중에서 내산성이 양호하거나 우수한 여과포를 모두 골라 쓰시오.

16. 분산모델과 수용모델의 특징을 각각 3가지씩 서술하시오.

(1) 분산모델

(2) 수용모델

17. 전기집진장치의 전기비저항이 $10^{11} \Omega \cdot m$ 이상으로 높을 경우의 대책을 3가지 쓰시오. (단, 적용가능한 비저항 조절제(agent)는 1가지만 작성하시오. 그 외에는 정답에서 제외함)

18. 전기집진장치에 관한 다음 물음에 답하시오.

(1) 다음은 전기집진장치의 원리에 관한 설명이다. 빈칸에 알맞은 답을 쓰시오.

> 전기집진장치에서 방전극을 (①)극, 집진극을 (②)극으로 했을 때, 음극 코로나라고 하고, 방전극을 (③)극, 집진극을 (④)극으로 했을 때, 양극 코로나라고 한다.

(2) 음극 코로나와 양극 코로나의 용도를 각각 1가지씩 쓰시오.
   ① 음극 코로나의 용도(1가지)
   ② 양극 코로나의 용도(1가지)

19. 흡수법에서 흡수액의 구비조건을 3가지 쓰시오.

20. 자외선/가시선 분광법에서 주로 사용되는 흡수셀의 종류(재질별)와 각각의 적용파장을 쓰시오. (작성 **예** 유리셀 : 가시부, 근적외부, 단, 예시는 정답에서 제외함)

해설 및 정답 →

01 1차 반응식

$$\ln\left(\frac{C}{C_o}\right) = -k \cdot t$$

1) 반응속도 상수(k)

$$\ln\left(\frac{1}{2}\right) = -k \times 1,000s$$

$$\therefore k = 6.9314 \times 10^{-4}/s$$

2) 반응물이 $\frac{1}{150}$ 농도로 감소될 때까지의 시간

$$\ln\left(\frac{1}{150}\right) = -6.9314 \times 10^{-4} \times t$$

$$\therefore t = 7,228.8186s = 120.480min$$

정답 120.48min

02 1) 온도 환산

$$°F = 1.8℃ + 32$$

$$356 = 1.8℃ + 32$$

$$\therefore 180℃$$

2) 356°F, 1기압 조건에서 공기 밀도

$$\frac{1.295kg}{Sm^3 \times \frac{273+180}{273+0}} = 0.7804kg/m^3$$

정답 0.78kg/m³

03 통풍력 공식

$$Z = 355H\left(\frac{1}{273+t_a} - \frac{1}{273+t_g}\right)$$

$$50 = 355 \times H\left(\frac{1}{273+20} - \frac{1}{273+320}\right)$$

$$\therefore H = 81.572m$$

정답 81.57m

04 1) 연소 전 실내의 산소부피

$$200m^3 \times 0.21 = 42m^3$$

2) 연소 시 소비된 산소부피

$$C_3H_8 + 5O_2 \rightarrow 3CO_2 + 4H_2O$$

$$1m^3 : 5m^3$$

3) 연소 후 실내의 산소농도

$$\frac{(42-5)m^3}{200m^3} = 0.185 = 18.5\%$$

정답 18.5%

05

$$C_{max} = \frac{2 \cdot Q \cdot C}{\pi \cdot e \cdot U \cdot (H_e)^2} \cdot \left(\frac{K_z}{K_y}\right)$$

$$= \frac{2 \times \left(\frac{40,000m^3}{hr} \times \frac{1hr}{3,600s}\right) \times 1,000ppm}{\pi \times e \times 5m/s \times (200m)^2}$$

$$\times \left(\frac{0.05}{0.05}\right) = 0.01301ppm$$

정답 0.01ppm 또는 1.30×10^{-2}ppm

06 $CH_4 + 4Cl_2 \rightarrow CCl_4 + 4HCl$

$$22.4Sm^3 \quad : \quad 4 \times 36.5kg$$

$$1Sm^3 \quad : \quad X(kg)$$

$$\therefore X = \frac{4 \times 36.5 \times 1}{22.4} = 6.517kg$$

정답 6.52kg

07

$$CO + \frac{1}{2}O_2 \rightarrow CO_2$$

1) $A_o (Sm^3/Sm^3) = \dfrac{O_o}{0.21} = \dfrac{0.5}{0.21}$

$\qquad = 2.3809\,Sm^3/Sm^3$

2) $G_d (Sm^3/Sm^3)$

$\qquad = (m-0.21)A_o + \sum$건조생성물

$\qquad = (1.25-0.21)\times 2.3809 + 1$

$\qquad = 3.4761$

3) $CO_{2(max)} = \dfrac{CO_2}{G_d} \times 100\%$

$\qquad = \dfrac{1}{3.4761} \times 100\% = 28.767\%$

정답 28.77%

08

1) $m = \dfrac{N_2}{N_2 - 3.76(O_2 - 0.5CO)}$

$\qquad = \dfrac{84}{84 - 3.76 \times 3.5}$

$\qquad = 1.18577$

2) $A_o (Sm^3/kg)$

$\qquad = \dfrac{O_o}{0.21}$

$\qquad = \dfrac{1.867C + 5.6\left(H - \dfrac{O}{8}\right) + 0.7S}{0.21}$

$\qquad = \dfrac{1.867 \times 0.85 + 5.6 \times 0.15}{0.21}$

$\qquad = 11.5569\,Sm^3/kg$

3) 실제공기량(Sm^3/hr)

$A = mA_o$

$\qquad = 1.18577 \times 11.5569\,Sm^3/kg \times 100kg/hr$

$\qquad = 1,370.383\,Sm^3/hr$

정답 $1,370.38\,Sm^3/hr$

09 목부 유속과 노즐 개수 및 수압 관계식

$$n\left(\frac{d}{D_t}\right)^2 = \frac{v_t L}{100\sqrt{P}}$$

$\quad n$: 노즐 수
$\quad d$: 노즐 직경
$\quad D_t$: 목부 직경
$\quad P$: 수압(mmH_2O)
$\quad v_t$: 목부 유속(m/s)
$\quad L$: 액가스비(L/m^3)

(1) 노즐의 직경

1) 압력(P)

$\qquad 2atm \times \dfrac{10,332mmH_2O}{1atm}$

$\qquad = 20,664\,mmH_2O$

2) 노즐의 직경

$\qquad 6\left(\dfrac{d}{0.2}\right)^2 = \dfrac{50 \times 0.4}{100\sqrt{20,664}}$

$\qquad \therefore d = 3.0455 \times 10^{-3}m = 3.0455\,mm$

(2) $2.5m^3/s$의 함진가스를 처리하기 위해 요구되는 물의 양(L/s)

$\qquad \dfrac{0.4L}{m^3} \times \dfrac{2.5m^3}{s} = 1L/s$

정답 (1) 3.05mm
$\qquad\quad$ (2) 1 L/s

10

분리계수$(S) = \dfrac{V^2}{Rg} = \dfrac{20^2}{0.2 \times 9.8} = 204.081$

정답 204.08

11 1) F

$$\triangle P = F \times \frac{\gamma V^2}{2g}$$

$$150 mmH_2O = F \times \frac{2.5 \times 10^2}{2 \times 9.8}$$

$$\therefore \ F = 11.76$$

2) C_e

$$F = \frac{1 - C_e^2}{C_e^2}$$

$$11.76 = \frac{1 - C_e^2}{C_e^2}$$

$$\therefore C_e = 0.2799$$

정답 0.28

12 $\dfrac{\pi (1m)^2}{4} \times \dfrac{0.001m}{hr} \times \dfrac{8hr}{1d} \times \dfrac{1.3t}{m^3} \times \dfrac{1,000kg}{1t}$

$= 8.168 \, kg/d$

정답 8.17kg/d

13 1) 평판형 전기집진장치의 집진매수
집진판 개수를 N이라 하면, 양면이므로 2N이고, 그 중 2개의 외부집진판은 각각 집진면이 1개이므로,
집진매수 = 2N - 2 = 2×25 - 2 = 48

2) 처리효율

$$\eta = 1 - \frac{C}{C_o} = 1 - \frac{20mg/Sm^3}{10,000mg/Sm^3}$$

$$= 0.998$$

3) 충전입자 이동속도(w)

$$\eta = 1 - e^{\frac{-Aw}{Q}}$$

$$0.998 = 1 - e^{\frac{-(4 \times 5 \times 48)w}{150/60}}$$

$$\therefore w = 0.016183m/s = 1.6183cm/s$$

정답 1.62cm/s

14 **정답** (1) $K_n = \dfrac{\lambda}{L}$

여기서, λ : 분자의 평균자유이동거리
L : 특성 길이

(2) ① 연속흐름
② 미끄러짐 흐름
③ 전환흐름
④ 자유분자흐름

15 **여과포의 특성**

여과포	내열온도(℃)	내산성	내알칼리성
목면	80	×	△
나일론	150	○	×
유리섬유	250	○	×

○ : 좋음, △ : 중간, × : 나쁨

정답 (1) (목면) < (나일론) < (유리섬유)
(2) 나일론, 유리섬유

16 **정답** (1) 분산모델
① 미래의 대기질을 예측 가능
② 대기오염제어 정책입안에 도움
③ 2차 오염원의 확인이 가능

(2) 수용모델
① 지형이나 기상학적 정보 없이도 사용 가능
② 오염원의 조업이나 운영상태에 대한 정보 없이도 사용 가능
③ 수용체 입장에서 영향평가가 현실적

17 **정답** 전기비저항이 높을 경우 대책
① 수증기를 주입한다.
② 무수황산을 주입한다.
③ 탈진 빈도를 늘리거나 타격을 강하게 한다.

18 음극 코로나와 양극 코로나 비교

종류	음극(-) 코로나	양극(+) 코로나
정의	전기집진장지에서 방전극을 (-)극, 집진극을 (+)극으로 했을 때 방전극에 나타나는 코로나	전기집진장지에서 방전극을 (+)극, 집진극을 (-)극으로 했을 때 방전극에 나타나는 코로나
특징	· 코로나 개시전압이 낮음 · 불꽃개시전압이 높음 · 강한 전계를 얻을 수 있음 · 방전극에서 발생하는 산소라디칼이 공기 중 산소와 결합하여 다량의 오존 발생	· 전계강도 약함 · 오존 발생 적음
용도	· 산업용 및 공업용 전기집진장치	· 가정용 및 공기정화용 전기집진장치

정답 (1) ① 음(-), ② 양(+), ③ 양(+), ④ 음(-)

   (2) ① 산업용 전기집진장치

   ② 가정용 전기집진장치

19 **정답** **좋은 흡수액(세정액)의 조건**(3가지 작성)

① 용해도가 커야 함

② 화학적으로 안정해야 함

③ 독성이 없어야 함

④ 부식성이 없어야 함

⑤ 휘발성이 작아야 함

⑥ 점성이 작아야 함

⑦ 어는점이 낮아야 함

⑧ 가격이 저렴해야 함

20 **정답** · 플라스틱 셀 : 근적외부

   · 석영 셀 : 자외부

2022년 제4회 대기환경산업기사

01. 중유연소 가열로의 배기가스를 분석한 결과 중량비로 $N_2 = 81.2\%$, $CO_2 = 12.8\%$, $O_2 = 6\%$ 의 결과를 얻었다. 다음 물음에 답하시오. (단, 연료 중에는 질소가 함유되지 않는 것으로 한다.)

(1) 공기비

(2) $CO_{2max}(\%)$

02. 프로판 60%, 부탄 40%로 구성된 LPG $1Sm^3$을 공기비 1.25로 완전연소시켰을 때의 건연소가스량(Sm^3)은?

03. 층류 영역의 배출가스 중에서, 밀도가 $4g/cm^3$인 구형 입자의 직경이 $4\mu m$라고 한다. 이 입자와 동일한 침강속도를 갖는 공기역학적 직경(μm)을 계산하시오. (단, 공기의 밀도는 $1.3kg/Sm^3$)

04. 20℃, 1atm에서 대기 중 산소 분압이 0.21atm일 때 수중 산소 농도(mg/L)는? (단, 산소의 헨리 정수는 770atm · L/mol)

05. 가스 중 불화수소를 수산화나트륨 용액과 향류로 접촉시켜 80% 흡수시키는 충전탑의 흡수율을 90%로 향상시키기 위해서는 충전탑의 높이를 몇 배 높여야 하는가? (단, 흡수액상의 불화수소의 평형분압은 0이다.)

06. A 알루미늄 제조회사의 굴뚝 배출가스량은 $1,000Sm^3/hr$, HF 농도는 50ppm이다. 이 HF를 순환수로 세정 흡수시켜 $Ca(OH)_2$로 침전 제거시키고자 한다. 하루 10시간 운전할 때 6일간 필요한 $Ca(OH)_2$의 양(kg)은? (단, HF는 90% 흡수액에 용해되고, $Ca(OH)_2$와 100% 반응한다.)

07. 중유를 200m³/hr로 연소시키는 보일러에서 생성되는 1,500ppm SO₂를 탄산칼슘(CaCO₃)으로 흡수제거할 때 필요한 탄산칼슘의 양(kg/hr)은? (단, 표준상태 기준)

08. 유입구 폭이 15.7cm, 유효회전수가 6회인 사이클론에 아래 상태와 같은 함진가스를 처리하고자 할 때, 이 함진가스에 포함된 입자의 절단입경(μm)을 계산하시오.

> · 함진가스의 유입속도 : 15m/s
> · 함진가스의 점도 : 0.0748kg/m · hr
> · 먼지입자의 밀도 : 1.7g/cm³
> · 배기가스 온도 : 350K
> · 가스의 밀도는 무시함

09. Bag filter에서 먼지부하가 360g/m²일 때마다 부착먼지를 간헐적으로 탈락시키고자 한다. 유입가스 중의 먼지농도가 10g/m³이고, 겉보기 여과속도가 1cm/s일 때 부착먼지의 탈락 시간 간격(hr)은? (단, 집진율은 100%라고 가정한다.)

10. 평판형 전기집진장치에서 입구 먼지농도가 50g/Sm³, 출구 먼지농도가 0.5g/Sm³이었다. 출구 먼지농도를 50mg/Sm³으로 하기 위해서는 집진극의 면적을 약 몇 % 넓게 하면 되는가? (단, 다른 조건은 무시한다.)

11. 0.1M H₂SO₄ 용액 30mL를 중화시키기 위해서는 0.1M NaOH를 약 몇 mL 취하여야 하는가? (단, H₂SO₄의 역가는 1.05, NaOH의 역가는 0.995)

12. 고용량 공기시료채취기로 비산먼지 포집 시, 포집개시 직후의 유량이 15m³/min, 포집종료 직전의 유량이 12m³/min일 때 먼지의 농도(μg/m³)를 구하시오. (단, 포집시간은 24시간이고, 포집하여 칭량한 먼지의 중량차는 1.5g이다.)

13. 광화학 반응에 의한 2차 오염물질 5가지를 쓰시오.

14. 복사역전과 침강역전에 대하여 설명하고 각각의 역전과 관련된 대기오염사건을 1가지 쓰시오.

    (1) 복사역전

      ① 정의 :

      ② 관련사건 :

    (2) 침강역전

      ① 정의 :

      ② 관련사건 :

15. 다음 직경의 정의를 쓰시오.

    (1) 스토크(Stokes) 직경

    (2) 공기역학적 직경

    (3) 마틴(Martin)경

    (4) 페렛(Feret)경

16. 중력집진장치에 대한 다음 질문에 답하시오.

    (1) 중력집진장치에서 수평이동속도 V_x, 침강실 폭 B, 침강실 수평길이 L, 침강실 높이 H, 종말침강속도가 V_t라면 주어진 입경에 대한 부분집진효율은? (단, 층류 기준)

    (2) 중력집진장치의 효율 증가 방법을 1가지 쓰시오.

17. 다음은 세정집진장치에 관한 설명이다. 괄호에서 알맞은 말을 고르시오.

    (1) 연소성 및 폭발성 가스의 처리가 (가능/불가능)하다.

    (2) 점착성 및 조해성 분진의 처리가 (가능/불가능)하다.

    (3) 먼지입자와 유해가스를 동시에 제거 (가능/불가능)하다.

    (4) 고온가스 처리가 (가능/불가능)하다.

    (5) 별도의 폐수처리시설이 (필요/불필요)하다.

18. 습식 전기집진장치의 장점을 3가지 쓰시오.

19. 중유의 첨가제 종류 3가지를 쓰고, 각각의 기능을 간단하게 설명하시오.

20. 연소공정에서 발생하는 질소산화물(NO_x)의 생성기구를 설명하고, 질소산화물(NO_x) 방지대책을 쓰시오.

(1) Fuel NO_x

(2) Thermal NO_x

(3) 질소산화물(NO_x) 방지대책(2가지)

해설 및 정답 →

01 (1) 공기비

$$m = \frac{N_2}{N_2 - 3.76(O_2 - 0.5CO)}$$

$$= \frac{81.2}{81.2 - 3.76 \times 6}$$

$$= 1.384$$

(2) CO_{2max}(%)

$$CO_{2max} = \frac{21(CO_2 + CO)}{21 - O_2 + 0.395CO}$$

$$= \frac{21(12.8 + 0)}{21 - 6} = 17.92\%$$

정답 (1) 1.38
(2) 17.92%

02 실제 건연소가스량 계산(Sm^3/Sm^3)

$0.6Sm^3 : C_3H_8 + 5O_2 \rightarrow 3CO_2 + 4H_2O$

$0.4Sm^3 : C_4H_{10} + 6.5O_2 \rightarrow 4CO_2 + 5H_2O$

$G_d(Sm^3/Sm^3)$

$= (m - 0.21)A_o + \sum$건조생성물

$= (1.25 - 0.21) \times \frac{(5 \times 0.6 + 6.5 \times 0.4)}{0.21}$

$\quad + (3 \times 0.6 + 4 \times 0.4)$

$= 31.133 Sm^3/Sm^3$

$\therefore 31.133 Sm^3/Sm^3 \times 1 Sm^3 = 31.133 Sm^3$

정답 $31.13 Sm^3$

03 1) 입자 밀도

스토크 직경(실제 입자)의 입자 밀도 = $4g/cm^3$

공기역학적 직경의 입자 밀도 = $1g/cm^3$

2) 먼지 입자의 침강속도

스토크 직경의 침강속도

= 공기역학적 직경의 침강속도 이므로,

$$\frac{(4,000 - 1.3) \times (4\mu m)^2 \times g}{18\mu}$$

$$= \frac{(1,000 - 1.3) \times d_a^2 \times g}{18\mu}$$

$$\therefore d_a = \sqrt{\frac{(4,000 - 1.3)}{(1,000 - 1.3)}} \times 4 = 8.003\,\mu m$$

정답 $8.00\mu m$

04 헨리의 법칙 $P = HC$이므로,

$$\therefore C = \frac{P}{H} = \frac{0.21atm}{770atm \cdot L/mol} \times \frac{32,000mg}{1mol}$$

$$= 8.727\,mg/L$$

정답 8.73mg/L

05 $h = NOG \times HOG = \ln\left(\frac{1}{1-\eta}\right) \times HOG$이므로,

$$\therefore \frac{h_{90}}{h_{80}} = \frac{NOG_{90} \times HOG}{NOG_{80} \times HOG}$$

$$= \frac{\ln\left(\frac{1}{1-0.9}\right)}{\ln\left(\frac{1}{1-0.8}\right)} = 1.430$$

정답 1.43배

06 $2HF + Ca(OH)_2 \rightarrow CaF_2 + 2H_2O$

$$2HF \quad : \quad Ca(OH)_2$$

$$2\times22.4Sm^3 \quad : \quad 74kg$$

$$1,000Sm^3/hr \times \frac{50}{10^6} \times 0.9 \times \frac{10hr}{1d} \times 6d \ : \ x\,(kg)$$

$$\therefore \ x = 4.4598\,kg$$

정답 4.46kg

07 $SO_2 + CaCO_3 + \frac{1}{2}O_2 \rightarrow CaSO_4 + CO_2$

$$SO_2 : CaCO_3$$

$$22.4Sm^3 : 100kg$$

$$\frac{1,500}{10^6} \times \frac{200m^3}{hr} \ : \ x\,(kg/hr)$$

$$\therefore \ x = 1.339\,kg/hr$$

정답 1.34kg/hr

08

1) $\mu = 0.0748kg/m \cdot hr \times \frac{1hr}{3,600s}$

$$= 2.0777 \times 10^{-5} kg/m \cdot s$$

2) $\rho_p = 1,700kg/m^3$

3) 사이클론의 절단입경(d_{p50})

$$d_{p50} = \sqrt{\frac{9 \times \mu \times b}{2 \times (\rho_p - \rho_a) \times \pi \times v \times N}}$$

$$= \sqrt{\frac{9 \times 2.0777 \times 10^{-5} \times 0.157}{2 \times 1,700 \times \pi \times 15 \times 6}} \times \frac{10^6 \mu m}{1m}$$

$$= 5.526 \mu m$$

정답 5.53μm

09 $L_d(g/m^2) = C_i \times V_f \times \eta \times t$

$$\therefore \ t = \frac{L_d}{C_i \times V_f \times \eta}$$

$$= \frac{360g/m^2}{10g/m^3 \times 0.01m/s \times 1} \times \frac{1hr}{3,600s}$$

$$= 1\,hr$$

정답 1hr

10 처음 효율 $= 1 - \frac{0.5}{50} = 0.99$

나중 효율 $= 1 - \frac{0.05}{50} = 0.999$

$$\eta = 1 - e^{\left(\frac{-Aw}{Q}\right)}$$

$$\therefore A = -\frac{Q}{w}\ln(1-\eta)$$

$$\therefore \frac{A_{나중효율}}{A_{처음효율}} = \frac{-\frac{Q}{w}\ln(1-0.999)}{-\frac{Q}{w}\ln(1-0.99)} = 1.5$$

그러므로, 50% 더 넓히면 된다.

정답 50% 더 넓힌다.

11 중화적정식

$$fNV = f'N'V'$$

$$1.05 \times \frac{0.1mol\ H_2SO_4 \times \frac{2eq}{1mol}}{L} \times 30mL$$

$$= 0.995 \times \frac{0.1mol \times \frac{1eq}{1mol}}{L} \times X\,(mL)$$

$$\therefore \ x = 63.316mL$$

정답 63.32mL

12 1) 흡인공기량

$$\text{흡인공기량} = \frac{Q_s + Q_e}{2}t$$

$$= \frac{(15+12)\text{m}^3/\text{min}}{2} \times 24\text{hr} \times \frac{60\text{min}}{1\text{hr}}$$

$$= 19,440\,\text{m}^3$$

Q_s : 시료채취 개시 직후의 유량(m^3/분)
Q_e : 시료채취 종료 직전의 유량(m^3/분)
　t : 시료채취시간(분)

2) 포집한 먼지의 농도($\mu\text{g}/\text{m}^3$)

$$\frac{1.5\text{g}}{19,440\text{m}^3} \left|\; \frac{10^6\mu\text{g}}{1\text{g}} \right. = 77.160\,\mu\text{g}/\text{m}^3$$

정답 $77.16\,\mu\text{g}/\text{m}^3$

13 **정답** **2차 오염물질**(5가지 작성)
오존(O_3), PAN, PPN, PBzN, H_2O_2, NOCl, 아크롤레인, 케톤

14 **정답** (1) 복사역전
① 정의 : 일몰 후 지표면이 냉각되면서 지표면의 온도는 저온, 고도가 높은 대기는 고온이 되면서 형성되는 기온역전으로, 밤에서 새벽까지 단기간 형성된다.
② 관련사건 : 런던 스모그

(2) 침강역전
① 정의 : 고기압이 장기간 머물면, 기층이 서서히 침강하면서 단열 압축되므로, 온도가 증가하여 상층은 고온, 하층은 저온이 되면서 공중에 발생하는 역전이다.
② 관련사건 : LA 스모그

15 **정답** (1) 스토크 직경 : 원래의 분진과 밀도와 침강속도가 동일한 구형입자의 직경
(2) 공기역학적 직경 : 원래의 분진과 침강속도는 같고 밀도가 $1\text{g}/\text{cm}^3$인 구형입자의 직경
(3) 마틴(Martin)경 : 평면에 투영된 입자의 그림자 면적과 기준선이 평형하게 이등분하는 선의 길이
(4) 페렛(Feret)경 : 입자의 끝과 끝을 연결한 선 중 최대인 선의 길이

16 $\eta = \dfrac{L/V_x}{H/V_g} = \dfrac{V_g L}{V_x H} = \dfrac{V_t L}{V_x H}$

정답 (1) $\eta = \dfrac{V_t L}{V_x H}$

(2) 중력집진장치의 효율 증가 방법(1가지 작성)
① 침강실 내 처리가스의 속도가 작을수록 집진효율이 증가한다.
② 침강실 입구폭이 클수록 처리가스 유속이 감소하여 집진효율이 증가한다.
③ 입자의 침강속도가 클수록 집진효율이 증가한다.
④ 단수가 증가할수록 집진효율이 증가한다.

17 **정답** (1) 가능
(2) 가능
(3) 가능
(4) 가능
(5) 필요

18 정답 **습식 전기집진장치의 장점**(3가지 작성)
① 건식보다 처리속도가 빠름
② 소규모 설치 가능
③ 항상 깨끗하여 강한 전계를 형성하여 집진효율이 높음
④ 역전리나 재비산 현상 없음

19 정답 **중유 첨가제**(3가지 작성)
① 연소촉진제 : 분무를 좋게 함
② 슬러지 조정제 : 슬러지 생성 방지
③ 탈수제 : 수분 분리
④ 회분 개질제 : 회분의 융점을 높여 고온부식을 방지함

20 정답 (1) Fuel NOx : 연료 자체가 함유하고 있는 질소 성분의 연소로 발생하는 질소산화물

(2) Thermal NOx : 연료의 연소로 인한 고온분위기에서 연소공기의 분해과정 시 발생하는 질소산화물

(3) 질소산화물(NOx) 방지대책(2가지 작성)
① 저온 연소
② 저산소 연소
③ 저질소 성분연료 우선 연소
④ 2단 연소
⑤ 수증기 및 물분사 방법
⑥ 배기가스 재순환
⑦ 버너 및 연소실의 구조개선

대기환경기사·산업기사 실기

2023년 4월 20일 인쇄
2023년 4월 25일 발행

저자 : 고경미
펴낸이 : 이정일

펴낸곳 : 도서출판 **일진사**
www.iljinsa.com

(우) 04317 서울시 용산구 효창원로 64길 6
대표전화 : 704-1616, 팩스 : 715-3536
이메일 : webmaster@iljinsa.com
등록번호 : 제1979-000009호(1979.4.2)

값 25,000원

ISBN : 978-89-429-1769-3